ZHONGGUO SHAMO ZHILI
LUJING XUANZE YU JISHU CHUANGXIN

中国沙漠治理路径选择与技术创新

屈建军
曾凡江　主编
祝魏玮

浙江教育出版社·杭州

图书在版编目（ＣＩＰ）数据

中国沙漠治理路径选择与技术创新 / 屈建军，曾凡江，祝魏玮主编. -- 杭州 : 浙江教育出版社，2024.05
ISBN 978-7-5722-7291-2

Ⅰ. ①中… Ⅱ. ①屈… ②曾… ③祝… Ⅲ. ①沙漠治理－技术革新－研究－中国 Ⅳ. ①P942.073

中国国家版本馆CIP数据核字(2024)第013462号

中国沙漠治理路径选择与技术创新

ZHONGGUO SHAMO ZHILI LUJING XUANZE YU JISHU CHUANGXIN

屈建军　曾凡江　祝魏玮　主编

策　　划：周　俊		责任编辑：王方家　傅美贤	
美术编辑：韩　波		责任校对：洪　滔　操婷婷	
责任印务：陆　江		装帧设计：融象工作室　顾　页	

出版发行：浙江教育出版社
　　　　　（杭州市环城北路 177 号）
图文制作：杭州林智广告有限公司
印刷装订：浙江海虹彩色印务有限公司
开　　本：710 mm×1000 mm　1/16
印　　张：37.5
插　　页：4
字　　数：530 000
版　　次：2024 年 5 月第 1 版
印　　次：2024 年 5 月第 1 次印刷
标准书号：ISBN 978-7-5722-7291-2
定　　价：108.00 元

如发现印、装质量问题，影响阅读，请与本社市场营销部联系调换。
（联系电话：0571-88909719）

编辑委员会

前　言

　　荒漠化综合防治是关乎国家生态安全、经济可持续发展以及民族长远福祉的重要课题。习近平总书记在 2023 年 6 月主持召开加强荒漠化综合防治和推进"三北"等重点生态工程建设座谈会时强调，加强荒漠化综合防治，深入推进"三北"等重点生态工程建设，事关我国生态安全、事关强国建设、事关中华民族永续发展，是一项功在当代、利在千秋的崇高事业。要勇担使命、不畏艰辛、久久为功，努力创造新时代中国防沙治沙新奇迹，把祖国北疆这道万里绿色屏障构筑得更加牢固，在建设美丽中国上取得更大成就。这一战略部署为新时代中国防沙治沙事业指明了方向，进一步明确了生态文明建设在实现强国梦想中的战略地位。

　　党的十八大以来，习近平总书记站在中华民族永续发展的高度，立足新时代生态文明建设实践，创造性提出了一系列新理念、新思想、新战略，系统回答了建设什么样的生态文明、如何建设生态文明等重大理论和实践问题，形成了习近平生态文明思想，为新时代生态文明建设提供了根本遵循和行动指南。我国的生态文明建设从理论到实践，均发生了历史性、转折性、全局性的变化，美丽中国建设迈出了重要步伐。

　　防沙治沙，久久为功。中国是世界上荒漠化面积最大、受影响人口最多、风沙危害最重的国家之一。新中国成立 75 年来，党中央始终高度重视荒漠化防治工作，把防沙治沙作为荒漠化防治的主要任务，特别是通过"三北"防护林体系建设、退耕还林还草、京津风沙源治理等重点生态工程的实施，逐步探索出一条生态保护修复与民生改善相结合的荒漠化防治道路。20 世纪 50 年代，在我国沙漠科学基本空白的背景下，中国科学院治沙队在兰州成立，从而揭开了新中国系统、综合研究沙漠及其治理的序幕。通过长期探索与努力，我国在沙漠治理中逐步总结出坚持科学治沙、系统治理的经验，取得了卓越成果。我国沙漠领域的科学家在极端干旱区、干旱区、半干旱区、半湿润区、亚热带湿润区、热带湿润区、高寒区等农业区的沙害治理和交通沿线的防沙治沙等方面取得了成功。治沙团队将防沙治沙经验凝练成"沙坡头治沙模式""莫索湾治沙模式""库布其治沙模式"等典型模式，这些模式在全国防沙治沙工作中得到了广泛应用，发挥了重要的科学引领和指导作用。同时，防沙治沙理论研究和生产实践获得国内外广泛好评，相关研究获得了国家科学技术进步奖特等奖、一等奖、二等奖等奖项。

"绿进沙退"，生态奇迹。在习近平生态文明思想的指导下，我国取得了显著的生态成效。全国范围内，从"沙进人退"到"绿进沙退"的历史性转变正逐步实现，沙漠地区的生态恢复与经济发展逐渐走向良性循环。我国在全球率先实现了土地退化"零增长"，成为全世界增绿贡献最大的国家和防沙治沙国际典范。

荒漠复绿，点沙成"金"。防沙治沙不仅仅是生态修复的任务，更是推动区域经济发展和改善民生的重大工程。近年来，越来越多的沙区在科学治沙的同时，将防沙治沙成效与产业发展、群众增收紧密结合，逐渐走出一条绿色、清洁、低碳的高质量发展新路。从河北塞罕坝到山西右玉，从内蒙古库布其到新疆柯柯牙，当地群众之所以几十年如一日坚持防沙治沙，除了有坚韧不拔、锲而不舍的精神，还因为在长期治理过程中找到了绿色高效的生态富民路径。我国防沙治沙已经成为一项经济效益、生态效益、社会效益兼顾的大事业，探索出一条效益最大化、治理长效化的新路子，真正践行了"绿水青山就是金山银山"的理念。

中国智慧，中国方案。自 1994 年签署《联合国防治荒漠化公约》以来，中国坚持履行国际责任，始终致力于荒漠化治理的理论创新与技术进步，为防治荒漠化这个世界难题提供了防沙治沙的"中国方案"。在防沙治沙理论方面，中国科学家逐步构建了"基于水资源承载力的防沙治沙技术应用、模式示范和工程实施的理论体系"。适地、适树和适应性管理体系的形成，基本建立在这一生态地理与生态水文学基础之上。在防沙治沙技术方面，中国科学家研发了一系列针对干旱、半干旱和半湿润地区的水、土、气、生特征和问题的防沙固沙植被建植技术、退化植被近自然恢复技术、经济作物节水丰产技术等。在工程固沙方面，无论是 20 世纪 60 年代取得成功的沙坡头铁路防沙治沙工程，70 年代开始实施的"三北"防护林工程，还是 80 年代末启动的新疆塔里木盆地穿沙公路工程等，都在干旱或极端干旱条件下成功保护了一些攸关国计民生的关键工程和区域，取得了一系列经济效益、生态效益和社会效益，得到了国内外的普遍认可。在防沙治沙模式方面，除了上述工程模式，科尔沁沙地治理模式、青藏铁路风沙治理模式、莫高窟风沙治理模式等都是我国在干旱、半干旱与半湿润地区沙漠化防治的成功典范。我国走出了一条具有中国特色的防沙治沙道路，为科学保护利用沙漠、根治土地荒漠化提供了"中国药方"，为实现"土地退化零增长"这一世界目标贡献了"中国模式"，为推进人类的可持续发展贡献了"中国智慧"。

在此背景下，中国科学院汇聚全国沙漠研究领域重要科研机构和高校的专家学者，集各方智慧与资源，首次系统总结并深入阐述了中国沙漠治理的路径选择与技术创新，全面展示了我国在不同地貌风沙灾害方面所做的科学研究、取得的成功经验和总结的相关典型案例，呈现了最新的研究成果，旨在推动沙漠治理学科建设、促进我国生态环境领域研究的全面发展，并深化公众对沙漠科学和荒漠化治理等领域的认知。具体而言，本书的出版意在达成以下三个目标：首先，推动治沙科学研究的发展，使治沙技术和成功经验更好地应用于防沙治沙，为国民经济发展注入新动力；其次，通过中国科学院、国家林业和草原局、中国林业科学研究院、甘肃省治沙研究所、中国农业科学院等机构的实践与理论研究，加强公众对防沙治沙的系统性认识，深化对沙漠科学与治沙文化的认知；最后，希望为相关部门和科研机构提供科学决策与研究方向的理论支撑，为我国防治荒漠化的战略部署提供参考。

本书分为绪论、科学治沙篇、典型案例篇和结语四部分，系统展现了中国沙漠治理的整体框架、治理模式与典型实践。绪论部分概述了中国沙漠现状及其治理研究的历史与前沿进展，围绕当前全球荒漠化防治的主要挑战，勾勒出沙漠治理的理论与实践脉络，并对新时期中国防沙治沙工作进行凝练总结。科学治沙篇共13章，全面介绍了适合我国国情的沙漠及沙地治理基本模式，深入分析了农田、工矿、交通要道等区域的防沙治沙策略，包括如何实现土地资源的可持续利用、交通要道的畅通无阻、沙漠及退化土地的生态恢复及其高效利用等重要课题。从理论到实践，为不同区域和类型的风沙灾害治理提出了系统化解决方案，其中第3章、第8章和第10章分别对与其相似的模式进行了补充。典型案例篇以9章内容展示了我国防沙治沙的典型实践，包括兰考县"贴膏药、扎针"式沙丘治理、塞罕坝机械林场的治沙模式、山西右玉"六注重"方针、宁夏从"治沙"到"用沙"的创新路径、陕西定边"公司+农户+基地"模式助力脱贫、古浪八步沙林场荒漠化防治、阿克苏柯柯牙大型防风生态林封沙固沙工程、山南市"生态化治沙，产业化扶贫"工程、陕北毛乌素沙地飞播造林防沙治沙等成功案例。这些案例不仅记录了我国在不同区域的沙漠治理探索，也反映了中国在荒漠化治理中不断创新、因地制宜的宝贵经验。结语部分凝练总结了中国防沙治沙的核心经验，包括政策推动、科技支撑、模式创新和产业结合等，充分展示了中国在荒漠化治理中的成就和智慧以及对全球生态治理的贡献。同时针对全球气候变化与生态退化的挑战，提出了面向未来的荒漠化治理全球合作方案。

    党的二十大报告对"推动绿色发展，促进人与自然和谐共生"做出重大安排部署，强调必须牢固树立和践行"绿水青山就是金山银山"的理念，站在人与自然和谐共生的高度谋划发展。以此为指引，本书总结我国在防沙治沙领域70 余年的科学探索与典型实践，凝练出独具中国特色的沙漠治理理论与实践经验。希望本书能为荒漠化防治、风沙区生态恢复与重建、沙漠科学发展史、科学传播等领域提供新的思路和启发，为未来中国乃至全球的防沙治沙事业做出新贡献，助力新时代生态文明建设迈上更高台阶！

祝魏玮

2024 年 5 月

目 录

第二部分
典型案例篇

绪　论

中国沙漠
与
沙漠治理

《现代汉语词典》（第 7 版）中对"沙漠"的定义是"地面完全为沙所覆盖。缺乏流水，气候干燥，植物稀少的地区"。具备这些特征，地域分布在干旱区的为沙漠，分布在半干旱区的为沙地（国家林业局，2018）。朱震达等（1980）提出沙漠化是指干旱、半干旱（包括半湿润）区，在人类历史时期内，由于人为因素作用并受到自然条件影响，在原非沙漠的地区出现了类似沙漠景观的环境变化过程。另外，常见的像"沙化""风沙化"等名词术语一般被认为是沙漠化的同义词。有时为了区别于干旱、半干旱区由于风沙活动而形成风沙地貌景观的土地退化现象，也会把湿润及半湿润沿河沙地和滨海沙地的形成发展过程称为"风沙化"。

中国沙漠及土地沙漠化概况

中国主要沙漠（地）简述

我国是世界上沙漠、沙地最多的国家之一，沙漠、沙地广袤千里，呈一条弧带状绵亘于西北、华北和东北的土地上（王涛，2014），集中分布在 35°50′ N—49°43′ N，76°59′ E—123°50′ E 之间的辽阔地域，西起塔里木盆地西缘，冬至辽河干流，北达内蒙古高原东北端的海拉尔河，南抵共和盆地南缘之间。在蒙新高原、青藏高原等还零星分布着一些面积较小的带状、片状沙漠（地）。我国沙漠总面积为 68.78 万 km^2，行政区划上主要涉及新疆、内蒙古、甘肃、青海、宁夏、陕西、西藏、吉林、辽宁、河北等 10 个省（自治区）。其中，新疆沙漠面积最大，约占全国沙漠面积的 60.58%；内蒙古的沙漠数量最多，沙漠整体在区域内的有 5 个，部分在区域内的有 6 个（国家林业局，2018）。我国沙漠的分布与世界沙漠一样，主要分布在干旱与半干旱区，其中年降水量小于400mm的地区是沙漠的最主要分布区。

通过《中国沙漠概论》（中国科学院兰州冰川冻土沙漠研究所沙漠研究室，1974）、《中国沙漠概论（修订版）》（朱震达 等，1980）、《中国沙情》（卢琦，2000）、《中国荒漠化和沙化土地图集》（国家林业局，2009）、《中国北方沙漠与沙漠化图集》（王涛，2014）、《中国沙漠图集》（国家林业局，2018）等文献中的历史数据可知，中国沙漠面积和风沙特征存在动态变化的特点。按目前面积大小来排列，八大沙漠分别是：塔克拉玛干沙漠、古尔班通古特沙漠（准噶尔盆地沙漠）、巴丹吉林沙漠、腾格里沙漠、库姆塔格沙漠、柴达木盆地沙漠、库布其沙漠、乌兰布和沙漠。四大沙地分别是：毛乌素沙地、科尔沁沙地、浑善达克沙地、呼伦贝尔沙地。现将八大沙漠和四大沙地及其他部分沙漠沙地主要特点简述如下，其中八大沙漠和四大沙地面积数据源于《中国沙漠图集》，其他特征及其数据源于《中国沙情》。

一、塔克拉玛干沙漠

位于新疆南部塔里木盆地中心，面积约33.76万km^2，是我国面积最大的沙漠（占全国沙漠面积的50.43%），也是世界上面积第二大的流动沙漠（流动沙丘面积约为26.36万km^2，约占整个沙漠面积的78%）。分布范围涉及阿克苏、喀什、和田、巴音郭楞蒙古自治州的部分地区。气候极端干旱，大部分地区年降水量低于100mm，部分地区低于50mm，干燥度在24以上。在东北风和西北风两大风系作用下，沙丘主要朝昆仑山北麓的山前平原方向运动，使那里成为塔里木盆地风沙危害最严重的地区。固定、半固定的柽柳灌丛沙堆仅占整个沙漠面积的15%，主要分布在沙漠边缘和河流沿岸。流动沙丘中高度在50m以上的占沙漠总面积的62%，巨大的流动沙丘高度一般为100—150m，但也有的高达300m。沙丘形态复杂，有延伸很长的垄状复合型沙丘链、复合型纵向沙垄、金字塔沙丘及穹状沙丘等。新月形沙丘及沙丘链多分布于沙漠边缘，而且邻近绿洲，沙丘低矮，前移速度很快。在塔克拉玛干沙漠，防治风沙危害的重点在于固定这些低矮沙丘。

二、古尔班通古特沙漠

又称为准噶尔盆地沙漠，位于新疆北部准噶尔盆地中央，面积约 4.99 万 km^2，是我国第二大沙漠，也是我国面积最大的固定、半固定沙漠。分布范围涉及昌吉和阿勒泰的部分地区。沙漠内部主要为沙垄，占固定、半固定沙丘面积的 80%，沙丘一般不移动，仅半固定沙丘的顶部脊线有摆动的特征。在沙漠的南部有蜂窝状和梁窝状沙丘分布，这些沙丘也都呈固定、半固定形态。沙垄的排列受风向的影响显著，存在地区差异，西部受西北风影响，沙垄为西北—东南走向，北部和中部沙垄大致为南北走向。固定沙丘植被覆盖度为 40%—50%，半固定沙丘植被覆盖度为 15%—25%。牧草资源丰富，是优良的冬季牧场。

三、巴丹吉林沙漠

位于内蒙古高原的西南边缘，面积约 4.91 万 km^2，分布范围涉及额济纳旗和阿拉善右旗的部分地区，其中 96.64% 分布在内蒙古境内，3.36% 分布在甘肃境内。主要特点是气候极端干旱，高大沙山密集分布，其面积约占该沙漠的 68%，集中分布于沙漠中部，其高度一般为 200—300m，但也有的高达 500m，多为复合型链状沙丘，其次为金字塔沙丘。低矮的沙丘链和灌丛沙堆分布于沙漠边缘。在高大沙山之间的丘间低地分布着许多内陆小湖，共 144 个，小湖主要集中分布于沙漠东南部，北部和西部分布较少。由于蒸发强，盐分不断累积，湖水的矿化度很高，故多为咸水湖。但在湖盆边缘以及一些湖泊的中心往往有泉水露出，可供饮用。丘间低地及湖盆边缘的草滩可为牧业利用。

四、腾格里沙漠

位于内蒙古阿拉善盟的东南部，介于贺兰山两侧山前平原与石羊河下游之间，总面积约为 3.91 万 km²。分布范围涉及甘肃、内蒙古、宁夏的部分地区，其中 72.89% 分布在内蒙古境内，25.91% 分布在甘肃境内，1.20% 分布在宁夏境内。其显著特征是沙漠内部沙丘、湖盆、山地残丘及平原等交错分布，其中湖盆面积占整个沙漠面积的 6.8%，共有大小湖盆 422 个，积水的有 251 个，除部分为泉水补给及临时性集水洼地外，大部分是古湖盆逐渐缩小、干涸而形成的残留湖。沙丘形态较为简单，以格状沙丘链及新月形沙丘链为主，复合型沙丘链及灌丛沙堆分布面积较小。腾格里沙漠流沙分布零散，多为固定沙丘、半固定沙丘、湖盆及山地残丘分割，这对沙漠治理极为有利。

五、库姆塔格沙漠

位于塔里木盆地东南的阿尔金山北麓，沙漠西起新疆若羌县的红柳沟，东至甘肃的敦煌鸣沙山，北临阿奇克—疏勒河谷地，南依阿尔金山，分布范围涉及新疆若羌县和甘肃的敦煌市、阿克塞县。面积约为 2.08 万 km²，其中 72.18% 分布在新疆境内，27.82% 分布在甘肃境内。沙丘全部为流动沙丘，风沙活动强烈，但因远离居民点和交通线，危害不大。沙丘除覆盖在湖积冲积平原及洪积扇上外，还有一部分覆盖在海拔 1250—2000m 高的石质山坡上，受下伏地形的影响，沙漠为一些南北方向的沟谷切割。沙丘形态复杂，在邻近山脊线一带多为金字塔沙丘，山脊线两侧有沙垄，垄上分布有低矮沙丘。在山前地带的沙垄受东北风作用，沿东北—西南方向顺着山坡向上延伸，沙垄之间被沙埂分割，从而形成特殊的羽毛状沙丘。

六、柴达木盆地沙漠

位于青海省西北部，柴达木盆地、青藏高原东北部，面积约为 1.35 万 km²，分布范围涉及青海、甘肃、新疆 3 省（自治区）的部分地区，其中青海境内占 91.22%，甘肃境内占 8.13%，新疆境内占 0.65%。海拔 2500—3000m。东部为荒漠草原，干燥度 2.1—9；西部为干旱荒漠，干燥度 9—20。新月形沙丘与沙丘链零散分布于山前洪积平原，固定、半固定沙丘呈带状断续分布在山前洪积平原前缘潜水位较高的地带。地表呈风蚀地、沙丘、盐湖和盐土平原相互交错的景观。

七、库布其沙漠

位于内蒙古鄂尔多斯高原北部，黄河中游河套平原以南，面积约 1.3 万 km²，年降水量在 200mm 左右。沙漠全域分布在内蒙古境内，分布范围涉及鄂尔多斯市的部分地区。流动的新月形沙丘链占整个沙漠面积的 41%，固定、半固定灌丛沙堆仅分布在边缘地段，流沙大致由西北往东南方向移动。因包神铁路穿越沙漠南北，故宜采用植物固沙和机械沙障相结合的工程防治措施，以防止风沙对铁路造成危害。

八、乌兰布和沙漠

位于内蒙古巴彦淖尔市和阿拉善盟东北部，河套平原的西南部，介于黄河与狼山之间，面积约 0.98 万 km²。分布范围涉及内蒙古阿拉善盟、巴彦淖尔市和乌海市的部分地区。流动沙丘为该沙漠的主要组成部分，约占总面积的 43%，沙丘类型因区域不同差异性大。在磴口—敖龙布鲁格—吉兰太一线的东南，主要为连绵起伏的沙丘链，以西为半固定沙垄及白刺灌丛沙堆。我国风沙危害最为严重的乌吉铁路就位于该地域。在磴口—沙拉井一线以北则为古代黄河冲积平原，呈现沙丘链、灌丛沙堆、古河床洼地与平坦的土质平地相间分布的特征，该地区具有引黄自流灌溉的条件和丰富的荒地资源。

九、毛乌素沙地

位于鄂尔多斯高原东南部，即内蒙古鄂尔多斯市南部和陕西省北部，面积约为 3.8 万 km²。分布范围涉及内蒙古鄂尔多斯市、陕西榆林市、宁夏银川市、宁夏石嘴山市和宁夏吴忠市的部分地区，其中 68.91% 分布于内蒙古境内，28.44% 分布于陕西境内，2.65% 分布于宁夏境内。年降水量 200—500mm，具有比较优越的水分条件，植被生长良好。由于当地长期以来不合理的土地利用，草原植被遭到破坏，流沙面积不断扩大，形成以新月形沙丘链为主的流沙与以梁窝状沙丘和抛物线形沙丘为主的固定、半固定沙丘相互交错分布的格局。西北部以固定、半固定沙丘为主，流沙次之，东南部逐渐发展为成片密集分布的流沙。除分布在基岩梁地和黄土丘陵外，毛乌素沙地的沙丘主要分布在河谷阶地及河流滩地上，丘间地水分条件较好，大部分为草甸或沼泽。沙地内部有不少湖盆、河流滩地、河谷阶地，将沙地分割成片。

十、科尔沁沙地

位于西辽河中下游干支流沿岸的冲积平原，也有一部分位于冲积洪积阶地，面积约为 3.51 万 km²，是我国面积最大的沙地，分布范围涉及内蒙古、辽宁、吉林的部分地区，其中内蒙古境内沙地面积占 86.42%，吉林境内占 12.26%，辽宁境内占 1.32%。坨（沙丘）甸地形相间，特别是在通辽余粮堡至库伦瓦房一线以东，坨甸走向由东至西，呈有规律的相间平行排列，固定、半固定的梁窝状沙丘占绝对优势。坨甸地和固定、半固定的梁窝状沙丘占整个沙地面积的 90%，流动新月形沙丘及沙仅占 10%。在冷河以西至巴林桥之间，流动沙丘占绝对优势，冷河与老哈河也以流动沙丘为主，但也有部分半固定沙丘。在老哈河与教来河之间，流动沙丘与固定、半固定沙丘的比例大致相等。在教来河以西至余粮堡、瓦房一线之间，以半固定沙丘为主，流沙次之，而在该线以东，固定、半固定沙丘占绝对优势，流沙仅小面积分布其间。

十一、浑善达克沙地

位于内蒙古锡林郭勒高原中部，面积约为 3.33 万 km²，分布范围涉及内蒙古锡林郭勒盟、赤峰市和河北省承德市的部分地区，其中内蒙古境内分布 96.55%，河北境内分布 3.45%。固定、半固定沙垄及梁窝状沙丘占整个沙地面积的 98%，流动新月形沙丘及沙丘链仅占 2%。越往东沙丘的固定程度越好，西部以半固定沙丘为主，流动沙丘零星分布，而东部则以固定沙丘为主。阳坡的植被覆盖度为 30%—40%，阴坡为 60%—70%。流沙仅在半固定梁窝状沙丘迎风面的风蚀窝上可见。丘间地非常广阔，并有不少湖泊分布其间，形成独特的景观。

十二、呼伦贝尔沙地

位于呼伦贝尔高原上，沙地全域均在内蒙古呼伦贝尔市内，面积约 0.78 万 km²，分布于内蒙古东北部大兴安岭以西的一些河流沿岸及其下游的沙质平原上，也有一部分分布于湖滨平原。沙丘以半固定的蜂窝状沙丘为主。地表受到强烈的吹扬作用，植被遭到大量破坏，即土地受风蚀而沙漠化。

十三、狼山以西的沙漠

是散布在阿拉善高原东北部—巴彦淖尔高原西部的亚玛雷克沙漠、本巴台沙漠、海里斯沙漠及白音查干沙漠的总称。沙漠总面积约 0.73 万 km²，分布范围涉及内蒙古阿拉善及巴彦淖尔的部分地区。

十四、库木库里沙漠

位于新疆和青海交界的库木库里沙漠，沙漠面积 0.24 万 km²，分布范围涉及青海、新疆的部分地区。

十五、河东沙地

鄂尔多斯高原西南部向西倾斜的波状高地，因位于黄河以东而得名，沙地面积约 0.59 万 km²，分布范围涉及宁夏和内蒙古的部分地区，其中宁夏境内占 53.33%，内蒙古境内占 46.67%。

十六、乌珠穆沁沙地

位于内蒙古锡林郭勒高原，沙地面积约 0.25 万 km²。分布范围涉及锡林郭勒盟的部分地区。

十七、共和盆地沙地

位于青藏高原的东北部，面积约 0.22 万 km²。全域均在青海省境内。

中国土地沙漠化简述

我国荒漠化和沙化土地面积已经连续 4 个监测期保持"双缩减"，首次实现所有调查省份荒漠化和沙化土地"双逆转"。

2022 年 12 月 30 日，在全国防沙治沙规划暨荒漠化石漠化调查结果新闻发布会上，国家林业和草原局公布了第六次全国荒漠化和沙化调查结果。截至 2019 年，全国荒漠化土地面积 257.37 万 km²，占国土面积的 26.81%；沙化土地面积 168.78 万 km²，占国土面积的 17.58%；具有明显沙化趋势的土地面积 27.92 万 km²，占国土面积的 2.91%。同时，调查结果表明，我国沙区植被状况持续向好。2019 年沙化土地平均植被盖度为 20.22%，较 2014 年上升 1.9%；植被盖度大于 40% 的沙化土地呈现明显增加的趋势，5 年间累计增加 791.45 万公顷，与上个调查期相比增加了 27.84%。八大沙漠、四大沙地土壤风蚀总体减弱。2019 年风蚀总量为 41.79 亿吨，比 2000 年减少 27.95 亿吨，减少

40%。

《全国防沙治沙规划（2021—2030 年）》总体布局中将我国沙化土地划分为 5 大类型区、23 个防治区域，其中干旱沙漠及绿洲类型区位于贺兰山以西，祁连山和阿尔金山、昆仑山以北，划分为塔克拉玛干沙漠、古尔班通古特沙漠、河西走廊荒漠、阿拉善高原诸沙漠 4 个生态保护修复区。涉及内蒙古、甘肃、新疆（含新疆生产建设兵团）等省（自治区）的 129 个县（含 119 个重点县），现有沙化土地面积 1.08 亿公顷（16.17 亿亩），占全国沙化土地总面积的 63.90%。半干旱沙化土地类型区位于贺兰山以东、长城沿线以北、大兴安岭以西，划分为库布其沙漠、毛乌素沙地、浑善达克沙地、乌珠穆沁沙地、科尔沁沙地、呼伦贝尔沙地等生态保护修复区，阴山北麓沙化草原修复区，京津冀山地丘陵沙地、东北平原沙地等综合治理区，共 9 个防治区域。涉及北京、天津、河北、山西、内蒙古、辽宁、吉林、黑龙江、陕西、甘肃和宁夏等省（自治区、直辖市）的 193 个县（含 121 个重点县），现有沙化土地面积 2428.51 万公顷（3.64 亿亩），占全国沙化土地总面积的 14.40%。

沙漠治理研究综述

国外治沙经验

一、美国治沙

（1）美国农业部设立荒漠化防治的政府管理部门

美国农业部在全美土地资源和其他自然资源的综合利用和保护方面，以及在防治土地退化和荒漠化过程中发挥着十分重要的作用。其中负责自然资源和环境保护的机构包括自然资源保护局和林业服务局。这些机构按照"生态系统的可持续发展原则",对美国的土壤、水资源、森林等进行综合的利用和保护。

（2）为荒漠化防治制定了专项法规

美国以法律的形式保护天然植被,保护生物多样性并建立种质资源库,选育开发优质植物良种。从 20 世纪 30 年代开始,美国就为治理荒漠化制定了专门法律,如限制土地退化地区的载畜量,推广围栏放牧技术;引进与培育适合种植的优良物种,逐渐恢复退化植被;施行节水灌溉技术,节约用水;等等。美国的荒漠化整治,鉴于其自身的特点,以保护为原则,以封育、退耕、保护植被等为主要措施,特点是配套完善的相关法律、条例、政策。任何破坏植被、乱砍、滥伐、无序放牧等情况均被视为违法。除了联邦政府的法律法规,各州也有自己的条令法规。

（3）制定了荒漠化防治策略与具体举措

美国是最早开始荒漠化防治的国家之一,20 世纪 30 年代美国对大平原"黑风暴"[1]的整治是防治荒漠化比较成功的例子。1935 年,美国制定联邦保护计划,通过改变大平原地区基本耕作方法,全面进行种草,推行轮作制度,提倡等高耕作,利用营造防风林带等多种措施来防止土地荒漠化。

二、以色列治沙

以色列荒漠化防治措施的核心是科学规划,可持续开发。

（1）做好荒漠化防治的科学规划

以色列防治荒漠化的规划战略可分为以下四类:①制定国家级荒漠蔓延治理计划,鼓励中部地区采取措施防治内盖夫荒漠北部边缘的扩张;②采取升级

1　黑风暴:指美国西部平原的草地长期被大面积翻耕,裸露的表层土壤被大风扬起,导致巨型沙尘暴出现。

的可持续水资源管理办法，鼓励干旱地区在污水回收的基础上加快推进海水淡化、集水等技术的研发，建立流域管理办法；③加快造林，促进可持续林业的发展，通过森林类型分区，提高生态承载力、降水水平和景观价值；④促进农业可持续发展，在生态脆弱地区实施土地利用控制政策，调节放牧方式，促进先进农业技术的发展，发展节水农业。为更好地实施以上规划，以色列在水土保持、造林、放牧和水资源管理四个方面出台了相关法律和政策，保证规划的合理实施。

（2）制定优惠政策，科学开发和利用水资源

以色列是水资源短缺的国家，特别是南部内盖夫荒漠年降水量通常仅100—300mm，最少只有25mm；每年可重新利用的水资源总量约16亿m³，其中75%用于灌溉，其余则用于满足城市和工业的需要。农业用水奇缺，极大地限制了以色列农业生产的发展。为了管好和用好少量的水资源，以色列政府对紧缺的淡水资源实行了统一管理，水资源的使用全部由政府统一安排。荒漠开发遇到的首要也是至关重要的难题就是水资源短缺。为了解决这一问题，以色列对水资源进行了有效的保护、管理、调配和使用，特别是对"边缘水资源"（废水回收、人工降雨、咸水淡化等）的有效利用，并通过各种节水措施，在农林方面取得了显著成效。

（3）保护植被，以节水推动荒漠化防治

以色列一直把生态环境保护作为开发利用荒漠的前提。为保护荒漠地表植被，以色列政府对放牧进行了严格控制，对荒漠地区的牛羊基本上实现了圈养、集约化、工厂化饲养，不仅提高了畜产品的产量，而且减少了自然放牧对地表植被的破坏。另外，政府通过对径流的有效利用，在荒漠地区开展稀树草原化工程和最佳用水景观绿化工程，在荒漠地区开展植树种草，改善荒漠的自然景观。政府确定了荒漠人工造林和自然资源管理的优先级，将重点放在应用研究和基础研究以及科研技术人才培养等方面，设立专门基金支持人工林的

保护和天然林的合理开发。各研究项目都在试验示范基地进行，边研究、边示范、边推广。

（4）在治理的同时，重视荒漠资源的合理开发

以色列在防治荒漠化的同时，非常重视荒漠资源的开发利用，包括开发各类产品和荒漠旅游资源等。具体有：发展温室生产，走资源效用型农业之路；研发植物资源，开发荒漠产品；保护荒漠景观，发展旅游业；开发利用太阳能，解决能源问题。

三、澳大利亚治沙

澳大利亚政府在土地退化管理方面，开展了卓有成效的工作，主要包括加强能力建设、完善防治举措和重视牧场荒漠化防治三大方面。

（1）加强能力建设

组建不同层次的管理机构。1992年，澳大利亚出台《澳大利亚政府间环境协定》，规定了澳大利亚环境管理的三个层级：联邦政府、州政府及地区级政府。联邦政府负责制定自然资源及环境方面的政策，各州政府负责其领地范围内的土地、水资源的利用和环境保护工作。澳大利亚的区域环境保护和自然资源开发往往通过多层协同合作协调实现，部长理事会在其中扮演了特别重要的角色。

制定有效的法规制度。在环境管理方面的立法和司法多由各个州政府负责，联邦政府高度重视环境问题对国家发展的重要意义，出台了《国家环保报告》，积极参与并实践国际条约的责任和义务。

重视科学与技术研发。在科学研究方面，澳大利亚组织实施了多项与防治土地荒漠化相关的大型研究项目，在荒漠化机理、管理、预警以及治理技术等方面均有较大进展。不少研究者通过天气和气候类型来模拟、预测和分析干旱、降水量以及荒漠化等变化趋势和发展范围，以利于土地资源、水资源等的保护和管理。

（2）完善防治措施

20世纪80年代以来，澳大利亚联邦及各州政府高度重视土地荒漠化问题，在防治荒漠化方面开展了许多行之有效的工作，进行了大量科学研究和推广，积累了一整套土地保护管理措施、办法和经验，取得了明显成效：

第一，以社区行动为基础，开展各种土地保护、城市绿化项目。

第二，采取多项措施防治荒漠化。

第三，建立示范区，注重宣传教育和技术培训。

第四，控制牲畜数量，解决好牲畜饮水问题。

（3）重视牧场荒漠化防治

澳大利亚牧场防治荒漠化，最值得称道的是其"三板斧"措施：严格实行轮牧以减轻草场的负担；大力推广圈养制度；科学调控畜群数量和种类。

澳大利亚对畜牧业的管理非常严格，养什么、养多少都不由农场决定。澳大利亚政府每年对各牧场作一次普查，以确定下一年的载畜量。

从20世纪90年代开始，澳大利亚在其北方地区推出了"沙漠知识经济战略"。防治荒漠化、保护环境成为推广沙漠知识经济战略的核心环节。

国外治沙典型模式

一、政府主导型

可以说，环境问题是宏观的问题，单靠个人、企业或组织，不可能处理好，政府在环境治理过程中应当扮演主角。

美国政府在荒漠化防治过程中发挥了主导作用，宏观上控制生产，对土地进行保护。联邦政府颁布一系列政策法令，各州也制定了具有可操作性的土地开发和荒漠治理办法，如1933年的《麻梭浅滩与田纳西河流域开发法》、1961年的《地区再开发法》。这些法律不仅完善了美国的法律体系，更重要的是为美国西部开发和荒漠治理战略的顺利实施提供了有力的政策法规保障。同时，政府还成立了土壤保持局，鼓励各州实施土壤保护措施，并最终取得了比较理想的成效。

加拿大是较早开始防治荒漠化的国家，其政府部门建立了专门的土壤保护机构和协调机制，针对容易退化的林业用地、农业用地和矿区土地制定了全面有效的管理和保护政策，取得了良好效果。加拿大联邦政府、省级政府以及农场复垦管理部门在大部分计划和项目中发挥了重要作用。联邦政府和省政府启动了大批土壤保护计划和项目，综合运用优化管理方法、营造防护林、改造河岸地与草场、保护性农业耕作等措施恢复退化的土地，并遏止土地退化发展势头。

德国号召回归自然，1965年开始大规模兴建海岸防风固沙林等林业生态工程。国家补贴造林款，免征林业产品税，只征5%的特产税（低于农业8%），40%—60%国有林场经营费用由政府拨款。

二、科技主导型

先进、适宜的科学技术与荒漠化防治措施相结合，能够加快防治速度，提高防治效益。有不少国家充分发挥了科学技术在荒漠化防治中的作用。

以色列的荒漠化面积占其国土总面积的75%，该国采用高技术、高投入战略，合理开发利用有限的水土资源，在荒漠地区创造出了高产出、高效益的辉煌成就。以色列在荒漠化防治方面以科技为先导，尊重自然规律，开发与保护并重、注重综合效益。其将荒漠化防治科学研究理论联系实际，力求解决生产中的实际问题，追求研究成果的快速转化，形成了理论指导技术、技术创新促进理论发展的良性循环模式。其具备高效的技术推广体系，注重防治的实用性、高效性和前瞻性，荒漠化防治研究具有综合性。为了提高荒漠地区的产出，以色列科技人员大力研究、开发适合当地种植的植物资源，目前，其农产品和植物开发研究技术处于国际领先水平,实现了农牧林产品优质化、多样化,使这些产品在欧洲占很大市场份额,取得了高额回报,并且使荒漠化的治理和农业综合开发得到了有机结合,迈入了良性循环的发展轨道。

三、产业主导型

在很多国家,荒漠化防治不仅仅是改善生存条件与生态环境的方式,更是发展经济的重要途径和手段。荒漠化防治既要生态效益,还要关注经济效益和社会效益。

澳大利亚的干旱、半干旱土地面积占国土总面积的 75%。澳大利亚政府对沙区基本上实行以保护为主的管理办法,持续开展水资源、土地和生物多样性保护项目建设,建立农垦区、示范区和荒漠公园,利用荒漠独特的景观吸引游客。在项目实施中,澳大利亚政府非常注重对农场主和牧场主等人员的技能培训,让他们掌握持续经营土地的技术。在实践中,坚持荒漠化防治与致富相结合,用适当的经济手段调动农民防治荒漠化的积极性,创新荒漠化防治的产业模式。澳大利亚政府充分利用荒漠化地区的资源,大力支持新能源、生态旅游、医用植物等的开发利用,加快高新技术成果的转化应用,使荒漠化防治的过程成为新兴产业、特色产业发展和农牧民脱贫致富的过程,实现了生态效益、经济效益和社会效益的有机统一。

中国沙漠治理简史与科技进步

一、以治沙造林为主,艰难缓慢起步(1949—1977 年)

中华人民共和国成立后,国家迅速成立中央人民政府林垦部(以下简称"林垦部"),在石家庄组建冀西沙荒造林局,针对石家庄以北的正定、新乐等 7 县黄沙漫天、风蚀沙埋的情况,提出"植树造林,防风治沙,变沙荒为良田和果园"的奋斗目标，在滹沱河流域沙地大面积营造以刺槐为主的防风固沙林。

　　随后，我国又在豫东黄泛区、乌兰布和沙漠东缘、东北西部沙地及陕北榆林等地，陆续营造了大范围的防风固沙林。这些林木起到了防风固沙的作用，减轻了风沙危害，也改善了当地居民的生产生活环境。这一时期治沙工作的开展虽仅局限于风沙危害的几个重点区域，规模也不大，但目标明确，工作扎实，成效十分显著。

　　1955 年，中国第一个沙漠科学研究站在宁夏中卫建立。在研究人员的努力下，麦草方格治沙技术面世并得到推广应用，这是我国防沙治沙技术的一个重大突破，受到了国内外专家的充分肯定和高度赞誉。这种"草方格"被国外称为"中国魔方"。

　　1958 年，在人力、物力、财力十分紧缺的情况下，国务院成立了治沙领导小组。同年，中共中央农村工作部、国务院第七办公室、国务院科学规划委员会联合召开了治沙规划会议，这是新中国成立后，国家召开的第一次治沙工作会议，商议和部署以北方地区为主的全国防沙治沙工作。此次会议提出了"向沙漠进军"的口号，决定由中国科学院成立治沙队，组织全国科研机构、高等院校及有关生产部门，开展沙漠基本情况考察及有关治理措施的实验研究，从而拉开了科学研究防沙治沙的序幕。

　　1959 年，中国科学院治沙队正式成立。其主要任务是对北方地区的沙漠和戈壁进行综合考察，这也是一支承担着完成沙漠资源与环境情况的野外考察、防沙治沙科学研究与治理经验总结等多项任务的综合型沙漠科学考察队伍。同年，中国科学院在内蒙古和西北 5 省（自治区）设立了磴口、民勤、灵武、格尔木、榆林、莎车 6 个综合实验站，形成了一个以 6 个综合试验站为主、沙坡头等 24 个治沙站为辅的西北沙区定点试验研究布局。当时的科研队伍十分庞大，包括中国科学院系统的 11 个研究所、高教系统的 15 所院校和国家有关生产部门，涉及地学、生物学、气象学、农学、林学以及水资源等学科的优秀专家和技术人员 1100 余人。科研人员对中国的主要沙漠进行了详细、深入的调查，获得了中国沙漠分布、面积，沙漠物质的主要组成，沙丘类型，风沙移动以及沙生植被的类型、物种组成和沙漠地区水资源等极为丰富的第一手资料，绘制了全国沙漠分布及类型图，提出了中国各个类型沙漠的治理路径，这为后来的沙漠及沙漠化研究与治理奠定了基础。

如今，这些治沙站很多已成为中国防沙治沙领域科学研究的主力军，比如甘肃省民勤治沙综合试验站在原先的基础上成立了甘肃省治沙研究所，治沙队伍也已增至 127 人。经过大半个世纪的风雨磨砺，甘肃省治沙研究所已经建成"甘肃民勤荒漠草地生态系统国家野外科学观测研究站"，创建了全国第一套近地面沙尘观测系统，与 76 个国家和国际组织进行了科学交流，与 130 多所国内科研院所和大学开展了合作研究，不仅为西北生态环境治理提供了翔实的基础数据和科学依据，也为中国治沙技术走向世界做出了重要贡献。

"探索真知、严谨求实，倾力献身祖国治沙事业"成为以朱震达为代表的一代中国治沙人最真实的写照，也正是他们，揭开了中国荒漠化治理专业化、科学化的序幕。

1959 年 9 月，中共中央农村工作部、国务院第七办公室和国家科学技术委员会在新疆维吾尔自治区乌鲁木齐市召开西北地区和内蒙古等六省（自治区）第二次治沙会议，总结治沙工作经验，研究进一步推进治沙工作。

1968—1973 年，全国各地大规模毁林毁草、开荒造田，造成沙区生态受到严重破坏，大面积的林地和草原被开发为耕地，沙漠化状况不断恶化。在这一时期，治沙工作受到很大冲击，但仍有部分工作在推进，如为保障铁路畅通，包兰及兰新铁路沙害的防治工作仍在断断续续开展。此外，沙漠地区铁路的选线及防治试验也有进展，如沙通铁路通过科尔沁沙地的选线与相关防治试验的开展等。

这一时期查明了沙漠（地）的自然特征，不同气候区不同立地的治沙试验取得进展；完成固沙林建设 60 万公顷，封沙育草近 290 万公顷；试验站格局初步形成。然而，由于这一时期防沙治沙的理论研究处于初始阶段，科技支撑不足，治理成效不理想。

二、以工程治沙造林为引领，治理重点区域（1978—2000 年）

1973 年，全球荒漠化防治领导机构联合国环境规划署（UNEP）成立。1977 年，联合国召开荒漠化问题会议，制定了《防治荒漠化问题行动计划》，给出了"荒漠化"的第一个定义。该会议后，我国以朱震达、吴正为代表的学者也开展了理论研究。1979 年，内蒙古林学院沙漠治理系成立。1980 年以来，我国开展了沙漠形成的演变规律及成因机制与荒漠化类型的研究，创办了《中国沙漠》《干旱区研究》等学术期刊。1992 年，中国治沙暨沙业学会成立。

这一时期的标志性成果是"因地制宜，适地适树，宜乔则乔，宜灌则灌"理念的提出，在明确了沙漠（地）自然特征的同时，风沙物理机理、适地适树的原则与区划理论逐步完善，《内蒙古治沙造林》（1979 年）、《中国沙漠概论》（1980 年）、《中国北方地区的沙漠化过程及其治理区划》（1981 年）、《治沙原理与技术》（1990 年）等学术专著出版。此外，我国在这一时期开发了多项防沙治沙技术，形成了绿洲防护体系、沙坡头段的"五带一体"铁路防沙体系和沙漠或沙地的周边防治体系（即"锁边治理"），并按照"因地制宜，带、网、片相结合"的思路开展治理工作。依托科技进步，于 1979 年启动了"三北"防护林建设工程。近百项实用技术组装配套了近 10 个技术体系，建立了 20 余个防沙治沙基地及示范推广县。

1980 年以后，我国相继颁布了《中华人民共和国环境保护法》等法律法规，有力地保护了荒漠化地区的自然资源。1991 年，国务院批复了《1991—2000 年全国治沙工程规划要点》，开始将荒漠化防治作为专项工程实施，并成立全国治沙工作协调小组。

1993年，经国务院批准，林业部在内蒙古赤峰市召开全国防沙治沙工程建设工作会议。同年，中国开始参与荒漠化公约全球政府间谈判。1994年9月，国务院将全国治沙工作协调小组更名为"中国防治荒漠化协调小组"。同年，联合国大会通过了《联合国防治荒漠化公约》(以下简称"公约")。同年10月，在法国巴黎，中国政府签署了公约。1996年12月，全国人大常委会批准了公约，中国成为公约缔约国，开始正式参与荒漠化全球治理。截至2023年10月，公约共有197个缔约方。

1994年5月，全国沙漠化普查与监测工作会议在宁夏银川市召开。这次会议全面部署沙漠化普查与监测工作，标志着由国家统一组织、统一标准、统一技术方法、统一时间，定期开展的全国荒漠化、沙化监测制度正式确立。

此后，每隔5年，国家都要组织开展一次全国荒漠化和沙化监测工作，了解全国荒漠化和沙化土地现状和动态变化情况。截至2019年，我国已组织完成了6次全国性的荒漠化和沙化监测工作，建立了包括宏观监测、专题监测、定位监测、年度趋势监测、沙尘暴监测等在内的监测体系。监测技术不断发展，监测体系愈加完善，监测结果愈加丰富，全面掌握了我国荒漠化和沙化土地状况，为国家生态保护与治理科学决策提供了科学依据。

这一时期，全国防沙治沙工程涉及27个省(自治区、直辖市)，共有596个县，工程区总面积达2.64亿公顷。但是，这一时期我国研究人员对沙漠化过程及其成因尚缺乏足够的认识，理论支撑不足，对干旱、半干旱区的水土及植被特征研究也不够深入透彻。

三、按照成因启动治理工程，实施快速治理(2001—2012年)

科研院所与高校协同开展科技研究，"973"计划、"863"计划、国家自然科学基金等众多项目立项研究，取得科技成果200余项。理论不断完善、技术不断创新。这一时期基本摸清了我国沙漠化的成因及机理，提出了不同类型沙化土地的治理对策。20 世纪 90 年代以来，沙漠化的研究加强了交叉学科研究及科技成果推广，进一步加大了沙漠化治理力度。标志性成果是按成因治沙，提出了治理与保护相结合的理论，针对我国沙漠化成因与比例中的过度农垦（占 23.3%）、过度放牧（占 29.4%）、过度樵采（占 32.4%）等情况，分别启动了退耕还林工程（1999 年）、天然林保护工程（2000 年）、退牧还草工程（2003年）。同时，按照农牧结合，政策、科技与法律相配套的防风固沙体系综合治理思路，启动了京津风沙源治理工程。封育和飞播已经成为防沙治沙中的重要技术。

2001 年 8 月 31 日，第九届全国人民代表大会常务委员会第二十三次会议审议通过了《中华人民共和国防沙治沙法》（2002 年 1 月 1 日正式实施）。中国成为世界上第一个为荒漠化防治专门立法的国家。自此，中国荒漠化防治走上了制度化、法治化道路。

2002 年 3 月 3 日，国务院批准《京津风沙源治理工程规划（2001—2010年）》。其范围涉及北京、天津、河北、山西及内蒙古 5 省（自治区、直辖市）的 75 个县（旗），土地总面积达 45.8 万 km^2。按照国务院批复，京津风沙源治理一期工程自 2001 年起实施，至 2010 年结束，后将工程延期到 2012 年。国家林业局先后出台了《京津风沙源治理工程建设管理办法》《关于进一步加强京津风沙源治理工程区宜林荒山荒地造林的若干意见》等一系列文件，确保京津风沙源治理工程建设的顺利开展。京津风沙源治理一期工程，国家累计安排资金 479 亿元，其中，中央预算投资 209 亿元，财政专项资金 270 亿元。工程建设共计完成营造林 752.61 万公顷，其中退耕还林 109.47 万公顷。2012年 9 月 19 日，国务院常务会议讨论并通过了《京津风沙源治理二期工程规划（2013—2022 年）》。

四、尊重自然规律，综合高效治理（2012年至今）

党的十八大以来，以习近平同志为核心的党中央将生态文明建设纳入中国特色社会主义"五位一体"总体布局和"四个全面"战略布局，大力推进生态文明建设，中国荒漠化防治工作迎来了集中发力期。这一时期，我国加强了防沙治沙顶层设计，京津风沙源治理二期工程、沙化土地封禁保护、新一轮退耕还林等重点工程相继启动，国家沙漠（石漠）公园建设如火如荼地进行；创造性地发展并丰富了"山水林田湖草沙"一体化保护和修复的生态建设新思想，统筹森林、草原、湿地、荒漠生态保护修复，加强治沙、治水、治山全要素协调和管理，着力培育健康稳定和功能完备的森林、草原、湿地、荒漠生态系统，明确了把水资源作为最大的刚性约束，大力发展节水林草。

在这样的发展新阶段，沙漠学界提出了"低覆盖度治沙理论"（杨文斌 等，2016），对沙漠的认识有了重大转变，沙漠不是"癌症"，而是地球自然景观必不可少的一部分。多年的研究发现，干旱、半干旱区存在天然分布的疏林、稀疏灌丛，这些天然分布的疏林、稀疏灌丛有两个特征：一是乔灌木覆盖度一般小于30%（吴征镒，中国植被编辑委员会，1980）；二是降水能够渗漏到土壤深层或补给地下水，降水、土壤水和地下水处于动态转化的过程（杨文斌 等，2021）。

基于干旱、半干旱区疏林和稀疏灌丛这两个特征，研究人员在探索了乔灌木覆盖度在15%—25%时固定流沙的格局演变与防风固沙机理后，探索出了能够确保降水渗漏到土壤深层或者补给地下水的近地层土壤水文机理，提出了低覆盖度治沙理论并推动《造林技术规程》（GB/T15776—2016）旱区部分的修订，把旱区进一步划分成半干旱、干旱和极端干旱3个亚区。

低覆盖度治沙理论基本解决了固沙造林中因植被密度过大、水分亏缺造成的固沙林衰退或大面积死亡问题，推动了我国防沙治沙工作进入构建多树种水平混交、乔灌草复层结构，提高生物多样性和稳定性的新阶段，也支撑了内蒙古、甘肃、新疆等省（自治区）造林技术规程的修订。该理论成为联合国第十三次缔约方大会中国治沙成就展中最重要的"中国智慧"之一，在"三北"防护林建设、京津风沙源治理等工程中得到广泛应用，为新时期创造防沙治沙新奇迹奠定了重大理论基础。

2013 年 3 月，《全国防沙治沙规划（2011—2020 年）》经国务院批准，由国家林业局、发展改革委、财政部、国土资源部、环境保护部、水利部、农业部 7 部门联合下发各省（自治区、直辖市）人民政府实施。这是新时期我国对防沙治沙工作作出的又一重大战略部署。该规划按照"科学防治、综合防治、依法防治"的方针，遵循自然规律，以构建北方绿色生态屏障为重点，以改善生态、改善民生为目标，坚持依靠人民群众、依靠科技进步、依靠深化改革、坚持预防为主、积极治理、合理利用，建立和巩固以林草植被为主体的沙区生态安全体系，力争经过 10 年的不懈奋斗，使我国重点沙区得到有效治理，沙区生态状况进一步改善。

2013 年，京津风沙源治理二期工程正式启动，工程范围扩展至北京、天津、河北、山西、内蒙古及陕西 6 省（自治区、直辖市）的 138 个县（市、区、旗），工程区总面积为 70.6 万 km²。同年，国家沙漠公园建设试点工作启动。2014 年，按照《中华人民共和国防沙治沙法》的有关规定，经财政部同意，沙化土地封禁保护补助试点工作启动；我国启动了新一轮的退耕还林工程，对自愿落实退耕还林的贫困户、农户、大户、企业等实施资金补贴。2015 年 5 月，根据《中华人民共和国防沙治沙法》有关规定，国家林业局研究制定了《国家沙化土地封禁保护区管理办法》；2015 年 9 月，中共中央、国务院印发了《生态文明体制改革总体方案》；2016 年，我国举办世界防治荒漠化与干旱日全球纪念活动暨"一带一路"防治荒漠化共同行动高级别对话，与联合国防治荒漠化公约秘书处共同发布《"一带一路"防治荒漠化共同行动倡议》。2017 年，中国成功召开《联合国防治荒漠化公约》第十三次缔约方大会，大会通过了公约

2018—2030 年战略框架，发布了《鄂尔多斯宣言》和《全球青年防治荒漠化倡议》，启动了"一带一路"荒漠化防治合作机制。中国荒漠化防治成果得到世界广泛赞誉，中国荒漠化防治经验被誉为"全球典范"。大会上，《中华人民共和国防沙治沙法》荣获世界未来委员会与联合国防治荒漠化公约秘书处联合颁布的"未来政策奖"银奖。

当前，在科技治沙研发方面任务依然艰巨，例如，低覆盖度治沙理论有待完善，技术尚需进一步研发；土壤、微生物与人工林和自然修复植被的复合发育机理有待研究；沙地资源利用与沙产业有待开发；生态用水策略与产业协调发展问题有待解决。2023 年 7 月，国家林业和草原局新闻发布会指出，"三北"工程实施 45 年以来取得了巨大成就，正在实施的"三北"工程六期是巩固拓展防沙治沙成果的关键期，是推动"三北"工程高质量发展的攻坚期，要着重解决老化退化林占比高、防护效益低下、造林密度偏大、树种结构单一、混交林占比低等问题。低覆盖度治沙理论、荒漠生态学等学科的发展将为解决上述问题提供重要支撑。

新时期中国防沙治沙工作

中国防沙治沙精神

我国大力弘扬治沙精神，极大丰富了社会主义精神文明建设的时代内涵。"政府主导、部门联动，企业负责、群众参与"的治沙结构，促使防沙治沙的强大合力形成。宁夏沙坡头治理模式、塔克拉玛干沙漠公路治理模式、库布其沙漠治理模式等为国际社会治理生态环境提供了中国防沙治沙经验，治沙"三字经——防、治、用"、综合治理的"四梁八柱"[1]"24字方针"[2]治沙方略为全球沙漠治理贡献"中国智慧"。长期以来，沙区广大人民群众艰苦奋斗、开拓进取，战天斗地、防沙治沙，创造了荒漠变绿洲、荒原变林海的人间奇迹，涌现出了一大批治沙典型。"治沙英雄"石光银、王有德、牛玉琴、石述柱，"时代楷模"八步沙林场"六老汉"三代人、苏和，几十年如一日，沙害不止、治沙不息。河北塞罕坝、山西右玉、内蒙古库布其、陕西榆林、新疆柯柯牙、宁夏沙坡头等地的政府，一任接着一任干，一张蓝图绘到底，长期不懈防沙治沙。在防沙治沙实践中，人们孕育出了牢记使命、艰苦奋斗、绿色发展的塞罕坝精神；迎难而上、艰苦创业、久久为功、利在长远的右玉精神；自力更生、团结奋斗、艰苦创业、无私奉献的柯柯牙精神；艰苦奋斗、顽强拼搏，团结协作、锲而不舍，求真务实、开拓创新，以人为本、造福人类的"三北"精神；亲民爱民、艰苦奋斗、科学求实、迎难而上、无私奉献的焦裕禄精神；勤朴坚韧、众志成城、筑牢屏障、永保绿洲的民勤防沙治沙精神；困难面前不低头、敢把沙漠变绿洲的八步沙精神，鼓舞了人们的干劲和士气，吸引了更多社会力量参与支持防沙治沙事业。

中国沙漠治理经验

我国的防治荒漠化事业与各国同步发展，走过了一条从无到有，从小到

---

1 中国综合治沙的"四梁"是政府主导、全民参与、科技支撑和法规保障，"八柱"是做规划、上工程，建机构、确权责，全民义务植树运动，企业加盟、民间组织（NGO）助力，科学研究与技术推广，荒漠化监测预警与观测研究网络，建立《中华人民共和国森林法》《中华人民共和国草原法》《中华人民共和国水土保持法》等相关法律法规，国家出台支持荒漠化防治的各种优惠和激励性政策。

2 "24字方针"，即保护优先、绿色发展，因地制宜、分类施策，系统治理、整体增强。

大，从弱到强，艰苦的、不平凡的历程，创造了许多科学实用的技术模式，积累了丰富的实践经验，树立了一批可借鉴、可复制的典型样板，塑造了一批可歌可泣的先进人物，走出了一条生态建设与经济发展并重、治沙与治穷共赢的中国特色荒漠化防治道路，取得了举世瞩目的成效，实现了从"沙进人退"到"绿进沙退"的历史性转变，成为全球荒漠化防治的"引领者"。荒漠化和土地沙化实现"双缩减"，风沙危害和水土流失得到有效抑制，防沙治沙法律法规体系日益健全，绿色惠民成效显著，铸就了"三北"精神，树立了生态治理的国际典范。这些成就凝结着数代治沙人的心血和汗水，彰显不同凡响的"中国经验"、中国风采、中国力量，受到国际社会的充分肯定和高度赞誉。

在沙产业方面，自1984年著名科学家钱学森首次提出沙产业以来，经过30余年的理论研究和生产实践，已初步形成比较完整的理论框架，但其未来发展的方向和路线仍需进一步研究。2019年，有研究团队将沙产业的特征概况为四点：生产活动主要发生在沙漠干旱地区；使用高新科学技术是首要标志；除农产品外，相关的工业和服务业产品也属于沙产业的产品；要实现生态建设产业化、产业发展生态化，最终达到经济效益、生态效益、社会效益的协调（王岳 等，2019）。2020年，有研究团队指出，沙产业形成了包含沙产业种植繁育业、沙产业加工制造业、沙产业旅游生态服务业以及沙产业科学技术与公共管理产业等在内的丰富的产业体系，并实现了沙产业内部之间或者沙产业与其他产业之间的产业融合，主要融合类型包括沙产业种植业分别与旅游业、加工业以及高新技术产业的融合。但是，沙产业发展仍处于初级阶段，产业融合发展程度较低，融合过程中存在产业多功能拓展不足、产业科技创新力不足、产业内外融合要素主动性不强等诸多问题（刘璐 等，2020）。

沙产业需要结合沙漠地区生态保护、经济发展和人民致富等多重目标。沙产业为中国沙区生态环境改善，生态效益与经济效益提高，地方经济发展及农牧民收入显著提升作出了突出的贡献。截至2022年初，我国林草沙产业企业已超 1.55 万家，沙产业年产值约 5000 亿元；建成国家沙漠公园 98 个，占地 38.2 万公顷；建成沙区特色树种国家重点林木良种基地 121 个、国家林木种质资源库 39 个。促进沙产业发展，对于沙漠地区经济发展、生态文明建设都具有重要意义。

中国生态文明建设中的荒漠化防治

"荒漠化防治是关系人类永续发展的伟大事业。""面向未来，中国愿同各方一道，坚持走绿色发展之路，共筑生态文明之基，携手推进全球环境治理保护，为建设美丽清洁的世界作出积极贡献。"在致第七届库布其国际沙漠论坛的贺信中，习近平总书记用"伟大事业""生态文明之基"定位荒漠化防治工作，凸显了荒漠化防治的基础性和战略性地位。党的十八大以来，在习近平生态文明思想的指引下，我国荒漠化防治工作开辟了新境界、迈上了新台阶，取得了举世瞩目的巨大成就，荒漠化和土地沙化实现"双缩减"，风沙危害和水土流失得到有效抑制。截至 2022 年底，累计完成防沙治沙任务 3.05 亿亩，封禁保护总面积达 2707.65 万亩，建立全国防沙治沙综合示范区 41 个、国家沙漠公园 99 个；"三北"工程实施 45 年来取得了重大成就，累计完成造林保存面积 4.8 亿亩，治理退化草原 12.8 亿亩，工程区森林覆盖率从 1978 年的 5.05% 提高到目前的 13.84%，使祖国北疆筑起了一道抵御风沙、保持水土、护农促牧的万里"绿色长城"。

为世界荒漠化防治贡献"中国智慧"

荒漠化是影响人类生存和发展的全球性重大生态问题。我国是世界上荒漠化最严重的国家之一，经过长期积极探索，不断加大荒漠化防治力度，近年来，我国防沙治沙事业成效凸显，形成了荒漠化防治的"中国方案"：坚持"山水林田湖草沙"一体化保护和系统治理；坚持以水定城、以水定地、以水定人、以水定产；加强智慧林草建设，提升荒漠化防治水平；治沙与产业结合，保障生态治理可持续；采取封沙育林育草、飞播造林种草、人工造林种草等措施；采用林农水措施综合治理恢复和增加植被；加强草原鼠虫灾防治，提高草场载畜能力；科学选择植被恢复模式，合理配置林草植被类型和密度；加强防沙治沙技术的创新集成和应用；加强低覆盖度治沙理论的应用等。为世界荒漠化防治提供了"中国智慧"和"中国经验"。

1977年，联合国荒漠化大会在内罗毕召开。中国沙坡头麦草方格治沙方案获得国外专家一致认可，并成为最早向世界输出的中国治沙方案。此后，一批批国际沙漠化治理培训班、国外专家来沙坡头实地考察。2017年《联合国防治荒漠化公约》第十三次缔约方大会期间，各国部长及代表240余人实地参观考察了库布其沙漠，他们对库布其的治沙实践和治理模式表示了肯定，并希望在世界其他地方予以复制推广。如今，在"一带一路"倡议的带动下，库布其沙漠治理模式已走入沙特等中东国家，为全球荒漠化防治贡献着"中国智慧"。

本章撰稿：冯伟　杨文斌　程一本　周密　曹希敬

第一部分

科　学
治沙篇

第1章
以包兰铁路宁夏沙坡头段为代表的沙漠铁路治沙模式

20世纪50年代，国家因修建包兰铁路在宁夏中卫沙坡头地区开启了中国的沙漠化治理历程，并形成以沙坡头段为代表的沙漠铁路治沙模式，构建了机械固沙与生物固沙相结合的治沙思路，创新了1m×1m的麦草方格沙障，创建了固沙防火带、灌溉造林带、草障植物带、前沿阻沙带和封沙育草带"五带一体"的铁路防沙体系。这一模式成为中国乃至世界的铁路治沙典范，并得到广泛应用。

1.1 中卫沙坡头沙漠考察

1.1.1 考察背景

据《中卫县志》（中卫县志编纂委员会，1995）记载，秦汉时期沙坡头地区的农业迅速发展，后战乱、滥垦等因素导致该地区的草木大量枯死，风沙逐渐吞没良田；西晋时，因受腾格里风暴的侵袭，沙坡头地区开始出现巨大的沙丘，这些沙丘被称为"万斛堆"；到了五代和宋辽时期，中卫县的西北方逐渐变成了一片瀚海；西夏时沙漠出现，蒙元时期沙坡头一带就已经出现流沙（景爱，

1994）；清雍正、乾隆年间，沙坡头地区农业发展进入新高峰，人们曾动用数千车马希望经此将粮食运往凉州（今武威），终因沙坡头一带高大的沙丘而无法通行，只得用船只沿黄河逆水转运 10km，且该时期沙尘暴愈演愈烈，沙丘从西北低矮的山丘迅速向东南平原区蔓延，极大地加快了腾格里沙漠的扩张，从而导致沙坡头地区沙漠面积进一步扩大。到新中国成立，沙坡头地区的沙漠已经包围了中卫县西门。历史上沙坡头地区的沙漠一直是内蒙古、宁夏至兰州、凉州路线畅通遇到的最大障碍，人们期望有一条通道能穿越沙漠。新中国成立后，为了保障国家经济建设顺利进行，在国民经济建设第一个五年计划期间，我国修建了一条从包头至兰州的 1 级客货共线铁路干线，建立华北、内蒙古、宁夏、甘肃为中心的西北铁路网，连贯京包铁路，将北京与西北地区联结起来。

　　1952 年，铁道部的铁道勘测设计院和中国科学院的地理研究所合作，对拟议中的包兰线进行方案踏勘，设计院侧重考虑修筑铁路的可能性，地理所侧重比较各种方案的经济效益，双方人员组合分组对黄河南岸和北岸进行踏勘。地理所的吴传钧院士负责北岸，发现北岸穿越沙漠、有矿区，利于经济发展，而南岸没有矿产资源。于是铁道部进一步安排包兰铁路的勘测设计工作，由铁道部第一设计院负责兰州至银川段的勘测设计工作，并着手草测选线路段的地质地貌情况。当时提出两大方案，一是从兰州沿黄河南岸经靖远、中宁，在青铜峡过黄河至银川，全长 490km，称为"大南线方案"；二是从兰州越过黄河，经皋兰、狄家台、中卫到银川，全长 495km，称为"大北线方案"。1953 年，铁道部比较两条选线的初测情况后发现：大南线方案经过地震烈度在九度以上的海原、固原大地震断裂带的线路长达 22km，难以采用；大北线方案相比大南线，地形平缓、工程相对容易，但中卫至甘塘段 72km 需要穿越腾格里沙漠东南缘。当时在沙漠修筑铁路对于中国铁路人员来说十分陌生，究竟选择哪一条线路还需要进一步论证。工作人员考虑到铁路穿越沙漠的困难后，试图将选线尽力避开沙坡头一带高大的流沙，选择从长流水站向东南沿长流水沟而下，在硝湾附近过黄河，经上河沿、下河沿、常乐堡、中宁与大南线相接，这样还能惠及中宁等地的工业发展；或者线路由常乐堡过黄河至中卫，接大北线。然而这两条选线都比穿越沙漠展线长超 10km，且需要增建黄河大桥和多座隧道，会导致经济成本与技术挑战进一步增加。后经过多次的技术与经济比较，铁道部批准采用穿越沙漠的方案，认为这更加经济、科学、合理，并把研究任务交给铁路科学研究院的研究员翁元庆负责，至此中卫沙坡头的荒漠化考察工作正式拉开序幕。

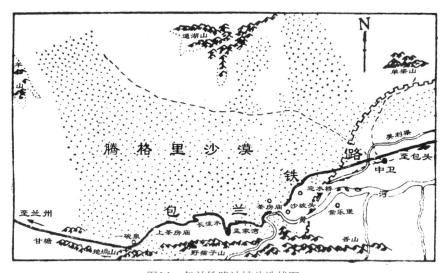

图1.1　包兰铁路沙坡头选线图

1.1.2　考察过程

通过勘察发现，包兰铁路甘塘[1]至中卫段约 55km 的线路需六次穿越腾格里

1　中卫县辖镇名，因地处内陆闭流洼地得名干塘，后谐音改为甘塘，二者混用。现包兰铁路上干塘站的站房标示为干塘站，但站台上的站名标示为甘塘站。

沙漠东南缘的流动沙丘，具体是甘塘、一碗泉、上茶房庙、长流水、沙坡头、迎水桥、中卫段，沙漠地段长约40km。从甘塘至一碗泉为孤山子梁，上茶房庙至一碗泉以南是地埫山，迎水桥至孟家湾段黄河南岸为香山及野猫子山，相连成为沙漠南缘的屏障；北部山脉多不连续，由西向东分为青阳山、羊山、通湖山和单梁山，高低起伏不大，形成剥蚀残山，山间均有宽阔谷地，使北面腾格里大沙漠在西北风的长期作用下，沿着黄河岸边形成高大的沙山，为腾格里沙漠向东南的延伸部分。沙漠的下覆地貌各段也不同，迎水桥至孟家湾段，沙坡头村以东的流沙覆盖在黄河一、二级阶地上，组成物质以卵石为主，沙坡头村以西为剥蚀丘陵，主要为二叠纪或三叠纪砂岩，从茶坊庙至一碗泉地区为冲积洪积平原，在流沙中有由细粒物质组成的残丘。

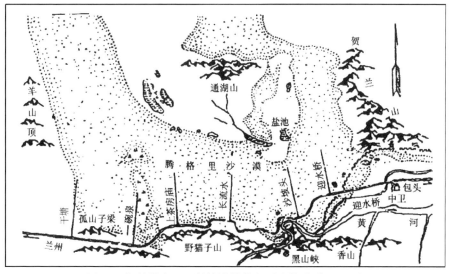

图1.2 包兰线中卫至甘塘沙漠分布图（陈舜瑶，2022）

1954年1月，包兰铁路开始动工，国家召集铁道部、中国科学院、林业部多次研究穿过流沙的对策。根据苏联专家的建议，第一设计院的赵性存工程师等人组成的沙漠铁路尖兵队在寒风中爬上沙坡头西面的高大沙山，在茶房庙建立中国第一个沙漠铁路观测站，开始观测和研究气象要素、沙丘形态特征和风沙活动规律等，进行定期的横断面和等高线测量、植物试种，并获取沙丘移动数据（李响，楚涌池，2005）。

1.1.3 沙区铁路防沙护沙的试验研究

1955 年 1 月，赵性存接到铁道部指令，要求他带队尽快在沙坡头设计建造一段 450m 长的试验路基，安排实验项目，进行观测比较，以获取沙漠路基设计施工方案（赵性存，1988）。试验路基的施工采取原始的办法，利用驼队运送物资，开辟出第一段沙漠路基。在此进程中，学者们发现沙漠中修筑铁路是涉及地理学、气象学、植物学、土木工程、社会科学等多个学科的重大难题。1955 年，学者们请求铁道部向国家建委提出把包兰铁路沿线流沙治理工程设计方策的课题列入国家的科学规划，并请中国科学院主持设计。1956 年 2 月，中国科学院林业土壤研究所所长朱济凡和副所长刘慎谔接到了铁道部、林业部和中国科学院下达的为期三年的包兰铁路防治沙害的研究任务，因此派出以刘慎谔先生坐镇指挥，李鸣冈为治沙课题组负责人，刘媖心为课题组第二负责人和秘书的团队（刘媖心，黄兆华，2000）。

1957 年，铁道部开始动工修筑包兰线穿越沙漠的路段，1958 年成立铁路固沙林场，对沙坡头进行调查设计。沙坡头防沙研究站向科研人员提供了三年半的观测、试验资料，让他们沿选定的铁路线考察沙丘类型、沙土成分、地下水位、水质、天然植被等情况，对影响生物固沙的因素如风沙活动规律、固沙植物种的选择、栽植技术等进行研究。1958 年 10 月，包兰铁路正式通车，但当时固沙的工程还在实施当中，防沙体系尚未建成。在沙坡头段，除了几米宽的路基，铁路北侧皆是黄沙，流沙随时可能掩埋铁路。为了保障铁路持续通畅而不被迫改线，中国科学院林业土壤研究所的科研人员留下来继续进行多种防沙措施的试验研究。

1.2　中卫沙坡头的区域条件

1.2.1　地理条件

中卫市位于宁夏中西部，地处宁夏、内蒙古、甘肃三省（自治区）交界的陕甘宁革命老区，属于宁夏平原向黄土高原的过渡带，地貌类型分为黄河冲积平原、台地、沙漠、山地与丘陵五大单元，西北两面被腾格里大沙漠包围，具体地理位置为 104° 17′ E—106° 10′ E、36° 06′ N—37° 50′ N之间。其中沙坡头区是以垄状沙丘、新月形沙丘链、新月形沙丘和格状新月形沙丘为主的典型风沙地貌；整体地势西南高、东北低，平均海拔 1225m，黄河水面海拔 1200m，最高的沙山海拔为 1500m；地表水主要有过境的黄河、大气降水径流和泉水湖泊；土壤类型以风沙土为主，还有灰钙土、潮土、新积土、灌淤土、盐土等土类；气候属于典型的温带大陆性季风气候，年平均降水量约 186mm，年蒸发量为 3000mm，年平均气温 9.6℃，年起风沙时数达 900h，年平均风速 2.8m/s，风沙日以 3—6 月为多，风向多为西北风，沙源主要来自腾格里沙漠（李怀珠，郝翠枝，2007）。

从地理位置上看，沙坡头区深居内陆，远离海洋，靠近沙漠，风大沙多，干旱少雨，地形涉及山地、大漠、黄河、绿洲、草原，长城文化、丝路文化、游牧文化与农耕文化曾在此交汇，加上政权的更迭和人口的流动，使得这里的生态环境非常脆弱，沙漠化的范围不断扩大。

1.2.2　沙害成因

中卫市沙坡头区地处黄土高原边缘地带，与黄河和腾格里大沙漠相邻，在干旱半干旱地区内，土壤疏松，水土流失极为严重。沙坡头区的风蚀非常严重，沙漠化的土地也越来越多，沙漠区的乔木、灌木大多枯败死亡，导致这里的水土流失极为严重，其原因有自然和人为两个方面。从自然成因上看，中卫市沙坡头区是我国典型的温带大陆性气候，沙丘纵横，高低起伏，气候变化显著，日照时间长，这使得该地区的植被无法大量覆盖土地，年平均降水量仅有180—367mm，而年平均蒸发量高达3200mm，是降水量的10倍还多，因而该地区的水资源极度匮乏。宁夏水资源也非常有限，由于水分条件的影响，靠近沙漠边缘的植被很难存活。中卫市常年遭受强风力侵扰，强风中往往还伴随着沙尘暴，其风向以西北方向为主。在风力的作用下，砂粒随着风向向着中卫市周边和腹部快速移动，淹没其他植被，土地荒漠化严重程度不断加剧。从人为成因上看，当地土地利用方式或人们生活方式加快了土地荒漠化进程，如沿河居民主要取黄河水灌溉耕地；或砍伐植被、樵柴等作为生活燃料；或牧民过度放牧，周边乔灌木、植被等严重被啃食，使得这里地表土壤裸露、肥力下降、盐碱化加剧，土地荒漠化进一步加重。

1.3 沙坡头沙漠治沙模式与技术创新

为保证包兰铁路的畅通无阻，1956—1986年这30年来，科研人员在降水量小于200mm的干旱沙漠地区长期研究在铁路两侧格状沙丘上栽植植被的关键技术，总结出"固阻结合"，机械固沙先行、生物固沙紧跟，水旱并进等经验，最终打造出沙坡头治沙模式（许凌，王玲，2007）。

1.3.1 构建"以固为主，固阻结合"的治沙思路

沙坡头地区以流沙为主，控制流沙移动是保证包兰铁路运行的关键。固

定流沙有机械固沙与生物固沙两种措施，机械固沙是采用干草、树枝、秸秆、黏土、卵石等材料设置各种形式的沙障固沙，这只是临时性的固沙措施；而生物固沙是种植适宜的固沙植物，是永久性的固沙措施（刘媖心 等，1984）。为了寻找科学合理的方法，科研人员不断地进行试验研究，李鸣冈先生曾带领大家进行不设沙障的大苗深栽和颗粒播种的试验，但植物都因风蚀根系暴露而全部死亡，后大家又在有沙障的地方试验，结果有植物存活，这说明在流沙上如果没有机械沙障保护，无论栽植或直播什么植物都难以保证其成活，只有将机械固沙与植物固沙相结合方可有效控制沙漠移动。于是科学家们尊重科学规律，确定了"以固为主，固阻结合"的治沙思路，即通过机械沙障先阻止流沙移动，再在沙丘上种植植物以保证植物的成活率。只有将阻沙与固沙结合起来，才能有效控制沙漠化继续扩大，使流沙趋于固定，保障铁路的长久运行。

1.3.2 形成以草方格沙障为核心的机械固沙技术

科学家研究发现，先进行机械固沙即用各种材料进行大面积固定流沙表面的办法，可有效防止风沙流活动与沙丘移动，但机械固沙是一种十分耗资而又繁重的工作。科学家开始研究用什么材料、形式、规格进行机械固沙更有效，以及机械固沙的材料能持续保障多久。科研人员先后选取了黄河阶地上的卵石等材料（刘媖心 等，1984）以及麦草、稻草和沙障进行平铺或扎设不同类型与规格的试验研究（凌裕泉，1980）。结合沙坡头地区风沙移动规律及多风向特点，在苏联专家彼得罗夫的指导下，创新设计出 1m×1m 半隐蔽草方格状沙障，其阻止流沙效果最好。这种方法的核心是选取不短于 60cm 的麦草，将一束束麦草扎设后再进行铺设。具体程序是从迎风坡下部开始，先将扎设好的麦草均匀且垂直地放在与常年主风向垂直的第一条主带线上，铺设厚度 2cm，把平板锹端放在麦草中间，将麦草用力向下压到沙层内 10cm 左右，草的两端露出沙面 10cm 以上，将压入沙内的麦草两边用铁锹扶直即可形成一条低矮的麦草墙。按同样的方法设置平行于第一条主带，且间距为 1m 的其他主带，然后再做垂直于第一条主带且间距为 1m 的其他副带，形成纵横交织的麦草方格沙障（图 1.3）。主副带全部完成后，将格内的沙子适度拥至麦草墙四周使其成锅底状，并使其稳固地立于沙上。在路北设置的高立式沙障，阻沙材料用高粱秆、玉米秆及树枝条等做支柱，穿上草把，扎成风墙，下埋 30—40cm，露地面 1m 左右，沙障被沙埋没后，应在其上部加设新沙障使其逐渐升高，直至堆高到 20—30m 为止。麦草方格治沙通过扎设 1m×1m 的草方格形成一张大网将流沙牢牢锁住，进而减缓沙漠移动速度。

沙障固沙的目的在于稳定表层流沙，抑制沙丘移动，并为植物生长创造条件。麦草方格沙障是治沙初期最经济有效的阻沙办法，但是这种沙障的材质寿命短，容易被风摧毁而失去效用。草方格沙障固沙效能一般在 5—7 年，科研人员需根据其寿命定期补设或更替麦草方格沙障，同时采用物理法和化学法对方格沙障麦草进行防腐试验研究（胡英娣，1988），以增加麦草的抗腐性、抗蚀性、抗蛀性等抵抗破坏的能力。只有解决沙障的寿命问题，并在机械固沙基础上进行植物固沙，才能实现长久固沙的目的。

图1.3　麦草方格沙障图

1.3.3　采取水旱并进的生物固沙措施

20 世纪 50 年代，科学家经过植物固沙试验及最初几年的大规模植物固沙施工后发现，在流沙上先设置 1m×1m 草方格沙障，控制地表的风沙流活动，而后再进行植物种植，其中的关键是选择适宜的植物种类。由于沙坡头地区气候干旱、流沙移动性大、温度变化剧烈、土壤贫瘠，只有沙生和旱生植物才能顺利生长。根据多年大量的引种栽植试验，花棒在中卫格状沙丘上的成活率最高，生长最好，是优良的固沙树种；柠条在格状沙丘上也生长得相当稳定，且耐干旱，是优良的后期主要固沙树种；乔木沙拐枣、头状沙拐枣、黄柳、小叶锦鸡儿、油蒿等也是优良的固沙树种，但对所处的沙丘部位要求较高。在高大的格状沙丘上，由于不同沙丘部位的生态条件不同，固沙植物的生长环境也不一样，各固沙植物的生态特性试验结果显示，黄柳、沙拐枣及籽蒿等植物适合在沙埋部位生长，花棒、柠条及油蒿等植物适合在风蚀部位生长，因此在栽植中应掌握适地适树的原则，不同的沙丘部位配置适合的固沙植物种，才能获得良好的效果。

固沙植物种确定以后，需要有合适的配置及密度才能达到预期的固沙效益。考虑到植物地上部分及地下部分的合理结构配置，应采取灌木与半灌木配置及柠条（或小叶锦鸡儿）与油蒿或花棒与油蒿混交栽植；从地上部分看，花棒与柠条直立且高，油蒿植株矮而丛生，二者配置在一起能更有效地控制风沙活动；从地下部分看，花棒与柠条的根系分布深，深度在 80cm 以下，最深可达 3m，而油蒿的根系主要分布在地下 20—40cm 处，因此若采用不同根系分布层的植物种混交配置，可有效利用不同沙层中的水分、养分，从而利于植物地上部分的生长发育。不同栽植密度（0.3m×0.5m、0.5m×1.0m、1m×1m 等）、半灌木的株行距（0.3m×0.5m、0.5m×0.5m、0.5m×1.0m 等）等因素都会影响固沙效果和植物存活率。1963 年，大多数植物固沙区中的植物因耗水量增加导致水资源紧缺，成活率较低（王康福，1980），植物固沙的效果比较差，无灌溉条件下的植物固沙技术再次受到质疑。

因黄河流经沙坡头，科学家们提出"因地制宜、部分地段引水治沙，水旱并进"的设想，即有水利条件的地区，把黄河水引到沙漠里来，改变立地条件，给植物生长创造有利条件，加速铁路两旁的植物绿化；没有水利条件的地区，继续采用麦草沙障与耐旱沙生植物固沙相结合的措施来阻止流沙侵袭铁路，使其逐步形成防沙林带。1964年，科学家们开始采取带状栽植法继续进行试验，研究发现灌木株行距为1m，半灌木的株行距为0.5m，行距为1m，空留行距均为1m时，植物的保存率及生长状况良好，覆盖度为30%—43.7%，每株灌木的营养面积为1.5—3m^2，每株半灌木的营养面积为0.75—1m^2，每株花棒的营养面积为3—4m^2，每株柠条的营养面积为2—3m^2，每株油蒿的营养面积为1m^2，每株黄柳的营养面积为6m^2。由于植物的耗水量是随着栽植时间的增加而增加的，因而只有根据不同的栽植年限设置更合理的密度，才能有利于植株的生长发育。

科学家们还采用了草方格沙障和植物固沙相结合的措施，在相当长时期内草方格沙障起主要固沙作用，植物固沙经过约15年的时间，其覆盖度达到30%，不再需要补设或更替麦草方格沙障，实现无灌溉条件下的生物固沙。另外，1967年引黄治沙工程开始动工，建造了一级和二级扬水站，选定测设好的线路安装管道，采用撑叉式和法兰式两种方式向沙漠深处输水。当黄河水被引上高大的沙山后，必须平沙造田，采用人工降雨、水龙带浇灌和小面积修渠引水、自流灌溉等方式进行浇灌，种植小叶杨、洋槐、旱柳、沙枣等乔木及花棒、柠条、黄柳、沙柳等造林树种，以乔灌带状混交和乔灌纯林为主的配置方式，逐渐使流沙变为固定沙地，造林4—5年后基本达到一定的郁闭度，也减轻了流沙对黄河的危害。1980年，沙坡头地区又建成了三、四级扬水站，扩大了平沙造田面积，栽植刺槐、沙枣、柠条、紫穗槐等乔灌木林，逐渐形成了154km长、800m宽的灌溉造林带，原来单一的"旱路固沙"模式变为"水旱并举"。

1.3.4 创建"五带一体"的铁路防沙体系

1956—1963年，治沙人员通过在铁路两侧铺设草方格沙障和造林带来保障铁路顺利通行，但是设计在技术和施工管理方面存在一定问题，铁路事故时有发生。经过调查发现，原来的方案设想（图1.4）是南北两侧设计宽6500m，铁路北侧是主风带，设置宽度为5000m，划分为五带，分别为最外缘2500m宽的封沙育草区、1000m宽的少量沙障区、1200m宽的2m×3m长方形麦草沙障区、200m宽的2m×2m方格麦草沙障区、100m宽的1m×1m方格麦草沙障区；铁路南侧为1500m宽的防护带，靠近铁路50米宽的1m×1m方格麦草沙障区、150m宽1m×2m长方格麦草沙障区、300m宽的封沙育草区及临黄河1000m的2m×3m大长方形种树种草区，整体形成弱度经营区转强度经营区的防御体系。但是该设想对多盛行风的沙坡头来说防御力不足，且铺设过宽的方格沙障也不是最经济合理的。于是治沙人员开始调整原方案，将九条松散的防线结构与配置重新调整，将阻沙与固沙结合起来形成一个完整的防护体系，改成北侧设计500m，南侧设计200m宽的防护带，减少工程量和造价（图1.5）。

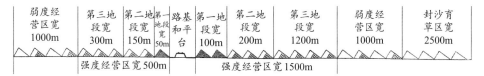

图1.4　1958年包兰铁路中卫段沙漠路基防护林带示意图（李鸣冈，1958）

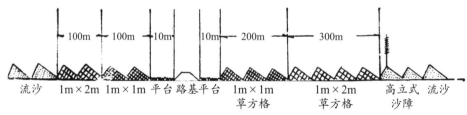

100m	100m	10m	10m	200m	300m	
流沙	1m×2m	1m×1m	平台 路基 平台	1m×1m 草方格	1m×2m 草方格	高立式 流沙 沙障

图1.5　机械固沙配置图（李鸣冈，1980）

20世纪60到80年代，沙坡头逐渐建造完成了4级电力扬水工程，通过引黄河水和平沙造田的方式在铁路两侧建起较宽的畦田，采用自流灌溉和水龙带灌溉，栽植了刺槐、章子松、侧柏、沙枣、紫穗槐等乔灌木林带。栽植的乔灌木在充足的水分条件下3—5年便成林，起到了防护作用，同时也改善了铁路两侧的景观，成功构建了"灌溉造林带"（刘媖心，1987）。随着科技的发展，结合林带改造，研究人员开始逐渐改变传统的灌溉方式来解决"灌溉造林带"的问题，将传统大水漫灌改为沟渠、滴灌，将灌溉水渠建造成整体稳定、阻力系数小、流速快、防渗效果好的U型槽渠；同时积极引进国内外荒漠半荒漠地区的新树种，丰富林带物种，进一步提高了林带的抗逆性及稳定性。

虽然机车的升级换代使铁路两侧防火逐渐降为次要问题，但是宁夏省际公路横穿林带，极大的车流与人流使得公路两侧的火灾依然是威胁林带安全的重大隐患之一。为了确保灌溉造林带的安全，治沙人员在易发生火灾的地段用炉渣、砾石、硝渣等材料铺设了一道10m宽的格状防火隔离带，以及时阻断火源，减少火灾损失。在灌溉造林带外侧的流动沙丘上则采用麦草方格固沙和植物固沙相结合的方法，建立起旱生植物带，即草障植物带，一般南宽200m，北宽300m，再加上植树造林，促使植物在生物土壤结皮基础上形成草障植物带。在草障植物带前沿50m处为前沿阻沙带，以树枝、荆条、篱笆扎设高1—1.2m、宽50m的树干屏障以阻止流沙的侵入。1987年，治沙人员在最外围又加了封沙育草带，即在距前沿阻沙带100m左右范围内播撒一些草籽，让沙生植物自然繁衍，再用零星扎设草障、禁止放牧和樵采等方式促进天然植被恢复，提高天然植被覆盖度，从而达到固沙之目的（沈吉庆，2007）。至此形成完整的"五带一体"防沙体系（图 1.6）。该体系是将生物与工程措施相结合、水路与旱路相结合、因地制宜就地取材、科研与生产相结合的防止铁路沙害的有效模式。

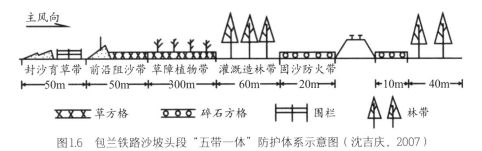

图1.6　包兰铁路沙坡头段"五带一体"防护体系示意图（沈吉庆，2007）

1.4　沙坡头沙漠治理的科学性

沙坡头建设的"固阻结合"的防沙工程在保障铁路安全运营的同时，也把沙坡头建成了中国乃至世界前沿的沙漠科学研究基地。

1.4.1　创新了机械固沙的技术

1957 年，科研人员采取"固阻结合"的方式先进行机械固沙，先后试验了高立式、平铺式、全铺式、带状式等多种沙障类型，但是试验的这些沙障控制流沙移动的效果并不理想，复杂的风向很快将沙障都摧毁。针对这一情况，苏联专家彼得罗夫给出了指导，他对比了带状式沙障与全铺式沙障后，认为沙坡头地区在多个主导风向交叉复杂的情况下，可以考虑借鉴半隐蔽草方格沙障进行试验，也就是把麦草铺成适当厚度的方格，将麦草中间压到沙里一些，露在地表一些，这样沙障就不易被风吹毁，还可以应付多方向的风。李鸣冈认为沙坡头的自然条件和苏联的不同，还应对半隐蔽格状沙障的适宜规格进行多次试验，于是翁元庆、赵性存、凌欲泉等人分别设计了 1m×1m 与 2m×2m 方格麦草沙障、1m×2m 与 2m×3m 长方格状麦草沙障、格状植物沙障、带状沙障、圆形沙障等类型（中国科学院兰州冰川冻土沙漠研究所沙漠研究室，1974），发现 1m×1m 半隐蔽麦草沙障是经久耐用、固沙效能最好的沙障类型，可有效降低地表风速而不产生风沙流。后来，麦草沙障成为沙坡头固沙措施里采用最多的一种形式。

同时，研究人员发现几种有效措施可进一步提高麦草沙障防沙效能，如在预设范围内要全面铺设沙障，不可留空，否则相应位置就会遭受沙埋；在沙障预设范围内，沙障铺设截止处如遇迎风坡或丘顶，研究人员应向外延伸或缩短沙障铺设点到落沙坡脚，否则沙障边缘易因得不到巩固而遭损毁；此外，还应在沙脊线丘顶铺设便道，一般主风方向一侧 300m，背风方向一侧 200m 的方格沙障就可以控制路基两侧的风沙流，并保障列车的安全运行。当然具体设防宽度根据沿线情况差异也有所不同。

1.4.2　探索了固沙植物的规律性

水是植物生长的必要条件之一，沙坡头地区因年降水量极少，地表蒸发性极强，那么在无灌溉的条件下哪些植物能在沙漠里存活？哪些植物的固沙能力强？风沙流动与植物生长有什么关系？如何根据植物演替规律选择不同阶段的植物？这些问题成为推动沙漠科学工作者不断进行试验和研究的动力，促使沙坡头科学研究站成为世界荒漠化防治前沿领地的重要力量。首先，科学家们认为在不灌溉的条件下，选择适宜的固沙植物、了解植物的习性能否适应沙漠流动沙丘的环境条件是关键。因为流沙是一种母质而不是真正的土壤，肥力很低，这就要求流沙上的植物要有耐贫瘠的能力。其次，科学家们考虑植物对水分的要求，只有根系特别发达的植物才能在流沙中生长，进而作为优良固沙植物被采用，如花棒、黄柳等，然后还要考虑植物的蒸腾强度，减少水分支出，如梭梭、沙拐枣等植物叶子很小，或呈鳞片状、针状，枝条变成绿色以进行光合作用，气孔陷入表皮下。最后，植物在沙漠中必须适应高温，而沙生植物颜色一般较浅，呈灰白色，吸收热量较少，且具有调节自身温度的能力，恰能适应沙漠高温。彼得罗夫认为沙坡头地区气候变幅较大，试验中要注意气候因子的极限和变率，即干旱、湿润、高温、低温等情况下植物的存活率。另外，要先用乡土灌木和草本植物把沙固定住，再适当引进一些中亚地区的固沙植物，还要注意应用科学合理的栽种技术。刘慎谔和朱济凡也对沙坡头的植物试验给出意见，认为可以利用气候的极限因子（干旱年和丰水年）来筛选合适的固沙植物，对引进的树种先进行多种试验再确定类型。所以，刘慎谔、李鸣冈等人最先从植物抵御风蚀沙埋和忍耐干旱贫瘠的视角及植物的形态、生理、生态、遗传等特性出发，对可以在沙漠中生存下来的植物进行试验研究。他们通过研究植物根系发展过程和风沙流动与植物生长的关系发现，采用花棒、油蒿、柠条、沙拐枣等本土生长的植物作为固沙植物的成活率较高，之后再进行合适的密度配置，将机械固沙与生物固沙结合起来，可以取得预期的固沙效益（刘中民 等，1963）。

1.4.3　验证了人工植被理论

1962 年，刘慎愕先生到沙坡头试验站进行考察，研究植被演替的理论与实践，提出课题"人工植被建立的研究"，倡导灌木和草木相结合，其中带状栽植的方式能使植物以群体的形式发挥固沙防风作用，空留带间能使植物得到足够的营养面积（刘媖心，1985）。1963年，科学家考察沙坡头地区的人工植被，发现这里的固沙植物覆盖度还不到固沙标准的30%，巨大的工程量和高昂的造价再次引发了学者对无灌溉条件下植物固沙的可行性的怀疑，导致"走水路还是走旱路"的争论爆发。1963年，中国科学院专门召开现场会，讨论沙坡头的植物固沙前景以及科研工作是否继续。与会人员经过讨论，认为在年降水量180mm的临界值下，经过足够长的时间一定可以成功实现无灌溉条件下的植物固沙，应该继续坚持试验，这将有利于沙漠学这样的边缘学科发展，并将产生重大的理论和实践意义。

刘慎愕先生指出，建立人工植被必须与自然植被的研究相结合，人工植被的建立必须符合自然规律；建立的人工植被必须考虑植被的上下层结构，上层部分的结构要做到草木、灌木、乔木相结合，下层结构要使土壤中的深根、浅根、有根瘤、无根瘤的根系相协调；要以动态的眼光看待植物群落之间的关系。他绘出沙坡头地区沙生植被的自然演替图示，并指出人工植物固沙应控制在对人类有利的演替阶段，而不是盲目促使其达到演替顶极。研究者们根据沙坡头流沙的特点与黄河南岸半固定沙丘上天然植被的对比发现，研究并建立的人工植被里有先锋植物、后期植物和顶级群落，理想的先锋植物是灌木花棒、半灌木籽蒿及沙米、百花蒿等草本植物，后期植物采用油蒿、柠条等，顶级群落的植物为红沙、珍珠等。通过交叉试验与研究，根据1956年开始设置的沙生植物试验区实验结果，1964年、1965年扩建而成的试验区实验结果及1973年的调查数据，研究者们得出，无灌溉下的人工植被处于5种配置结构时生长较好，覆盖度一般可达到30%，有的可达到43.7%；但花棒、柠条、小叶锦鸡儿等沙生植物作为固定流沙的主要先锋植物有10年左右的发育时间，到30年时基本就退出相应区域的土壤，随后这些土壤进入植物演替阶段。

1.4.4　探究了沙面生物结皮带来的生态环境变化

通过植物固沙，流沙经过一定时间会自然变成固定沙地，在这个过程中沙漠土壤发生一定的变化，其中最重要的特征就是沙面生物结皮的出现。沙面生物结皮是由什么构成的？其带来的生态环境问题该怎么解决？国内学者从生物结皮的生物组成、结构与发育特性、物理化学特性和酶活性、生态作用、干扰的影响、生物结皮分布特征以及生物结皮人工接种固沙技术等方面进行了研究（闫德仁 等，2007）。

20世纪60年代，张宪武、周崇莲、陈著春、张继贤等学者在沙坡头铁路两侧进行了自然沙面生物结皮和人工促进沙面生物结皮的试验研究后认为，在半荒漠的生态条件下，流沙自然固定过程中沙面形成生物结皮，结皮在理化性质和生物性质方面都发生了很大的变化，对固沙非常有利；在人工固沙条件下创造出沙面稳定条件后也能逐渐发育成沙面结皮，或者人工施加细土等物质后也可促进沙面结皮的形成，对植物种子的出苗和生长影响不大（张继贤，杨达明，1980）。随着植物演替现象的出现，学者们为了进一步探讨沙面生物结皮的原理，对人工植被区生物结皮层的厚度做了一次调查，发现植物根基下的土层厚度范围从0.5cm增加到5cm，这是由于微生物改变了沙漠土壤肥力及植物生长。

到20世纪80年代，沙丘上土壤微生物的数量发生了巨大变化，尤其是人工植被建立越久的地方微生物越多，这些微生物将沙变成沙质土，但植被区的水分减少，植物的凋萎度上升，沙枣、小叶杨几乎灭绝，喜沙埋的黄柳因沙不流动而死亡，花棒、柠条、油蒿等覆盖度降到10%以下，而草本植物的覆盖度却达到20%。也就是说，植被的结构由灌木为主变为半灌木为优势，由单人工植被变成了人工植被和天然植被的混合体。

20世纪90年代以来，生物结皮的土壤水文过程成为学术界比较关注的争议性问题。陈荷生（1992）认为沙坡头地区的大规模生物防护体系取得了明显的生态环境效益，生物结皮作为新的环境因子介入人工生态防护体系之中，使沙面固结稳定，增强了抗风蚀的能力，同时它的形成和发育增大了降水的无效蒸发，使降水入渗浅、沙地水分恶化，导致深根性的植物衰退，浅根性的半灌木和草本植物得到发展，使人工体系向半人工半自然体系变化和演变。21 世纪后，姚德良等人（2002）、李守中等人（2005）、龚萍等人（2022）认为生物结皮的逐年发育使土壤水分的分配格局和分配过程发生了很大变化，生物结皮的形成延缓了水分的下渗速度，导致深沙层含水量降低，促使沙土下层产生物理干旱，直接影响了深根系灌木对水分的吸收与利用，驱使深根系灌木种的衰退和浅根系半灌木以及一年生草本的蔓延。沙层水分条件的限制会引起植物演变，即植被自然稀疏，密度大的长得矮小，提前衰老；密度小的长得高大，枝叶茂盛。可以说，目前有关沙面生物结皮生成带来的生态环境变化是否有利于改善沙漠生态环境依然是一个有争议的问题。

1.5 沙坡头沙漠治理的现实意义

1.5.1 丰富了风沙防治理论与防治技术体系

围绕包兰铁路的修建，科研人员在风沙运动规律、防沙技术原理方面取得了风沙流运动特征、工程固沙技术、植物固沙技术、引水拉沙等重要研究成果，创新了 1m×1m 麦草方格沙障、树枝阻沙栅栏等工程防沙技术，丰富了风沙防治理论与防治技术体系，为中国风沙防治领域的规范和标准的制定、修改与完善提供了丰富的工程实例、技术与方法，为沙漠地区交通干线风沙防治提供了经典的实践经验与成功范例。新时期，面对防沙治沙、西部生态环境建设、植被重建、生态恢复等国家重大需求，固沙植被选取和栽植的原理和技术为"三北"防护林建设工程中治理区的稳定性维持、植物种选择、植被配置与结构、水分平衡与植物功能群组成等工程设计和今后的科学管理提供了可操作的模式，并推广应用到国防建设和世界文化遗产敦煌莫高窟的沙害防护体系建设中（潘希，2009），为将荒漠化防治实践成功推广到世界各地提供了理论、技术及经验支撑。

1.5.2 促进了治沙工程的可持续发展

沙坡头地段属草原化荒漠地带，年平均降水量为186.2mm，治沙前天然植被覆盖率仅为5%左右，20世纪50年代以来，铁路工程师和科研人员经过反复试验与实践，逐步摸索确定了"以固为主、固阻结合、综合治理"的思路，创造了植物固沙与机械固沙结合，以机械固沙为主；乔木造林与灌木造林结合，以灌木造林为主；水路固沙与旱路固沙结合，以旱路固沙为主；植树造林与直播造林结合，以植树造林为主；造林与管护结合，以管护为主；治沙与科研结合，以治沙为主的固沙造林方法，形成了固沙防火带、灌溉造林带、草障植物带、前沿阻沙带、封沙育草带"五带一体"的铁路防沙体系，为干旱沙漠地区交通干线荒漠化的治理提供了具有参考价值的模式。包兰铁路两侧根据沙源、风况、沙丘活动情况等确定防沙体系内部阻沙栅栏间距、栅栏距方格沙障外源的距离、沙障的规格、林带的配置等，协调布局，形成一个整体性的、结构紧密的防沙护沙体系，有助于实现治沙工程与环境、生态、社会、经济相互促进和可持续发展。

1.5.3 推动了中国沙漠科学研究基地的建设与发展

为了保障包兰铁路防护体系的建设，1956 年我国成立了沙坡头科学研究站，当时建设了土壤分析室、生化实验室、植物标本室、固沙植物种子室、沙地水分动态测定室、温室、沙漠气象站、荒漠尘埃观测塔等科学研究平台，配备了样品室、标本馆、仪器室、学术厅、会议室、专家公寓、科技成果展厅等设施。60 多年来，科学研究站不断拓展，面积已达 2000m^2，建有各类实验室、样品室、标本馆、科技成果展厅并配备各类仪器设备，配有学术厅、会议室、宿舍楼、专家公寓等；试验区包括荒漠生态系统综合观测场、植物迁地保育基地、农田生态系统综合观测场、葡萄园、苹果园、节水灌溉试验地、水量平衡综合观测场、人工结皮喷洒试验区、沙米引种驯化基地、基本农田；并建立大型称重式蒸渗仪、微型气象站、碳水通量观测系统、中子管、微根管等观测设施；还建有国家标准气象站、养分循环池、蒸渗池、全自动日光温室等科学研究平台。这些设施与平台为防沙固沙的科学研究提供有力的支持，并为常年试验、监测数据的获得提供有力的理论与技术支撑，成为中国乃至世界先进的沙漠科学研究前沿阵地。

1.5.4 获得了生态、经济、社会、文化等效益

沙坡头地区因独特的地理条件造就了沙漠化的地域环境，包兰铁路的修建给这里带来新的发展契机。围绕包兰铁路建成的防沙固沙体系成为宁夏中卫段的一道天然绿色屏障，阻止了腾格里沙漠的前移，铁路两侧植被覆盖度保持在 70% 左右，调整了原有的土地利用类型，彻底改变了沙坡头地区的生态环境，创造出了"人进沙退"的世界奇迹。1984 年，沙坡头被列为中国第一个沙漠自然生态保护区；2007 年，沙坡头又被正式列入国家"5A"级景区，成为

重要的干旱沙漠科学研究基地和旅游地。沙坡头的治沙成功既保证了包兰铁路60年的持续畅通及周边农田、村庄、城镇的安全发展，又打造了沙区农业、光热资源、旅游产业等多样化的沙漠经济体系。当地政府投入大量人力、物力、财力，充分利用沙坡头现有的生态资源，积极开展科研活动，合理规划资源开发与利用，开发绿色生态产业，走出了一条沙漠治理、开发、利用的可持续发展之路。

1.5.5　成就了世界沙漠治理的经典模式

沙坡头治沙模式向全世界展示了一个在荒漠地区进行生态工程建设，并通过人工生态系统改造沙漠的成功典范。自20世纪80年代起，沙坡头治沙模式被联合国开发计划署、联合国环境规划署作为成功案例向世界各国推广，非洲马里共和国的绿色屏障建设、中东沙漠地区治理、埃及西奈半岛沙漠治理等都借鉴了沙坡头模式，对全球干旱区生态环境建设具有特别重要的意义。沙坡头铁路防风治沙工程的成功为改善人类生态环境做出了卓越贡献，也是人类与自然和谐共存的重要见证。

本章撰稿：董瑞

第 2 章
以塔克拉玛干沙漠公路为代表的沙漠公路治沙模式

塔里木盆地的心脏地带蕴藏着极其丰富的油气资源。然而，油气的勘探开发并不顺利。延绵无垠的塔克拉玛干沙漠在交通条件上为油气的开发设下了一道巨大的自然障碍。为了推进塔里木盆地石油的勘探开发，我国在沙漠中铺设出了"石油专用道路"。这条公路自塔中 4 油田向南延伸至民丰县，最终连接 315 国道，贯穿整个沙漠，并被正式命名为"塔克拉玛干沙漠公路"（亦称"塔里木沙漠公路"）。

塔克拉玛干沙漠公路不仅解决了塔中石油勘探开发和生产建设的交通问题，而且为我国石油工业的重要接替区——塔里木油田的发展奠定了基础，还为自古被大漠隔开的南北疆架起了一座经济桥梁，极大地促进了新疆地区特别是南疆地区的经济发展，对实现民族共同富裕、增强民族团结、保卫祖国边疆长治久安具有深远的意义。

在公路建设和运行的过程中，沙漠风沙对公路构成了巨大的威胁，直接影响到公路的顺利建设和正常运营。为了保障能源的开发和运输，提升流沙公路运行的安全性，科研工作者们凭借着智慧和毅力，探索并创造出了一种独特的沙漠公路治沙模式，提出了"以机械防沙确保公路畅通为基础，以生物固沙重建和恢复生态平衡为目标，以化学剂固沙为辅助措施"的防沙治沙路线，并结合实际情况，提出了沙漠公路治沙的两步走战略。塔克拉玛干沙漠公路治沙模式的成功是沙漠治理的一大里程碑。这一模式的成功打通了沙漠中石油气资源的运输路径，将曾经"寸草不生"的沙漠变成了国家重要的交通运输路线。这不仅推动了当地经济的发展，也为国家的可持续发展做出了重要贡献。自此，塔克拉玛干沙漠不再是一片无法逾越的绝地，而成为人类意志和科技智慧的胜利之地。

2.1　塔克拉玛干沙漠公路考察

2.1.1　考察背景

1948 年，我国著名地质学家翁文波先生曾发表文章，指出西北大沙漠区具有良好的石油远景，但是这片辽阔的远景区缺乏必要的交通条件。随后，石油地质队踏进了塔克拉玛干沙漠，开始了对这片神奇土地的探索之旅。1989 年 4 月，随着塔里木石油勘探开发指挥部在库尔勒市宣告成立，塔里木石油的勘探开发正式拉开序幕。同年 10 月，位于塔克拉玛干沙漠腹地的塔中 1 井获得重大油气发现，让人们真切地认识到沙漠腹地蕴藏着极其丰富的油气资源。然而，交通条件成为阻滞塔里木石油勘探开发的"拦路虎"。采用造价昂贵、效率低下的沙漠运输车绝非长久之计，修建一条贯穿塔克拉玛干沙漠并长久畅通的道路成为塔里木石油勘探开发的重要前提。

作为中国第一大沙漠、世界第二大流动沙漠，塔克拉玛干沙漠中风沙地貌类型复杂、流沙面积世界第一（80% 以上沙丘为流动型），宛如海中波涛的流沙裹挟着整个沙漠，1000 年来向南伸延了约 100km。在此条件下修建贯穿沙漠的公路无异于沙上建塔，是决心征服"死亡之海"的宏伟构想。

作为保障沙漠公路建成后长久畅通的关键一环，防沙治沙是沙漠公路技术攻关中的一大难题。为防治公路沙害，塔克拉玛干沙漠公路从选线、设计、修筑到运维全程贯穿防沙理念（王涛，2011）。防沙治沙专题组成员不仅在前期参与了公路选线等工作，更在道路施工中承担了全线的防沙工程设计，创造性地提出了"先机械，后生物"的两步走防沙战略。1995 年 9 月 30 日，塔克拉玛干沙漠公路全线贯通，随筑路同步建设的机械防沙体系能够保障沙漠公路安全通行至少 10 年，超额完成了任务。在先导实验的基础上，沙漠防护林工程自 2003 年 6 月 17 日被正式批准到 2005 年 5 月全线建成，世界上第一条穿越流动沙漠最长的"绿色长廊"逐步接替机械防沙体系，并继续为沙漠公路的畅通保驾护航。防护林工程改变了沙漠公路局部的生态环境，增加了沿线生物的多样性，使得风沙防护能够长期有效进行。

时至今日，除了轮台—民丰的塔克拉玛干沙漠公路，其他几条穿越塔克拉玛干沙漠的公路也已相继竣工，但征服"死亡之海"的宏伟工程仍在继续，石油开发、经济发展、国防建设不断赋予沙漠公路新的使命。在此背景下，塔克拉玛干沙漠公路的守护者——风沙防治体系也不断革新，风沙防治的作用正随着沙漠公路的延伸而不断体现。

2.1.2 考察过程

1990 年 1 月，中国石油天然气集团有限公司邀请中国科学院、交通部等单位的专家在库尔勒召开"沙漠道路建筑技术预可行性研讨会"，这次会议推动沙漠公路进入筹建阶段。1990 年 3 月 20 日，会战指挥部组织 31 名学科专家组建沙漠公路选线和修筑专业踏勘考察队。考察队计划从塔中 1 号井出发，向北抵达塔里木河，对塔克拉玛干沙漠进行一次包括地质、水文、风沙、地貌和气象在内的实地考察。

1991 年，指挥部组织了 2km 路段的 8 种路基路面和不同材料、不同宽度机械防沙工程试验。与此同时，"塔里木沙漠石油公路工程技术研究"正式列入国家"八五"重大科技攻关项目，同年 10 月正式签订国家科技攻关合同书。项目下分 7 个专题：沙漠石油公路选线技术研究；沙漠石油公路防沙治沙综合研究；沙漠石油公路筑路材料、路面结构及路基稳定研究；沙漠石油公路施工与养护技术研究；沙漠石油公路沿线水文地质工程地质研究；塔里木河水文分析及导流防护设施研究；沙漠石油公路环境影响综合评价研究。来自全国近 20 个科研机构、近 200 名专家和技术人员参与其中。公路防沙治沙作为攻关计划的重要课题，被摆到了突出位置。

　　沙漠公路建设确立了"以科技为先导，以工程为依托"的方针。为了掌握公路沿线沙丘移动规律，防沙治沙专题组一开始就在现场布设了风沙和地形变化观测场（有的观测场进行了 3 年的长期观测），获得了沙丘移动的第一手资料。因防沙工程的需要，专题组研究了沿线起沙风与输沙强度、风沙危害的特征。结合计算分析，经过沙害调查，建立了全线沙害评估指标体系，完成了全线沙害强度段落区划。还着重研究了移动最快、对工程防沙体系危害最大的线形沙丘表面的气流特征和前移机制。在掌握沿线风沙危害规律的基础上，经过试验段的试验，沙漠公路防沙治沙课题组设计了全线防沙工程。

　　塔克拉玛干沙漠开展的生物防沙和绿化的预探性试验，最早可以追溯到 1992 年。中国科学院新疆生物土壤沙漠研究所在 2km 试验段机械防沙带内栽植梭梭、沙拐枣等固沙灌木苗，尝试在极端环境下在沙漠公路营造防护林；同年，中国科学院兰州沙漠研究所在沙漠腹地北侧满深 1 井开展瓜果蔬菜种植试验，在有灌溉的条件下种植 17 种蔬菜瓜果并获得成功；2km 试验路段栽植的灌木，在不浇水的情况下，也有个别苗木成活保留。这些试验打破了沙漠腹地是"生命禁区"的固有观念，启发人们重新认识问题，为在塔克拉玛干沙漠进一步扩大防沙绿化试验立项奠定了基础。

　　1993 年 9 月，中国石油天然气集团有限公司科技局与塔里木石油勘探开发指挥部、新疆生物土壤沙漠研究所和中国科学院兰州沙漠研究所签订了"塔里木沙漠腹地油田基地环境观测与防沙绿化先导试验"研究项目合同。经过一年的沙漠育种和小型绿地试验，1994 年 11 月，沙漠研究所建起占地 280 平方米的简易温室，并在周围开辟 0.87 公顷的"沙漠腹地防沙绿化试验研究基地"，进行沙漠植物引种栽培试验。1997 年 4 月，塔里木石油勘探开发指挥部基建处与中国科学院兰州沙漠研究所签订了"塔中四联合站生物防沙绿化工程"建设合同，工程项目带动了科研工作。

　　2000 年，中国科学院新疆生态与地理研究所在沙漠腹地重建了沙漠植物园。2001 年底，科技部将"塔里木沙漠公路防沙与绿色走廊建设关键技术开发研究"正式列入国家"十五"重大科技攻关项目。2003 年，由国家发展改革委和中国石油天然气集团有限公司共同投资的"塔里木沙漠公路防护林生态工程"全面启动，2005 年秋季全线建成。2006 年 10 月，"塔里木沙漠公路防沙与绿色走廊建设关键技术开发研究"项目通过了国家验收。塔里木沙漠公路全线长 436km，总体宽度 72—78m，建成总占地面积 3128 公顷的灌木林带；累计栽植红柳、梭梭和沙拐枣等 2000 余万株，沿途凿灌溉水井 110 口，铺设各种规格的供水管线 20762km。

2.2　塔克拉玛干沙漠的区域条件

2.2.1　地理条件

　　塔克拉玛干沙漠位于中国西北部的塔里木盆地的中央，包括边缘的零星沙漠区域在内，总面积达 33.76 万 km²，是我国面积最大的沙漠，也是世界上第二大流动沙漠。因塔里木盆地地处欧亚大陆腹地且被群山环绕，特殊的地理位置和自然环境使得塔克拉玛干沙漠环境异常恶劣。有学者总结出塔克拉玛干沙漠在世界沙漠中有"八大之最"：受海洋影响最小，气候最为干旱，植被最少，沙丘类型最复杂，沙丘流动性最强，流沙所占面积最大，流沙层最厚，砂粒最细（李志农，金昌宁，2002）。

作为欧亚大陆的干旱中心，塔克拉玛干沙漠的年降水量只有 10—60mm，甚至更低，而年蒸发量在 3000mm 以上。沙漠公路沿线缺乏地表径流，但存在较为可观的高矿化地下水资源，据估算，沙漠公路沿线地下水基础存量为 16.29 亿 m³。沙漠腹地植被种类组成简单，数量极少。据调查，乡土植物隶属 9 科、12 属、12 种（韩致文 等，2003），以多年草本为主（占 50%），沙生柽柳、芦苇、塔克拉玛干沙拐枣、小花天芥菜等呈零散分布。

塔克拉玛干沙漠被誉为"世界沙丘博物馆"，有着形态多样的风沙地貌景观。作为世界第二大流动沙漠，塔克拉玛干沙漠中流动沙丘面积约 27.7 万 km²，占沙漠总面积的 82%，固定、半固定沙丘仅占 18%。沙漠公路沿线地表主要由平均粒径为 0.087mm 的细沙砂组成，沿线风沙地貌类型复杂，穿越塔里木河冲积平原复合型横向沙丘链区、过渡平原穹状复合型沙丘区、高大复合型纵向沙垄区、牙通古斯河干三角洲复合型纵向沙垄区、尼雅河三角洲与北民丰隆起复合型沙垄区五大地貌单元。

2.2.2　沙害成因

一、沙害的产生

风沙危害被归结为风蚀和风积压埋。沙漠公路风沙危害受害部位包括路面、路肩和路基边坡。风积压埋的产生一是因为挟沙气流受到地形变化或其他障碍干扰，产生负压旋涡而减速，所挟带的沙物质发生沉积；二是因为沙的堆积体（沙丘）的迎风坡受风蚀，产生浓密的风沙流，到达沙丘顶部脊线时随着流线的扩散，沙物质卸载堆积，表现为沙堆积体的整体顺风移动（沙丘移动）。两者均以风沙流为沙的载体和运移方式，就沙害形成的原理来说，只有表现形式的不同，没有本质区别。

迎风向公路路基边坡形似沙丘迎风坡，风沙流顺坡爬升，在越过路肩转折点后，其中的沙沉落，首先堆积在上风向一侧路肩，形成流沙堆积体。这是沙漠地区公路最为常见的风沙危害方式（董治宝 等，1997）。如果不及时清理，沙体堆积会演化为沙丘，并向路面蔓延，滞缓行车速度以致阻断交通。公路在通过高大沙垄的哑口段时，常以路堑通过，两侧的高大沙丘（一般高度在2m以上）形成挟持公路的落沙坡，流沙下滑，加之回流风的作用及沙丘的整体移动等多种因素，使路肩尤其上风向一侧压埋迅速、沙量大，清除耗工也多。经实地调查，塔克拉玛干沙漠公路全线有严重沙害的路堑段落12段，总计6.91km，最集中的是K203—K252段，长度达6km。

塔克拉玛干沙漠公路沿线分布着各种沙丘，它们形成机制不同，移动速度不同，对公路的危害程度也不尽相同。雷加强带领团队，根据风力作用强度、地形地貌以及沙源丰富程度等因子，定量化描述各个路段遭遇的沙害程度，将沙害等级从强到弱划分为4级，1级最为严重（雷加强 等，2003）。根据实地调查结果，沙漠公路全线遭遇1—4级沙害路段比例分别达10.3%、26.8%、17.4%、42.4%，无害路段仅3.1%。

公路遭遇沙害的原因可分为自然因素和人为因素。自然因素指大气环流和地貌共同影响下出现的风沙活动，这种大气环流和地貌相互作用所产生的风沙活动遵循一定规律，出现的地貌部位也有规律。人为因素包括：①设计者对风沙活动强度认识不足，设计的防护强度不够；②防沙工程建设施工不规范；③维护不力，维护不及时；④油田等其他建设施工的破坏。人为因素造成的风沙活动与地貌部位等没有必然的联系，而与设计者、施工人员对风沙活动的重视程度和施工人员的素质有直接关系。塔克拉玛干沙漠公路路面、路肩风沙活动分布的规律性不强，从这层意义来探究出现风沙的原因，以人为因素为主；因此只要采取了强有力的措施，风沙是可以防治的。

二、沙害的影响因素

风沙从本质上讲是在风力作用下，地面物质的侵蚀、搬运及再堆积作用的产物。因此，足以产生风沙运动的风力条件就成为沙害形成的根本动力条件。由于沙漠公路体系是一种纵向延伸很长、横向尺度不大的线性工程，其走向与起沙风作用的方式（即"输沙方向与公路走向的夹角"，后面简称"夹角"）共同构成沙害的重要因素；可被风动力作用的沙源是风沙危害形成的物质基础；地形、地貌则通过对风动力的再分配引起风沙活动的差异，从而使风沙危害在大的地貌单元基础上产生更进一步的分异。人为因素是通过对公路断面结构和防护体系设置的不一致性及设置年限的长短不同等影响沙害程度。通过对风沙危害系统进行综合分析，沙害的主要影响因素可分为风力作用强度、地形地貌因素、沙源丰富程度、公路断面结构、防护体系设置 5 个方面（王雪芹，雷加强，1999）。

（1）风力作用强度。风沙活动是产生风沙危害的最根本条件，其强度可以通过各方向的输沙能指数来反映。同时，沙漠中的各向起沙风只要和公路走向构成夹角，就会形成沙害。

（2）地形、地貌。地形、地貌主要对气流的形成方式以及强度产生影响。风沙流的风速值因地貌部位而异。

（3）沙源丰富程度。沙源是风沙危害的物质基础，其丰富程度直接影响沙害的程度和类型。沙源丰富程度和植被密度、土壤质量、沙丘高度及疏密度等因素相关，其级别的判定为考虑各相关因素后得到的综合判定结果。

（4）公路断面结构。公路的断面结构的设计受地形、地貌条件的影响，并没有全部设置成有利于风沙流畅通过的横断面形式。一般来说路基边坡缓于

1∶3的矮路基横断面具有良好的气流运动条件，贴地层气流不分离、不产生涡旋条件；高路堤易于在堤脚阻滞砂粒、形成沉积；高路堑一方面易于在背风坡脚积沙压埋公路，另一方面易于在风蚀迎风坡为反方向来风危害公路提供沙源，这使清理路面积沙极为困难。

（5）防护体系设置。防护体系的设置结构和设置年限等人为因素直接影响到公路沙害的程度。防护体系的结构好，设置新，则沙害程度轻；反之则重。

2.3　塔克拉玛干沙漠公路防沙模式与技术创新

塔克拉玛干沙漠气候环境极端恶劣，风沙活动频繁。作为保障沙漠公路畅通的关键一环，防沙治沙是沙漠公路技术攻关中的一大难题。防沙治沙专题组成员前期参与了公路选线、沿线工程地质调查、定线测量和线路纵横断面设计等工作，通过测定公路沿线风沙地貌类型、研究不同风沙地貌中风沙运动规律以预估沙害分布情景，设法绕避沙害严重地段；结合实地观测和风洞实验，设计适应防沙需求的线路纵横断面，从工程学角度避免风沙危害。此后，防沙治沙专题组成员在道路施工中承担了全线的防沙工程设计。

"塔里木沙漠石油公路工程技术研究"项目组成立伊始便确定了"在筑路工程、防沙治沙工程中学习借鉴国内外先进理念和技术方法，结合塔克拉玛干沙漠环境和资源的特点，创新出一套适合自己的沙漠公路技术"的方针。基于此方针，防沙治沙专题组曾专门学习沙坡头包兰铁路防沙工程的成功经验，并通过前期大量的研究和调研逐步深化了对公路防沙技术路线、防沙原则和防沙特点的认识。最终确定了以机械防沙确保公路畅通为基础，以生物固沙重建和恢复生态平衡为目标，以化学剂固沙为辅助措施的防沙治沙路线，同时建立起"第一步建立栅栏阻沙，半隐蔽机械沙障（草方格）为主，固阻结合的防沙体系;第二步积极尝试植物固沙方法,创造条件在公路两侧建立绿色走廊、解决长久性防沙问题"的两步走战略(王训明,陈广庭,1996;韩致文 等,2003)(图2.1)。

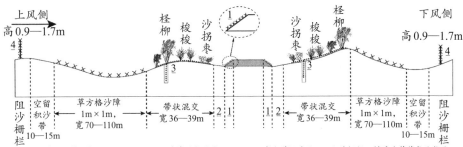

图2.1 塔克拉玛干沙漠公路风沙防护体系结构(张克存 等,2022)

2.3.1 机械防沙模式

第一步战略目标是与公路主体同步建设,经过专家论证,以2km先导性试验路段和30km工业性试验路段的防沙工程试验为基础,设计并建成以宽45—80m的半隐蔽草方格沙障和高立式阻沙栅栏为主要措施的"固阻结合"机械防沙体系。该体系沿公路垂向向外分别设置边坡防护带、半隐蔽沙障固沙带(草方格)、空留积沙带和高立式阻沙栅栏(图2.2),能够有效防止风沙流危害和沙体整体移动造成的压埋危害。到1995年底,塔克拉玛干沙漠公路全线建成阻沙栅栏893km,铺压芦苇草方格53.52km²,是当时世界上规模最大的机械防沙体系(金昌宁,张玉红,2014)。

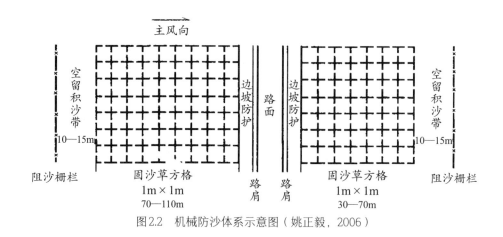

图2.2　机械防沙体系示意图（姚正毅，2006）

一、高立式阻沙栅栏

从宏观角度而言，防沙工程主要作用于防止风沙流造成的危害和防止沙体整体移动形成的压埋危害。作为防沙体系的排头兵，高立式阻沙栅栏能够有效地阻滞、拦截过境风沙流。高立式阻沙栅栏大致与公路平行设置，其本质就是一道篱笆墙，它能使过境风沙流产生涡流，迅速衰减风沙流能量，促使部分砂粒沉降，以达到"风过沙留"的效果。此外，随着被拦截的砂粒就地沉积在阻沙栅栏两侧，阻沙栅栏被逐渐掩埋，并随着掩埋高度增加形成一道人为阻沙堤。

阻沙栅栏是沙害防治中的成熟技术，在我国东部主要采用植物枝条扎制，但是，塔里木盆地植被匮乏，且当地野生柽柳未经平茬，枝条短、多分叉，并不适用于扎制阻沙栅栏。为此，防沙治沙专题组结合当地环境和资源状况进行了材料革新。在塔里木盆地的东北部有我国最大的内陆淡水湖——博斯腾湖，盛产芦苇。在沙漠公路建设之初，博斯腾湖大量的芦苇资源并未得到合理的开发和利用，防沙治沙专题组因地制宜地采用芦苇扎制阻沙栅栏，用于防沙的同时极大地促进了当地的经济发展和民生改善。但随着沙漠公路建设规模的逐渐扩大，手工扎制芦苇栅栏的速度赶不上公路施工的防沙要求，同时为了避免防沙工程与当地造纸业争夺芦苇资源并保护当地生态环境，防沙工程后期又采用了尼龙网栅栏。最初的尼龙网栅栏由从市场购置的普通白色尼龙网制成，防沙治沙专题组为了增加尼龙网的阻沙效应，经与生产厂不断磋商改进，专门研制出了黑色抗紫外线尼龙网栅栏。最终在全线长 893km 的阻沙栅栏中，尼龙网栅栏约占三分之二。阻沙栅栏的再次革新历程，开辟了我国防沙网行业的先河，促使我国形成了防沙网生产行业。

阻沙栅栏的阻沙效果受栅栏的疏透度和栅栏外露高度的影响。阻沙栅栏疏透度过大会削弱其降低风速和拦截风沙流中挟带沙的作用，疏透度过小使得栅栏迎风侧承压过大，并在障前形成强大的回流，容易造成栅栏倒伏或下侧出现空隙，从而失去防沙效益。栅栏高度设置则要综合考虑沿线沙量丰富程度所决定的栅栏被掩埋速度，以及所用材料的具体情况。防沙治沙专题组结合经验数据和风洞实验结果，合理地设定了阻沙栅栏的参数。其中，芦苇栅栏外露高度 150cm，疏透度约为 35%；白色尼龙网栅栏外露高度 110cm，疏透度约 65%；黑色抗紫外线尼龙网栅栏外露高度 110cm，疏透度约 58%。

为了分析高立式阻沙栅栏的阻沙效益，专题组在公路沿线高立式阻沙栅栏两侧观测、采样，结合室内风洞实验，主要从栅栏内外物质粒度的变化特征、积沙形态矢量的测定、积沙量的计算和风洞栅栏流场特征模拟实验等风沙物理学角度，对高立式阻沙栅栏的阻沙效益进行系统和较为详细的研究（王训明 等，1999；姚正毅 等，2000）。分析结果表明，高立式阻沙栅栏能够明显改变进入防护区的风沙流所挟带的沙物质粒度分布，使得沙障内侧一定范围内细粒级成分相对增加，而粗粒级含量相对减少。同时，高立式阻沙栅栏可以改变过境风沙流中砂粒随高度分布的特征，使 10cm 以下高度层内相对输沙量减少，而 10cm 以上高度层内相对输沙量增加，从而使风沙的输沙率锐减，越靠近栅栏处，输沙率降低效果越显著。此外，三种栅栏的防沙作用和效益有所不同，其中芦苇疏透型栅栏阻沙率较高，不易倒伏，明显形成沙堤，使用年限较长，综合阻沙效益最好。

总体而言，处于防护体系前沿部位的高立式阻沙栅栏具有显著的阻沙效益，在整个防护体系中有着不可替代的作用，对整个防护体系发挥正常防沙功能极为重要。

二、半隐蔽草方格沙障

作为包兰线沙坡头地段铁路治沙防护体系的优秀成果，麦草方格技术被引入塔克拉玛干沙漠公路防沙体系并再次发挥了关键作用。麦草方格固沙是指将麦草呈方格状铺设在沙丘上，使用铁锹等工具将麦草中部插入沙层内一定深度，留一定高度的麦草自然竖立在方格四边，后拥沙使之牢固，最终形成半隐蔽草方格沙障。

草方格沙障通过增大地表粗糙度，减弱贴地层风速，降低风沙流的挟沙能力，阻挡沙质地表的风蚀，使得设障区内不再产生风沙，并使来沙沉积在草方格内，从而发挥固沙作用（姚正毅 等，2006）。此外，草方格沙障可以截留水分，提高沙层含水量，有利于固沙植物的存活。

因公路沿线地区不能提供大量适用于扎制草方格的麦草，防沙治沙专题组对半隐蔽草方格沙障进行了材料革新，最终采用芦苇替代麦草扎制草方格。相比于麦秸，芦苇韧性强，经过碾压处理可增加其柔性，并且更加耐沤，尤其在塔克拉玛干沙漠极其干燥的条件下，可保持8年以上不腐烂。在沙障设置规格上，专题组对0.5m×0.5m、1m×1m、1.5m×1.5m、2m×2m等多种规格进行了试验，此外还有间距为1m的带状半隐蔽沙障固沙试验。结果表明，1m×1m规格的芦苇方格效果最好，这与沙坡头等地区研究结果一致（金昌宁等，2007）。因此，除路基边坡使用1.0m×0.5m规格外，草方格沙障规格以1m×1m为主，外露高度18—20cm，每方格芦苇用量为1.5kg（1m×1m）。综合考虑线路与主风向夹角、沿线风沙地貌类型及风沙灾害强度等因素，半隐蔽草方格沙障设置宽度一般在 40—150m。

　　为了准确地评价半隐蔽草方格沙障的固沙效益，科研人员凭借野外观测和风洞试验等手段，通过对比分析沙障区与流沙区表面沙物质粒度分布、风沙流结构及输沙量等结果，发现塔克拉玛干沙漠公路防护体系中，1m×1m 半隐蔽草方格沙障能够改变贴地层风沙流场结构，使 2cm 高度内风速迅速降低，使 10cm 高度以内风沙流挟沙能力和输沙率陡降，进而引起地表砂粒沉积物粒度分布结构的改变，使得细粒含量明显增加。研究表明，半隐蔽草方格是一种经济、有效的固沙措施，其固沙效益十分显著。

　　除高立式阻沙栅栏和半隐蔽草方格沙障外，专题组先后试验了复膜沙袋压沙脊技术、复膜沙袋阻沙技术、高立式大网格芦苇沙障防沙技术等多种固沙方法（韩致文　等，2000），并对食用盐、乳化沥青、LVP、WBS、STB 等一系列化学固沙剂进行了试验。同时试验了多种机械、化学、生物措施相结合的综合防沙技术。最终，综合经济效益和防沙效果，确定了以高立式阻沙栅栏和半隐蔽草方格沙障为主的"固阻结合"机械防沙体系。

　　机械防沙体系保障了沙漠公路的畅通，成功护航沙漠腹地石油的勘探和开发，发挥了巨大的经济、社会和环境效益。"塔里木沙漠石油公路工程技术研究"项目分别获得中国石油天然气集团有限公司科学技术奖特等奖、1995 年度"全国十大科技成就奖"、国家科学技术进步奖一等奖和"两委一部""八五"国家科技攻关项目优秀成果奖。作为世界第一条长距离沙漠等级公路，塔克拉玛干沙漠公路于 2000 年被载入吉尼斯世界纪录（王涛，2011）。这些成就的获得离不开机械防沙体系多年来的保驾护航！

2.3.2　绿色走廊的建立——生物防沙模式

生物防沙是塔克拉玛干沙漠公路防沙体系的重要组成部分，与机械防沙措施相结合，共同保障了公路的畅通。生物措施在防风阻沙的同时，还具有增加绿色景观、改善生态环境的多重功能（张志成，2016）。立项之初，受塔里木石油勘探指挥部委托，中国科学院新疆生物土壤研究所和中国科学院兰州沙漠研究所分别在流动沙漠边缘的肖塘基地和沙漠腹地满参进行了一系列植物种植实验，初步积累了种植、灌溉、人工植被防风沙与防晒的经验。随着项目的开展，1993 年底中国石油天然气集团有限公司科技局提出了"塔里木沙漠腹地油田基地环境观测与防沙绿化建设先导试验研究"项目，该项目最终在诸多方面取得突破性进展。这为后续塔克拉玛干沙漠公路及沿线生物防沙体系的基础理论和技术应用奠定了一定的基础，也标志着塔克拉玛干沙漠公路生物防治建设时机已经趋于成熟（王涛，2011）。此后，在中国科学院新疆生态与地理研究所、中国石油塔里木油田公司、中国科学院寒区旱区环境与工程研究所和大庆油田建设设计研究院的合作下，这条横贯塔克拉玛干沙漠的绿色长廊在2006 年 10 月完工。

一、高矿化度水灌溉造林

没有灌溉就谈不上植物栽培。灌溉是建设生物防沙体系必须解决的问题。基于塔克拉玛干沙漠的自然条件，在保证植物正常生长的情况下，寻找兼顾节约水资源、节省成本、造价合理的灌溉模式是专题组首要解决的重要难题。塔中沙漠公路沿线降水稀少，淡水资源有限，难以满足灌溉需求，沿线埋藏的丰富的矿化度为 3—29g/L 的地下水资源便成为首选的灌溉水源。而用矿化度过高的地下水进行灌溉不利于固沙体系中植物的生长，因此，要想使用高矿化度水进行灌溉还需解决灌溉方式、植物选种等一系列问题。

　　初步确定沙漠公路防沙带的灌溉水源后，灌溉方式选取是项目最需要解决的问题。结合当时国内外所普遍采用的漫灌、畦灌、沟灌、喷灌、滴灌、渗灌几类灌溉方式的优缺点，防沙治沙专题组在立项之初就基本确定了以咸水滴灌为主要灌溉方式，同时将畦灌、沟灌、滴灌三种方式进行比对研究。在此基础上着重考虑沙漠腹地条件下，咸水滴灌可能出现的各种问题与状况，并找寻切实可行的解决方案。塔克拉玛干沙漠的地势高低起伏不平，水肥流失严重，灌溉单元的确定成为当时科研和工程生产所面临的最大难题。灌溉单元是指某一水流量的最大合理灌溉面积。灌溉单元的划分需要依据地区的自然条件，包括降水、蒸发等因素所决定的空气、土壤水分条件，以及土壤质地和灌溉方式、流量所确定的土壤条件。在塔克拉玛干沙漠腹地，专题组通过计算沙丘地入渗率，分析入渗过程与深层损失率，同时验证不同流量和不同灌溉面积条件下的情况，最终提出了不同灌溉方式下灌溉单元的定义及其面积的计算公式。除灌溉方式与灌溉单元之外，灌溉定额（量）和灌溉周期也是灌溉模式的重要部分，两者的确定主要依据土壤水分循环特征决定下的土壤水分状况。专题组为确定塔克拉玛干沙漠腹地生物防沙的最佳灌溉方式做了大量工作，包括各种灌溉方式的土壤水分的变化情况、植物蒸腾耗水量、土壤蒸散量等对比研究，最终论证通过了以咸水滴灌作为灌溉方式的可行性研究，并确定了灌溉定额和灌溉周期的具体数据。

　　沙漠公路沿线防护林带总长度 4.6km，布置了 109 眼灌溉机井，各个机井根据实际需要建立了独立的滴灌系统（图 2.3），每套滴系统技术指标不尽相同，只有经过精确的设计和计算，才能满足不同路段立地类型、不同地形、不同树种、不同需水量的灌溉要求。

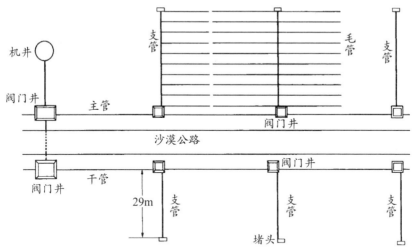

图2.3　塔中沙漠公路沿线生态防护林滴灌管网系统（王涛，2011）

二、耐旱耐盐植物种选育

塔中沙漠腹地的生态环境十分恶劣，据实地调查，在塔中腹地仅发现柽柳、沙拐枣、芦苇等植被，覆盖度不足1%。因此，防沙植物的科学选取与成功培育是决定防沙治沙项目成功的关键。植物引种时需要依据以下原则：①选择原产地与塔克拉玛干沙漠自然条件相近的植物；②了解所引植物对生态条件的要求并确定能够满足；③引种植物须通过试验进行验证；④正确理解地理种源并充分考虑潜在分布区。在塔克拉玛干沙漠这种极端的干旱环境下，人工灌溉模式下的植物引种除了要考虑植物对于干旱环境的适应、生长稳定性和不同灌溉方式下土壤积盐的盐分适应程度，还要兼顾植物的固沙性能，诸如植物的抗风耐沙埋程度、耐旱性、耐盐性、耐寒耐热性等。根据沙漠腹地的环境特征、植物治沙与绿地建设的要求，专题组在塔中沙漠植物园中，根据引种目标先后从新疆、甘肃等地引进固沙绿化植物共计92种，并根据植物的种类和用途确定了相关的评价体系，对植物的抗逆性和环境美化功能做出评价。经过多年的连续评价筛选，项目组筛选出乔木7种、灌木32种、固沙草本14种、绿化草种 4 种以及草本花卉 6 种，其中选取柽柳、沙拐枣、梭梭作为大面积栽培的固沙树种。

在确定固沙植物的种类后，专题组分别选取种子育苗技术和扦插育苗技术进行育苗。种子育苗技术用种子播种繁殖，其苗木为实生苗。实生苗具有根系发达、生长健壮、寿命较长、可塑性大等优点，另外可以在短时间内满足大量繁殖的需求。扦插育苗是指切取所要繁殖的植物营养器官的一部分，插入土中培育，使之发育成完整个体的方法，这种方法最大的优点是扦插苗能完全继承母本的性状。历经种子采集与处理、苗床准备、播种、接穗采集与处理、扦插等后，各引种成活率均在 80% 以上。育苗成功后，专题组针对植物栽培中种植、灌溉、施肥和病虫害防治等方面展开试点研究，并针对塔克拉玛干沙漠腹地特殊环境和采取滴灌方法下可能遇到的滴头堵塞、盐渍度调控与施肥调控等塔中沙漠植物固沙管理项目中的多个关键技术难题进行攻克。为了提高造林成活率和保存率、促进幼林的生长发育，造林后的抚育管理是必不可少的，在自然条件极为严苛的沙漠腹地尤为重要。在造林后，主要的抚育工作从幼林补植、灌溉设计、合理施肥和病虫害防治四个方面展开。

三、防护林设计与布局

塔克拉玛干沙漠公路防护林的设计是一项重要的生态工程，旨在保护公路免受风沙侵蚀，提高公路安全性和舒适性。该工程的设计具体分为以下两个主要步骤：

第一步是植物种的选择和空间布局。为能选择适合当地气候和土壤条件的固沙植物，专题组进行了多年的先导试验，最终确定了 4 种优良的固沙植物：沙生柽柳、乔本状沙拐枣、甘肃柽柳和梭梭。这些植物具有耐旱、耐盐、耐寒、生长快等特点，能够有效地固定流动的沙土，减少风沙对公路的影响。在空间布局方面，根据这些植物的生态特征，采用了不同的种植方式：沙生柽柳作为最外层的阻沙屏障，种植在公路两侧最远处；乔木状沙拐枣作为中间层的固沙林，种植在公路两侧较近处；甘肃柽柳和梭梭作为内层的美化林，种植在公路两侧最近处。在树种比例上，以柽柳、沙拐枣、梭梭 3 种树种为主，其中沙拐枣的比例最高。

第二步是防护林带的设计。由于塔克拉玛干沙漠地形复杂多变，需要根据不同的地形类型设计合适的防护林带组合。经过实地调查和模拟分析，设计了 4 种防护林带组合：垄间粗沙平地采用东西两侧各 2—3 条防护林带的组合，总宽度在 49—55m；中型沙丘区东侧 1 条西侧 1—2 条防护林带，总宽 29—50m；大型复合沙区东西侧各 1 条防护林带，宽度在 33—45m。各种组合的防护林带均从距公路肩 3m 的位置开始布置，以保证公路有良好的视野和通风条件。

塔克拉玛干沙漠公路防护林建成后，不仅要保持其完好状态，还要根据实际情况，制定和执行科学合理的可持续管护措施，只有这样才可以确保防护林带发挥长效的防护作用。为保持沙漠公路防护林的可持续性，专题组为公路沿线水井房设置专门驻守的绿化运维人员 200 多名。这些绿化运维人员主要负责林带巡护，及时发现和处理病虫害和其他损坏情况；适时补种，及时填补因自然灾害或人为干扰造成的缺株；合理补水，保持植被覆盖率；实施间伐和定向调枝，优化林带结构，提高防护效能；开展科学研究，持续优化防护林带设计；开展宣传教育，提高公众环境保护意识，减少人为破坏行为。种种持续有效的管护措施进一步提高了防护林的成活率，改善了防护林的生长状况，增强了防护林的防护作用，使沙漠公路生物防护体系持续发挥关键作用，有效防治沙漠公路的沙害灾害，保障交通运输的安全畅通。

四、零碳沙漠公路

为积极落实"双碳"目标，中国石油塔里木油田公司将"安全绿色"纳入油田发展战略，制定并实施"12521"工作部署，明确"油田 2025 年实现碳达峰，2040 年实现碳中和"目标。2022 年以来，塔里木油田启动建设塔克拉玛干沙漠公路零碳示范工程，投入了 5500 多万元，对沿线 86 个使用柴油发电的水井房进行光伏改造（图 2.4）。技术人员先后设计三种功率的光伏发电设备，还采取光伏加储能方式，配套的储能柜能储存 7 小时电能，以确保无太阳光照的情况下抽水设备能够正常运行。目前，塔克拉玛干沙漠公路已经形成了"板上发电、板下种植、治沙改土、水资源综合利用"多位一体的循环发展模式，实现了油气开发和生态保护的协调发展，为沙漠公路沿线的植被生长带来了更精细化的灌溉方式，对生态环境产生了显著的积极影响。据统计，该项目光伏发电站总装机规模达 3540 千瓦，年发电量达 362 万千瓦时，产生的电力可满足 436km 生态防护林每日灌溉所需，每年将减少柴油消耗量约 1000 吨，减少二氧化碳排放约 3410 吨。除此之外，沙漠公路两侧防护林带具有每年每公顷 6.4 吨的固碳能力，整个防护林带可实现年固碳约 2 万吨，中和过往车辆碳排放，实现零碳沙漠公路。

图2.4　太阳能光伏发电灌溉井

2.4 塔克拉玛干沙漠公路治理的科学性

2.4.1 治沙的科学性

塔克拉玛干沙漠公路修筑在世界上流动性最强的沙漠中，是贯穿流动沙漠最长的等级公路，已经成为资源开发、勘探和运输的交通要道。塔克拉玛干沙漠公路自通车以来，方便了油气管道、电力通信、沙漠防沙绿化等工程的实施，加快了塔中油气田的开发建设步伐，给南疆地区的经济发展带来了显著的综合经济效益。

风沙防治是在认识风沙运动与风沙灾害的基础上，开展防风治沙理论研究与工程实践的一门科学，掌握风沙运动规律是做好公路沙害防治的前提。位于流动性沙漠腹地的塔克拉玛干沙漠公路穿行于流动沙丘分布区，公路沙害时空分布和危害程度受控于沿途路段下垫面性质、沙源多寡和区域风况等外部环境，公路沿线风沙运动复杂多样，这给风沙防治带来了极大困难。

在降水稀少的塔克拉玛干沙漠腹地，地表在绝大部分时间内都保持极其干燥的状态，沙漠公路沿线植被也极其稀疏，风沙运动的动力来源主要是风。深居欧亚大陆腹地、三面环山的塔克拉玛干沙漠以其特有的地形格局对其风动力的形成和分布产生重要影响，沙漠公路主要受东部倒灌气流和翻越天山的下沉气流影响，风沙天气频繁，存在明显的季节性变化（金昌宁，2006）。

风沙防治的核心是采用多种技术和措施减少风沙流中的沙量，削弱其近地表的风速，以达到削弱或避免风沙危害的目的。根据输沙量实测值与当地风沙流场之间的关系，以及建立的物理和数学模型，可以正确认识不同沙丘形态的形成发育过程、移动强度，对可能造成的风沙危害进行理论分析，从而进行相应的防沙工程设计。在此基础上，结合防治风沙的具体要求和各种防治措施的效果合理配置各种防护措施，提供具有综合防护效益的防沙方案，并对风沙活动强度的发展趋势进行预测。

除了风沙流场性质，沙丘沙的物理力学特征也是一个不可忽视的要素，它与沙漠地区各种工程设施诸如铁路和公路的路基建设与防护、石油开发中的井台建设与维护以及井区工作环境等关系密切。沙漠公路由北向南所经区域的风沙地貌复杂多样，沙丘形态各异且大小差异悬殊，风流场在不同的地貌单元乃至同一地貌单元的不同部位处有明显不同，沙丘移动规律既有由简单到复杂、从不典型到典型的正向演变过程，也有由复杂到简单、从典型到不典型的逆向消亡过程。因此，在沙区公路风沙危害防治中，单一措施顾此失彼，很难起到持续稳定的防护效果，治沙人员需要针对公路沿线沙害特点，科学规划、合理布局和综合防治，针对不同的地形采取不同的措施（金昌宁，2006）。

由于风沙运动及其危害的防治是一个复杂的系统过程，治沙人员需要综合运用地学、生物学、环境科学、工程科学以及经济学等各类学科的知识。在这样的风沙防治工程实践中逐步形成以风沙物理学、恢复生态学、生物工程学、造林学、农学等为基础的风沙防治工程学。

2.4.2　治沙模式的演化分析

机械防沙工程是塔克拉玛干沙漠公路项目的核心组成部分之一，它为沙漠腹地的石油勘探和开发提供了可靠的保障。这项工程在公路防沙治沙过程中遵循因害设防、因地制宜的原则，运用阻、固、输、导的方法设置防护体系，借助草方格、芦苇栅栏、土工布等多种机械防沙工具。在公路建设的同时设置了宽 70—300m 的机械防沙体系，成功地控制了风速和沙尘，为沙漠公路的顺利修建提供有力保障。风沙防护体系自公路路基向两侧依次为：①公路边坡防护带，用 0.5m×1m 的草方格固定；②沙基防火平台，宽度为 2m；③流沙固沙带，采用 1m×1m 草方格沙障，露出高度 18—20cm，迎风侧宽 70—110m，背风侧宽 30—70m；④空留积沙带，宽度 10—15m；⑤阻沙带，位于防护体系最外侧，由芦苇或尼龙网阻沙栅栏组成，平行于公路高度 0.9—1.7m、疏透度 34%—64%（王涛，2011）。

在塔克拉玛干沙漠公路运营初期，机械防沙体系发挥了很好的防护效果。该工程还巧妙地采用了滴灌种植和绿化带等生态修复手段，有效地增强了固沙能力，提高了植被覆盖率。这些机械防沙措施，不仅保障了公路的安全运行，更为沙漠腹地的石油资源开发创造了有利条件。但固沙沙障多采用芦苇、麦草等材料，存在使用年限短、运输成本高、施工难度大等缺点，防护效益逐年下降。而且，传统的固沙措施如麦草方格、砾石方格、黏土沙障等，它们被设置以后只能被动地发挥固沙作用，在遭受流沙掩埋之后无法根据实际积沙情况进行移动或重置。公路沿线生态治理以及公路绿化体系的运营和维护面临很大的挑战（李丙文 等，2008）。

从 2003 年开始，为确保塔克拉玛干沙漠公路的畅通并使其沿线生态环境得以全面改善，"塔里木沙漠公路防护林生态工程"正式启动。该工程在沙漠腹地建立试验基地，开展植物引种、滴灌技术和土壤改良等方面的试验研究，筛选出了 40 种耐盐、耐旱、抗逆性沙生植物，最终确定沙拐枣、柽柳和梭梭 3 种优良灌木作为公路沿线防护林生态工程建设的主要树种（何兴东 等，2002；李红忠 等，2005；李丙文 等，2008）。研究人员根据沙丘地貌形态、地形条件、风况和地下水环境等，构建了三种防护林体系结构模式。其中，高大沙丘区以沙拐枣和梭梭为主；垄间以柽柳为主，并且在地下水位浅的路段选用刚毛柽柳和长穗柽柳等耐盐能力强的柽柳种。同时，研究人员研发了咸水灌溉技术，构建了沙漠公路防沙和绿色走廊建设的技术体系。得益于防护林工程，塔克拉玛干沙漠公路两侧种植了 70 余米宽的林木带，林木带总面积超过 3500 公顷，由 2000 余万株抗逆性强的防风固沙优良植物组成，有效减缓了公路两侧沙漠的流动速度，防沙固沙效益显著。

2.5　塔克拉玛干沙漠公路治理的现实意义

防护林生态工程的建成，保障了沙漠公路的畅通，加快了塔里木盆地资源勘探的速度，带来了巨大的社会、经济效益，提升了我国在荒漠化防治领域的国际声誉。

2.5.1　保障了能源的开发和运输

沙漠公路途经轮南油田、塔河油田、塔中油田，沙漠公路的贯通，打通了沙漠中石油气资源的运输路线，加快了塔里木盆地油气勘探开发，促进了新疆经济发展，维护了南疆社会政治稳定。西气东输一期工程的起点就位于新疆轮台县塔里木轮南油气田，输气管道一路向东直达上海，全长 4200km，为新疆南部和下游沿线 15 个省、市、区民生用气提供保障，惠及上亿人口，被经济学者称为中国西部的能源经济动脉。1995 年，塔克拉玛干沙漠公路工程项目被评为全国十大科技成就之一；1996 年，塔里木沙漠石油公路工程技术研究获国家科学技术进步奖一等奖。

"绿色长廊"抵御住了风沙的侵袭，守护着沙漠公路。也正是依托这条公路，塔里木油田的 32 个大中型油气田如雨后春笋般在沙漠腹地及周缘迅速崛起。2021 年，塔里木油田油气年产量攀升至 3182 万吨，一跃成为我国陆上第三大油气田。

近年来，研究人员在塔里木油田沙漠腹地深层找到了 70 条富油气断裂带，10 亿吨级超深油气区横空出世，形成横向百里连片、纵向千米含油的大场面，这一发现入选"2021 年度央企十大超级工程"。天然气勘探实现全面突破，落实了克拉—克深、博孜—大北两个万亿立方米大气区，塔里木油田建成了我国最大超深油气生产基地。

2.5.2 提高了流沙公路运行的安全性

早期沙漠公路在建设时设置了宽 70—300m 的机械防沙体系，虽然在塔克拉玛干沙漠公路运营初期，机械防沙体系发挥了很好的防护效果，但由于沙漠腹地风沙活动非常强烈，随着防沙材料的老化，防护效益逐年下降，甚至出现沙埋公路的情况。

经过 17 年的精心培育、管护，在咸水灌溉技术和沙漠公路防沙以及绿色走廊建设的技术体系支撑下，沙漠公路生态防护林平均高度超过 2m、成活率在 85% 以上。沙拐枣、梭梭、红柳等植被郁郁葱葱地挺立在沙漠公路两侧，确保了塔克拉玛干沙漠公路的畅通。塔里木沙漠公路防护林生态工程防沙固沙效益显著，绿色长廊穿越塔克拉玛干沙漠，使其沿线生态环境得到了全面改善，入选"中国十大科技进展新闻"，并获得国家科学技术进步奖二等奖（张克存 等，2022）。

塔里木沙漠公路防护林生态工程实现了"当年种植、当年成林、当年发挥防护效益"的目标，有效地治理了沙漠公路沿线风沙危害，彻底改变了塔克拉玛干沙漠公路沿线荒芜的生态景观，为沙漠公路畅通和长久安全运行提供了保障，是一次治理荒漠与维护生态稳定的伟大创举。

2.5.3 改善了当地的生态环境

20 多年前，塔克拉玛干沙漠腹地"天上无飞鸟，地上不长草"，如今，沙漠公路两旁，在满眼黄沙的茫茫背景里，防护林带上成行混植的沙拐枣、梭梭郁郁葱葱，宛若系在塔克拉玛干沙漠腰上的绿丝带，成为沙漠中最亮丽的风景线。沿着沙漠公路前行，可以看到顽强的胡杨与高高的井架相映成趣；到水井房小憩，能够真实感受到公路两边生态防护林为荒凉沙漠画上的一抹绿色。

塔里木石油人坚持践行"开发一个区块、建设一片绿洲、撑起一片蓝天"的诺言。经过 20 多年坚持不懈开展绿化工作，人工绿洲面积逐年扩大，绿色景观面积已达到 4470 公顷。绿洲面积的扩大，改善了沙漠生态环境和局部气候。部分地下水位高的地段，自然植被得到了恢复和发展，塔克拉玛干沙漠沙害情况明显缓解，区域性环境恶化趋势得到了控制。

近年来的气象记录显示，塔克拉玛干沙漠中心区域 10 年来平均相对湿度提高了 4%。国家一级保护动物双峰骆驼和各种鸟类等频频在这里出现，野兔、沙鼠等野生动物和 90 多种鸟类已在这里安家。2008 年，塔里木沙漠公路防护林生态工程获"国家环境友好工程"称号。

2022 年，塔里木沙漠公路零碳示范工程启动建设，对沿线 86 个使用柴油发电的水井房进行光伏改造。建成投运后，光伏年发电量达 362 万千瓦时，不仅可为守护公路的水井房员工供应生活用电，而且有力推进了绿化节能降耗工作，每年可节省柴油约 1000 吨，年减碳约 3400 吨；沙漠公路绿化年耗水总量不超过 600 万 m³，节约绿化用水 20% 以上。有效地改善了塔里木勘探区极端恶劣的自然生态环境，促进了能源与环境和谐发展。除此之外，据测算，总面积 3128 公顷的生态防护林每年可捕集二氧化碳约 2 万吨，负碳部分还可以中和过往车辆的碳排放。这是塔里木油田公司对保障国家能源安全、落实"双碳"目标的高度履行央企职责的生动实践，也是实现绿色环保与经济效益双赢的有力举措。

生态防护林的建设，还推动了经济的发展。肉苁蓉是一种寄生在梭梭根部的寄生植物，素有"沙漠人参"的美誉，具有极高的药用价值和经济价值。塔里木油田工作人员以沙漠公路绿化工程为依托，与相关研究单位开展肉苁蓉接种试验研究工作，首次在南疆盆地引进接种荒漠肉苁蓉取得成功，使塔里木油田形成了一整套科学接种肉苁蓉的技术体系，先后建设了肉苁蓉一期、二期示范工程，面积 200 多公顷。基于流动沙漠地区防护林工程的肉苁蓉人工种植技术，为荒漠生态产业发展提供了新途径。通过科技成果的转换和宣传，塔里木油田工作人员向附近百姓传授肉苁蓉接种技术，帮助当地百姓脱贫致富，极大地提高了周边地区百姓防沙绿化的热情，带动了肉苁蓉产业的发展，取得了良好的经济效益和社会效益。该项技术成果的应用，使沙漠公路养护费用每年节省1680万元。

本章撰稿：邢天豪　邢煜振　练文华　张玥杰　刘宇　曾弘

第 3 章
以青藏铁路格拉段为代表的高寒地区铁路风沙防治模式

　　青藏铁路是目前世界上海拔最高、线路最长的高原铁路，是连接青藏高原与内陆的交通大动脉，对完善中国交通运输体系、促进青藏等少数民族地区的经济发展、增强民族团结、保障国防安全具有十分重要的作用。青藏高原的生态环境极为脆弱，在气候因素与人为因素的双重影响下，青藏铁路沿线自然灾害频发，其中尤以风沙灾害最为严重。风沙灾害会掩埋青藏铁路的路基和道轨，并会使其磨耗和形成锈蚀，破坏铁路设施，降低铁路使用年限，而且会造成不少路段发生机车行车中断和脱轨掉道等事故，在很大程度上影响了铁路的安全运营。

　　工程人员在修建青藏铁路过程中，曾参考内陆沙区的沙害防治模式，采用砾石方格和阻沙栅栏等措施对沿线风沙灾害进行防治。但砾石方格和阻沙栅栏的阻滞作用反而使得原本分散的沙物质逐渐聚集，并且转移至铁路近处，加剧了风沙灾害。因此，青藏铁路的沙害治理不能照搬已有经验。科研人员通过大量的实地考察和室内实验，提出青藏铁路沙害防治需要采取"远阻近固、输导结合"的方法，并建立起一套以机械措施为主，生物、化学措施相结合的综合防护体系。当具体到不同路段的防沙治理时，科研人员还根据路段的走向、当地风向、沙源位置等因素，因地制宜地对各路段的风沙灾害进行治理。此外，从长远看，高寒地区铁路防沙还是应当将重点放在保护生态、恢复植被上，现有的"以机械措施为主，生物、化学措施相结合"的防沙体系应当逐步过渡，最终转变成"以生物措施为主、机械措施为辅"的综合防沙体系。

通过科学治沙，青藏铁路的风沙治理工程取得了显著的成效，有效地控制了风沙流，减少了清沙量，提高了天然植被盖度，改善了沿线地区的生态环境，保障了青藏铁路的安全运行，从而促进了铁路沿线的社会经济发展。

3.1　青藏铁路考察

3.1.1　考察背景

青藏铁路修筑在青藏高原上。青藏铁路起自青海省省会西宁市，途经湟源、海晏、刚察、天峻、乌兰、德令哈、格尔木、安多、那曲、当雄、堆龙德庆等县（市、区）以及治多、玉树所辖的部分地区，终抵西藏自治区首府拉萨市。青藏铁路线从设想、规划，到评估、建设，再到建成通车和维护，经历了艰难曲折的过程。作为西部大开发战略的标志性工程，青藏铁路连接了藏族同胞与全国各族人民，尤其是在青藏铁路建成后，还依托拉萨火车站规划了三条青藏铁路的支线，分别是向西建设的拉萨至日喀则的拉日铁路、向东建设的拉萨至林芝的拉林铁路以及向南建设的日喀则至亚东的日亚铁路。其中拉日铁路与拉林铁路已经分别于 2014 年 8 月 16 日和 2021 年 6 月 25 日投入运营。当日亚铁路也修建完成后，青藏铁路将和这 3 条支线形成一个"Y"字形铁路格局。这对于完善西藏铁路网结构、扩大区域路网覆盖面、强化区域铁路网运输、保障西藏铁路运输平稳发展、促进青藏高原迈向现代化具有重要意义。

但令人遗憾的是，青藏铁路沿线自然灾害频发，其中尤以风沙灾害最为严重，这不仅是制约青藏铁路建设的难题之一，也在很大程度上影响了铁路的安全运营，进而影响到青藏铁路沿线的经济社会发展。风沙是加剧生态脆弱的主要原因，青藏高原独特的环境使得任何微小的扰动都会破坏生态系统的平衡。自 20 世纪 80 年代以来，青藏高原的气候发生了明显的变化，总体上呈现变暖、变潮湿的趋势，这导致地表土壤结构松散、沙源增多、风蚀沙化加剧。在铁路修建的过程中，铁路本身以及修建铁路所形成的大量工程迹地均不可避免地在一定程度上破坏了沿线原本稀疏的植被和脆弱的生态环境，加剧了地表风沙活动。特别是在铁路路基及其辅助设施建成后，路基的出现在空间上打破了高原风沙运动原有的相对稳定的动态平衡，改变了近地表风沙流的流场结构及搬运堆积条件，造成沙物质在铁路附近的沉积，使风沙危害立刻突显出来（安志山 等，2014）。

青藏铁路是连接青藏高原与内陆的交通大动脉，但愈发严重的风沙危害会破坏铁路设施，降低铁路使用年限，甚至严重影响交通运输。因此，中国铁路青藏集团有限公司先后邀请中铁西北科学研究院、中国科学院寒区旱区环境与工程研究所的专家，对青藏铁路沿线沙害成因进行了多次实地调研和观测，并根据不同路段的特点，分别建立合理有效的风沙防护体系。对于沙化高寒草甸和草地为主要沙源的地区，加强和优化了机械防沙措施，注重保护高寒草甸和草地生态系统，恢复沙化草甸和草地；对于以河相沉积物为主的路段，将风沙控制在河谷地区进行治理，以减少对铁路造成的危害。青藏铁路的风沙防治既保障了铁路的安全运营，也对改善铁路沿线的生态环境起到了至关重要的作用，有力地促进了铁路沿线的经济社会发展以及现代化进程。

3.1.2　考察过程

2006 年 7 月，我国成功解决了多项世界性难题，青藏铁路正式通车，实现了在"世界屋脊"通火车的世纪梦想。但青藏铁路跨越区域的复杂性和独特性决定了生态区位的多样性和脆弱性，同时受大陆性气候的影响，途经地区冬季时间长、大风日数多、风沙频率密集，使"天路"从开通伊始就饱受沙害的侵蚀，并对铁路行车安全构成了严重威胁。

2012 年，中国治沙暨沙业学会联合多家高校、单位以及科研院所，开展了第一次大型青藏铁路生态保护和荒漠化防治的科学考察活动。调查结果显示，青藏铁路风沙灾害严重的路段的空间分布具有相对集中的特征，铁路沿线受风沙灾害影响的路段主要分布在青海格尔木至西藏安多错那湖段。考察团队根据沿线的地貌形态、植被条件、风况、沙源、输沙率、风沙等对线路的危害状况，将青藏铁路不同路段遭遇的沙害程度分为轻度、中度、严重三种。

轻度沙害路段集中分布在青海湖、关角山、饮马峡、临山、格尔木、西大滩、巴拉大才曲、清水河、楚玛尔河、二道沟、日阿尺曲、乌丽、布曲河等路段，累计线路长度约 209.5km，这些路段的铁路积沙较少，污染道床，但未掩埋道床和扣件，需定期清除，以防引起线路损坏。这些路段的主要地貌特征表现为固定沙丘（沙地），局部也分布有半固定沙丘（沙地），地表有少量植被，无明显积沙现象，地貌上多呈干旱荒漠景观。

中度沙害路段集中分布在乌兰、柯柯、尕海、莲湖、浩鲁格、五道梁等路段，累计线路长度约 49.8km，这些路段的铁路积沙较多，与轨面齐平，埋没枕木和扣件，有埋道危险，影响行车安全，需及时清除并采取有效的防治措施。其主要地貌特征表现为半固定沙丘（沙地），沙丘表面有稀疏植被，地表有灌丛沙堆，地貌上多呈砾漠、戈壁景观。

严重沙害路段集中分布在锡铁山、伏沙梁、红梁河、秀水河、北麓河、沱沱河、通天河、扎加藏布、错那湖等路段，累计线路长度约 10.3km。这些路段的铁路路基表面有成片积沙，厚度超过轨面，直接危及行车安全，必须立即清除，并采取有效防治措施直至不再积沙。这些路段是全线风沙活动最为强烈的地段，其地貌多呈半固定沙地、半固定沙丘，局部地段形成新月形沙丘及沙丘链（王多青，2009；谢胜波，屈建军，刘冰 等，2014）。

　　为了实现对这些路段的科学治沙，科研人员首先对各路段的沙害成因以及沙害规律进行了分析。来自中国科学院西北生态环境资源研究院的研究团队揭示了高寒低压环境风沙运动规律，阐明了典型路基流场特征与风沙互馈过程，优化了工程防沙措施的物理参数。他们研发的高寒环境砂粒临界起动风速模型、风沙运动规律与滨湖型及干河谷型沙害治理模式，为风沙动力学机制研究和铁路沙害防治方面提供了重要的理论创新，他们针对青藏铁路风沙灾害的特点，构建了高寒滨湖和干河谷路段铁路风沙危害综合防护体系。

　　中国科学院寒区旱区环境与工程研究所的研究团队经过长期研究，同样建立了有效的青藏铁路风沙防护体系。这个防护体系包括阻沙栅栏、石方格、防沙沟渠等一系列措施，并在青藏铁路沿线得到广泛应用。他们还研发了适合高寒缺氧地区的风沙治理技术体系，包括植被恢复、防护林建设、护坡、护栏、喷播等核心技术。研究团队通过建立近 300km 的风沙防护体系，成功固定了沙土，保护了铁路设施，同时改善了生态环境，为青藏铁路的可持续发展做出了杰出贡献。

3.2　青藏铁路的区域条件

　　青藏高原是中国最大、世界上海拔最高的高原，位于中国西南部，包括西藏自治区和青海省的全部、四川省西部、新疆维吾尔自治区南部，以及甘肃省、云南省的一部分。青藏高原也有一部分在不丹、尼泊尔、印度、巴基斯坦、阿富汗、塔吉克斯坦、吉尔吉斯斯坦等国家，总面积达 300 万 km^2，在中国境内的面积达 257 万 km^2。青藏高原平均海拔 4000—5000m，被称为"世界屋脊"和"地球第三极"，区域内自然条件复杂多样，人文景观丰富。

3.2.1 自然条件

青藏铁路沿线地貌类型复杂。由于构造作用，青藏高原上山系与河流多交替出现，在其间形成诸多长 50—200km 的高平原及盆地等地貌，如楚玛尔河高平原，盆地自北向南有北麓河盆地、沱沱河盆地、通天河盆地、唐古拉山山间盆地等，在盆地与山系之间线路又经过几处谷地，自北向南主要有西大滩谷地、曲尺谷地、布曲河谷地、扎加藏布谷地、安多谷地等。这些区域内沙质戈壁、沙化草地和干河床（湖盆）广泛分布，地表物质松散，且冰川作用十分强烈，赋存了大量的寒冻风化粗碎屑物。在长期冻融、风蚀交错作用下，粗碎屑物大量分解成为砂粒，为风沙活动提供了极为丰富的物质基础。

此外，青藏铁路多建在高平原地带或盆地、谷地边缘地带，沿线主要地貌为半荒漠、寒冻荒漠以及干旱草原地貌，局部呈现砾漠、戈壁景观，铁路沿线植被稀疏、低矮，生长缓慢且生长期极短，甚至不冻泉至那曲一线，树木及灌木均不生长。高原气候严酷、生态脆弱，冻融、风蚀交互作用，地表抗蚀能力差，高寒独特的自然环境和脆弱的生态系统是铁路沿线沙漠化发生和风沙灾害发展的重要原因。

同时，青藏铁路横跨多个气候区，不同路段的气候有一定的差异，主要分布有以下几种：①西宁至关角山路段。该路段属于祁连山南麓山地，主要受东亚季风气候的影响，年降水量 300—400mm，气温日较差 14℃以下，沿线主要以干草原、草甸草原和森林、高山草甸为主，属温带大陆性半干旱气候。②关角山至南山口路段。该路段地处柴达木盆地，沿线降水稀少，年降水量在 100mm 以下，部分路段年降水量只有 15mm 左右，沿线气候干旱，植被稀少，以砂砾戈壁、沙漠、盐土、盐沼等景观为主，属温带大陆性干旱气候。③南山口至昆仑山口路段。该路段属高山河流深切峡谷，沿线地势陡峻，地形崎岖，降水稀少，冰川融水发育，气温垂直变化明显，山体裸露，植被稀疏，属大陆性干旱和半干旱气候。④昆仑山口至唐古拉山口路段。该路段属高原面，气候寒冷潮湿，年降水量 250—350mm，年平均气温 1℃左右，植被低矮、稀疏，主要植被类型为高寒草甸和高寒草原。⑤唐古拉山口至羊八井路段。该路段年均降水量 50—400mm，变幅较大，气候寒冷，年平均气温低于 0℃，主要植被类型为高寒草原、高寒荒漠草原和高寒荒漠，这两个路段均属于亚寒带半干旱气候。⑥羊八井至拉萨路段。该路段主要受西南季风气候系统的影响，年降水量 400—500mm，降水少于西藏东南部地区，但夜雨率在 80%左右，年均温 7℃—8℃，植被以干暖、温性灌丛为主，属温带半干旱气候。复杂多变的气候类型也在一定程度上导致青藏铁路沿线自然灾害种类繁多且自然灾害发生频率高（刘峰贵 等，2010）。

3.2.2　人文条件

青藏铁路在铁路建设和运营过程中，促进各民族之间的交流互动和文化融合，推动民族团结和共同发展。青藏铁路沿线经过多个少数民族聚居区，如藏族、回族、土族、撒拉族等，这些少数民族具有丰富的民族文化和多样的风俗习惯。沿线还存在着中国历史上重要的自然文化遗产和宗教圣地，如青海湖、昆仑山、可可西里、唐古拉山、布达拉宫等。这些宝贵的文化遗产和宗教场所需要得到妥善的保护和传承。同时，青藏铁路的建设和运营也为这些地方的旅游业带来了机遇。在面对复杂的人文条件时，青藏铁路的建设者需要充分尊重和保护沿线的人文环境，通过科学规划和合理管理，实现与当地社会的和谐共处。青藏铁路的建设和运营应成为促进区域共同发展、保护多元文化和生态环境的重要动力，为中国西部地区的可持续发展做出重要贡献。青藏铁路的建设和运营，不仅对沿线地区的经济社会发展和民族团结有重要意义，也展现了中国铁路建设者的爱国情怀和甘愿奉献的精神。

3.2.3 沙害成因

一、自然因素

青藏铁路大部分路段处于高寒干旱、半干旱区，年降水量仅 200—300mm，且降水分布不均：5—9 月为雨季，月均温大于 0℃，降水量占全年的 90%；10 月到次年 4 月为旱季，雨雪稀少。旱季青藏高原主要受西风影响，大风与干旱同季，10 月至次年 5 月占全年大风日数的 75%，其中 2—5 月占全年大风日数的一半，这导致沙害集中出现在冬春季，且主导风向与青藏铁路线路走向交叉，为青藏铁路沙害的形成提供了风动力条件（谢胜波，屈建军，刘冰 等，2014）。

青藏高原大部分地区每年气温的日较差大、正负气温交替出现的日数介于 150—230 天。由此造成表层土壤岩石昼夜温差大，冻融作用频繁且强烈，而由于全球气候变暖，这些作用更为显著，使得地表变得疏松粗糙，土壤颗粒黏聚力降低，土壤结构受到破坏，岩石土壤的风化破碎速度加快，组成物质离散分解，地表抗风蚀能力减弱，可蚀性增强，沙物质释放增加，这为青藏铁路沿线的风沙活动提供了丰富的沙物质来源。

青藏铁路还途经众多的河流、湖泊，夏半年由于流水的动力作用挟带风化物质和碎屑物质进入河道和湖盆形成河、湖相沉积物；到了冬半年，由于青藏高原雨雪稀少，河、湖处于枯水期，地表冻结，大部分河床、湖岸裸露，这些沉积物由冻结到融化，变得松散破碎，被强劲、干燥的偏西风吹向位于下风向的铁路，当这些沉积物遇到铁路路基及辅助设施的阻挡后，便极易产生堆积。

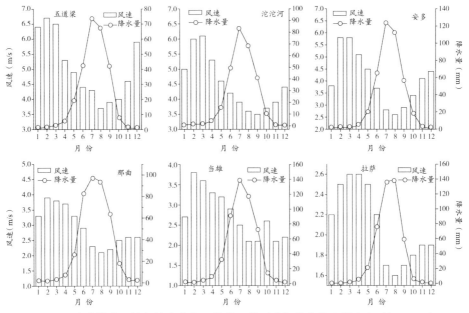

图3.1　青藏铁路沿线各站点在各月份的平均风速与降水量（张克存 等，2019）

二、人为因素

青藏铁路的建设改变了局地原有流场结构，铁路两侧流场形式和能量分布发生改变。风沙流在经过铁路时，在铁路迎风侧，气流受到铁路阻挡并抬升，风速降低，动能大量消耗，挟沙能力减弱，大量沙尘在铁路迎风侧发生堆积。随着堆积体积增大，弱风的情况下，砂粒将以蠕移和跃移运动的方式搬至铁轨，进而形成二次危害（张克存，牛清河，屈建军，韩庆杰，2010）。风力强劲时，风沙流处于不饱和状态，途经铁轨时，不产生沙埋危害，但易对铁轨形成磨蚀，降低铁轨的使用年限。可见，青藏铁路的修建客观上为风沙堆积创造了有利条件。

同时，青藏高原脆弱的生态系统决定了其承载能力的有限性和易受扰动性，除了铁路自身的影响，青藏铁路沿线由于人类活动增强，特别是过度放牧造成草原超载、工程建设（输油管道、输电线路建设）破坏地表植被（祝广华 等，2006），地表裸露，草原植被退化，抗风蚀能力减弱，风沙活动加剧。主要表现为草原向荒漠草原退化，荒漠草原向荒漠退化，草场重度退化地段产生潜在沙源。人类活动也为青藏铁路沙害间接提供了沙物质来源。加之植物生长期短，固沙作用弱，青藏高原形成大片沙化土地。

3.3　青藏铁路风沙治理模式与技术创新

3.3.1　河谷型沙害防治模式

一、防治思路和原理

两个比较具有代表性的河谷型沙害路段是青藏铁路红梁河路段（K1100＋400—K1110＋160）和沱沱河路段（K1219＋970—K1227＋470）。形成河谷型沙害有以下几个原因：一是沙物质丰富，主要来自河流谷地的冲洪积物，颗粒组成以细砂、中砂为主，两者合计占沙源物质的三分之二以上；二是大风天数多，风力强劲，冬春季（11月—次年4月）干燥、多大风且河流处于枯水期，大部分河床裸露，特别是寒季末暖季初，河相沉积物由冻结到融化变得松散破碎，疏松的沙物质在强劲风力作用下极易被吹扬、搬运，遇到铁路的阻挡产生堆积，造成危害；三是河谷走向、主导风向一致并与铁路走向近于垂直，路基的出现阻挡了风沙流的搬运，造成沙物质在铁路附近堆积。因此，河谷型沙害的防治应以阻、固为主，远阻近固（外阻内固），输导为辅；长远来看，还应当结合生物固沙手段，对当地进行封育，或选育一种或几种能适应高寒环境的固沙植被，加强人工生态修复，从而根治沙害（张克存，牛清河，屈建军，韩庆杰，2010；谢胜波，屈建军，庞营军 等，2014）。

图3.2　青藏铁路沱沱河路段沙害（谢胜波，屈建军，刘冰 等，2014）

二、防治措施配置

　　河谷型风沙防治措施的配置按照"以固为主、固阻结合，远阻、近固、中漫"的整治方针，以生态保护和人工修复为主、工程措施为辅，因地制宜、因势利导，对铁路沿线风沙危害进行综合治理，并在具体路段的配置方面有所区分。

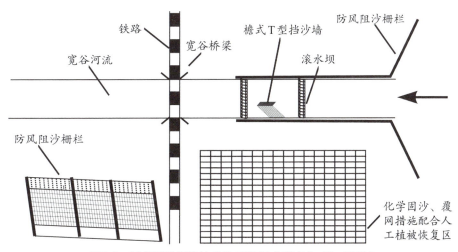

图3.3　河谷型沙害防治措施示意图（张克存 等，2019）

红梁河路段的具体防治设施为：在铁路西侧的路基旁设置 80m 宽的石方格，距离石方格向外 30m 的位置设置三排阻沙栅栏，每排阻沙栅栏由若干个长 54m 的组合式阻沙栅栏组合而成，阻沙栅栏的排列轴与铁路基本平行，单个组合式阻沙栅栏与排列轴呈 15° 夹角，相邻的阻沙栅栏在排列轴上的投影首尾相叠 1—2m。在河谷两侧和石方格南北两侧有垂直于铁路的不同长度的导沙墙。在铁路东侧，路基旁设有 50m 宽的石方格，石方格南北两侧也设有与铁路垂直的导沙墙，石方格外围约 15m 处设有与铁路西侧同样的两排阻沙栅栏（谢胜波，屈建军，庞营军 等，2014）。

沱沱河路段的具体防治设施为：铁路西侧设置石方格、两道阻沙栅栏和导沙墙，在距离路基 15m 处有一条长约 100m，宽 0.9m，深约 0.6m 的排水沟，在排水沟的西侧 50m 处，铺设宽约 200m 的石方格，面积约为 32hm^2。其中设立的第一排直立式阻沙设施，为一段高 2m、长约 160m 的导沙墙；在石方格外侧设有与铁路呈 30° 夹角的直立式阻沙栅栏（牛清河 等，2009）。在阻沙栅栏外 40m 处，设有与铁路大致平行的导沙墙。同时，技术人员在该路段开展人工种草实验，尝试人工恢复植被，并在冬季主风蚀风口砌筑挡水坝，将该路段夏季地表融化汇集的很小一部分水阻截形成水塘，以防止该处的沙源形成，促进天然植被的恢复。

三、综合治理效果

河谷型沙害的防治以机械措施为主，作为外缘阻沙措施的阻沙栅栏和作为内缘固沙措施的石方格使用最多，并结合导沙墙将沙物质导入河道，在汛期可随着洪水将沙物质带离。这些设置起到了一定的防沙效果，红梁河路段的石方格内天然植被覆盖度已恢复到 30%—40%，积沙轻微，而沱沱河路段在机械设施的作用下风力减小，积沙减少，同时天然植被也开始恢复，植被覆盖率超过 40%。但仍需注意的是，随着时间的推移，机械措施防沙可能会造成积沙不断增多，从而导致防沙效果逐渐减弱，最终阻沙措施被积沙埋没而失效。从长远看，河谷型沙害的防治仍然应以生物措施为主，使机械措施为植被恢复服务。逐步建立以生物措施为主体、机械措施相结合的综合防沙体系，同时合理利用河谷地形，借助水流带走沙物质，或者对水源进行截流，为植被恢复创造条件。

3.3.2　季节性干湖盆型沙害防治模式（以错那湖为例）

一、防治思路和原理

错那湖路段沙丘的形成与其周围的地形地貌及地质条件密切相关。沙丘广布于湖东岸滨湖沙地、低山区西侧坡面及巴索曲河谷，呈扇形分布。其中，错那湖东岸 1.5km 范围内主要为流动沙地，分布面积约 3km^2；错那湖东岸 1.5km 以外至低山区坡脚范围内及巴索曲河床两岸的风积沙主要为单一主导风向作用下的新月形沙丘，分布面积约 2km^2。沙丘轴向以北偏东 60° 为主。长度 10—30m，宽 5—20m，高度 1—5m；迎风侧凸而缓，坡度 8°—15°；背风侧凹而陡，坡度 30°—40°。由于湖区西北侧山口的存在，风季时，起沙风会将滨湖地带的砂粒向南偏东 60° 方向搬运，而在铁路东侧山体的阻挡和巴索曲河谷的影响下，风向发生变化、风速减小，搬运能力降低，砂粒在山前平原、巴索曲河谷及缓坡地带沉积而形成新月形沙丘及流动沙地。而位于巴索曲河谷及缓坡地带的部分风积沙又由地表径流及河水冲刷、搬运，再沉积到错那湖东岸，补充了沙源（杨印海　等，2010）。

巴索曲特大桥积沙

第939号桥积沙

图3.4　错那湖桥梁路段沙害（谢胜波，屈建军，2014）

由于错那湖段的主导风向多变，地形地貌复杂多变，故防沙工程应以固沙和阻沙措施为主，先将铁路附近积沙清除，调整不合理或不能发挥防沙效果的沙障，保证沙障与主导风向垂直。设置沙障时各措施的间距、高度、疏密度应根据错那湖风沙流的特点、强度、沙量大小、地形进行具体设计（殷代英 等，2013）。

二、防治措施配置

技术人员在错那湖段西侧设立了高立式沙障、石方格沙障和卵砾石层，并且将三者配合使用。路段最外缘为3排高立式沙障，由混凝土预制件构成，属透风式沙障，高度为2m，间距30m，沙障的透风系数为0.33。在高立式沙障后，石方格沙障与卵砾石层相间布设，宽度均为50m，两者分别布设5

组，总宽度为 500m。铁路东侧的措施与西侧的相同，最外缘布设了两排高立式沙障，石方格沙障和卵砾石层相间布设，两者分别布设 3 组（薛智德 等，2010）。

图3.5　错那湖路段沙害防治措施示意图

同时，在错那湖区域开展人工种草，促进植被恢复，并利用错那湖路段大桥下夏季有雪融流水的条件，用清理的淤沙在下游迎风侧距线路 150m 处做成沙坝围堰，夏季湖塘积水，冬季湖塘结冰压沙，实现以沙治沙、以水压沙。

三、综合治理效果

高立式沙障能够有效降低风速，与无防沙设施覆盖的区域相比，高立式沙障能够降低 90% 以上的风速，风力的减弱促使砂粒从空气中分离并沉积，从而降低输沙量。与无防沙设施覆盖的区域相比，高立式沙障能够降低 72%—99.3% 的输沙量，高立式沙障的多排综合应用使防护区内输沙率显著降低。

与无设施覆盖区域相比，石方格防护区和碎石压沙区第三排高立式沙障后 50m 处石方格沙障的输沙率为 0.53%；100m 处的碎石压沙区的输沙率为 0.59%；在其后 150m 处的石方格沙障和 200m 处的碎石压沙区的输沙率分别是 0.24% 和 0.25%。可见，高立式沙障、石方格沙障和碎石压沙措施相结合的综合防护体系可以有效地降低其防护区内的输沙率，降幅可达 99%。

沙坝围堰的人工湖起到了调节水流的作用，结合机械防护措施降低风速、输沙量的作用，错那湖周边逐步形成小水塘，在降低起沙的同时能够为改善当地的生态环境提供帮助，同时石方格内天然植被也开始恢复。

3.3.3 流动沙丘型沙害防治模式

一、防治思路和原理——特殊地区的特殊治沙方法

虽然前文提及了青藏高原两种具有代表性的沙害类型及其相关分布路段，但各个路段在沙害形成的过程中，其附近的流动沙丘是重要的沙物质来源，如红梁河路段，从错仁德加湖起，沿多尔改错—贡帽日玛山，到青藏铁路红梁河西侧，有一条延绵 48km 的流动沙丘带，而错那湖路段东岸 1.5km 范围内分布着面积约 3km² 的流动沙丘，东岸 1.5km 以外至低山区坡脚范围内及巴索曲河床两岸风积沙也分布着单一主导风向作用下的面积约 2km² 的新月形沙丘。流动沙丘是青藏铁路面临的一大问题，其中的防治思路和原理也是相关专业领域的研究重点。目前，沙丘固定化方法是防治青藏铁路流动沙丘的有效途径。这种方法依据沙丘的自然移动规律，通过物理防沙设施和生物防沙手段，改变沙丘的移动状态，使其固定。

二、防治措施配置

在机械防治措施的配置上体现了因地制宜的特点，考虑到不同路段铁路的走向、风向以及沙源位置都有所不同，虽然在大方向上均遵循"阻沙、固沙为主，远阻近固"的原则，但是各个路段实际配置有所差异。如红梁河路段铁路采用了 1.8m 高的具有不同透风系数的立式混凝土阻沙栅栏和具有不同孔隙度的 PE（聚乙烯）网阻沙栅栏，结合 0.2m 高的由不同尺寸的石方格、PE 网方格、石棉瓦方格等组成的半隐蔽方格沙障。而错那湖路段则主要采用高立式沙

障进行防风固沙，设置多排高立式沙障，从而降低风速、促使砂粒从空气中分离并沉积，使防护区内输沙率和风速显著降低，同时也结合石方格沙障和碎石压沙等手段，实现对防护区的综合防护。

除了机械措施，治沙人员也在各个路段通过人工植草等方式推动植被恢复，还利用各个路段的地形特点进行防沙固沙导沙。如在红梁河路段利用红梁河径流的季节性变化特点，在河床两岸设置纵向导沙墙，将沙导入河道，汛期利用洪水输离铁路；而在沱沱河和错那湖路段，则利用夏季融水形成湖泊，在防沙固沙的同时也改善了当地生态环境，促进天然植被恢复。

三、综合治理效果

流动沙丘的防治以机械措施为主，远阻近固，输导结合，均有不错的防沙效果，能够有效降低风速和输沙量，同时通过人工种植以及利用地形特点修建水塘、积攒水源，为植被的恢复提供了一定条件，能够更有效地防沙固沙。目前红梁河路段、沱沱河路段以及错那湖路段等均有 30% 以上的天然植被覆盖率。但要注意的是随着时间的推移，机械措施的防沙效果可能会逐渐减弱，并最终导致设施被积沙埋没而失效。因此除了定期对机械设施进行清沙，从长远看，青藏铁路防沙应当逐步转移到"以生物措施为主，机械措施为植被恢复服务"的模式上来。选取适应当地生态环境的生物，在各个沙害路段逐步建立起以生物措施为主体，机械措施与生物措施相结合的综合防沙体系，在防沙治沙的同时，逐步恢复当地的生态环境。

3.4 青藏铁路风沙治理的科学性

3.4.1 治沙的科学研究

一、风况研究

平均风速和临界起沙风速是研究风沙运动规律、解决风沙工程问题的关键指标，它们与地表性质有关，也因观测时距、观测高度、起动性质的变化而不同。为此，屈建军研究员带领的团队针对青藏铁路主要沙害路段中的错那湖路段、沱沱河路段以及红梁河路段的风沙情况进行了深入的研究。

错那湖路段、沱沱河路段和红梁河路段的风速和起沙风频率表现出明显的季节性变化。在错那湖地区，11月至次年3月的月平均风速较大，而8月和9月较小。11月的起沙风频率最高，占全年起沙风的17.14%。在该路段，10月至次年4月的起沙风主要由西风导致，约占全年起沙风的65%以上。从5月开始，风向发生偏转，导致起沙风分布分散，特别是7月的起沙风分布最为分散。

在沱沱河地段，起沙风季节变化明显。1—4月以西风为主，占起沙风总量的70%以上，其中1月以西西南风—西西北风占比最高。5—9月则以北东北风和东北风为主。9月—次年5月，沱沱河地段的合成输沙方向以西风为主，占全年总量的80%以上。而在6—8月，合成输沙方向以东北风为主。7月的起沙风合成量约占全年总量的20%，因为此时处于多风向时段，优势风向主要集中在东北、西南和西北三个方向。

而红梁河路段的平均风速为3.85m/s，最大风速为16.42m/s。1—3月平均风速较大；8—12月平均风速较小，其中9月为最小，仅为2.99m/s。起沙风速为5.7m/s，年起沙风频率为21.36%。1—3月的起沙风频率较高，分别为33.09%、37.52%和33.89%。7—12月的起沙风频率较低，特别是7月最低，

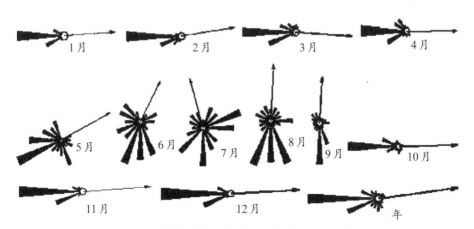

图3.6　错那湖起沙风玫瑰图（殷代英 等，2013）

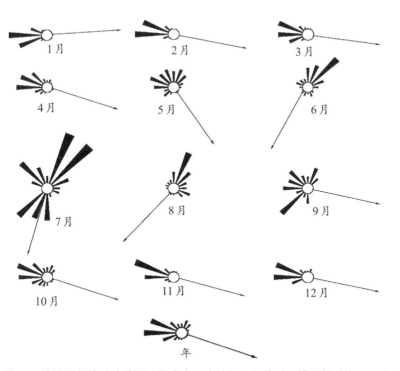

图3.7　沱沱河起沙风玫瑰图（张克存，牛清河，屈建军，姚正毅 等，2010）

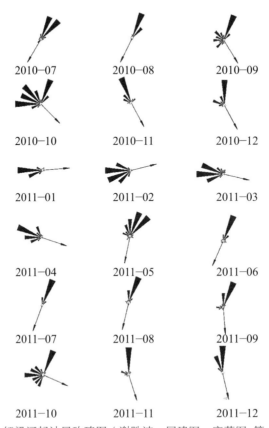

图3.8　红梁河起沙风玫瑰图（谢胜波，屈建军，庞营军 等，2014）

仅为 9.66%。红梁河路段的风向主要以偏北风为主，次为偏西风、偏东风、偏南风和东南风，而静风频率较低，仅为 0.78%。红梁河的起沙风主要以西风和北北东风为主，其次为西西北、北风和西西南风，其他风向出现较少。

由此可见，这些地段的风速、风向和起沙风频率具有明显的季节性变化，对此实施相关工程建设时需要综合考虑季节性风向变化，以提高阻沙效果，确保工程安全稳定。

二、输沙研究

输沙势（*DP*）是计算区域风沙活动强度的重要方法，也是衡量区域风沙地貌演变的重要指标，在防沙设计中经常用到，输沙势中的几个主要指标包括月输沙势、合成输沙势（*RDP*）以及合成输沙方向（*RDD*）等。为能更科学地防沙治沙，屈建军研究员带领的团队同样对青藏铁路主要沙害路段的输沙势展开了研究，也对输沙量进行了研究。

错那湖路段 10 月—次年 4 月是输沙势最大的时段，其中 2 月时达到峰值，该时段风向单一，以西风为主。5—9 月输沙势较低，风向较分散。错那湖地段的年输沙势为高风能环境，合成输沙方向以西风为主。输沙量方面，来沙方向比较分散，以西向输沙量最大，而东南向输沙量最小。

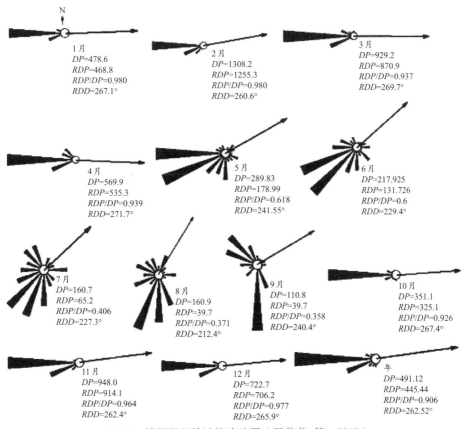

图3.9　错那湖月输沙势玫瑰图（殷代英 等，2013）

沱沱河路段冬春季输沙势最大，夏秋季较小，风向单一，持续时间长。1月是输沙势的峰值，5月开始输沙势减小，直至10月最小。沱沱河地段风向主要以西风为主。11月—次年4月风向单一，以西北风为主。7月风向较分散，出现短暂的多风向情况。

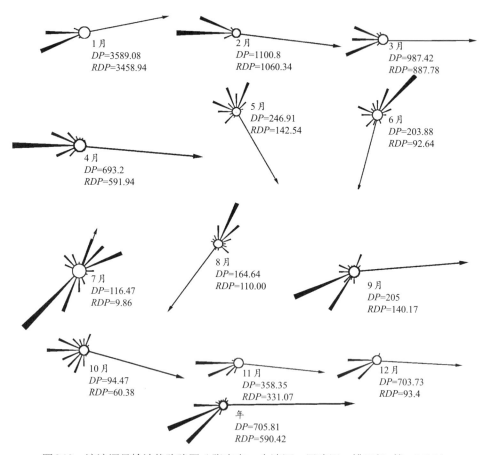

图3.10　沱沱河月输沙势玫瑰图（张克存，牛清河，屈建军，姚正毅 等，2010）

红梁河路段年输沙势属于中风能环境，年合成输沙方向为102.41°。西南向的输沙率最大，其次是西向，东北、北向的输沙率较低。沙源位于西南方向，导致西南方向输沙率最大。偏东、偏南、东南和东北风的输沙率较小。红梁河的八方位输沙总量为 11200g/（cm·a）。

与风况一样，这些地段的输沙势也具有明显的季节性变化，且不同地段的输沙峰值期也不同。

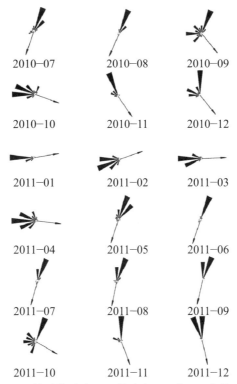

图 3.11 红梁河月输沙势玫瑰图（谢胜波，屈建军，庞营军 等，2014）

3.4.2 防沙措施试验

为了布置更科学的防沙措施，科研工作者及团队遵循理论与实际相结合的原则，采用了风洞模拟、野外试验等手段，进行了大量的室内外实验和资料分析，对现有防沙措施的防沙效率等进行了试验与评估。

风洞试验通常用于对青藏铁路沿线不同类型防沙措施及效果进行的模拟

研究，一般通过阻沙率来判断防沙措施的效果，也用于分析铁路沿线路基的流场特征，以更好地了解沙害形成的原理。

图3.12　风洞模拟试验和集沙仪（杨印海 等，2020）

杨印海等（2020）对青藏铁路沿线五种挡沙墙的防沙效果进行的风洞模拟试验表明，随着风速的增加，各挡沙墙的阻沙率呈递减趋势：挂板式和轨枕式挡沙墙对风速的敏感性最弱，整体阻沙效果较优，可适用于青藏铁路的绝大部分路段；箱式挡沙墙对风速的敏感性较弱，适合在风速18m/s以下的地区使用；PE网挡沙墙防沙效果对风速的敏感性最强，适合在风速10m/s以下的地区使用。

张克存及其团队对砾石方格、阻沙栅栏的防沙效果进行了风洞模拟，并对阻沙栅栏的流场结构进行了分析。结果表明，砾石方格能显著削弱风速，且砾石方格中风速随高度分布稳定，呈现固沙效应。在砾石方格防护宽度相同的条件下，小风速时砾石方格固沙效益非常显著；随风速的增加，大量的砂粒会越过砾石方格向下风向输送，砾石方格的固沙效益便有所下降。而阻沙栅栏的阻沙量会随着风速的增加而增加，但同时越过栅栏后的输出沙量也在增加，且阻沙量和输出沙量的变化趋势都与风速呈指数递增关系（张克存，屈建军，牛清河 等，2010）。同时，他们还对沱沱河路段的路基以及阻沙栅栏的流场结构进行了分析，发现气流在经过路基和阻沙栅栏时，都会形成明显的遇阻抬升区、集流加速区、减速沉降区以及消散恢复区，这既是沱沱河路段沙害形成的原因，也是阻沙栅栏的阻沙机理（张克存，牛清河，屈建军，韩庆杰 等，2010；张克存 等，2011）。

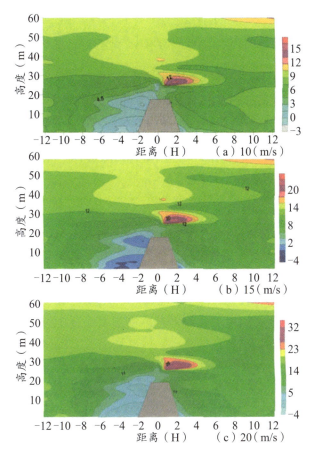

图3.13   沱沱河路基模型流场结构（张克存，牛清河，屈建军，韩庆杰，2010）

通过风洞实验得到结果后，还需要进行野外实地观测，从而验证结果的准确性。在对沱沱河路段的阻沙栅栏的阻沙效率进行风洞模拟试验后，张克存研究员及其团队还采用标杆法，对沱沱河路段阻沙栅栏的野外积沙情况进行了实地观测，通过测量一定时间段内标杆被积沙掩埋的高度计算风沙侵蚀堆积的数量。结果表明，除西南部表现为风蚀外，其他区域均表现为积沙。

北京交通大学的刘世海副教授带领团队利用Fluent软件建立单相流、欧拉双流体模型，对不同风速及风向条件下沙障的防护效果进行了模拟，发现三排高立式沙障能够有效降低风速，且在极端大风天气下仍有较好的阻沙效果（罗国才，2018）。在2004年、2005年期间，他们对错那湖路段进行了实地考察，使用电子风速仪来测量错那湖路段不同防护工程措施的风速值以及裸露沙地的风速值，并使用阶梯式集沙仪测量了各防护区的输沙量。结果显示，在防护区内，高立式沙障的多排应用比单排沙障能更有效地降低侵蚀量。与对照区相比，单位时间内第1排沙障降低侵蚀量约为67.94%，第2排沙障降低侵蚀量约为99.86%，第3排沙障后10米和20米处降低侵蚀量分别约为99.88%和99.73%（刘世海 等，2010）。

屈建军研究员则采用移动风洞，将风洞试验和野外实验相结合，选择了9个不同海拔的区域，开展风沙运动现场试验，研究不同海拔的风沙运动特征。结果表明，高海拔低气压环境的砂粒具有较高的起动摩阻风速以及较高的跃移高度，因此低海拔地区的传统防沙装置用于构建青藏高原防沙体系时高度偏低，难以满足防沙要求。应增加防沙装置的布设高度，达到降低风速、减少流沙的目的。

图3.14　在新疆艾丁湖（左）和青藏铁路唐古拉车站开展野外移动风洞观测试验

（屈建军 等，2021）

综上所述，风洞模拟和野外试验的结果表明，青藏铁路沿线的防护工程措施在降低风速和减少侵蚀量方面总体上效果良好，这些珍贵的试验为沙害地区的防护工程设计和实施提供了有益的参考。

3.4.3　高寒地区风沙防治模式分析

治沙人员在修建青藏铁路过程中曾仿效内陆沙区的沙害防治模式，采用砾石方格和阻沙栅栏等措施对沿线风沙灾害进行防治。由于砾石方格和阻沙栅栏的阻滞作用，原本分散的沙物质反而逐渐集中积累，并且转移至铁路近处，形成风沙灾害。因此，对这些沙害路段的沙源、风沙活动规律、沙害类型及现状进行研究后，张克存等（2019）提出青藏铁路沙害防治应当采取远阻近固、输导结合，以机械措施为主，生物、化学措施相结合的综合防护体系。

机械措施主要包括高立式沙障和方格沙障，高立式沙障有混凝土插板式、混凝土挂板式和 PE 网沙障，方格沙障以石方格和碎石压沙为主。高立式沙障用于最大限度将沙源拦截在铁路最外围，方格沙障用于稳定沙面、防止就地起沙。经试验证明，高立式沙障的防沙效益优于石方格；石方格内积沙厚度若超过石方格高度，则会失去阻沙作用，积聚在内的大量沙物质将成为新的沙源。因此机械措施在治沙初期具有较好的效果，但随着风沙堆积，效果会逐渐降低；同时，在高寒地区设置机械措施防沙，也需要考虑当地的环境条件，如机械措施的布置需要与主风向垂直，需要治沙人员根据当地的地形条件选择合适的沙障设施等。

化学固沙材料则以 DST 为主，其力学强度大、抗风蚀能力强、保水作用好、抗老化性能强。同时，科研工作者们结合长期的野外实践工作，因地制宜地提出一系列适合于青藏铁路沿线风沙防治的新措施及新方法。如伏沙梁路段地处盐湖地区，分布着大量的盐湖及盐块，为提高防沙效益，科研人员将当地盐块粉碎后与卤水混合，制成 1m×1m，高度为 15cm 的盐方格，或撒成盐面（钱征宇，1986）；另外，将卤水和沙混合制成固沙格，或直接将卤水浇灌在流沙上。以上措施可替代石方格，降低铁路风沙防治成本，更好地在防沙体系中发挥效益。在其他高寒地区的风沙治理过程中，也可以根据当地的实际情况，选择合适的化学固沙措施。生物固沙措施须挑选适宜当地土壤和气候环境的品种。高寒地区特殊的冻融作用使下垫面异常脆弱，任何微小的扰动都会改变系统的物质和能量平衡，因此风沙防治的关键和难点是不仅要控制沙源，还应注意不能破坏沿线原本稀疏的植被和脆弱的生态环境。治沙人员便在青藏铁路沿线设置了垂穗披碱草、赖草、冷地早熟禾和中华羊茅等适合青藏铁路自然条件的植被恢复物种，并制定了完备的高寒草甸、高寒草原植被恢复与再造的工程综合配套技术、施工技术方案及关键技术要点，对风沙防治起到了积极的作用，并产生了一定的景观、经济和社会效应（何财松，2013）。从长远看，高寒地区铁路防沙还是应当将重点放在保护生态、恢复植被上，建立以生物措施为主、机械措施为辅的综合防沙体系。

3.5 青藏铁路风沙治理的现实意义

3.5.1 推动了铁路沿线经济的发展

青藏铁路风沙治理工程是一项具有重要意义的国家战略项目，为沿线地区的经济社会发展提供了强大的保障。青藏铁路风沙治理工程的主要经济贡献可以从以下方面进行概括：

青藏铁路风沙治理工程带动了相关产业链的延伸和升级，为当地居民提供了更多的就业岗位和收入渠道，提高了当地居民的收入水平，提升了生活质量。青藏铁路风沙治理工程涉及农林、建筑、交通、旅游等多个行业，这些行业的工程在实施过程中，不仅需要大量的人力物力投入，而且需要高水平的技术和管理支撑。这就为当地居民提供了从基层到高层的各种就业岗位，同时也培养了一批专业技术人才和管理人才。这些人才不仅能够为工程的顺利完成提供保障，而且能够为当地的产业发展提供人才储备和技术支持。

青藏铁路风沙治理工程改善了沿线地区的生态环境，同时丰富了当地旅游资源，为当地吸引了更多的外来投资者和游客，促进了当地的旅游业和其他一些产业的发展。同时，青藏铁路风沙治理工程促使沿线地区的交通更便利，拓展了市场空间。青藏铁路风沙治理工程通过保障铁路的畅通运行，有效地缩短了内陆与西藏之间的时空距离，提高了物流效率和运输能力，降低了运输成本和时间成本，拓展了市场空间和消费需求。这些效益不仅有利于西藏与西部省份之间的商品流通和人员往来，而且有利于西藏与周边国家和地区的经贸合作和文化交流。

综上，青藏铁路风沙治理工程是一项具有重大战略意义和深远影响的国家重点工程，它对于沿线地区的经济发展具有显著的促进作用，为当地居民带来了实实在在的利益和福祉。

3.5.2　提高了高寒铁路运行的安全性

青藏铁路作为世界上海拔最高、运行环境最恶劣的高寒铁路，其中超过1000km的路段位于风沙区域，如库姆塔格沙漠、柴达木盆地、唐古拉山等。风沙对铁路的影响涉及多个方面，给铁路设施和运行带来了严重威胁。

首先，风沙会对轨道、桥梁、信号设备等基础设施造成磨损和损坏，降低铁路的使用寿命和运行效率。轨道的钢轨、道床、轨枕等部件可能受到侵蚀，导致轨道变形、松动、断裂等故障，影响列车的平稳行驶。桥梁的桥墩、桥台等结构会积聚风沙，增加桥梁的荷载，导致其发生变形，影响桥梁的稳定性和安全性。信号设备的电缆、传感器、显示器等部件可能出现短路、故障、模糊等问题，影响信号系统的正常工作和列车的调度指挥。其次，风沙对列车的视线、通信、制动等系统造成干扰和障碍，增加了运行的风险和难度。风沙干扰了列车司机的视野并影响其判断能力，增加了事故发生的可能性。同时，风沙干扰列车通信系统，导致通信信号中断或失真，影响列车与调度中心之间的信息交流和指令传达。此外，风沙还可能对列车的制动系统产生影响，使制动距离增加或制动效果降低，影响列车的安全停车和紧急处理。

为了解决这一问题，中国铁路部门采取了一系列风沙治理措施。其中包括建设防风林带、防风网、防风墙等工程，通过形成自然和人工屏障来有效阻挡风沙的侵蚀。此外，铁路部门还开展生态恢复和植被保护等活动，提高土地的固沙能力，减少风沙的产生和扩散。这些措施有效地减少了风沙对铁路的影响，提高了青藏铁路的安全运行水平。同时，这些治理措施也为其他高寒地区的铁路建设和运营提供了有益的经验和借鉴，推动了铁路交通在极端自然环境下的可持续发展，提高了高寒铁路运行的安全性和可靠性。青藏铁路的风沙治理措施展现了中国铁路部门在科学技术和环境保护方面的实力。通过持续的创新和努力，青藏铁路的风沙问题得到了一定程度的解决，为铁路的安全运行和进一步发展做出了重要贡献。

3.5.3 改善了沿线的生态环境

为了解决自然地理位置限制带来的风沙问题，自 2008 年起，青藏铁路公司投入了大量的资金和人力，采用了多种防沙治理装置对青藏铁路沿线进行自主治理，如挡沙墙、草方格、盐方格、高立式沙障等，根据不同的地形和风沙特征进行设计和治理。通过多年，青藏线风沙危害状况已得到了有效控制，风沙上线情况基本消除，边坡清沙工作量大大减少。青藏铁路风沙治理工程取得了显著的成效，有效地控制了风沙流，减少了清沙量，提高了天然植被覆盖度，改善了沿线的生态环境，增加了植被覆盖率和土壤含水量，减少了风沙侵蚀和土壤流失，提高了土地质量和生态系统服务功能。

本章撰稿：曾弘　练文华　邢煜振

附录　新疆和若沙漠铁路风沙防治简述

概述

新疆铁路和田至若羌线（以下简称"和若铁路"）自格库铁路若羌站接轨，经过若羌、且末、民丰、于田、策勒、洛浦、和田等7个市（县），接入本线终点喀和铁路的和田站。线路全长825.476km，设置客运站9座，工程投资约209亿元。

和若铁路沿着世界第二大流动沙漠塔克拉玛干沙漠南缘由东向西走行，该区域风季长达7个月（3—9月），加之塔里木盆地气候干燥、风大且频率高，沿线风沙现象极为普遍。全线风沙段落分布长度达534.77km，占线路长度的65%，其中流动沙丘、沙地段落共114.22km，半固定沙丘、沙地段落共154.46km，戈壁风沙流段落共140.51km，固定沙丘、沙地段落共125.58km，风沙危害是本项目的主要不利条件，风沙治理成功与否关系着项目的成败，是本线的重难点工程。

区域风沙环境的主要特点

一、风季长，沙害广泛分布且危害巨大

根据《和若铁路风沙研究专题报告》，部分区段年输沙量超过20m³或沙丘年移动距离超过10m，是风沙危害最严重、影响范围最长的铁路项目之一。

二、线路长，风积沙区域和戈壁风沙流区域差异大

线路全长825.476km，走行于世界第二大流动沙漠塔克拉玛干沙漠南缘，所经地区自然地理条件独特，沿线沙漠和戈壁相间分布，其中风积沙区段为

394.26km，戈壁风沙流区段为 140.51km，沿线风沙环境特征迥异，风沙路基类型划分难度大。

三、沿线自然条件恶劣，蒸发量是降水量的百倍有余

沿线属典型的大陆型干旱性气候区，分属南温带干旱南疆区气候大区。气候异常干旱、多风少雨，昼夜温差大。尤其在戈壁沙漠中，起风频率高，风力强，一经起风便飞沙漫天、遮天蔽日、能见度极低。沿线年平均气温 11.4℃（且末）—13.8℃（洛浦），极端最高气温 40.8℃（于田）—43.8℃（若羌），极端最低气温 -28.3℃（民丰）—-20.1℃（和田），平均年降水量 27.6mm（且末）—55.4mm（民丰），年平均蒸发量 1837.6mm（若羌）—3647.8mm（民丰），蒸发量是降水量的百倍左右，夏季沙子表面温度可达 60℃以上。根据且末县气象资料，年平均沙尘天气数为 162 天，年均将近一半的时间为沙尘天气。

铁路防沙思路

一、顺势而为，将科学的输沙理念应用于特别严重的风沙地段

和若铁路走行区域主要风季长达 7 个月，在部分区段年输沙量超过 20m³ 或沙丘年移动距离超过 10m，采取阻沙、固沙措施不仅建设初期成本太大，而且运营维护依然需要投入巨大的费用，因此在这些风沙特别严重的地段，采取了以桥代路的设计方案，让流沙从桥下通过。输沙理念源于大禹治水思想中的 "治水须顺水性，水性就下，导之入海。高处就凿通，低处就疏导"，治沙与治水一样，顺势而为。全线以桥代路的主要桥梁有 5 座，总长度达 49.738km，分别为塔特勒克特大桥（2.889km）、依木拉克特大桥（8.657km）、亚通古孜特大桥（9.828km）、若克雅特大桥（9.737km）、尼雅河特大桥（18.627km）。以桥代路输沙理念的应用大幅降低了沿线风沙对线路的威胁，

也为后期运营维护减少了大量的工作。

图3.15 和若铁路严重风沙区域以桥代路

二、植物防护为主，工程防沙为辅，一劳永逸解决和若铁路沙害问题

水是生命之源，良好的水源条件是植物成活的先决条件。和若铁路走行于昆仑山的北侧、塔克拉玛干沙漠的南侧，大部分地段靠近昆仑山地下水的出露区附近，全线均采用地下水进行浇灌，共设计 131 口水源井，水源井深度 120—280m，产水量为 25—80m³/h，水的矿化度均在 10g/L 以内，非常适合植物的生长。

和若铁路在工程防沙的体系内配置了植物固沙体系，树种采用当地的耐旱、耐高温、耐盐碱、固沙能力强的胡杨等乔木（乔木能够起到良好的降低风速作用，但需水量较大，为降低固沙林后期的养护费用及保障植物的成活率，仅在浅层地下水埋深较小、植株后期能够自由成活的路段设置），其他仅靠滴灌成活的路段，种植梭梭、柽柳、沙拐枣等灌木作为防沙林。局部零星路段及地下水超采区，采取工程治沙的方法。

在全线风沙路基段落，采用工程防沙与植物防沙相结合的路段达 285.7km，种植梭梭、红柳、沙拐枣等耐干旱、耐盐碱苗木 1296.1 万株，全线风沙用地达 22.7 万亩，林带覆盖面积达 11.4 万亩。目前全线植物综合成活率达到 85% 以上，植株平均高度在 1.0—1.5m 之间，绿色长廊初现规模，为和若铁路的安全运营保驾护航。

图3.16　和若铁路植物防沙效果展示

三、"外阻内固、外高内低"的梯次型"七带一体"综合防沙体系

　　"七带一体"综合防沙体系，指在铁路主导风向侧及背主导风向侧，从铁路坡脚由近至远布置坡脚雾喷固沙带、防火隔离带、芦苇方格与灌木结合固沙带、芦苇方格固沙带、乔灌结合阻沙带、积沙空留带、高立式沙障阻沙带七条防护带而形成的防沙综合体系。"七带一体"综合防沙体系采用的是"外阻内固、外高内低"的布置。植株未长大之前，先期外侧利用 1.5m 高立式沙障阻沙，靠近铁路侧采用 0.3m 高芦苇方格固沙。随着风沙的侵蚀，几年之后，高立式沙障、芦苇方格相继失效。这时栽植的植物接替起到防风固沙的作用，外侧利用高大的乔木降低风速，拦截来沙，靠近铁路侧采用低矮的灌木固沙，灌木利用自身的枝繁叶茂及发达的根系，固定流沙、层层拦截，形成了梯次型的先进防沙体系。

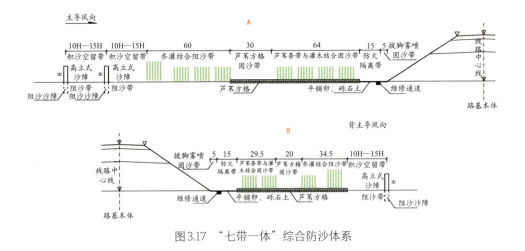

图3.17 "七带一体"综合防沙体系

四、风沙防护与主体工程同步实施

和若铁路采取风沙防护与主体工程同步实施的设计、建设理念。路基工程的修建，不会消除或减轻风沙的危害。路基会成为一道挡沙墙，阻挡风沙的移动和通过，只会不断恶化区域的风沙形态分布。风沙防治工程是一个复杂的系统工程，要起到标本兼治的效果需要时间。因此设计组同步设计风沙防护与主体工程，并要求施工组织同步开展两者的施工工作。在建设过程中实现了"沙害不上道"的目标，使开通运营时植物防护起到防风固沙的效果。这相对于其他风沙区铁路建设已经迈出了一大步，避免了开通时花费巨大的资金清筛道床的问题。

五、智能化灌溉为植物后期养护保驾护航

为减少后期人员养护的投入，和若铁路全线植物防护设置的131口水源井均采用智能化配备，可实现在任何有网络的地方，通过手机控制和监测灌溉情况进行人工智能自动化控制。灌溉管道系统设计中，在每个主管分出的支管

上设灌溉专用电磁阀，并配备灌溉阀门反馈管理器、区间灌溉管理通信站、区间灌溉管理通信模块、区间灌溉控制远程终端。这可以大量减少植物防护养护的人员投入，只需全线开展日常的风沙巡养即可保障林带的成活率以及长势。

六、客土、植物保水袋助力风沙流地段戈壁滩、戈壁滩盐碱地植物成活

为解决风沙流地段戈壁滩、戈壁滩盐碱地植物成活问题，设计单位建设性地提出客土栽植，发明"一种可降解的植物保水袋植物系统"实用新型专利（专利号：CN202022060783.6），经统计，客土区域以及植物保水袋区域植物成活率达到 90% 以上。

图3.18　客土、植物保水袋种植现场植物成活率

防沙经验

根据和若铁路建设经验及现场实际情况，针对需要大规模植物防护的沙漠铁路建设，总结经验如下：

一、拉长建设时间

前 4 年为植物防沙建设期及生长期，主要解决植物防沙相关的配套，如打井，解决水源问题；实施电力贯通线，沿线引入地方电，解决用电问题；实施必要的一些保护植物生长的措施，如防鼠兔措施、流动沙丘沙舌进行固定、戈壁风沙流区域进行换填等。按照常见的防沙植物（梭梭、柽柳、沙拐枣、胡杨、沙枣等）的生长速度，2—3 年的生长时间，植株平均高度可达到 2m，在建设期即可形成防沙规模，这样一来，可以不用实施大量的治沙工程，从而节省大量资金。

二、风沙防护单独招标

针对风沙防护相关的工程，单独进行招标。这样可以防止出现顾此失彼的情况。同时单独招标也利于一对一管理，能够提升管理的效率。

三、铁路铺轨安排尽量靠后

在铁路建设期，由于施工的原因，线路附近沙害仍然存在，路基本体填筑的是风积沙、原地面为风积沙，比如实施骨架护坡、防护栅栏、桥涵锥体、通信光电缆等铁路附属工程时，施工一旦受到扰动，便在线路周边形成沙源，对线路的平稳运行影响很大，因此建议铺轨尽量往后靠，待相关附属工程基本完成后，再行实施铺轨。

四、戈壁风沙流地段，风沙治理须兼顾防洪设计

戈壁风沙流地段，沙害和洪水同时威胁着线路的安全，因此风沙治理设计时须同时兼顾防洪设计。主要方式有：导流堤顶部设置阻沙沙障、导流堤封闭区设置储沙沙障、铁路上下游对洪水进行引导、引洪入沟加速自然植被恢复等。

附录撰稿：赵加海

第 4 章
以敦煌莫高窟为代表的
沙漠戈壁地区文化遗产保护治沙模式

莫高窟是我国乃至世界的一项重要文化遗产。该地区被戈壁荒漠包围，生态环境脆弱，长期以来饱受风沙侵蚀。严重的风沙危害是莫高窟长久保存面临的主要环境问题。经过实地勘察调研，并结合数次防沙治沙试验结果，最终以"合理配置工程、生物措施，构建人工砾石戈壁"的方式，形成了稳定的风沙均衡场，建立了莫高窟风沙灾害综合防护体系，明显降低了风沙侵袭危害。莫高窟风沙治理团队依据莫高窟窟顶戈壁风沙运动规律，研发了人工砾石铺压防治戈壁风沙流新技术，为改善窟区环境提供重要保障，也为相似地区风沙灾害防治提供经验。莫高窟窟顶风沙治理使大量的珍贵文物得以保存，对文物古迹保护具有重要的示范价值，为世界文化遗产保护的典范。治理成果备受国内外关注，取得了良好的社会效益，为世界文化遗产可持续发展和人类福祉做出了巨大贡献。

4.1 敦煌莫高窟的考察

4.1.1 考察背景

敦煌位于甘肃省河西走廊西端，是丝绸之路上的咽喉要塞，是古时连通多个国家的枢纽。莫高窟始开凿于前秦建元二年（366年），是从十六国时期至元代历经1000多年形成的，中国现存石窟中开凿时间最早、延续时间最长、规模最大、内容最为丰富的石窟群。莫高窟是我国石窟艺术发展演变的缩影，亦是我国乃至世界古代灿烂文化艺术的瑰宝。因其规模宏大、艺术价值高、内容博大精深，素有"世界艺术画廊""墙壁上的博物馆""沙漠中的美术馆"之称。然而，在创建的千百余年岁月中，由于地震、自然坍塌、雨水冲刷、风沙危害等自然因素和人为因素的共同作用，石窟遭受到严重的破坏。在诸多破坏因素中，风沙是莫高窟长久保存的最大威胁。

莫高窟背靠的鸣沙山，是库姆塔格沙漠的东延，自古风沙活动强烈。洞窟所在岩层乃风沙环境的山前冲洪积物，稍有风吹，就有流沙从莫高窟崖顶飞泻而下，流沙不仅危害窟体，对壁画和彩塑的破坏性更大，敦煌莫高窟是中国境内受保护的文物群中受风沙灾害最严重、影响最大的一处。据不完全统计，在现存有壁画和彩塑的492个洞窟中，已有一半以上的壁画和彩塑出现了起甲、空鼓、变色、酥碱、脱落等情况，皆与风沙有一定的关系。千百年来，风沙从未停歇，清沙成了维护莫高窟洞窟、壁画和雕塑的一项繁重工作。在治沙技术进步的今天，单纯的人工清沙模式已远远不能适应当今社会对生态环境质量的需要。为了改善窟区的生态环境，保护这份珍贵遗产，对莫高窟的风沙危害进行治理势在必行，建立一个多层次、多功能的行之有效的综合防护体系是莫高窟风沙治理的终极目标。

4.1.2　考察过程

自发现藏经洞的100多年来，人们面对日益严重的风沙危害，长时间束手无策，只能被动地清沙。直到20世纪60年代，莫高窟顶治沙研究才初步开展起来。按不同时期的主要特点，这项工作可归结为三个阶段（汪万福，张伟民，

2007 ）：

一、被动地清沙，抢救文物阶段。20 世纪 80 年代以前，相关管理人员以清除窟内和窟区积沙为主要工作，同时编制了以工程措施为主的防沙规划，在窟顶崖面及窟区等开展了以阻为主的零星试验性工程。1950 年，敦煌文物研究所成立伊始，即把防沙、清沙列为保护石窟的重点。1961 年，敦煌莫高窟被列为国家级文物保护单位，相关管理人员在中国科学院治沙队指导下编制出《莫高窟治沙规划》，在窟顶设置以工程措施为主的多种防治试验工程，但限于当时的条件，未对地区风沙运动规律、风沙危害方式等进行深入研究。很多小规模防沙试验工程虽在短期内起到阻止流沙进入窟区的重要作用，但工程实施后因积沙量的增大，使洞窟和文物处在更大的危险之中。总的来说，沙害并未得到有效控制和防治。

二、从研究莫高窟风沙危害规律和机理入手，探索性地设置防沙工程阶段。20 世纪 80 年代末至 90 年代末，研究人员开展了风沙运动的野外观测，在窟顶安装了全自动气象站，开始对莫高窟区域风沙环境特别是风况进行系统监测和初步研究。1989—1993 年，敦煌研究院与中国科学院兰州沙漠研究所合作，先后在崖面上进行化学固沙，在崖顶戈壁区设置了 "A" 字形尼龙网栅栏，并在鸣沙山边缘引进滴灌技术进行植物固沙试验研究，有效地控制了流沙进入窟区，偏西北风向洞前栈道夜间积沙比设置栅栏前减少 60%（凌裕泉 等，1996；樊锦诗，2000；汪万福，王涛，樊锦诗 等，2005 ）。但由于源自鸣沙山的沙物质并未得到控制，引入的滴灌设备和试验的沙生植物幼苗遭到严重的沙割、沙打、沙埋，尼龙网栅栏周围产生大量积沙，小范围的喷洒固沙剂试验也未从根本上解决崖体、崖面的严重风蚀问题。

三、在掌握地区风沙危害规律的基础上，开展多种方法和途径的防沙工程，最终形成针对莫高窟的防沙工程体系。从 20 世纪末至今，众多学者进行实地考察后，提出了不同的风沙防治见解：朱震达（1999 ）认为要彻底解决莫高窟风沙危害问题，必须建立综合防护体系；张伟民等（2000）和汪万福等（2000）提出了以固为主，固、阻、输、导相结合的防治原则；屈建军等（1996）提出在窟顶构建高立式栅栏、草方格固沙带、人工灌草带、砾石铺压带、空白带、化学固结带"六带一体"的防护体系。这一时期许多学者将实地监测与风洞实验和数值模拟方法结合，从窟顶风沙运动规律、沙丘动力学、风沙工程等方面着手，对莫高窟风沙流输沙势、风沙流结构和沙丘运动等有了新的认识。针对出现在窟顶戈壁严重积沙、植物固沙规模过小的问题，学者们开始探索进一步扩大植物固沙范围，开展草方格沙障固沙试验研究，以期将风沙对莫高窟的危害程度降至最低。

人类对包括风沙运动规律在内的自然界规律的认识总是在不断深化的，局地生态环境也会随着全球气候变化和人工对生态环境的干预发生变化，因此对风沙规律的认识和使用的风沙工程措施也不能一成不变，需要不断更新。

4.2　敦煌莫高窟的区域条件

4.2.1　自然条件

敦煌地处西北内陆腹地，常年受到西风环流和蒙古高压的影响，具有冬冷夏热、干燥少雨的典型大陆性沙漠气候特点。该地区年平均风速为 3.5m/s，最大风速达 21.2m/s，年平均气温为 10.6℃，历年绝对最高气温 40.6℃，绝对最低气温 -21.5℃，最大日较差 28.3℃。平均年降水量 23.2mm，降水集中于夏季 6—8 月。多年蒸发量 4347.9mm，是降水量的 180 多倍，干燥指数 K 为 32，平均相对湿度 32.2%。全年日照时数达 3000h，日照率为 73%。由于干燥多风，沙尘暴频繁出现，沙尘天气数每年 20—35 天。

　　莫高窟地处库姆塔格沙漠和敦煌盆地东南缘，鸣沙山与三危山之间的大泉河谷地，距敦煌市 25km，洞窟开凿于大泉河西岸洪积扇阶地的垂直崖面上。石窟岩体为砂砾岩，由上更新统玉门组洪积戈壁砂砾石层和中更新统酒泉组洪积—冲积半胶结砾岩组成。窟顶为一平坦戈壁，向西约 700—1000m 与鸣沙山连接。依据地貌特征及地表组成物质，从东向西依次可划分为砾质戈壁带、砂砾质戈壁带、流沙覆盖在砂砾质戈壁上的平坦沙地和流沙覆盖在基岩上的高大复合型沙山（图 4.1）。其中平坦沙地的流沙厚度为 10—150m，是危害洞窟的沙源地（李国帅，2012）。沙山高 60—170m，沙丘类型以格状沙丘、金字塔沙丘、鲸背状沙垄和复合型沙山为主（汪万福 等，2000）。

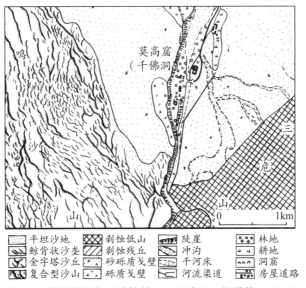

图 4.1　敦煌莫高窟风沙地貌图（屈建军，胡世雄，1997）

　　莫高窟顶是具有三组稳定风向的多风向地区，盛行风为西北风、东北风和偏南风（黄翠华 等，2006）。其中，偏南风是莫高窟地区特有的局地环流—弱山风，频率高达 49.5%。所经之处虽然沙源充足，但风力较弱，其带来的粉尘使壁画遭受侵蚀；西北风频率占 25.3%，对沙物质具有较强的搬运能力，潜在输沙能力占 31.9%，可将沙山前缘沙丘及平坦沙地和砂砾质戈壁上的砂粒吹至崖面以致进入窟区堆积，是造成洞前积沙的主风向；东北风占 24.5%，风力较强，但缺少充足的沙源，潜在输沙能力占 27.5%，对鸣沙山东移有抑制作用，能够反向搬运崖面和窟顶上方长期堆积的沙物质。正是由于这种特殊的流场，塑造了鸣沙山独特且相对稳定的风沙地貌。沙丘运动呈东南—西北向往复摆动，主臂有向东南移动的倾向，移动速度缓慢（张伟民 等，1998），属于慢速—稳定型。

4.2.2　沙害成因

敦煌莫高窟常年处在风沙环境中，风沙危害的主要方式有风蚀、积沙和粉尘。

风蚀危害主要是风沙流对洞窟围岩、露天壁画的吹蚀与磨蚀，其作用缓慢，不易引人注意，却是岩体坍塌、壁画褪色病害的主要原因。莫高窟石窟群开凿在砂砾岩上，下部为中更新统砂砾岩，成岩较好；上部为上更新统砂砾岩，并有砂岩透镜体大量分布，沙层厚度 10—15cm，水平层理发育，纹层厚约 1—2mm，极易被风蚀。风洞实验表明（屈建军 等，1996），砂砾岩与砂岩透镜体的抗风蚀能力差异相当大，在挟沙气流的吹拂下，砂岩（层）风蚀强度是砾岩的 4 倍多，长期风蚀致使不少地方岩体顶部形成危岩；不少窟区、窟顶遗址残败不堪，相当数量的窟顶部被剥蚀，上层洞窟窟顶变薄，更有甚者已露天，如莫高窟中段上层第 460 窟、唐代早期 203 窟等。常年风蚀也使露天壁画褪色，模糊不清。

西北风是造成洞前积沙威胁的主害风。其搬运的大量沙物质，经过 500—700m 的砂砾质地表（在低洼地形成部分积沙）后，进入砾石平台，运行 200m 左右到达崖顶或崖面附近。此时，由于地形曲率的急剧变化，附面层发生分离，在崖面上下部即窟前栈道形成风沙堆积。大量积沙不仅埋没洞窟、堵塞栈道、压塌窟檐，还污染环境，并且积沙随风卷入洞窟，侵蚀窟内壁画、彩塑。严重积沙对窟顶造成巨大压力的同时，还增大了窟顶围岩的透水性，以致窟顶岩体积水，低层窟内堵塞的砂粒阻碍水分蒸发。窟内过多水分容易引起壁画发霉、酥碱、起甲等严重病害。据敦煌研究院统计，20 世纪 80 年代，莫高窟每年清除窟前积沙约 3000—4000m³，清除积沙还需耗费大量人力、物力、财力。研究还表明，清除这些积沙所使用翻斗车所造成的振动波频率在 60HZ 以上，对洞窟产生强烈的振动性破坏。

风沙流中所挟带的粉尘物质受崖体反转气流的作用，进入窟内形成大量降尘，严重污染壁画，影响视觉效果。观测结果表明（屈建军 等，1992），窟区年降尘量可达 365.4 吨/km²。粉尘粒级主要集中在 0.005—0.05mm 之间，矿物成分以石英、长石为主。用扫描电镜统计粉尘表面形态，其中棱角状、次棱角状占 83%。棱角状高硬度的石英颗粒，随气流的运动既能对壁画、塑像进行磨蚀，又能侵入壁画和塑像颜料之间的空隙，使壁画产生龟裂。随着粉尘的不断沉积，逐渐产生一种把壁画颜料层或白粉层向外挤压的能量，致使壁画颜料层、白粉层大面积脱落。并且，大量粉尘物质沉降在壁画表面，影响壁画修复除尘工作。

4.3　莫高窟风沙治理模式与技术创新

4.3.1　莫高窟风沙防治的指导思想

鸣沙山是威胁洞窟的主要沙源。大量沙物质被西北风和西南风挟带，输送堆积到窟顶砂砾质戈壁地表，在东北风作用下部分砂粒被吹回沙山。循环往复形成了稳定的沙山戈壁地表局地环流，但窟顶风沙流蚀积作用仍处于不平衡状态，对洞窟和窟内的文物造成危害。因此，应在保证窟顶风沙流动态平衡的前提下，根据鸣沙山、砂砾质戈壁、窟顶崖面等不同地带的具体条件，以防治主害风为主，采取以固为主、固阻输导相结合的防护原则，合理配置固沙、阻沙措施，最大程度地将主害风挟带的沙物质阻拦下来，使窟顶戈壁成为暂时储沙场地。运用自然法则，因势利导，以自然之力，还治其害。改变砂砾质戈壁下垫面砾质组成，以构建更适宜阻截和输送风沙流的均衡戈壁床面。充分利用多风况、不同沙源供给的特征，借助强劲的东北风将暂时储存在窟顶戈壁的砂粒吹回至沙山边缘，以此构建沙山—戈壁蚀积动态平衡。生物措施是长远固沙措施，是构建综合防沙体系的根本措施。随着高立式栅栏、草方格沙障等工程措施的年久失效，构建植物固沙带能提供可替代保护洞窟的绿色屏障。最终，通过不同防护措施的组合，建立一个由工程、生物等措施组成的多层次、多功能的综合防护体系，构建对洞窟危害最小、更稳定的风沙流场（张伟民，2011）。

4.3.2　工程总体布局

针对莫高窟顶风沙运动规律、不同地段地貌及地表物质组成特点，防护体系总体呈一个北宽南窄的不规则梯形。由于高大沙丘具有较好的稳定性，将防护措施设置在高大沙丘边缘地带，高大沙丘可以成为其天然屏障并维持风沙平衡场。因此，可以将高大沙丘边缘作为防护体系的一个重要分界线（汪万福，2018）。

防护体系北端宽2035m，南端宽770m，平均长度2686m，是南北窟区长度的1.7倍。防护体系宽度及防护措施等的确定主要依据沙源丰富程度、风况对洞窟的影响，以及防护体系最前沿的流沙压埋速率（年平均压埋8m/a）等因素，不同类型措施设计主要依据地形条件和地表状况（紧实度、含沙量、砾石大小及覆盖度等）。根据性质的不同，窟顶防护工程措施主要分为机械固沙设施、植物固沙设施以及辅助设施。

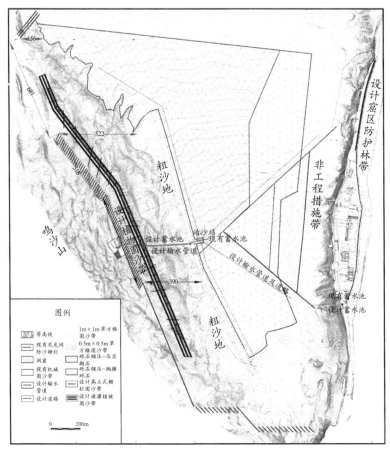

图 4.2 莫高窟顶风沙防护体系平面布局图（张伟民，2011）

4.3.3 机械固沙模式

一、高立式栅栏

高立式栅栏主要沿鸣沙山东北侧足部设置，是防护体系的首道屏障。总体走向依沙山地形变化而变化，宽度 1.8m，孔隙度 20%—30%，总长度 6395m，其中羽排式栅栏 5725m，约为栅栏总长度的 89%；阻拦式栅栏 670m，约为总长度的 11%。其作用主要是阻挡来自西北风和偏南风的风沙流，并利用东北风，将西北风和偏南风堆积的沙子吹回鸣沙山，削弱由鸣沙山而来的沙源，同时也为下风向草方格的设置提供防护措施。栅栏两侧分别埋设 1—4 行草方格，作用在于防风沙掏蚀；两块栅栏保持 10cm 衔接，端部采用三角形加固。

二、草方格沙障

在高立式阻沙栅栏以东的低矮沙丘地段，设置草方格沙障。草方格沙障增加地面粗糙度，能使挟沙风的能量衰减，从而阻止风沙流作用，减少沙物质向窟区运移，达到固定流沙的目的。草方格带沿高立式栅栏平行延伸，总长度 2638m，从沙丘边缘的人工滴灌植被带延伸至沙丘内部，最北端宽度 170m，中段宽度 390—520m，南端宽度 252—966m，总面积约 115 万 m^2。其中，1m×1m 规格的草方格沙障为 94 万 m^2，占总面积的 81%。一般较高及较陡坡度的沙丘，尤其在鸣沙山北缘的高大沙丘的草方格沙障规格设置为 0.5m×0.5m，面积为 21 万 m^2，占总面积的 19%。所有的沙障麦草外露地表的高度控制在 15cm 左右。

三、砾石铺压防护带

莫高窟窟顶是广阔的含沙量较高的砾质戈壁，是来自鸣沙山的沙丘沙被西北气流运移到窟区必经的通道。砾石铺压防护带位于其上，根据窟顶砂砾质戈壁地表状况，坚实度、含沙量、砾石大小及盖度，划分为两种类型：一种需要对地面压实处理并进行砾石抛撒，另一种则直接抛撒砾石。砾石以棱角块状 3—5cm 为主，砾石盖度控制在 30%—40% 之间，砾石颜色与窟顶表面颜色一致。砾石铺压防护带总体布局呈不规则倒梯形，北部宽度 1876m，中段宽度 546—655m，最南段宽度 453m，南北铺压总长度 1609m，总面积约 167.8 万 m²。压实处理的面积为 99.1 万 m²，占 59%。地表抛撒砾石的面积为 68.7 万 m²，占 41%。

四、砾石空白带

砾石空白带主要分布在窟顶崖面以西、沙山北缘、南缘和东北缘，由窟顶砾质戈壁带、沙丘边缘粗沙地和丘间地风蚀洼地组成。砾石覆盖度达到 60%—80%，面积约 16.6 万 m²。由于砾质戈壁不易就地起沙，且挟沙风经过多层防护带到达相对高地的砾质戈壁，所搬运的沙物质已经相当少。因此，砾石空白带保持戈壁地表原始状态，不设置任何不利的防护措施。

4.3.4　生物固沙模式

植物固沙是最根本的治沙措施，植物除用根系固结土壤免除风蚀外，还通过增大地表粗糙度来降低风速，阻固流沙向窟顶戈壁及窟区输移。敦煌莫高窟顶固沙林带布置在防护体系前缘高立式栅栏以东约 65—75m 处的草方格沙障区内，位于鸣沙山边缘的第二道丘间低地，长度 2140m，由 3 条宽 8m 的林带和 2 条 12m 空白带组成。丘间低地风蚀作用强烈，是一个良好的阻沙区。低地风蚀易造成植物根部掏蚀，成活率低。因此，将麦草方格沙障与植物措施共同配置。草方格沙障改善地表砂粒粒径组成和丘间低地的水分状况，能够稳定地表，为植物生长创造适宜的条件，提高苗木成活率并增强防风固沙效果。植物固沙带位于防护体系前沿，对于阻截沙物质、固定流沙具有重要作用。

植物固沙带主要人工种植梭梭、柠条、沙拐枣三种灌木，这些灌木各自成行。考虑到设计区的地貌特征、灌木需水性和灌溉便利性等要素，研究人员依次将三种植物带进行排列，带内树木株行距为 1.5m × 2m，且林带间留有 12m 的空白带，林带总宽 48m（图 4.3）。另外，植物固沙带还保护了丘间地零星分布的梭梭、白刺、羽毛三芒草等原有荒漠植被。

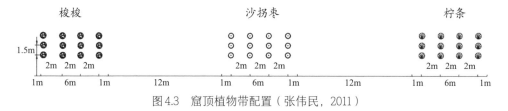

图 4.3　窟顶植物带配置（张伟民，2011）

4.3.5　莫高窟综合防护体系

由于西北风强劲，鸣沙山及西北侧以砂砾质戈壁为主的地表覆盖了相当数量的沙物质，是威胁窟区的主要沙源；同时，由于受东北风影响，往复搬运沙物质给防沙措施设置带来困难。因此，高大沙丘边缘成为防护体系的一个重要分界线。窟顶综合防护体系以荒漠灌木林带的南端为起点，向北延伸，总长度 2000m，宽度 1300—2000m（汪万福，2018），主要分为沙山、平坦沙地、半流动戈壁、固定戈壁四个区域模块，措施配置如图 4.4 所示。

鸣沙山前缘流动沙丘和平坦沙地固阻区包括以滴灌技术为主的荒漠灌木林带、半隐蔽方格沙障和高立式阻沙带。在鸣沙山前沿流动沙丘链上建立以麦草方格沙障为主的固沙体系，在其前沿沙垄脊线的外侧设置 2—3 道高立式尼龙网栅栏阻止沙丘前移。在方格沙障的后方（东边）平坦沙地上建立荒漠灌木林带，并在方格沙障凹面形成后在其内部适时种植沙生灌草，形成稳定的固沙体。

窟顶戈壁防护区包括砾石压沙带和空白带。砾石压沙带是建立在窟顶戈壁砾石盖度小于平衡盖度的区域。砾石压沙带既具备阻沙功能，又具备输沙功能，实现了风沙动态平衡。空白带主要位于窟顶砾质戈壁，不易就地起沙，而且东北风对窟顶崖面的多年积沙具有反向搬运能力，要使已经稳定的戈壁地表保持原始状态，应当设置合理的防护措施。

在洞体崖面固结区与石窟对面流动沙丘固定区，莫高窟部分上层洞窟顶部因风蚀作用变薄甚至露天，导致壁画彩塑破坏严重。针对此问题，研究人员采用化学固沙的方法将崖面固结（屈建军 等，1994）。流沙经化学材料处理，表面形成具有一定强度的保护层或固结层，这不仅能保护流沙免遭吹蚀，还能形成光滑表面，促使风沙流顺利输移。

窟前防护林带建设区将当地新疆杨和银白杨为主的乔木、以柽柳和花棒为主的灌木相结合，在景观林外围设置混交复合立体林网以截断风沙流输送。在流动沙丘和丘间低地上，经过多年封育，保护梭梭、沙拐枣、罗布麻、白刺、羽毛三芒草等荒漠灌木植被，改善局域生态环境。

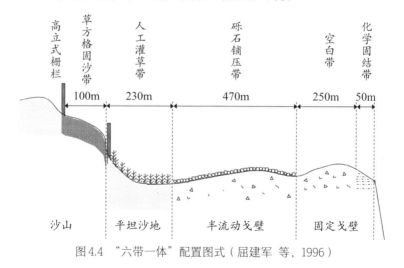

图4.4　"六带一体"配置图式（屈建军 等，1996）

4.4　敦煌莫高窟风沙治理的科学性

4.4.1　治沙的科学性

长期以来，莫高窟治沙活动围绕清沙展开，形成了以阻、输为主（赵松乔，1990），即"上堵下清"的防护观点。然而，在没有形成以翔实数据和可靠理论为支撑的风沙防护体系下进行清沙活动或单一的防治措施，虽能暂时发挥效益，但势必会出现各种问题（汪万福，张伟民，2007）。依据中国科学院寒区旱区环境与工程研究所、甘肃省治沙研究所与敦煌研究院合作编制的《敦煌莫高窟风沙危害综合防护体系规划》《敦煌莫高窟风沙危害治理可行性及治理方案》及 2003 年 11 月在敦煌莫高窟举行的"建立敦煌莫高窟风沙危害综合防护体系研讨会"的精神，结合莫高窟地区风沙环境及风沙运动规律，借鉴包兰铁路沙坡头段、兰新铁路玉门段，甘肃河西走廊已取得的防沙成功经验，从本区多风向的实际出发，遵守因地制宜、因害设防，以切断或削弱鸣沙山沙源和固定流沙，并消除砂砾质戈壁面上的二次起沙为目的，建立一个由机械、生物和化学措施相结合的多层次、多功能的综合防护体系。在确保所采取的一切治理措施不给莫高窟的永久保存带来任何直接或潜在威胁的前提下，使莫高窟的风沙灾害得到有效控制，窟区生态环境质量得到明显改善。

对窟顶风沙运动规律、沙丘运动等方面研究主要体现在以下三个方面。

一、区域风况和输沙势计算

莫高窟是一个多风地区，年平均风速为 4.3m/s。有效起沙风频率为 36.3%，其中，5—8m/s 风速范围占所有起沙风的 84.1%，8—10m/s 占 13.0%，大于 10m/s 占 2.9%。主风向为偏南风、西北风和东北风。最大风速多发生在春夏季节，即 3—6 月，达 16.73—20.17m/s。80% 的年最大风速在东北风方向，说明东北风风力强劲，输沙能力较强（张伟民，2011）。根据莫高窟地区风速风向的季节变化特征，其中冬半年盛行偏南风，但风力较弱，夏半年东北风和西北风出现频繁，风力显著增强（汪万福，2018）。

用 1990—2002 年的风况资料计算莫高窟顶方向变率（*RDP/DP*），结果表明年潜在输沙势为 266VU，属于中等风能环境；合成输沙势为 83VU，合成输沙方向（*RDD*）为 347°，莫高窟顶变率为 0.31，属复合风况（图 4.5）。研究发现，莫高窟不仅多风、风大，而且大风多集中在春夏两季，从发生频次来看，以春季、夏季、秋季风沙活动较为频繁。

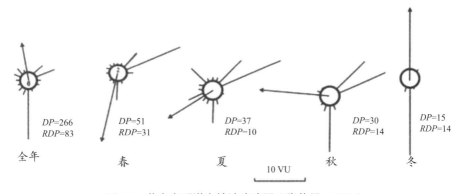

DP=266	DP=51	DP=37	DP=30	DP=15
RDP=83	RDP=31	RDP=10	RDP=14	RDP=14
全年	春	夏	秋	冬

10 VU

图 4.5　莫高窟顶潜在输沙玫瑰图（张伟民，2011）

一年监测期的窟顶戈壁输沙势为 129VU，窟顶北侧偏西风输沙量达 320kg/m，偏东风输沙量达 500kg/m，总输沙量约为 905kg/m。在 52—63km/h 的风速范围，偏东风和偏西风输沙量分别为 270kg/m 和 203kg/m；在 63—81km/h 风速范围，偏东风及偏西风的输沙量分别为 140kg/m 及 62kg/m（图 4.6）。由此可见，偏西风可将 265kg/m 的沙量输送到窟区，而偏东风可将 410kg/m 的沙量吹回到鸣沙山。

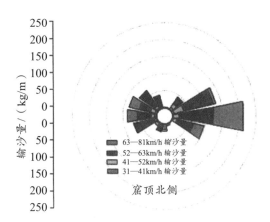

图4.6　不同风速段偏西风及偏东风的戈壁输沙量（张伟民，2011）

二、沙丘运移规律

系统研究鸣沙山前沿沙丘运动对莫高窟风沙防治具有重要的理论意义。1997 年 3 月至 1998 年 5 月，研究人员对金字塔沙丘运动进行了三次地面立体摄影测量，通过解析仪解析摄影相片，建立地形模型并绘制沙丘地形图。与此同时，研究人员对监测时期大于起沙风（在 2m 高度风速为 5m/s）的风况资料进行监测统计。结果表明，金字塔沙丘是一种较为稳定的沙丘类型，沙丘运动主要通过沙丘臂的摆动来适应风场变化，沙丘形态变化主要发生在丘体四分之三高度以上部位。金字塔沙丘具有整体横向移动的特征，高度有降低的趋势，且局地环流对金字塔沙丘横向运动影响较大，均衡坡面状况对沙丘的运动起着重要作用。

此后，研究人员分别于 2000 年、2002 年、2008 年、2009 年、2010 年和 2011 年对窟顶沙丘位移进行 6 次监测，选取窟顶西、南面共 22 条沙丘，获取高精度监测数据并进行分析。从长期监测结果来看，没进行防沙处理的西侧沙丘总体向洞窟方向移动，北风可削弱一部分沙丘向东北方向移动的速度。进行防治后的西侧沙丘位移量很小，主要受沙尘堆积清理及治沙工程的影响。研究人员通过对沙丘整体位移趋势的监测可找到对莫高窟窟顶有影响的沙丘，并进行小范围重点治理（汪万福，2018）。

三、戈壁地表风沙流结构

风沙流结构与气流中所搬运的砂粒在搬运层内不同高度的分布有关，决定着风沙输移强度，是选取防沙工程措施的重要考虑因素。莫高窟的风沙危害主要来自戈壁风沙流，莫高窟中央戈壁自西向东包括砂砾质戈壁带和砾质戈壁带。窟顶戈壁带北侧为平沙地和砂砾质戈壁带，除了自然戈壁床面，还有不同砾石粒径、盖度的人工戈壁床面。研究人员通过使用风速测量仪和集沙仪等仪器，实地观测下垫面的风沙流结构，改变下垫面性质，减弱近地表风的侵蚀力，抑制风沙流的产生和发展，从而进行风沙防治建设。

戈壁风沙流与沙质地表风沙流结构显著不同。戈壁风沙流结构在 2—6cm 处呈现最大值，为特有的"象鼻"效应，但风沙流结构变异层以上输沙量随高度增加呈指数递减。砾石高度决定了风沙流变异层的高度。而沙质地表输沙量随高度增加呈指数递减，不可蚀因子决定着风沙流结构变异层的高度（张伟民，2011）。

研究自然戈壁床面和人工戈壁床面表面风沙流特征，对构建窟顶风沙防治综合治理体系有重要意义。2009 年 4—6 月，研究人员使用风速测量站和集沙仪对自然戈壁床面和四种不同粒径、盖度的人工戈壁床面进行观测的结果表明，在偏西风作用下，粒径 5cm、盖度 30% 的人工戈壁床面和粒径 3cm、盖度 20% 的人工戈壁床面对风沙流都具有明显的限制作用，床面性质以堆积作用为主，阻沙效益随砾石粒径和盖度增加而增加。在偏东风作用下，在同样的沙源供给条件下，粒径 2—4cm、盖度 30% 的人工戈壁床面比自然戈壁的输沙作用强，而粒径 1—2cm、盖度 60% 的人工戈壁床面输沙作用较弱（汪万福，2018）。

4.4.2　治沙模式的演化分析

20 世纪 50 年代,《1956—1966 年敦煌艺术研究所全面工作规划草案》就把防沙、清沙工作列入石窟保护、修缮重点工程项目中。1955 年, 文物保护者在莫高窟窟顶戈壁带修筑了一条长 1088m 的土坯墙, 旨在把大量流沙聚积起来, 集中清除。初始阶段效果比较显著, 但后因沙物质的不断沉积, 积沙增厚, 增大了窟顶压力, 加上墙体本身遭到严重风蚀而倒塌, 危及游人及洞窟安全。20 世纪 80 年代初, 土坯墙被迫拆除。防沙墙被拆除后, 研究人员在洞窟山顶的平坦处挖了 1000 多米的防沙沟, 沟深 1.2m、宽约 2m, 试图将流沙堵截于沟中, 但因窟顶风沙流强烈, 防沙沟很快因被填平而失效, 并且砂砾质地表保护层受到了破坏, 地下的沙物质暴露于地表, 形成了新的沙源。

20 世纪 50—60 年代, 为了防止东北风对洞窟围岩的风蚀作用, 敦煌研究院在洞窟前 10—15m 的范围内种植了以乔木为主的窟前防风林带; 60—80 年代, 研究人员又栽植了新疆杨、银白杨、榆树、白蜡树和侧柏等; 后经研究人员不断补栽, 90 年代初形成了长 1750m, 宽 5—50m 的窟前紧密型防护林带（汪万福, 2018）。

60 年代初, 研究人员在窟顶戈壁带设置了局部高立式树枝栅栏, 并进行了麦草方格试验。在沙山前沿设置了部分麦草方格沙障和高立式芦苇栅栏, 栅栏设在麦草方格沙障后, 但麦草方格沙障处于无任何保护的流沙之中, 很快被流沙所埋没。同时, 研究人员还在沙山前沿平沙地上进行了砾石压沙试验, 但因试验从西向东采用砾石压沙—麦草方格沙障—高立式栅栏的布局, 将砾石压沙置于防护措施体系的最前沿, 导致砾石直接暴露在风沙流中, 没有任何栅栏防护, 最终被沙埋没而失效。

到了 80 年代, 治沙工作开始采取全方位、立体综合的科学治理措施。1989 年, 由李最雄先生主持并开始在窟顶戈壁进行化学固沙实验, 筛选出 PS

作为莫高窟崖顶的覆沙和风蚀严重的崖面的化学加固剂（李最雄 等，1993）。随后用其对莫高窟第 460 窟窟顶周围风蚀严重的崖面（约 225m²）进行化学加固，效果显著。化学固沙由此成为综合治沙的重要组成部分。

1990 年 10 月，研究人员开始在窟顶戈壁带设立"A"字形尼龙网栅栏防沙体系，输导和沉积来自偏西风的砂粒，但一定程度上也阻碍了偏东风向鸣沙山方向的反向输导和搬运作用（李国帅，2012）。并且，在尼龙网栅栏维护过程中需要投入大量的人力和财力。因此，尼龙网栅栏防护尚需通过配置其他防护措施，以进一步完善该防护体系来解决积沙问题。

1992—1993 年，我国引进滴灌技术后，在莫高窟崖顶离洞窟 1000m 处的鸣沙山前缘种植了红柳、梭梭、花棒、沙拐枣、柠条等 5 种沙生植物来进行生物固沙试验，形成了一条长 800m、宽 12m 的沙生灌木林带，直接阻止了来自鸣沙山的大量沙源向窟顶戈壁及窟区输移，取得了较好的防沙效果，也为人工植被向天然植被的演替创造了有利条件。但由于林带前缘没有任何防护措施，造成了灌木林带内积沙较多，滴灌设备与幼苗被流沙掩埋。

莫高窟综合性风沙防治体系不是一蹴而就的，而是研究人员经过多年对新技术新材料的引进和筛选，以及长期对风沙运动规律的观测和试验，将多种措施合理配置而成的。2000 年初，大规模的莫高窟风沙危害综合防护试验体系已初具规模，包括崖面斜坡的化学加固、戈壁区尼龙网栅栏阻沙体系、鸣沙山前沿的荒漠灌木防风固沙林带、草方格沙障固沙带和立式栅栏阻沙带。2008年 12 月，在莫高窟窟顶砂砾质戈壁上开始实施大面积的砾石铺压，并扩大了高立式阻沙栅栏、麦草方格沙障和植物固沙林带的规模。莫高窟保护利用工程子项目"风沙防护工程"的实施，不仅调节了戈壁地表下垫面性质，还实现了动态的风沙蚀积平衡，一个由工程、生物、化学措施组成的综合性防护体系日趋完善，防护效果明显。

4.5 敦煌莫高窟风沙治理的现实意义

4.5.1 改善了窟区生态环境

敦煌莫高窟的治理开始于 20 世纪 40 年代，在一代又一代治沙工作者的努力下，沙害问题得到了很大的改善。莫高窟的风沙危害已基本解除，莫高窟风沙防护已由此前抢救性的被动治理，转入预防性保护。风沙防治综合体系的实施使来自鸣沙山的输沙量减少了 85%—90%，每年进入莫高窟窟区的流沙由 1000m^3 左右降至 300m^3 以下，窟顶的治沙试验还大大降低了进入窟区的风速，减少了窟区内随风飘动的粉尘，而洞窟门上防尘网的安装，也极大地减缓了沙物质和粉尘对敦煌壁画和塑像等文物的破坏。植物固沙带在沙山前缘形成有效的防护屏障，窟前林带的建立也有效地阻止了偏东风对洞窟崖面的风蚀作用。另外，窟区的绿化不仅降低了区内温度、增加了空气相对湿度，还使窟内温湿度的变化幅度低于窟外，改善和美化了窟区环境（马淑静，2014）。莫高窟风沙治理明显改善了窟区生态环境质量，为敦煌莫高窟的可持续发展提供了重要保障。

4.5.2 加强了文物遗址保护与管理

莫高窟风沙防治体系以风沙物理学、风沙工程学为基础，有机结合了文物保护和防沙措施，符合《国际古迹保护与修复宪章》和《中国文物古迹保护准则》对文物保护的特殊要求。曾经石窟内外黄沙掩埋，大量壁画暴露在风吹沙打、日晒雨淋的露天环境中。一代代莫高窟人与时间赛跑，在文物保护之路上越走越坚实，从清理积沙、修筑围墙到逐步探索、成功构建莫高窟风沙灾害综合防护技术体系，莫高窟风沙防治模式有效防止了风沙侵蚀和积沙威胁，改善了石窟保存环境，使大量濒临消失的珍贵文物得以保存，同时对同类地区的文化古迹保护具有重要的借鉴意义。敦煌莫高窟风沙灾害防治理论与关键技术不仅推动了敦煌石窟监测预警体系的建立，而且推动了敦煌石窟的保护工作从看守和抢险加固阶段步入多学科综合性保护阶段，使得数字敦煌项目得到发展，并使永久保存、永续利用敦煌壁画、彩塑成为可能。另外，其科学的治理理念和技术促进学术科研交流，持续推进莫高窟风沙防治及生态环境综合治理，改善文物保存状况和石窟周边环境，持续推动敦煌文物保护和文化传播工作的走深、走实。

本章撰稿：张娴

第5章
以华南沿海为代表的
海岸风沙危害综合防护体系与防治模式

　　海岸风沙地貌广泛分布于世界海岸地区，是因风力对海岸地表物质进行吹蚀、搬运和堆积而形成的一种独特景观（方海燕　等，2004）。中国海岸线总长度达 3.2×10^4 km，为世界海岸风沙地貌发育的典型区域（董玉祥，2006）。与干旱及半干旱区的风沙地貌相比，海岸地区同时受到陆地、海洋与大气的共同作用，故该地区风沙地貌的发育过程更加复杂：不仅受气温、风力、降水、人类活动等的影响，同时也会因潮汐、沿岸流等多种因素而改变，形成了形态迥异的海岸风沙地貌（董玉祥，李志忠，2022；杨林，2022）。季风气候的控制及自然与人为因素的共同影响使海岸地貌类型兼具多样性与独特性，从而展现出明显的空间差异。河北昌黎海岸风沙地貌以沙丘带为主，发育有横向型沙脊与新月形沙丘（姜锋　等，2016）；山东烟台海岸风沙地貌以风积地貌为主，由链状风积沙丘、滨岸沙丘、丘间席状沙地与下伏基岩沙丘组成（张振克，1995）；闽中沿岸海坛岛的风沙地貌则以岸前沙丘、平沙地与覆盖沙丘为主（陈方，1994）；福建长乐东部的海岸风沙地貌划分为北、中、南三段，其中，北段与南段风沙地貌区由各类型海岸沙丘与平沙地构成，中段则主要发育横向沙丘链及横向沙丘（张文开，李祖光，1995）；海南岛与雷州半岛的海岸风沙地貌则以流动沙丘、固定及半固定沙丘为主（姚清尹　等，1981）。我国海岸风沙地貌分布范围虽十分广泛但较为零散，且因各地区气候特征、沙物质来源与地势条件的不同而表现出明显的区域分异。因此，许多学者针对其发育模式（吴正，吴克刚，1987；傅命佐 等，1997）与沉积环境（唐丽，董玉祥，2015；白旸 等，2020；张文静 等，2021）进行过详尽的分析，但对海岸风沙地貌形成与演变过程中所造成的海岸风沙灾害的研究仍相对较少。

海岸风沙主要威胁海岛及沿海地区社会经济稳定与生态环境安全，是该区域主要自然灾害之一（吴正，吴克刚，1990；徐元芹 等，2015）。特别是在近几十年，气候变化与人类活动的共同影响在很大程度上加剧了海岸风沙危害，使得当地农业、盐业、养殖业等都遭受了巨大损失（董玉祥，2006）。因此，海岸风沙危害防治已成为当前海岸风沙地貌研究的重要议题之一。现代海岸风沙危害防治源于 19 世纪末的俄国，由于里海东岸频繁的风沙活动对在建的铁路造成了严重破坏，人们利用芦苇与旧枕木以阻碍风沙运移过程，并通过砾石、原油等对流沙加以固定，从而遏制海岸风沙带来的严重危害（屈建军 等，2019）。然而，由于该工程在当时并不成熟，故其在区域内的防风及固阻沙能力十分有限。但随着研究人员对海岸风沙地貌和风沙活动特征的进一步了解，海岸风沙危害防治技术逐渐完善，许多国家也根据自身情况制定了相应的海岸风沙治理方案：德国在东弗里西亚群岛的朗格奥格岛海滩与海岸沙丘的不同位置设置了大量阻沙栅栏以恢复海滩及海岸沙丘，结果表明其布设能有效改变海岸风沙流结构，且显著降低了风沙的运移能力（Eichmanns & Schüttrumpf，2020）；巴西东南部的伊塔乌纳斯则通过设置生态围栏，使得海岸沙丘的形态发生明显改变并抑制了风沙对沿海平原的侵蚀过程（Cabral & Castro，2022）；美国利用重型机械建造人工堤防以改变海洋与海岸的风场特征，从而在一定程度上捕获风中的沙物质（Smyth & Hesp，2015；Hojan et al.，2019）。

相较于国外，我国的海岸风沙治理虽起步较晚，但仍获得了一定成果：吴正等（1992）对海南岛海岸风沙剖析后认为区域内风沙活动的加剧主要取决于人类活动的影响，并就此提出了以合理开发砂矿资源、调整能源结构并恢复植被的治理对策；倪成君等（2011）分析了华南沿海风沙灾害的原因，遵循以阻为主、固阻结合的思路设计了海岸综合防治体系，在海岸设置了防浪堤、阻沙栅栏等，从而有效降低当地风沙灾害的发生频率并增加区域内的土壤养分含量；周瑞莲等（2020）则通过研究不同海岸防风固沙树种在风沙流作用下的存活率从而筛选出最适宜的树种，对今后海岸风沙防治材料的选取具有重要意义。上述研究分别从措施、对策、材料等方面丰富了海岸风沙治理的理论基础，为海岸风沙危害防治研究提供科学依据，但并未阐明海岸风沙防治体系的设计思路且针对性较差，也缺乏评估其布设后所产生综合效益的评价体系。因此，海岸风沙危害防治研究在我国尚未成熟。

如今，在国家的战略指导和政策支持下，沿海地区经济已实现了高质量发展，各类产业如港口物流、水产养殖、旅游业等源源不断地为区域内经济社会发展注入新的活力与动力。然而，在沿海地区产业发展过程中，海岸风沙灾害仍是面临的最主要的自然风险，它在深刻影响区域内的经济发展的同时也对人民生活与生态环境造成了不利影响。因此，海岸风沙防治体系的研究迫在眉睫，其应用得当不仅能有效提高沿海地区的防灾减灾能力，也能保障地区内生态文明建设的实现与可持续发展。本研究以华南沿海为对象，分析了该区域风沙灾害的特点和成因，依此设计了防护体系并对其综合效益进行了评价，包括防风效益、防沙效益和土壤改良效益。本研究不仅为该区域海岸风沙灾害防治提供了数据和科学支撑，同时也为其他区域海岸风沙防治和生态恢复提供参考，建立了一种全新的海岸风沙治理综合效益评价体系。

5.1 我国海岸风沙防治简述

我国海岸线总长度 $3.2 \times 10^4 km$，大陆海岸线 $1.8 \times 10^4 km$，岛屿海岸线

1.4×10^4km。海岸风沙是陆—海—气共同作用的产物。陆地岩体风化、分解出砂体，经河流或片流挟带入海，海浪和潮汐将其推向岸边，海风吹扬砂砾形成沙垄和沙丘，侵袭良田和村庄。海岸风沙灾害自古有之，15 世纪后期胶东半岛北岸风沙掩埋了大片的村舍。在福建省的东山县，20 世纪 50 年代前，有 13 个村庄和约 1300 公顷的农田遭到风沙压埋（吴正，吴克刚，1990）。广东潮阳海门海岸近 50 年来被风沙埋没村庄 14 个（董玉祥，李志忠，2022）。至今，海岸风沙危害依然存在，主要表现为风沙淤埋港口，农田沙化，掩埋村舍、道路和地表建筑物，影响沿海盐业和养殖业生产等。自古以来，我国就采取了各种措施来控制沿海风沙，但这些措施都是零星的、分散的、无系统的。1950 年后，才开始了比较全面、系统的防沙治沙工作。我国海岸风沙危害防治的主要措施包括保护海岸植被、建设防护林、合理开发海岸砂矿资源、建设防沙工程及按临界容量进行适度开发等，其中植树造林的防风固沙效果最为显著。自 20 世纪 50 年代以来开展的大规模沿海防护林建设，固定了大面积海岸流动沙地，减轻了风沙灾害（董玉祥，2006）。

在我国内陆沙漠地区，对于风沙活动规律及其危害防治研究已有 50 多年历史（邹学勇等，1995）。风沙危害防治已积累了较为丰富和行之有效的经验（吴正，2003；屈建军 等，2019）。对于海岸地区风沙危害的治理，虽进行了部分研究探索，但由于对风沙活动规律和风沙危害方式与性质认识不够，对海岸地区风沙活动规律的研究有限，所以设置的防护措施针对性不强，其防护效果不佳。我国海岸风沙流结构的野外观测主要集中在福建长乐海岸和河北昌黎海岸等海岸风沙地貌典型分布区域，对于非典型的海岸风沙地貌区，其观测与研究都相当匮乏。据吴正等（2003）调查，仅广东和海南沿海就有滨海沙地 1880km^2，而且沙化面积有迅速扩大之势。总体来说，海岸风沙危害防治研究在国内基本处于空白。

随着我国对外开放政策的实施，在漫长的海岸线上，新的海港建设、水产养殖产业链形成、旅游景点开发，以及相关工程设施的施工都对海岸沙地的生态环境产生了一些负面影响，且都在不同程度上导致了风沙危害。海岸风沙灾害的环境比内陆风沙灾害更为复杂，除了风沙运动，还有海浪的冲刷侵蚀、台风侵袭，这就意味着海岸风沙防治会与内陆风沙治理存在较大差异，防沙措施不仅要能抵御海水的侵蚀，还要能对抗台风的摧残。随着经济的发展，海岸带的产业集约化程度越来越高，人口越来越密集，风沙灾害的席卷会让其蒙受更大的损失，但如果海岸风沙治理得当，则会成为当地经济发展的重要助力。为此，研究人员将华南热带湿润海岸地区作为研究平台，对该地区的海岸风沙危害防治进行了研究，包括研究区的自然概况、风沙危害的类型及成因、防护体系的组成和配置以及效益分析等。

5.2　研究区自然概况

研究区位于华南沿海海陆邻界的海岸带，即海岸线两侧的陆地和浅海以及沿海岛屿所组成的狭长地带。华南沿海基岩多为花岗岩、砂页岩，第四纪堆积多为杂色砂黏土，在高温、炎热、多雨的气候条件下，无论是物理风化还是化学风化都很强烈，大量砂岩风化分解后由河流或片流携带入海，为海岸带提供了沙源。此外，华南海岸最大的特色是沙坝—潟湖海岸广泛发育，且其分布在潮差较小、波能中等以上、物质来源较粗的岸段。

5.2.1　气候

研究区属于亚热带—热带湿润海洋性季风气候，常年盛行恒定、强劲的东南季风，是亚洲大陆东南缘海洋与陆地季风环流相互作用较明显的地带。年均气温高，光照充足，日照时间长，但早春阴雨寡照；雨水充沛，但时空分配不均，夏季多暴雨，冬春常干旱；海、陆大气环流和局地气候显著；风能潜力大，夏秋季多台风。

一、气温

研究区年均气温在 20℃ 以上，年均气温等值线走向基本呈东西走向。华南海岸带平均气温的经度地带性分异规律主要体现在夏季和冬季，夏季陆热于海，冬季海暖于陆，在全年则相互抵消，使年均气温等值线近于纬向分布。1月是全年最冷的月份，月均气温仍在 11℃ 以上，极端最低气温多在 0℃ 以上，故冬季气候较暖，如海南文昌的铺前、锦山地处热带北缘季风气候区，年均气温为 24.3℃，7 月平均气温 28.2℃，1 月平均气温 18.5℃。7 月，太阳直射地面，辐射强烈，气温为全年最高，极端最高气温在大陆岸段为 37℃—39℃，海岛为 35℃—37℃。多数地方每年日最高气温 ≥ 35℃ 的炎热天数平均在 20 天以下。所以，华南沿海地区全年平均气温虽高，但无酷暑，长夏无冬，春秋相连，季节交替不明显，是华南气候一大特点。

二、降水

我国华南沿海地区年降水量在 1000—2000mm，其中局部地区年均降水量达 3000mm，是全国雨量最丰沛的区域之一，但降水时空分布不均、年际变化大、暴雨多、强度大，受台风影响，水旱灾害频繁。随着东亚夏季风季节性北进，华南地区进入多雨期，是我国暖季的暴雨中心。5—6 月，南海及华南沿海地区进入第一个雨季"梅雨期"。7—9 月，东亚夏季风继续向北推进，季风雨带北移到江淮和华北地区，华南地区进入后汛期，其间常有台风登陆，给华南沿海地区带来暴雨和大风。后汛期太阳加热作用更强，局地热力对流频发，造成暴雨、大风、冰雹等气象灾害。如广东沿海在 1951 至 1977 年间出现过 4 次降水量大于 800mm 的大暴雨。降水空间分布较复杂，大致是沿海、岛屿少于内陆，平原少于山地，台风影响大的地方降水丰沛。年降水量经度地带性分异规律显著，从沿海向内陆迅速增加，年降水量等值线走向与海岸线基本平行。例如，东山岛年降水量为 1071.2mm，但深入内陆则增加到 1712.5mm，梯度之大是罕见的。降水年变率在闽南和广东大陆岸段，一般为 15%—20%，沿海岛屿大部分为 19%—24%，是全国海岸带降水变率最大的岸段。$\geq 10℃$的活动积温在 6500℃·d 以上，加之风力强，因而蒸发量很大。不少地方年均蒸发量大于降水量，气候较干燥。此外，华南沿海地带海雾频发，增加了空气湿度，导致沿海地区水平能见度降低，对海上航运、渔业、平台作业等产生不利影响。

5.2.2　土壤和植被

　　华南沿海大部分的内陆区是我国砖红壤、赤红壤集中分布区，而海岸带土壤一般都是由石英砂组成的海滨沙土。如海南文昌的北部海岸外侧为滨海潮滩盐土、滨海盐渍沼泽土，土体受海水周期性的间歇浸淹，盐渍化过程明显。海岸内侧依次为潮沙泥土、滨海沙土、水稻土、赤红壤等，成土母质主要有浅海沉积物、砂页岩风化物、花岗岩风化物和河流沉积物。有学者将华南的砂质海岸分为岬湾海岸、现代沙坝—潟湖海岸、夷直海岸和珊瑚礁海岸四种基本类型。砂质海岸一般结构松散，透水透气性强，持水性差，有机质贫乏。滨海沙土的土壤含水量较低，白天受热快，蒸发强烈，加之海风盛行，干旱频繁发生，而在夜间降温迅速，日温差较大。在植物覆盖稀疏的地方易受风蚀，有沙丘移动现象。流动及半流动沙土的沙层深厚，剖面没有明显的发育层次，上下层几乎没有什么差异，仅下部略为湿润，颗粒略粗。

　　受海岸极端生境的影响，海岸沙地天然植物种类相对匮乏，种群单一，优势种明显。大多数海岸沙丘植被系统的生活型中，一年生草本植物是优势植物。由潮上带至后滨沙地带，沙丘的生态条件发生了有序变化，砂粒逐渐变细，水分和盐分含量降低，有机质含量逐渐升高，导致近海到远海沙丘上植被分布的条带性明显。由海向陆，依次出现草本植物、灌木和乔木树种，或沿海岸线渐次递变的草本—灌木和草本—灌木—乔木植物配置格局，由陆向海植被覆盖度逐渐降低，植物分布变得稀疏。近海沙丘受海洋活动影响频繁，物种不得不在尽量短的时间内完成生命周期，因而植被季相变化明显。

海岸沙地植物具有较强的生理生态适应性，以应对土壤盐分较高、水分较少、养分瘠薄、沙埋、风蚀、海风、盐雾和日灼等恶劣的生境条件。海风、海浪盛行的海岸地带，植物一般生长矮小、粗壮，例如砂引草、二色补血草和鸦葱。为了防止海风将植物连根拔起，很多植物贴近地表匍匐生长，例如大穗结缕草、乌蔹莓、天门冬、砂钻苔草和节节草等植物，而有些植物则具有主茎伏卧地面形成不定根的能力，例如芦苇和单叶蔓荆。海风不仅是导致干旱的环境因子，还会对植物叶片的表型可塑性产生影响。研究发现，海岸沙丘迎风坡野生降真香和鸭脚木的叶片具有两层表皮细胞和较厚的栅栏组织，旱生结构发达，为防止水分流失和减少蒸发，鸭脚木下表皮气孔覆被程度变大。发达的根系也是海岸沙丘沙质生境下沙生植物和耐旱植物的主要特点，如单叶蔓荆、猪毛菜、芦苇、砂引草等可以通过发达的主根（或地下茎）向下伸扎到土壤湿润层或利用扩大根幅的方式来获得土壤水分和养分。一些二型性根的植物，在干旱的海滨地区，还通过吸收海雾作为水资源的来源。对于沙埋的影响，植物也衍生了其适应机制，例如有些植物具有沙埋后继续萌发生长的能力（如芦苇、大穗结缕草），而有的植物根系衍生出木质化的沙套。

5.2.3 风况

一、风向

研究区地处东部季风区核心地带，风向主要表现为季风特征，明显随季节而变化，冬季盛行东北风，由陆地吹向海洋，夏季盛行偏南风，由海洋吹向陆地，春秋为过渡季节。如福建沿海地区9月至翌年5月多东北风，6—8月多为东南风或西南风。研究发现，因受地形等因素影响，夏季各地风向仍会有所不同，闽南岸段盛行西南风，粤东以南风为主。福建沿海地区受季风和台湾海峡走向影响，年主导风向为东北—东北东风向，频率为25%—40%，广东沿海大部分地区年主导风向，除深圳为偏北风外（北北西—东北风向频率为28.6%），其他地区为偏东风（湛江东北—东南东风向频率43.7%，电白东北东—东南风向频率47.4%，阳江北北东—东风向频率45.4%，汕尾东北—东南东风向频率49.8%，汕头北北东—东风向频率48.3%）。

二、风速

气象资料表明，海岸带能吹动中细砂粒级的大风（风速5—6级），累计每年长达150多天，夏秋季多台风，风速达17.2—32.6m/s，最大风速可达40m/s。对照华南沿海风场强度，完全可能把海滩砂或沙丘沙起动、吹扬、迁移。福建平潭青峰、晋江颜厝等地，由于受到东亚季风环流和台湾海峡的"狭管效应"影响，风力强劲，年均风速为6.5—8.5m/s，平均风速居全国海岸线之首。

近海及海岛大多数观测站年均风速在4—6m/s，内陆一侧平均风速为2—3m/s。对近海及海岛大多数观测站数据进行分析，研究区年均风速为6—7m/s，风速范围明显大于沙漠地区。夏季6—8月平均风速均在5.0m/s以下，风速的季节变化非常明显。华南沿海也是台风登陆的要冲地带，夏季虽然平均风速较低，但由于台风活动，各地的年最大风速和极大风速，一般都出现在这一时

段。据统计,1949—1988 年, 部分省的台风登陆数是: 广东 55 个, 海南 39 个,
广西 10 个。影响研究区的台风每年平均 4—5 次, 多出现在 7—9 月。台风最
大风速达 40m/s, 平均持续时间 2.9 天。

将日最大风速 ≥ 8 级(17m/s)作为大风日。因受台湾海峡影响, 研究区大
风日数都在 90 天以上。近海及岛屿大多为 40—90 天, 大陆沿岸大多为 10 天。
华南沿海大风日数最多出现在冬季或秋季。研究区月均大风日数最多出现在
10 月至次年 3 月, 而内陆沙漠地区则出现在 3—5 月, 另外, 研究区大风日数
也较内陆沙漠地区多。

5.3　风沙危害类型及成因

5.3.1　风沙危害主要类型

从现场风沙调查来看, 研究区风沙危害主要表现在三方面: 一是对海岸带
基础设施的埋压, 每年平均埋压深度 60—100cm, 积沙量达 $1.6 \times 10^4 m^3$; 二是
对居民点和建筑物的风蚀打磨, 主要是由于高强度的风沙流对房屋和生活设施
的风蚀和打磨(图 5.1), 威胁海岸带建筑物与基础设施的使用寿命; 三是风沙
对道路、城镇和居民区生活环境的危害, 特别是风沙流沉积后以舌状或片状积
沙方式前移, 威胁滨海地带道路的正常通行。

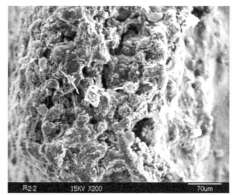

图5.1　风蚀打磨后设施表面电镜扫描情况（左：原始状态；右：风蚀后）

　　研究区风沙危害的方式，主要是原海岸沙滩表面干沙层在风力作用下，以风沙流方式沿海岸方向往复搬运，并形成舌状或片状积沙。由于海岸滩涂地表裸露，增加了沙面的活动性，从而加重了对道路、基础设施和生活环境的危害，甚至沿海的低层房屋被风沙掩埋，所以，其防治措施应以大面积固定表面流沙为主，并尽可能地在其上风向阻拦沙源，以减轻风沙危害程度。但是由于沿海地区风大、风多，原沙滩将会源源不断地从潮汛和海浪冲刷中得到沙物质补给，且未防护地面也会成为新沙源。试验表明，海浪对泥沙的搬运量，以及对格状沙障的破坏和造成的积沙危害，从强度、波及范围与发展速度来说，都远远超过风沙的危害。另外，从试验结果看，防沙方案设计虽然已经充分地考虑到海浪的冲刷作用，可是防护效果仍然不明显。由此可见，在高潮位线以下必须设置阻止海浪冲刷和拦截沙源的坝体，以降低海岸风沙危害。

5.3.2　风沙危害成因

一、沙源

　　海岸风沙危害的沙源和内陆沙漠地区不同，主要来自海滩和海岸沙质沉积物。我国华南沿海有较丰富的沙质沉积物供应，主要通过以下途径：①河流输沙—海沙质沉积物。据统计，广东和海南沿岸的入海河流年平均推移输沙量约 1000 万吨，在河口及近岸带，受潮汐和波浪的作用，这些沙形成不同形态特征的沙质沉积体，在沿岸流和波浪的作用下沉积形成宽广的沙质海滩和海积平原，为海岸风沙活动提供了较为充足的沙物质来源。②海岸侵蚀供沙—河流输沙。华南沿海在热带季风条件下，花岗岩风化淋溶强烈，风化壳深厚，结构疏松，富含沙物质，其石英、长石和云母等矿物含量丰富，由此构成的海岸极易受暴雨冲刷和海浪冲蚀，特别是台风带来的暴雨和巨浪猛烈冲击海岸，使大量的泥沙倾泻入海，成为海岸风沙的来源。③大陆架供沙。主要是在低海面时形成，此后由于海平面上升而遗留在内大陆架上的残留沙。除去以上三个方面，供沙途径还有生物碎屑供沙。本研究区沙源主要是潮汐和海浪从浅海区带来的海滩沙和大陆架沙：涨潮时，海浪、海流挟带大量砂粒不断堆积到海滩；退潮后，经日晒和向岸风作用吹向研究区。同时，还有侧向来沙和就地起沙，侧向来沙是指侧向风将研究区两侧海岸沙吹至研究区内，就地起沙是指基础设施区内原有沙源在多向风作用下造成堆积。海滩砂表面一般有菱形坑分布，而内陆沙漠砂多为碟形坑（图 5.2）。

二、动力条件

海岸风沙危害的第一驱动力是潮汐和波浪，第二驱动力是风。涨潮时，特别是在台风期间，大量的沙物质在潮汐和波浪的作用下，堆积在潮间带；退潮后，堆积的海滩砂经太阳照晒和风干后，在向岸风的作用下形成风沙流，以舌状或片状积沙的形式直接威胁海岸基础设施（图 5.3）。下一次涨潮时，海水中的砂粒在波浪和海流的作用下被挟带到潮间带；低潮位时，堆积在潮间带的海滩砂再次受向岸风的作用，以风沙流的形式不断向海岸带基础设施伸进，并产生风蚀和沙埋危害，周而复始。所以，海岸风沙危害较内陆沙漠地区更为复杂和严重。

（a）海滩砂：菱形坑，V形坑，次棱角状

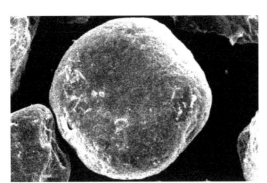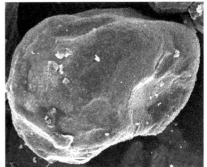

（b）沙漠砂：碟形坑，次圆状

图5.2　海滩砂与沙漠砂电镜扫描比较

　　由于基础设施区一般位于潮间带外侧，面对大海，处于主风向下侧，所以，堆积在潮间带外围的海滩沙在东北风和东南风的作用下，直接吹向基础设施区，导致区内积沙危害非常严重。另外，从海岸线到建筑物或基础设施区流沙大面积分布，流沙体中含盐量高，有机质贫瘠，植被极其稀少，从而进一步加剧了风沙活动的强度。

图5.3　海岸舌状风沙运动形式

5.4　海岸风沙的防护体系

5.4.1　防治思路

根据海岸风沙活动规律及海浪潮汐作用特点（图5.4），研究团队借鉴包兰铁路沙坡头段风沙危害防治体系的经验，提出了"以阻为主，固阻结合，以工程措施为先导，最终以生物措施替代工程措施为目的"的综合防治思路（图5.5）。一是在潮间带设置防浪拦沙堤，拦截沙源和防止海浪对场地固沙设施的冲击破坏；二是在海滩流沙带设置蜂巢式固沙网，固定流沙沙面；三是在流沙带两侧布设阻沙栅栏，阻隔侧向沙源；四是在建筑物或基础设施区辅以化学固沙措施和覆网措施，固定表面流沙，防止就地起沙，并对过境风沙流加以输导，最终形成稳定的海岸风沙危害防护体系。

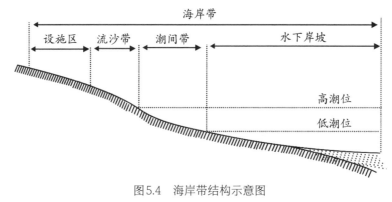

图5.4　海岸带结构示意图

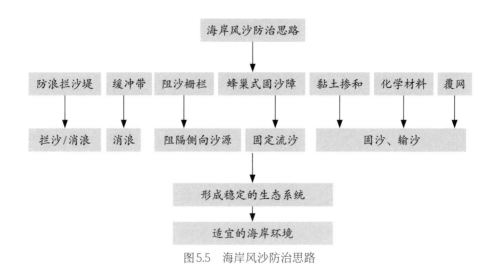

图5.5　海岸风沙防治思路

5.4.2　防沙材料的选择

海岸风沙危害防治是一个全新的研究课题，特别是海浪的冲刷和台风的侵袭致使防沙方案的设计和实施变得更加复杂和困难。防沙材料的选择尤为重要，包兰铁路采用的防沙材料多为作物秸秆，如麦草、稻草和芦苇等，但这些材料并不适合作为海岸防沙材料。第一，从材料性质来看，上述防沙材料经海水浸泡后容易腐烂，使用年限缩短。第二，从防沙措施的结构来看，麦草沙障结构松散，难以抵抗强风，特别是台风。第三，该项工程对防沙要求很高：①保证基础设施区积沙厚度不超过 20cm；②防护寿命尽可能长；③防护区不允许频繁施工，因此，防护材料必须具有较强的抗拉性、抗腐蚀性和较强的抗紫外线照射性能（抗老化性）。为此，结合海岸风沙危害特点以及工程设施对防沙的要求，采用半隐蔽格状沙障作为防沙措施。经过多年的防沙实践和野外应用观测，研究团队研发了具有独立知识产权的蜂巢式尼龙网固沙障，其具有以下四个能充分满足防沙要求的特点：①具有防沙的功能，既能阻截流沙又可让气流顺利通过，而且材料具有一定的刚性和弹性；②具备抗破坏性能，即具有抗拉、抗摩擦、抗酸碱、耐腐蚀（抗水、抗盐碱）和抗老化（紫外线照射）性能；③具有操作简便、易于施工的特点；④具备标准化、规模化和工业化生产的条件，有助于达到经济、合理、有效的防治目的。在潮位线以上地段，当流沙被固定之后，可以生长大量草本植物，起到辅助固沙作用。

5.5　海岸风沙防护体系的效益分析

为了能更详细地论述各防护带的功能与效益，研究团队选定有工程措施和无工程措施即自然状态下的典型断面，进行风沙流特性对比观测与植被样方对比调查。风沙流特性包括典型地段不同高度的风速、同步输沙量，不同防护带同一高度的风速。植被样方调查内容主要包括植物物种、盖度、高度、株数和地上生物量、地下生物量等。另外，研究团队对典型剖面上的土壤的砂粒机械组成、全氮、有机质和pH等进行了分析。

5.5.1 防风固沙效益

一、风速

研究防护体系对风速的影响，主要选定典型断面观测不同防护带内风况。观测项目有 20cm、40cm、80cm、160cm 四个高度的风速和不同防护带同步风速，风为向岸风，风向基本与工程断面平行。

（1）风速廓线

工程措施的设置使地表动力学粗糙度和摩阻速度明显增加，网格区和基础设施区近地表粗糙度分别为 0.724cm 和 0.853cm，较流沙区大，而且摩阻速度也较流沙区大，这些指标间接反映出防护体系的防护效益非常显著（表5.1）。

表5.1　不同防护带动力学粗糙度（z_0）和摩阻速度（u_*）

防护带	a	b	z_0（cm）	u_*（cm/s）
湿地	1.742	1.154	0.220	0.462
流沙区 1	3.076	0.512	0.002	0.205
流沙区 2	2.824	0.497	0.004	0.199
网格区	0.321	0.985	0.724	0.394
基础设施区	0.125	0.817	0.853	0.327

（2）风速水平梯度

为了研究风速沿防护体系的水平梯度变化，在湿地、流沙区、网格区和基础设施区 4 个不同的测点测定 20cm、40cm 和 80cm 的同步风速，每一测点观测四次，每次观测获得 20 个风速值，间隔时间为 5 秒，然后将其平均，具体观测结果见表 5.2。从表 5.2 可以看出，网格区和基础设施区相同高度处的平均风速都低于流沙区和湿地。湿地处平均风速较流沙区小，主要是因为向岸风受到防浪拦沙堤的影响。另外，当高度增加到 80cm 时，基础设施区平均风速增大，因为基础设施区位于缓坡上，位置相对较高。

表5.2   不同防护带风速水平梯度（单位：m/s）

高度（cm）	观测次数	湿地	流沙区	网格区	基础设施区
20	第1次	5.4	6.0	3.3	2.9
	第2次	4.0	5.4	3.6	2.8
	第3次	5.4	5.3	4.4	3.7
	第4次	4.5	4.9	3.6	3.3
	平均	4.8	5.4	3.7	3.2
40	第1次	5.3	6.9	5.9	5.1
	第2次	5.8	6.8	3.6	6.4
	第3次	6.3	6.1	4.6	4.1
	第4次	7.1	6.6	4.2	5.7
	平均	6.1	6.6	4.6	5.3
80	第1次	5.2	6.3	5.7	4.9
	第2次	5.7	6.1	5.5	5.6
	第3次	7.5	7.7	5.5	6.1
	第4次	6.3	6.1	5.6	5.9
	平均	6.2	6.5	5.6	5.6

二、输沙率

为了考虑不同防护带内局部风速对输沙的影响，选择典型断面进行输沙率观测，分别记录 20cm 和 80cm 高度的同步风速。在不同的防护带设置集沙仪，同步收集积沙量。为了便于对比，在收集不同防护带沙量时起止时间相同，积沙时间统一为 30 分钟。在进行输沙率计算时，可用 30 分钟的积沙量表示。从表5.3可以看出，网格区和基础设施区的输沙率都远远小于流沙表面。网格区单宽输沙率为0.46g/cm，而流沙区输沙率达到75.38g/cm，覆网的基础设施区单宽输沙率也远远小于流沙地表，说明蜂巢式尼龙网格沙障效益非常显著，整个防护体系效果非常明显。

表5.3　不同防护带单宽输沙率（单位：g/cm）

观测内容	高度（cm）	流沙区1	流沙区2	网格区	基础设施区
输沙量	2	33.99	33.37	0.22	5.33
	4	16.50	19.84	0.16	2.26
	6	7.19	10.32	0.08	0.96
	8	3.44	5.62	0	0.50
	10	1.61	3.07	0	0.37
	12	0.79	1.53	0	0.13
	14	0.44	0.76	0	0.08
	16	0.20	0.40	0	0.06
	18	0.14	0.22	0	0.02
	20	0.1	0.22	0	0
同步风速（m/s）	20	4.4	4.4	3.9	4.1
	80	5.9	5.6	5.5	5.3
总输沙量（g）		64.43	75.38	0.46	9.74

5.5.2　防浪拦沙效益

工程实施后，经过长时间现场观察表明：①防浪拦沙堤有效拦阻了海上来沙。堤前没有出现海沙堆积情况，偶尔局部有少量海沙堆积，但在大潮期间被潮水带走。总体而言，堤前处于冲刷状态。②防浪拦沙堤有显著的消浪作用，保护了堤后固沙网格免受波浪破坏。一般潮位下，海平面不高于堤顶，堤前波浪不能直接传入堤后。大潮情况下，经过堤的消浪作用，堤后波浪显著减小。③延长了堤后湿地蓄水时间。潮水通过堤墙体之间的安装缝、过水孔和墙下的碎石基床进出，潮退时由于防浪拦沙堤对潮水的阻水作用，延长了退潮时间。④扩大了堤后湿地的面积（图5.6）。退潮流还带走部分堤后泥沙，使得堤后地面标高降低，扩大了堤后湿地的范围。湿地有效保护了表层沙不受风的侵蚀作用，有利于岸滩稳定。总体上，工程达到了预期效果。

图5.6　堤后形成的湿地

5.5.3　对土壤养分的影响

海岸防沙体系的设置不仅减少了来沙量，也对土壤养分和盐分产生了很大影响，而土壤养分和盐分变化则对植被生长起到关键作用。为了验证该想法，研究团队分别选择自然和工程防沙措施下的两个断面，对其土壤养分进行特征分析。

一、样带与样点选择

本次研究分别选取了纯自然状态和完整防沙工程措施下的两个典型土壤剖面。自然样带全长 120m，无任何防沙措施，从海岸线开始依次为低潮位处、高潮位处、流沙带、对应网格区和对应设施区。工程样带全长 110m，从海岸线开始依次是低潮位处、高潮位处、湿地前缘、尼龙网格固沙区和基础设施区。每一个位置采集两个土样，然后将测试结果进行平均。

土壤养分和 pH 测试在甘肃省农业科学院农业测试中心进行，其中养分指标主要有全氮和有机质两项，各项目测试使用方法见表 5.4。

表5.4　土壤样品养分和盐分测试方法和仪器

检验项目	检验方法	检验依据	使用仪器
全氮	半微量开氏法	LY/T1228-99	Tecator 1030 型自动定氮分析仪
有机质	重铬酸钾容量法—外加热法	GB9834-1988	—
pH	电极法	LY/T1239-1999	pHS-25 型酸度计

二、土壤养分变化特征

（1）有机质

有机质含量是体现土壤肥力最重要的指标。在防沙体系建成以后，被固定的流沙内有机质势必会得到累积。从图 5.7a 可以看出，自然样带 0—10cm 土层内有机质含量约在 0.3—0.6g/kg，水平位置的差异不显著，而工程样带有机质含量约在 0.4—3.9g/kg，水平位置的差异较显著，且总体较前者都高，尤其在基础设施区，有机质含量最高值达到 3.9g/kg（图 5.7b），比自然状态下相应位置高出约 10 倍。几次考察也发现，在有固沙措施的基础设施区天然植被长势相当好，这说明三年的流沙固定为植被生长和有机质积累创造了良好的条件。

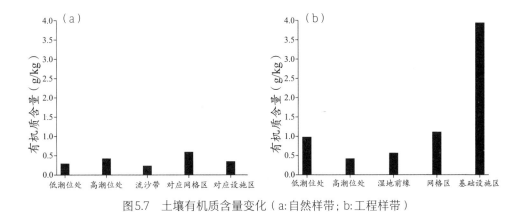

图5.7　土壤有机质含量变化（a:自然样带；b:工程样带）

（2）全氮

　　氮是土壤中植物生长必需的营养元素，全氮含量是评价土壤氮素肥力的一个重要指标，它受土壤类型、水热条件、有机质含量、质地、耕作方式和化学氮肥的施用等多种因素的影响。工程防沙措施的设置对氮素的转移和重新分配起到重要作用。图 5.8a 显示在自然样带，高潮位处全氮含量最低，仅为 0.005g/kg，距海越远含量越高，最高的对应设施区为 0.09g/kg，而在工程样带全氮含量分布规律尽管与前者相似，但数量上有较大差异，最小值高潮位处为 0.02g/kg，而最大值基础设施区达到 0.15g/kg（图 5.8b）。

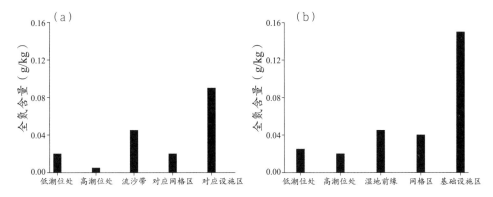

图5.8　全氮含量变化（a:自然样带；b:工程样带）

（3）pH

图5.9反映了不同样带、不同地段pH的变化情况。可以看出，自然样带中所有样点的pH都大于8.0，说明土壤呈弱碱性，而且从低潮线向内陆方向，pH整体呈下降趋势。在工程样带，pH沿着低潮线向内陆方向阶梯式下降，从低潮线的9.2左右减小到基础设施区的6.6左右，说明尼龙网格沙障对调节土壤酸碱度有一定作用，可以降低土壤pH。

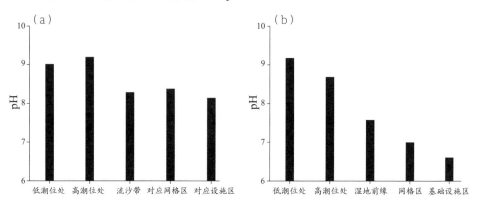

图5.9　pH变化（a:自然样带；b:工程样带）

5.5.4　对植被的影响

一、研究方法

（1）样带调查与取样

2006年6月初，研究人员采用空间序列代替时间序列的方法，根据研究区内优势植被类型选择代表性群落，沿垂直于海岸线方向建立了6条连续样带，其中2条为自然样带，4条为工程样带（表5.5），样带基本上代表了工程区植被恢复与自然状态中的各种下垫面情况，能够较全面地反映海岸防沙工程区的植被恢复状况（韩庆杰，2009）。按位置与生境差异，将未经工程干扰的自然区分为海洋、潮间带、流沙带、前丘带、防护林带，在前丘带和防护林带分别设置 66m×1m 和 25m×1m 的草地样带，从空间位置上看，防护林内样带较前丘草地样带距海更远，海拔相对较高，两者与潮间带相对高度在 1—8m。

在海岸防沙工程的尼龙网格固沙区，根据网格铺设时间，分别设置 29m×1m 的 2 年网格样带与 43m×1m 的 4 年网格样带。在海岸防沙工程的基础设施区，根据工程措施和设置时间的差异，分别设置 25m×1m 的 2 年化学材料平台样带与 18m×1m 的 4 年黏土混合平台样带。

研究人员在 6 条样带中共调查了 206 个 1m×1m 的样方，内容包括：物种组成、盖度、高度、株数、生活型以及海拔等环境因子。样带调查的同时，在每条样带内选取具有代表性的 2 个 1m×1m 的样方，进行生物量测定，地上生物量测定采用 1m×1m 齐地剪割，2 个重复；地下生物量取样面积采用 1m×1m、0—40cm 深度挖取土样，用流水冲洗干净，2 个重复。将生物量样品带回室内，在 65℃恒温箱内烘干，生物量以烘干重计。

表5.5　不同工程措施与自然状态下海岸带植被样带与群落信息

样带	海拔高度（m）	长度（m）	方位	距最高潮位线距离（m）	群落建群种	生境特征
2 年网格	1—1.5	29	垂直于海岸线	35	厚藤	平坦半固定尼龙网格
4 年网格	1—2	43	垂直于海岸线	35	飘剌＋海边月见草＋海滨蟛蜞菊	平坦固定尼龙网格
前丘草地	1—3.5	66	垂直于海岸线	40	飘剌＋厚藤＋海滨蟛蜞菊	缓坡半固定前丘草地
2 年化学材料平台	4—6	25	垂直于海岸线	60	绢毛飘拂草＋海边月见草＋厚藤	半固定化学材料平台
4 年黏土混合平台	4—6	18	垂直于海岸线	60	丁葵草＋厚藤＋海滨蟛蜞菊	固定黏土与石英砂混合平台
防护林内草地	5—8	25	垂直于海岸线	100	矮生苔草＋绢毛飘拂草＋马缨丹	固定缓起伏防护林内草地

（2）数据处理

采用物种丰富度指数、多样性指数、均匀度指数及优势度指数研究植物群落在恢复过程中的物种多样性特征。

二、重要值

考虑到海岸防沙工程实施后，植被在恢复过程中的生态与防护效益，并且由于海岸带匍匐植被占很大优势，植被高度差异明显，所以本研究在相对多度、相对频度、相对显著度的基础上加入了高度因子，引入了植被高度在生态与防护效益中的权重。根据样方所测植物的平均盖度、平均高度、平均个体数和出现频数（即出现该种的样方数），计算各种群重要值。

$$IV_K = 0.25 \left\{ \frac{C_K}{\sum\limits_{i=1}^{s} C_I} + \frac{H_K}{\sum\limits_{i=1}^{s} H_I} + \frac{N_K}{\sum\limits_{i=1}^{s} N_I} + \frac{F_K}{\sum\limits_{i=1}^{s} F_I} \right\}$$

式中，IV_k为群落第k种群的重要值，C_k、H_k、N_k和F_k分别为第k种群在该群落中的平均盖度、平均高度、平均个体数和出现频数，$\sum\limits_{i=1}^{s} C_I$、$\sum\limits_{i=1}^{s} H_I$、$\sum\limits_{i=1}^{s} N_I$ 和 $\sum\limits_{i=1}^{s} F_I$，分别为该群落中所有s个种群的总平均盖度、总平均高度、总平均个体数和总出现频数。

丰富度指数

Margalef指数　$dMa = (S-1)/\ln N$

Menhinick指数　$dMe = S/N^{1/2}$

Gleason指数　$dGl = S/\ln A$

物种多样性指数

Shannon-wiener指数　$H' = -\Sigma(Pi \ln Pi)$　i=1,,,s

Simpson 指数　　$D=1-\Sigma Pi^2$

物种均匀度指数

Pielou 指数　　$E_1=H'/\ln S$

生态优势度指数

$C=\Sigma(n_i/N)^2$

5.5.5　植被的定居和生长状况

防护体系的建立，为植被的恢复和生长提供了稳定的环境，先后有大量的物种定居。本节分流沙带和基础设施区两块分别说明物种的入侵和生长状况。

流沙带：在设置蜂巢式尼龙网格和阻沙栅栏之前，沙面始终为大面积裸露的干沙覆盖，由于沙面很不稳定，几乎寸草不生。当设置网格并对侧向沙源进行拦截后，沙面得以稳定，滨海沙滩的本地先锋草本厚藤开始定居。网格建成一年后，物种只有厚藤，盖度可达 10%，平均高度为 7cm；两年后，除了厚藤，又有新的物种入侵，主要以鬣刺为主，物种数由原来的 1 种增加到 4 种，盖度达到 35%，平均高度为 15cm；建成三年后的网格，物种数增加到 11 种，盖度达到 60%，平均高度为 30cm，建群种组成为鬣刺、海边月见草和海滨蟛蜞菊，这时由于物种多样性的增加，竞争激烈，厚藤开始退出。

基础设施区：基础设施区距离流沙沙面较远，在工程措施设置初期，分布一些零星的草本，主要为厚藤、海边月见。工程措施实施一年后，物种数增加到 5 种，建群种组成为绢毛飘拂草、海边月见草和厚藤，盖度大于 25%，平均高度为 11cm；三年后，物种数为 12 种，建群种组成为丁葵草、厚藤和海滨蟛蜞菊，总体盖度达 85%，平均高度 25cm。

一、群落种类组成与生活型

流沙带在蜂巢式尼龙网格的保护下，下垫面稳定性逐渐增强，近地表风速与输沙也随之减小，生物群落的种类组成越来越复杂。群落在较好的局域环境中经历了长期的恢复过程，然后向自然前丘草地的植被群落状态演替，目前已形成以厚藤、鬣刺和海滨蟛蜞菊为建群种的稳定平衡态势；在化学材料结皮所形成的较好的水分条件，以及黏土与滨海石英砂的混合所形成的适宜地土壤条件下，基础设施区现已形成以丁葵草、厚藤和海滨蟛蜞菊为建群种的群落，而且群落分布较流沙带更均匀。

从植被的生活型来看，以能够适应气候干旱、土壤贫瘠、高盐分滨海生境的匍匐草本和草质藤本为主要生活型的建群种成为流沙带的主要占据者；以豆科固氮的丛生草本以及草质藤本为主要生活型的建群种成为基础设施区的主要占据者。具有致密根系的禾本科草类以及具有固氮作用的丛生草本，诱导了土壤有机质的形成与积累。流沙带和基础设施区植被生活型的转变反映了植被恢复过程中生境得到改善（表 5.6）。

表5.6　海岸带植被群落的种类组成、重要值及生活型

种类	网格草地恢复			平台草地恢复			生活型
	2年网格	4年网格	前丘草地	2年化学材料平台	4年黏土混合平台	防护林内草地	
厚藤	0.59	0.09	0.28	0.16	0.14	——	草质藤本
海滨蟛蜞菊	0.18	0.11	0.23	0.15	0.11	——	匍匐草本
鬣刺	0.11	0.16	0.22	——	——	0.08	匍匐草本
海边月见草	——	0.13	——	0.24	0.05	0.07	疏丛草本
绢毛飘拂草	——	——	0.09	0.20	0.09	0.17	根茎草本

续表

种类	网格草地恢复			平台草地恢复			生活型
	2年网格	4年网格	前丘草地	2年化学材料平台	4年黏土混合平台	防护林内草地	
丁葵草	—	—	—	—	0.13	—	丛生草本
矮生苔草	—	—	—	—	—	0.14	根茎草本
马缨丹	—	—	—	—	—	0.12	刺状灌丛
盐地鼠尾粟	—	0.04	—	—	0.04	0.08	根茎草本
短穗画眉草	—	0.04	—	—	0.06	0.06	多年生草本
小獐茅	—	0.08	—	—	0.05	0.07	多年生草本
海马齿	—	—	—	—	0.05	—	匍匐草本
太阳花	—	0.03	—	—	0.05	—	单生草本
狭叶尖头叶藜	—	0.03	—	—	0.07	—	一年生草本
匍枝栓果菊	0.13	0.10	0.14	0.05	0.05	—	匍匐草本
白茅	—	0.08	—	—	—	0.10	疏丛草本
沙苦英	—	0.01	0.05	—	—	—	根茎草本
苍耳	—	0.03	—	—	—	—	单生草本
青蒿	—	—	—	0.08	—	—	一年生草本
细叶天芥菜	—	—	—	0.11	0.03	0.04	一年生草本
止血马唐	—	0.07	—	—	0.08	0.09	一年生草本
宿根画眉草	—	—	—	—	—	0.05	簇生草本

二、群落多样性

目前工程措施设置 4 年的流沙带和基础设施区的植物群落 Shannon-wiener 指数已分别达到 2.47 和 2.54（表 5.7）。说明种群的拓殖能力得到增强，群落物种丰富度和群落盖度等量的变化引起了群落质变，群落组成结构更趋复杂，工程区植被物种多样性和丰富度指数值均大于自然状态的沙地与草地所对应的值，说明工程措施的设置有利于植被的恢复。

表5.7　不同工程措施与自然状态下海岸带植被群落多样性特征值

海岸带植被恢复过程	样带	物种丰富度指数				多样性指数		生态	均匀度	物种
		Gleason指数 $G1$	Margalef指数 dMa	Menhinick指数 dMe	S	Simpson指数 D	Shannon—wiener指数 H	优势度 C	Pielou指数 E_1	盖度/%
网格草地恢复	2年网格	1.19	0.56	0.28	4	0.59	1.12	0.64	0.81	35.76
	4年网格	3.72	1.86	0.42	14	0.91	2.47	0.23	0.94	69.22
	前丘草地	1.43	0.71	0.18	6	0.80	1.67	0.30	0.93	29.55
平台草地恢复	2年化学材料平台	2.18	0.96	0.30	7	0.83	1.85	0.24	0.95	33.28
	4年黏土混合平台	4.84	1.82	0.40	14	0.91	2.54	0.21	0.96	71.39
	防护林内草地	3.42	1.32	0.25	12	0.90	2.33	0.17	0.97	89.67

三、群落生物量

　　流沙带的2年网格与4年网格中的生物量分别达到30.8g、473.3g，基础设施区的化学材料平台和黏土混合平台生物量分别达到146.5g、583.9g（图5.10）。说明工程措施设置时间越长，生物量积累越大，且非化学材料的工程越有利于生物量积累。各群落的生物量变化反映出滨海植被恢复过程中生物量的快速发展，同时也说明采用工程方式恢复滨海植被，对于滨海退化生态系统的生物量恢复有着重要意义。

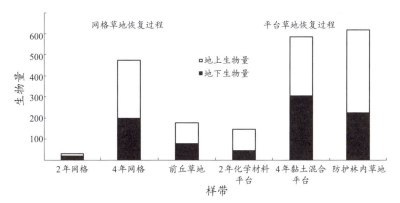

图5.10　不同工程措施与自然状态下海岸带植被群落地上生物量和地下生物量

　　总体来讲，当防护体系建成后，流沙得以控制，植物物种多样性增加，生态环境得到很大的改善（图 5.11）。据调查，防治区物种总数有 22 种（表 5.8）。特别是在防浪拦沙堤前后，涨潮时大量的泥沙被拦沙堤拦截；退潮时，拦沙堤延长了堤后退潮的时间，在堤后形成大片的湿地（图 5.12），使该区域的生态系统稳定性增大，抗干扰能力增强，为恢复自然植被和防护基础设施起到了巨大作用。令人意外的是，在防治区发现有 50 多株红树幼苗开始定居生长（图 5.13）。这一发现在红树林的人工恢复方面具有极高的研究和实践价值。

图5.11　自然植被恢复情况

图5.12　防浪拦沙堤后形成的湿地

图5.13　红树幼苗（秋茄）

表5.8　防护区恢复的自然植被物种种类

种类	生活型	种类	生活型
厚藤	草质藤本	海马齿	匍匐草本
海滨蟛蜞菊	匍匐草本	太阳花	单生草本
飞扬草	匍匐草本	狭叶尖头叶藜	一年生草本
海边月见草	疏丛草本	匍枝栓果菊	匍匐草本

续表

种类	生活型	种类	生活型
绢毛飘拂草	根茎草本	白茅	疏丛草本
丁葵草	丛生草本	沙苦荬	根茎草本
矮生苔草	根茎草本	苍耳	单生草本
马缨丹	刺状灌丛	青蒿	一年生草本
盐地鼠尾粟	根茎草本	细叶天芥菜	一年生草本
短穗画眉草	多年生草本	止血马唐	一年生草本
小獐茅	多年生草本	宿根画眉草	簇生草本

本章撰稿：屈建军　张克存　韩庆杰

第6章
以策勒为代表的沙漠绿洲治沙模式：
流动沙漠绿洲防沙体系建设

多年来，新疆和田地区高度重视防沙治沙生态建设，坚持"生态立区、环保优先"的发展理念，走资源开发可持续、生态环境可持续的发展道路。经多年探索，和田地区规模化治沙与农业园区建设相结合，将防沙治沙与民族团结、扩大就业、脱贫致富、新型城镇化进行耦合，实施五位一体综合治理；充分利用丰富的荒漠、沙化土地，把防沙治沙生态建设与沙产业有机结合，大力发展红柳、梭梭上接种肉苁蓉，种植沙漠玫瑰等产业，并且在农田内部推广"林随渠走""两林夹一渠""大网格小条田"等混农模式。通过坚持不懈地开展防沙治沙生态建设，和田地区生态环境得到了明显改善，沙尘暴天数明显降低了，空气得到了净化，局部生态脆弱情况得到了改善。全地区呈现出经济发展、民族团结、人民安居乐业的良好局面。

6.1 策勒绿洲考察

6.1.1 考察背景

策勒绿洲地处塔克拉玛干沙漠南缘的和田地区，自古以来就深受风沙危害。据历史记载，在这块土地上劳动生息的人民，曾经历了多次迁徙。《山海经》在叙述昆仑山北麓诸地情况时，曾多次提到流沙现象。《海经·海内东经》云："国在流沙中者埻端、玺映，在昆仑虚东南。一曰海内之郡，不为郡县，在流沙中。"据考证，埻端、玺映，即如今的和田。由此可见，早在先秦时期这里就受到了风沙危害。公元前 139 年，张骞出使西域后，丝绸之路畅通，贸易往来兴盛，和田地区人口激增。随之而来的严重问题是粮食短缺、供不应求，需大力垦殖、扩展耕地面积。然而耕地面积的扩大不可避免地要毁草伐林，破坏当地的生态环境。据《大唐西域记》记载，当时和田处于茫茫戈壁、沙漠包围之中，绿洲受到沙漠的侵袭，使昔日丝绸之路上一度繁荣的 20 余座古城湮没在沙漠之中。尼雅王国在唐玄奘经过时周围已是大沙漠，而睹货逻国（今安迪尔古城）和折摩驮那国（今且末），已是空城一座。现洛浦县以北沙漠中的阿克斯皮力古城遗址，策勒县以北沙漠中的丹丹乌里克和乌宗塔提遗址，以及皮山县藏桂乡以北沙漠中的藏桂遗址中发现有夹砂粗红陶片、佛像、佛珠、基砖等，可以考证，这些遗址至少延续到唐代。新疆米兰古城出土的《坎曼尔诗签》，还有唐代诗人杜甫、白居易著名诗句的残迹，这说明米兰古城的废弃时间在 9 世纪以后。历史表明，塔克拉玛干沙漠南缘风沙灾害一直是严重的。

6.1.2　考察过程

20 世纪 80 年代初，风沙逼近离策勒县边缘 1.5 公里处，沙临城下，绿洲告急。中国科学院新疆生态与地理研究所于 1983 年成立策勒沙漠研究站（以下简称策勒站）。以张鹤年、刘铭庭、张希明、雷加强、曾凡江为代表的科学家，奔赴风沙前沿，开始了科技防沙治沙、"沙退人进"的艰辛历程。在几代科研人员的努力下，策勒站在治沙实践中积累技术，结合实际情况，探索采用生物防沙和工程防沙相结合的技术途径，建立起策勒绿洲外围的综合防沙体系（桂东伟，2010）。他们的工作让策勒流沙前沿后退十余公里，有效地保护了风沙前沿的 38 个自然村，解除了沙埋策勒县的现实威胁。

自建站以来，策勒站一直致力于当地防沙治沙工作。在策勒县山区、戈壁、沙漠、绿洲建立了 20 个不同类型的观测场，开展各类水、土、气、生常规生态监测与沙尘传输、地下水动态、碳氮沉降等特殊环境监测。同时，策勒站也从事试验研究，开展了植物抗逆性、固沙植物选育、植物根系发育、克隆生理整合、种群繁殖策略、防护林体系配置优化等试验。研究风沙活动规律与防治技术、荒漠植被逆境适应机制与可持续管理、植物耗水规律与绿洲生态安全。此外，策勒站还与地方政府部门和企业合作，开展沙漠化治理、盐碱地改良生态修复与生态产业、荒漠生态系统可持续管理等试验示范与推广应用。目前，和田地区已建成以策勒县为主，皮山县、墨玉县、和田县、民丰县等为辅的生态技术示范与推广基地。经过多年的不懈努力，策勒站不仅收复了策勒县农牧民被沙漠吞噬的生产生活用地，还在帮助地方经济发展和农民增收方面取得了丰硕的成果。

如今，科研人员又开始为沙区百姓"用沙致富"贡献智慧。中国科学院新疆生态与地理研究所研究员、策勒站站长曾凡江，带领 20 余名科技人员，不断在塔里木盆地南缘绿洲生态屏障建设以及沙区农牧民增收技术等方面进行研究。"茫茫沙海是否也能养育一方人呢？"这是曾凡江站长一直思考的问题。他和他的团队通过长期试验，在塔克拉玛干沙漠南缘绿洲外围风沙区建成了 1000 亩的经济型生态屏障建设示范基地，并分别在沙漠南缘的皮山县等县成功推广该模式，促使一万余亩生态经济型防护林建成。曾凡江站长认为，科研成果的运用更应带动农牧民参与，通过构建生态经济型防护林体系，让当地农牧民受益。这样，既改善了生态环境，又为沙区农牧业生产提供了有力保障。

6.2　策勒绿洲的区域条件

6.2.1　地理条件

策勒绿洲位于塔克拉玛干沙漠南缘与昆仑山北麓之间，地理位置是 80° 03′ 24″ E—82° 10′ 34″ E，35° 17′ 55″ N—39° 30′ 00″ N，具有典型内陆暖温带荒漠气候，夏季炎热，干旱少雨，光热充足，日照时间长，昼夜温差大，极端最高气温 41.9℃，极端最低气温 -23.9℃。多年平均降水量为 35.1mm，年潜在蒸发量 2600mm（毛东雷　等，2016）。由于地处塔里木盆地两大主导风向（西北，东北）的下风区域，风沙灾害频繁，多年平均沙尘暴天数 25.2 天，最多可高达 59 天，每年 8 级以上大风 3—9 次（毛东雷　等，2013）。

6.2.2　绿洲风沙危害及空间分布

一、易造成沙漠化的发生

和田地区中部绿洲平原带位于塔克拉玛干沙漠南缘，处于封闭大陆中心，属暖温带极旱荒漠气候区。多年平均降水量低，年潜在蒸发量大，相对湿度小。在这样极端干旱气候条件下，土体和成土矿物加速崩解，生态系统十分脆弱，容易造成沙漠化的发生。

二、风沙流危害

和田地区位于西风与西北风的交汇处，其显著特点是风大沙多，尤其是 3—5 月的风季，经常风沙弥漫，而正在萌生的植物往往御沙能力弱。据气象部门统计，各县大风日数为 1.8—8 天，沙尘暴日数为 4—64 天。风力频繁而强劲，引起裸露地表的砂粒移动，造成风沙流危害（桂东伟　等，2016；开买尔古丽·阿不来提 等，2022）。

三、影响农林牧业稳定发展

该区为灌溉农业区，河水为主要的灌溉水源。全区境内有大小河流 36 条，可引用灌溉的有 30 条，年总径流量为 73.35 亿 m³。但各河流洪、枯水悬殊，6、7、8 三个月流量占年总流量的 75%，为洪水期。此时，大量洪水奔泻流入沙漠或汇入塔里木河；而春季 3、4、5 三个月的流量仅占 9.3%，为枯水期。此时正值春灌，各种作物播种需水量大，常常造成春旱缺水，给农林牧业稳定发展带来极为不利的影响。

6.2.3　沙害成因

一、区域自然条件

（1）大风对和田绿洲的灾害

和田地区干旱多风，据有气象资料以来的近 30 多年统计，该区有 6 次大风灾，平均 5 年出现一次，说明了风灾的频繁程度。这里仅就最近一次加以阐述。

1986 年 5 月 18 日傍晚至 19 日晨，一场黑风暴席卷了整个和田地区。平均风力 8 级，洛浦、策勒两县达 9 级以上。持续 3 小时后，转 5—6 级大风，又持续了 5 个小时。这场黑风暴毁坏棉苗，刮倒小麦，吹倒树木、电线杆，造成房屋、棚圈倒塌，渠道被埋，人畜失踪死亡，青果吹落遍地，一片灾后景象，给和田各族人民带来巨大损失。据统计，重灾棉田达 8200 公顷，其中70% 棉苗枯死。植棉重点县墨玉县的 4800 公顷棉田中，陆地棉 1353 公顷全部毁灭；除地膜棉除林带附近 667 公顷损失较轻外，其余 2780 公顷全部毁灭。洛浦县 3000 公顷棉田中，1247 公顷受重灾，530 多公顷棉苗全部被沙埋。策勒县 1667 公顷棉田中，有 1500 公顷受重灾。皮山县、和田县、和田市、于田县、民丰县的棉田受灾面积均在 30% 以上。全地区 5000 公顷刚刚开始灌浆的小麦被刮倒。早玉米受灾面积 1400 公顷。蔬菜、瓜果损失 1000 公顷。葡萄刮坏 134 公顷。其他果树落果达 60% 以上。

这场黑风暴造成 10 人死亡，9 人失踪，218 间房屋和 125 个棚圈倒塌。吹断电线杆 736 根。丢失、死亡牲畜 4128 头。合计直接经济损失超过 5000 万元。

（2）流沙前移速度加快，沙埋威胁着今天的城镇

根据和田土壤考察队对古绿洲土壤的考察资料，唐朝的古城距离今天的绿洲 10—70 公里，丝绸之路南道比汉时偏南数十至上百公里，若以沙丘移动速度推算，于田、民丰间新月形沙丘和沙丘链年平均前移 5.4m。和田绿洲北缘与塔克拉玛干沙漠相连，在西北风和东北风的作用下，不少地段沙丘前移已逼近绿洲。沙丘前移速度见表 6.1。

表6.1　和田各县沙丘前移速度

地点	皮山县木奎拉乡绿洲西部	皮山县西南部	墨玉县西部、和田县西北部	策勒县卡牙可其	策勒县沙瓦克	策勒至皮山以南洪积扇上	于田沙漠边缘	民丰县西南部
年移动距离（m）	5—10	20—30	5—7	40	30	40—70	10—15	10—12

近一千年来，古丝绸之路上的 20 余座古城湮没在沙漠之中。20 世纪 80 年代以来，又有几个城镇相继告急：80 年代初策勒县告急，流沙前锋距县城仅有 1.5km；现在皮山县告急，科克铁热克乡沙丘距县城 2—3km，民丰县告急，尼雅镇流动沙丘距县城 3km。而且民丰县政府已发出警告：历史上曾搬迁三次的民丰县已再无退路，再退就要退到昆仑山上！

二、区域人类活动影响

（1）沙漠化的扩大和蔓延

新中国成立后，和田各族人民扩大耕地面积，发展农业生产，取得了显著成绩。然而从 20 世纪 50 年代后期开始，由于当地不顾客观条件大规模地毁林毁草开荒造田，破坏了绿洲的天然屏障，沙漠发生了扩大和蔓延（毛东雷 等，2018）。当地气候也进一步恶化，雨季推迟，蒸发量增大，浮尘日数猛增，干热风增加 36%，致使风沙灾害频繁。如墨玉县所垦荒地 1.67 万公顷保存下来的只有 2000 多公顷，其余均因条件限制而撂荒，成为新的沙源地。又如策勒县的策勒乡，在水草丰茂的地方开荒近 1700 公顷，为解决灌溉水源，将原策勒河拦坝改道，南水北引，其结果是沿河原有植被因水源不足而大片枯死，西部绿洲失去天然屏障保护，近 1700 公顷耕地沦为雏形沙丘链，40 多户农民房屋被沙埋，风沙前沿的 17 大队一小队原有耕地 53 公顷被流沙吞噬了约 27 公顷。而东部 1670 公顷新垦荒地又因排水无出路，盐渍化严重而被迫撂荒。全区 7 县 1 市均有这些类似的情况。据调查统计，和田地区近期耕地沙漠化面积达 3 万公顷，沙化面积 1.4 万 km^2。

（2）人口猛增对脆弱的生态环境造成的潜在威胁

人口的猛增是加速沙漠化发展的重要因素之一（胡智育，1983）。和田地区人口在 20 世纪发展极为缓慢，21 世纪开始有所加快，1911 年至 1949 年人口由 41.9 万增加到 62.9 万，38 年增长 50%，年平均增长率 13.19‰。到 1983年，和田人口达 117.22 万，比解放初期增加近 1 倍，年平均递增 25.40‰。目前和田地区人口年龄构成偏年轻，30 岁以下占 61.8%，因此人口增长潜力大，在今后几十年内将保持人口增长趋势。

人口的迅速增加对绿洲环境会产生以下不利影响：①增加燃料等能源的消耗。据和田、墨玉、洛浦三县民用薪炭统计，三县 73 万居民每年需要耗费荒漠薪柴 25 万　30 万吨。近 30 年来，全区荒漠林面积因此减少了一半，如果继续按此速度消耗，到 21 世纪末现有荒漠植被将有全部被采光的危险。②人口增加需要更多食品，为此则要开垦更多土地。③农业用水不断增加，特别在中上游地区。这样使下游水量减少，地下水位降低，天然植被死亡，绿洲缩小。虽然未达联合国环境规划署关于干旱地区人口容量——每平方千米 7 人的临界指标，但若保持目前人口增加速度，和田到 21 世纪末 22 世纪初将突破这一指标。因此控制人口过快增长亦是保证干旱地区环境良性发展的重要环节。

6.3　绿洲风沙治理模式与技术创新

6.3.1　绿洲外围流沙控制技术

一、设置沙障，保护绿洲

在策勒乡西沿五大风口处，治沙初期风沙危害极为严重，每年造林每年被沙埋。为此，我们在前沿设障阻沙，使之形成高大的沙垄，起到了防止流沙前移的作用（毛东雷 等，2012；王翠 等，2014）。

根据"就地取材，因害设防，因地制宜"的原则，建立起以玉米秸秆、杨树枝、向日葵秆等为材料的沙障，沙障与主风向成大于 45 度的交角，或与主风向垂直。树枝沙障系采用当地树木修枝时所提供的较为便宜的副产品，在施工前加以挑选，以保证枝条的均一性。按设计方案在设障处开沟，将沙障埋实，使之形成带状立式沙障。玉米秸沙障造价较为便宜，按照设计将玉米秸埋于风沙前沿。

（1）沙障栅栏的高度

沙障栅栏的高度有一定要求，阻沙栅栏如果太低，很快就会被沙埋；栅栏太高，所受风压就大，施工又困难。试验表明，策勒沙区的栅栏高度控制在

1—1.5m较为合适。

（2）栅栏的孔隙度

根据中国科学院兰州沙漠研究所试验结果，栅栏的孔隙度以30%—40%为最好。栅栏防护效益包括两个方面：其一是栅栏本身对外来流沙的阻挡能力；其二是指栅栏的有效防护范围或积沙范围。对于孔隙度为零的不透风挡板，虽然也能阻沙，但只能把流沙阻挡于前后各一倍高的范围之内，这种作用随板高增大而减小。随着孔隙度增大，其阻沙能力和防护范围也相应增大，当孔隙度达30%—40%时，栅栏阻沙效果达到最佳。

二、改良农业技术，加强田间管理

农业技术措施虽然不能从根本上防治土地沙漠化，但在营造防护林前，因地制宜地加以综合应用，对于防治风沙危害是完全必要的，其效果也是明显的。和田地区各县因地制宜地选择和配置耐沙作物，采取加大播种量、推迟中耕除草、及时灌水等方法，减少了风沙危害。

三、切断沙源，环丘造林

位于策勒县西北方向的高大流动沙丘，高约5—10m，总面积333公顷，前锋距县城1.5km，直接威胁到城镇安全和人民生活。因此，治理此沙丘已成为当务之急。几年来当地先后采取了如下方法（张鹤年，1990）：

（1）切断沙源。在沙丘较低处，用推土机推出缺口，待夏季洪水期引洪冲沙，将沙丘切断，栽植沙枣林带。这样既防止了沙源前移，又可借助风力削平沙丘上部。

（2）环丘造林。由于沙丘三面均距绿洲较近，水源比较方便，加上地形比较平缓，故在距沙丘一定距离内营造沙枣林带，待林带发挥效益时，再逐步引洪冲沙，彻底消除林带内沙丘，营造速生林，种植苜蓿。至1988年造林总长已达 4.5km，冲平沙丘达 67 公顷。其余地段沙丘在林带包围后借风力逐步削低。据调查，风力年削低沙丘 40—50cm。同时由于每年引洪冲沙，水分条件得到了改善，草本植物大量滋生，原来不毛之地披上了绿装，自然形成了绿色屏障，完全控制了沙丘的前移，解除了流沙对县城的威胁。

6.3.2　过渡带草灌丛植被人工恢复技术

策勒绿洲和塔克拉玛干沙漠的临界地区为原生植被带，依靠绿洲渗入的水分条件及策勒河洪水期排泄的大量洪水，自然繁衍了大片的绿色植被，并且集中分布在绿洲外围及河流两岸，构成了大面积绿色屏障。正是这些绿色屏障，保护了绿洲免受风沙危害。然而由于长期不合理的樵采、放牧，此地区植被覆盖度降至 3%—5%，沦为起伏沙地，并散布有 3—5m 高的雏形沙丘、沙垄，成为危害绿洲的重要沙源地（郭自春 等，2014；曾凡江，张文军 等，2020）。

为抑制这一地带沙漠化的迅速扩展，恢复植被是十分必要的措施。恢复植被的先决条件是水，为此，当地政府在兴修水利的基础上，依据风沙危害程度以及立地条件的优劣，首先制定规划，逐步实施，在五大风口处长约 20km、宽窄不等的绿洲外围，有针对性地引洪灌溉。具体做法是：在沙瓦克、热瓦克两个重点受灾的大风口试点，然后逐步扩大灌溉范围。于 1983 年夏季开始在这两处约 200 公顷较为平坦的裸露流沙地引洪灌溉。引洪当年一年生草本植物如猪毛菜、五星蒿、沙米、虫实等即大量生长，于 9 月调查时其覆盖度达 30% 以上，起到了固沙作用。

据对已灌试验地设续灌和不续灌的对比样地观测，沙层含水率变化较大（图 6.1），植物生长的情况也不相同。从图 6.1 看出：头一年洪灌，以后不再洪灌的对照样地，沙层表层水分散失极快，从 5% 降至 0.5% 以下。这种情况下，一些靠种子繁殖的一年生草本便不能繁殖，而多年生草本骆驼刺开始萌生，逐渐扩大，形成群落。而连续进行洪灌的试验地，沙层水分条件较好，第二年形成一年生草本与多年生草本骆驼刺混生群落，第三年由于沙层水分条件仍然较好，加上7、8月份恰逢多枝柽柳种子成熟期，随灌溉水源及风力传播落入试验地，多枝柽柳种子易吸水膨胀出苗快，因而逐渐繁殖出幼苗，形成多枝柽柳、骆驼刺、一年生草本混生群落。以后如水源不足，再不灌溉，便逐渐形成以多枝柽柳为建群种的群落。因多枝柽柳根系发达，幼苗阶段生长极快，能够充分吸收土壤较深层水分，而一年生草本植物因靠种子繁殖，根系浅，故逐渐被多枝柽柳替代。

多年固定试验地试验结果表明：引洪灌溉一年试验地可由一年生草本植物过渡到多年生草本骆驼刺群落；连续引洪三年试验地，由一年生草本群落过渡到一年生草本与多年生草本骆驼刺混生，并进一步过渡到多枝柽柳与多年生骆驼刺固定群落。至1988年在风沙前缘形成长、宽各10km的绿色植被带，总面积达1万公顷，有效地遏制了沙漠的扩大和蔓延。

经多年试验后，1986年10月，对各种不同类型植被设样进行调查结果如下：①以骆驼刺为建群种的群落，总面积3333公顷。分3种类型：较好型，$25m^2$有25丛，平均高89.5cm，平均茎粗0.85cm，平均覆盖度80%—90%，亩产草量鲜重929.28kg；中间型，$25m^2$内有9丛，平均高80.3cm，平均粗0.86cm，每株平均占地面积$1.9m^2$，亩产鲜重602.4kg；较差型，$25m^2$内有14丛，平均高90cm，每株平均占地面积$1.2m^2$，平均亩产鲜重369.6kg，覆盖度40%—50%。②以多枝柽柳为建群种的群落，分布面积3333公顷，$25m^2$内有5丛，冠幅250cm×230cm，平均高2.27m，根径2cm，覆盖度70%—75%，亩产干柴800kg。③一年生草本猪毛菜为建群种的群落，总面积600公顷，平均高度93cm，冠幅100cm×120cm，$25m^2$内有14丛，亩产草量鲜重554.4kg，覆盖度40%—50%。④以花花柴为建群种的群落，分布面积667公顷，$25m^2$

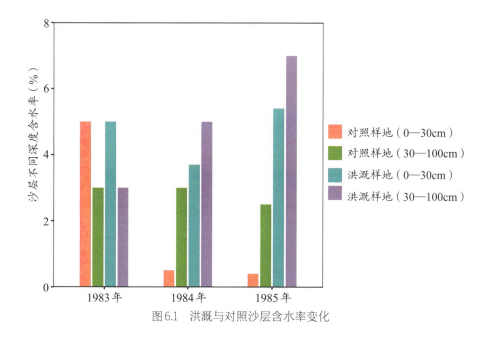

图6.1　洪溉与对照沙层含水率变化

有 21 丛，平均高 1.45m，平均覆盖度 90%—95%，亩产草量鲜重 1078.4kg。

从该县 1947 年地图可以看到，原策勒乡西部与洛浦县红旗农场之间（垂直距离 15km）分布着 4000 多公顷胡杨林，曾将塔克拉玛干沙漠隔断，形成保护绿洲的绿色屏障。1960 年后因策勒乡在东部开垦荒地，将策勒河改道，原河流两岸胡杨林或枯死，或被樵采一空，致使沙漠东进，对绿洲产生了严重的危害。1980 年将策勒河系恢复到原来河道，加上同年河水较大，洪水漫灌了近 15 天，使原胡杨萌蘖，形成幼林。据 1986 年 10 月解剖木分析，该处现有胡杨幼林 2667 公顷，均系 1980、1981、1982 年根蘖苗，计 100m² 内有幼龄植株 11 棵，平均高 4.56m，胸径 7cm，冠幅 100cm×120cm，林下草本植物丛生。胡杨次生林复苏，在前缘形成了绿色长廊，故有效遏制了沙漠的扩大和蔓延。

6.3.3 防风固沙薪炭林建设技术

如上所述，由于植被的大面积破坏致使流沙再起，在风力作用下，在紧邻绿洲的地带形成了许许多多孤立的沙丘、沙垄，以及大面积起伏沙地。沙丘一般高 2—3m，移动速度很快。据 1986 年测定，一场 8 级大风，持续时间 8 个小时，1m 高沙丘前移 8m，2m 高沙丘前移 6m。可见低矮的、新形成的雏形沙丘移动速度之快。这些沙丘距绿洲较近，对绿洲造成巨大的威胁。

另外，植物破坏的原因是过度樵采。因该县能源极缺，生活及取暖均以植物灌丛为主要来源，仅策勒县城镇每年要从沙漠地区砍伐灌丛 2000 多吨，约相当于当地灌木林 1300 多公顷的植物量。因此，必须解决群众烧柴的实际困难。否则，恢复植被、控制流沙的目的也不可能实现。

为此，结合沙丘的固定，研究人员选用了耐旱、速生、薪材价值高、固沙性能好的灌木为主要固沙树种，以兼顾固沙和薪材两方面的需求。

该县春季水源极缺，极大地限制了春季造林的规模。而夏季水多，占全年 77%，却未能很好利用。因而，如何充分利用夏季较多水源发展人工植被，成为治理当地流沙、巩固和发展绿洲农牧业的重要措施之一。

一、固沙造林树种的选择

在流动性沙地，沙丘造林应选择易发芽、生长快、耐高温干旱、抗风蚀、耐沙埋、有较高经济价值等特点的乔灌木树种。

在本试验区，研究人员依据上述条件先后选择了银白杨、箭杆杨、沙枣等进行春季植苗造林及夏季栽植造林试验。由于水源不足，造林后成活率甚低，以至于形成年年造林、年年不见林的结果。于是研究人员采用优良固沙先锋树种沙拐枣属的 8 个种进行了不同季节植苗造林、扦插造林及直播造林试验。

（1）参试树种和试验方法。参试树种：东疆沙拐枣、头状沙拐枣、乔木状沙拐枣、红皮沙拐枣、白皮沙拐枣、密刺沙拐枣、网状沙拐枣、昆仑沙拐枣。

试验材料为一年生插穗及一年生实生苗。将供试材料按随机行间混交方式，在流动沙地上布置田间试验，重复 3 次。

（2）引选结果及分析。在塔克拉玛干沙漠南缘极端干旱的荒漠地区，营造沙拐枣林的主要目的是防风固沙和提供薪柴，生态和经济效益两者兼顾。试验结果见表 6.2。

表6.2　8种沙拐枣造林试验结果

树种	成活率（%）	第三年保存率（%）	三年生平均生长量（cm）			地上部分生物量（kg/公顷）	覆盖度（%）
			三年生高度	地径	冠幅		
东疆沙拐枣	95.0	95.0	202.0	4.3	220×210	11220	51
头状沙拐枣	90.0	85.5	186.7	3.1	250×216	5775	31
乔木状沙拐枣	83.3	66.6	164.5	3.5	153×156	5940	27
红皮沙拐枣	78.0	78.3	98.8	2.8	153×150	2475	29
白皮沙拐枣	70.0	66.5	92.5	2.0	182×182	3383	25
网状沙拐枣	58.3	55.1	187.0	2.4	211×202	3548	22
密刺沙拐枣	55.0	16.5	147.0	3.7	185×181	2145	21
昆仑沙拐枣	8.00	0.40	65.0	-	153×135	1980	3

从表 6.2 看出，在同一立地条件下，造林当年成活率最高的为东疆沙拐枣，达 95%，最低的为昆仑沙拐枣，只有 8%，其余几个种居中。从而可以认为，在极端干旱的流动沙地补水灌溉、植苗造林时，沙拐枣属 8 个种中适应性最好的是东疆沙拐枣。另从其余 6 项指标综合评价，也同样得出东疆沙拐枣最优，其次是头状沙拐枣和乔木状沙拐枣的结论，故可选它们作为固沙造林的优良种。

（3）抗逆性的对比试验。沙拐枣属的绝大多数种，由于长期适应荒漠、半荒漠的恶劣环境条件，形成了十分抗旱和耐风蚀、沙埋、高温的特性。

（4）抗旱性机制。沙拐枣属灌木，虽然是典型的荒漠植物，但若在塔里木盆地南部极端干旱的荒漠地区造林，不灌溉不能成活。因为该区流动性沙地0—100cm沙层内平均含水率只有0.2%—0.3%，低于沙拐枣的萎蔫含水量。

沙拐枣的生物生态学特性：叶退化，以绿色同化枝代行光合作用，以减少水分消耗；气孔凹陷，数量多且小，东疆沙拐枣为795个/mm^2，同化枝呈圆柱形，以减小表面与体积之比，8种沙拐枣的表面积与体积之比在2.94—4.55；枝条多节、多分枝，夏季高温时嫩枝生长缓慢或停止，呈"假死"状态，甚至脱落部分嫩枝，以减少体内水分的消耗；根系十分发达，有的种根幅可达30m，如此发达的根系，有效地保证了植株对水分的吸收。这就是沙拐枣能在流沙上旺盛生长的主要原因之一。

沙拐枣的水分生理特性：沙拐枣的组织含水量和相对含水量一般高于其他旱生材种，说明其保水力强。此外，体内束缚水含量的高低和抗旱性成正相关，故束缚水和自由水的比值也较高。沙拐枣的束缚水和自由水比值一般高于其他旱生植物，说明其抗旱性很强。沙拐枣的水势也是较低的，这样就提高了植物的吸水能力。蒸腾速率和气孔传导速率一般均低于其他旱生植物，可减少植物体内水分的消耗，维持体内水分平衡和原生质的活力，有利于抵抗干旱的威胁。综上可知，沙拐枣的水分生理特点，揭示了其抗旱能力强的内在机制（曾凡江，2009）。

沙拐枣的凋萎系数：各种沙拐枣的凋萎系数不同，说明不同沙拐枣对水分逆境的反应及适应性方面的差异（图6.2）。

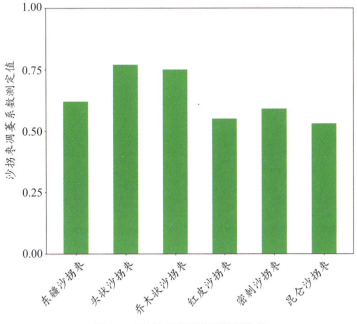

图6.2　6种沙拐枣凋萎系数测定值

从图6.2看出，凋萎系数最低的为昆仑沙拐枣，最高的为头状沙拐枣，而凋萎系数越低的种，吸水能力越强，能反映出抗旱能力的强弱。

（5）抗风蚀、沙埋、高温等不良生境的机制。沙拐枣除具有抗旱性外，还有耐风蚀、沙埋、高温等恶劣环境的能力。沙拐枣茎枝坚硬，木质部发达，韧皮部极度退化，绿色同化枝生长快，皮层加厚迅速，同化枝表皮薄而光滑，可反射强光辐射，根部还具有很厚的木栓组织；同化枝皮下具有一层无叶绿素的细胞，储存着类似脂肪的物质，以保护内部组织，不受剧热等恶劣环境的危害。这些形态结构特征都加强了沙拐枣抗风蚀、沙埋、高温的能力。

沙拐枣有极强的抗风蚀、沙埋的能力，沙埋后能迅速长出不定根，形成灌丛沙堆；风蚀所暴露的根系可迅速"茎干化"。据测定，东疆沙拐枣主根风蚀深度达50cm，侧根暴露出总长度6.3m，地上部分倒状，扶正后仍能正常生长，可见抗风蚀能力惊人。在抗沙埋性能方面，据观测，五年生头状、乔木状沙拐枣，聚沙成丘高 2.5m，年聚沙厚平均达 50cm，而两种沙拐枣生长十分旺盛，平均高度达 3.5m，最高达 4.5m。研究人员还发现，头状沙拐枣在造林当年的 6 月底以前，当被沙埋其全高的 90% 时，仍然能茁壮生长，足以证明其耐沙埋性能之强。

二、固沙造林技术措施

（1）植苗造林。宜于春季土壤解冻时进行，视当地自然条件特点，宜早不宜迟。种前需修渠筑埂，引水灌沙。免耕沟植法造林，种后立即灌水，二次合计每公顷灌溉水量 270m³。这时测得 0—100cm 土层平均含水率为 5.14%，以后不再灌水，6 月份调查成活率平均为 85% 以上，最高达 95%，证明此时期土层含水率是适宜的。也就是说，每公顷灌水 270m³ 可以满足几种沙拐枣发芽、生根时对水分的要求。

（2）扦插造林。选取头状、乔木状、东疆、红皮 4 种沙拐枣，进行春夏两季扦插造林试验。结果证明：春季扦插造林是可行的；而夏季扦插造林，不论哪个种均不易成功，成活率甚低，只有 3%—5%，故夏季不宜选用此法造林。

春季扦插造林，以扦插 40cm 为宜，因该地区春季多大风天气，降水稀少，温度回升快，加上植被稀疏，地表极易风蚀，因此造林以深扦较为适宜。试验结果证明，不同扦插深度植被成活率具有明显差异，扦插深度 40cm 的成活率为 83%，当年平均高度 208cm，基径 2.5cm，冠幅 160cm×140cm；地上部分生物量鲜重 210kg。而扦插深度 15cm—25cm 的成活率只有 64%。

（3）夏季直播造林。试验地区，春季极度缺水是限制春季造林规模的关键因素。为了扩大植被，防治风沙危害，寻求新的途径并进行夏季直播造林的研究具有重要的意义。研究人员历经 3 年的试验探索取得了圆满成功，为该区夏季造林开辟了新路。

种子处理：沙拐枣种子种皮坚硬，不经处理不易发芽，故直播造林时必须对种子进行处理。主要方法有：①湿沙埋藏催芽。这种方法催芽时间较长，一般需 1—2 个月。②浓硫酸浸泡。浸泡时间为 6—10 个小时，当种皮软化即可播种。但此法成本高，不利推广。③流水浸泡。即将种子装入麻袋内放在流水中浸泡（表 6.3），待种子吐白时播种。此方法较简便经济，技术易掌握，适宜大面积直播造林。

表6.3　浸泡时间与种子发芽出苗的比较

树种	处理方法	浸泡时间（天）	播种日期	开始出苗日期	苗出齐日期
头状、乔木状沙拐枣	流水浸泡	3	7 月 1 日	7 月 11 日	7 月 16 日
	流水浸泡	7	7 月 1 日	7 月 6 日	7 月 8 日
	对照	1	7 月 1 日	7 月 16 日	7 月 21 日

从表 6.3 看出：经流水浸泡 7 天的树种出苗效果最好，比对照提前 10 天，比浸泡 3 天的提前 5 天；苗出齐时间比对照和浸泡 3 天的分别提前 13 天和 8 天。而对照的种子播后 15 天才开始出苗，20 天苗出齐。此时高温、干旱、蒸发强烈，地面温度高达 65℃—70℃，土壤浅层水分极易散失，往往导致造林失败。因此，不经处理的种子不宜直播造林。流水浸泡 7 天后种子已充分吸水膨胀，胚芽已萌动，种皮已软化，播后种子迅速破土出苗，有利于充分利用土壤水分，保苗率高。浸泡 3 天的树种虽比对照效果好，但由于浸泡时间短，种子吸水不够，尚未吐白，播后出苗慢。

直播造林的关键措施之一，是出苗期土壤湿度，而土壤湿度取决于灌溉量及灌溉次数（表 6.4）。

表6.4　灌溉量及灌溉次数与土壤0—150cm含水率

项目/时间	土壤湿度（%）对照			灌溉量（m³）	灌溉次数	出苗期（天）	出苗数（株/m²）	保苗数（株/m²）
	0—40 cm	40—150 cm	0—150 cm					
1984 年	5	0.3	0.3	60—90	1	8	0.11	0.001

项目/时间	土壤湿度（%）对照			灌溉量（m³）	灌溉次数	出苗期（天）	出苗数（株/m²）	保苗数（株/m²）
	0—40 cm	40—150 cm	0—150 cm					
1985年	4.5	0.2	0.3	60—90	1	7	0.05	0
1986年	5.3	7.9	0.3	150—180	2	7	1.2	0.96

从表 6.4 看，灌溉一次水的直播效果极差，主要是土壤水分不足；而灌溉二次水的土壤 0—150cm 含水率较高，可满足种子出苗期的需要，故出苗率高、保苗效果好。说明保证适宜的土壤湿度亦是直播造林的关键措施之一。

6.3.4 农田防护林建设技术

一、经济型农田防护林网

在风沙危害严重地区的农田、沿渠、道路配置林网，建立防护林。建立"窄林带、小网格"农田防护林，实现绿洲农田林网化（派力哈提，1995）。

绿洲农田林网化旨在增加森林覆盖率，改善绿洲生态环境条件和农业生产条件，防止沙漠扩展蚕食绿洲，减少风沙灾害，维护绿洲的稳定，保障农作物的稳产高产，并解决当地群众的木材、薪材需求（新疆农业科学院造林治沙研究所，1980；侯平，2000；桂东伟 等，2011）。

和田地区毗邻塔克拉玛干沙漠南缘，干旱缺水、植被匮乏，在大气环流作用下，流沙不断向南推移蚕食绿洲，形成了新疆乃至中国荒漠化最为严重的区域。为抵御严酷的风沙灾害，和田人民自古以来形成了踊跃植树、改善生态的优良传统。但 1978 年以前，或沿用"宽林带、大网格"的农田防护林建设模式导致农田得不到有效的保护、占用耕地面积过大、林带材质差，或林网缺行、断带。每遇灾害年份，作物减产甚至绝收，群众极度贫困（赵新风 等，2009；郭京衡 等，2014）。

1978 年，伴随国家"三北"防护林建设工程的实施，依托国家项目资金的投入，在和田地区行署领导下，全地区各族群众开展了大规模营造"窄林带、小网格"防护林活动，至 1986 年，全地区 7 县 1 市 15.78 万公顷农田规划成 17204 块条田，农田林网化程度达到 99.1%，成为全新疆第一个实现农田林网化的地区。工程执行阶段由县林业局以乡镇为单位，将田、林、水、路、居民点统一规划设计林网；县、乡人民政府组织协调，动员、调用全社会力量无偿投入和部分有偿投入机械，实施造林。地区、县、乡林业站在造林过程中进行技术培训、造林质量督查和验收。造林结束后，由农民承包林地抚育，幼林抚育、间伐和更新采伐等以村为单位统一管理，更新采伐须报县林业局审批后方可进行。工程建设的推广体系为省（区）、地区、县、乡林业部门与省（区）相关科研机构组成的推广网络；推广应用方法是：试验、示范、培训、召集群众大力宣传、媒体宣传培训，以点带面、辐射带动。工程建设为公益事业，由政府指令执行，抚育期的激励措施为：对承包维护林地的农民颁发林权证，由政府以补贴价提供灌溉用水并无偿提供病虫害防治服务，林、副产品收入全归农民。

农田实现林网化后，和田绿洲生态环境条件从趋于恶化向良性循环方向转化，农民的生活水平和质量得到明显提高，促进了社会、经济可持续发展。

二、沙荒地棉花高产种植

1998—2000 年，中国科学院策勒沙漠研究站在面积 0.8 公顷的干旱区沙质地上，通过高密度栽培模式，连续 3 年打破皮棉单产世界纪录。1998 年皮棉每公顷产量达到 236.25kg，1999 年皮棉每公顷产量 257.8kg，2000 年每公顷再次获得皮棉 255.91kg（张年，邵继红，2000；张鹤年，2006）。

从 2001 年开始，新疆开始全面推广高密度栽培技术，该技术的主要特点是将棉株密度从过去的每公顷 1.0 万—1.4 万株提高到 1.6 万—2.0 万株。经中华人民共和国农业农村部纤维检验中心检验，这种栽培模式对棉花的品质没有不良影响。2006 年新疆棉花种植面积 1272km^2，总产量 218 万吨，皮棉平均每公顷产量 114kg，较全国平均水平高出 42%，比世界平均产量高 1.3 倍（曾凡江，李向义 等，2020）。

（1）高密度栽培。应用留双株模式增加棉花密度，使棉花密度由原来的每公顷 0.8 万—1.0 万株增加到每公顷 1.8 万—2.0 万株。充分利用了棉花生长发育前期的光热资源，增加了伏前桃数量，在棉花生长发育后期，将双株中的一株提前打顶，控制高度确保了棉花发育后期田间通风透光（Xue et al., 2021）。

（2）选用优良品种。选用的品种是结铃性强、叶片小而上举、抗倒伏的远缘杂交棉花品种秦远 4 号和晋远 820。

（3）两次打顶，控制株高。每年 6 月 19 日前后，棉株平均高度达 50cm，单株 5—6 台果枝进行第一次打顶，每穴打一株，形成下层株。每年 7 月 15 日前后，平均株高 70cm，单株有果枝 10—11 台，第二次打顶形成上层株，塑造成"双层"结构。

（4）化学调控。应用缩节胺进行 4—5 次调控，防止出现高脚苗，降低第一果枝高度，实现壮苗稳长，搭好丰产架子，将第一、第二果枝节间距控制在 4—5cm，第三、第四果枝节间距控制在 5—6cm，第五、第六果枝节间距保持在 5— 6cm。对防止中空、增加内围铃、减少蕾铃脱落、提高成铃率、控制旺长效果显著。也能促进早熟、控制主茎高度和果枝长度。

（5）科学灌溉。见花浇头水，以后每隔 10—15 天浇一次水，全生育期共浇 5 次水。

（6）合理施肥。在保证及时科学灌水的前提下，增加肥料投入，每公顷施尿素 20kg、二铵 15—20kg，硫酸钾 5—8kg 作底肥，结合播前犁地深施。播种时用磷酸二铵 3—5kg 带肥下种，种子与肥料分开，头水和二水前结合中耕开沟深施氮肥，全程结合自动化控喷施磷酸二氢钾等叶面肥和喷施宝等植物生长调节剂，通过合理的水肥调控、塑型，把气候、土壤和棉花生态有机组合（Li et al., 2020）。

（7）综合防治病虫害。通过秋翻冬灌、秸秆还田，进行合理的布局，实现生物多样性，保护利用天敌，谨慎应用生物农药和使用不伤害天敌的化学农药及除草剂，应用频振式黑光灯等进行病虫草害的综合防治。

（8）及时采收。策勒县棉花吐絮期，干旱少雨，利于棉花开裂吐絮，但同时风沙大，若不及时采收，会影响棉花光泽度等品质。一般在棉花开裂吐絮后6—7 天即采收。

6.4　策勒绿洲沙漠治理的科学性

6.4.1　为防沙体系提供了技术优势

策勒绿洲防沙体系采取工程措施和生物措施相结合的模式，以生物措施为主体，充分依靠每一组成部分的功能，形成群体防护功能，从而有效地遏制沙漠向绿洲扩大和蔓延。

体系最外缘的拦沙河为工程措施，利用夏季充足的洪水冲刷形成。它在体系中的作用是切断沙漠与绿洲的连接，从而切断沙源，使来自前沿沙漠中的沙源遇到拦沙河而沉降，被洪水冲走。这样可大大减少风沙流中的含沙量。

位于拦沙河后的自然植被带，是配设在绿洲外围的第一道生物屏障。当地可利用洪水灌溉条件，促进自然植被的恢复与形成，必要时进行适当补播，以增加种源和改善植物种类成分。它在体系中的作用是，针对流沙主要在近地层内输运的规律，利用草灌木与之相适应的高度和生长的密集程度，在较大范围内增加地表粗糙度，降低风速，从而达到阻滞流沙的目的，同时又可防止就地起沙。这进一步削减了风沙流中的含沙量。

人工固沙灌木林为体系中的第二道生物屏障。研究人员主要是利用其增加的高度，进一步拦截通过草带后继续进入体系中的沙物质，促使空气中悬浮的砂粒沉降。与此同时，人工灌木林能生产出一定生物量，可缓解沙区烧柴问题，从而可减少对植被的破坏，对防止沙漠化的发展也具有重要意义。

窄带多带式防沙林网位于体系邻接绿洲部位，是防护体系的最后一道防线。它的主要作用是，通过由较多多带高大乔木组成的林网，提高绿洲对大风的抵御能力。当气流遇到前沿林带阻挡后，流场结构发生变化，这时大部分气流被迫抬升，从林带上空越过，林带背风面动能明显降低。当越过第一条林带的上升气流的动能逐渐增加时，这时又遇到第二带、第三带林带的阻挡，致使气流成波浪式移动，并形成不规则的乱流。林带多层次的连续阻挡，以及大量枝叶的摆动和撞击，大大地消耗了大量动能，降低了风速，促使进入体系内部剩余沙量继续沉降，进一步减少大风和流沙对绿洲的危害。

6.4.2　验证了防沙体系的适用范围

从纵断面看，拦沙河、自然植被带、人工灌木林、窄带多带式防沙林网的宽度分别为 50—100m、3000m、500m、1000m，总宽度约 4.55km。其中草灌带片合计占 77%。这种体系适宜于策勒风不大、频率高、沙源丰富的特定环境。

6.5　策勒绿洲防沙体系的现实意义

6.5.1　提升防风固沙效益

一、防风效益

不同类型的生物措施，均具有明显的防风效果，观测结果见表6.5。

表6.5　三种生物措施的防风效果

观测点	观测对象	植物高度（m）	不同观测高度风速（m/s）2分钟平均值					
			30cm	比值（%）	100cm	比值（%）	200cm	比值（%）
1	旷野	-	6.45	100	7.45	100	9.71	100
	4条双行林带后	5	2.29	35.5	4.0	54	4.4	45.3
	10条双行林带后	5	0.65	10	0.96	12.7	3.15	32.4
2	旷野	-	6.7	100	7.2	100	8.1	100
	人工灌木林	3.2	2.84	42.3	4.69	65.1	5.44	67.1
3	旷野	-	4.6	100	6.3	100	7.21	100
	植被区盖度60%	0.8-1	3.1	67.3	4.4	70	5.3	73.6

注：因条件限制，各观测点很难同步进行，因此表中给出相对值。

从表6.5的观测结果可以看出，三种生物治理措施的防风效果都十分显著，使30cm、100cm、200cm高度的风速，都在旷野风速的73.6%以下。而窄带多带式防沙林网的防风效果更为显著，分别为35.5%、54%、45.3%。

灌木片林和草本植被的面积大、覆盖率高，从而增加了地面粗糙度，使贴近地面的气流在植被区内外产生了一个乱流区，亦降低了风沙流能量。

二、固沙效益

策勒绿洲边缘防沙体系以防沙为主（毛东雷 等，2017），同时具有削弱风沙流强度、减少输沙量的作用（表6.6）。

从表6.6可以看出，防沙体系和灌草带均具有十分显著的阻沙作用。它们减少输沙量的幅度在90%以上。

表6.6　几种生物措施的固沙作用

高度（m）	不同生物措施条件下输沙量占对照的比例（%）					
	灌草带	人工灌木林	窄带多带式防沙林网			
			1带后	3带后	6带后	10带后
5	1.2018	35.1219	2.6506	3.5518	2.7036	0.2651
7	1.3082	38.9400	1.7712	1.0808	0.4953	0.9757
9	0.7818	42.0784	1.9939	1.2185	0.5908	7.0894
11	1.7931	38.7474	2.2140	1.2685	0.4382	4.5434
13	1.0048	38.3279	5.5796	5.5796	0.7466	11.1984
15	1.3393	28.1939	4.3599	4.3599	0.6839	2.6501
17	7.872	75.3043	7.9419	7.9419	0.2595	0.0519
19	2.8408	76.7045	11.7987	11.7987	0.3847	0.6412
21	3.1793	33.7348	9.2269	9.2269	0.4988	0.0831
23	5.4791	46.1917	7.2298	7.2298	0.2951	0.0783

6.5.2　改善当地农牧民生计

绿洲防沙体系治理效果对农牧民生计的改善主要表现在薪材、用材和饲草三个方面。

一、薪材

现有恢复的 1 万公顷自然植被中，有多枝柽柳 3333 公顷，平均每公顷产干柴 12 吨，总产柴量 4 万吨（轮伐期一般 5 年）；人工灌木薪炭林 200 公顷，每公顷产干柴 15 吨，折合总产柴量 0.3 万吨，以当地售价 150 元/吨计，两者合计 4.8 万吨，产值 645 万元。

二、用材

目前试验区有胡杨林 2666 公顷，实有株数 400 万棵，均可作小型建筑用材，以当地木材市场价格 5 元/株计，产值 2000 万元。其他杨树、柳树、沙枣等 90 万株，以每株平均价格 3 元计，产值 270 万元。两项合计为 2270 万元。

三、饲草

现有骆驼刺 3333 公顷，每公顷产干草 5.25 吨，总产 1.4 万吨，每吨价值 50 元，产值达 70 万元。其他杂草 667 公顷，平均每公顷产干草 4.5 吨，计 0.3 万吨，以 60 元/吨计算，产值 18 万元。二项合计产值 88 万元。以上各项合计总产值为 3003 万元。

在风沙灾害得到初步遏制后，治理区群众收入和生产水平都有很大提高。策勒乡 1987 年人均纯收入 315 元，比治理前的 1976 年增加 2.5 倍。粮食产量由 1976 年的 5060 吨增加到 1987 年的 12090 吨，提高了 1.4 倍。

6.5.3　提高当地社会、经济效益

综合防沙体系的建成和实践，证明在极端干旱的地区，采用正确的科学技术措施，可以遏制风沙灾害。策勒乡 18 个大队 38 个自然村农牧业稳定增

产，被流沙湮没的耕地失而复得，这些具有说服力，对促进塔克拉玛干沙漠南缘地区沙漠化治理、走脱贫致富之路，具有十分重大的意义。

经过几年的治理，治理区已从沙漠化土地中夺回 667 公顷耕地，其中 333.5 公顷已种植各种树木及苜蓿；200 公顷经过改良后已变成了粮棉基地，避免了"沙进人退"悲剧的重演。林网和植被大量枯枝落叶归土，增加了土壤的有机质，提高了土地肥力，同时防止了耕作土壤表面风蚀和肥力丧失等。因此，在综合治理开发中，取得了巨大的直接经济效益，大面积流沙治理从单纯的投入转向了产出，极大地提高了群众治沙的积极性，减轻了国家负担，为利用较少投资获得更大范围的效果，开辟了一条新路。在新疆及国内其他地区，都具有重大推广应用价值。

本项研究和治理实践解除了策勒县城面临被流沙吞没的威胁，使蔓延扩大的流沙后退 5km，保证了县城的安全和社会的稳定。试验区范围内已有防沙林 367 公顷，固沙薪炭林 200 公顷，以多枝柽柳为建群种的植被 3333 公顷，多年生草本骆驼刺 3333 公顷，次生胡杨林 2667 公顷，保留株数 400 万株，其他多年生草本 667 公顷。这些植物除具有防治沙害的主要功能外，本身也能够带来巨大的经济效益。

本章撰稿：曾凡江　朱玉荷

第 7 章

以莫索湾为代表的固定半固定沙漠绿洲治沙模式：干旱区近自然人工防沙植被建设

莫索湾绿洲长期面临着严重的沙漠化问题，沙漠不断侵蚀着绿洲的边缘地带，威胁着当地居民的生活和生态环境的稳定。然而，莫索湾人民通过一系列的创新性治沙措施，使莫索湾绿洲成功地进行了沙漠治理和生态修复。

首先，在沙丘活化防治方面，莫索湾地区引入了适应沙漠环境的植物物种，如胡杨树、白榆、沙枣等，并采取了定植、种植和搬迁措施，进一步完善农田防护林网，以恢复绿洲地区的植被覆盖。这些植被不仅能够抵挡风沙侵蚀，还能够改善土壤质地，增加土壤保水能力，从而有效减缓沙漠扩张的速度。其次，在恢复沙漠天然植被方面，莫索湾地区采用了严格封禁措施，在一定年限内禁止打柴、放牧和人畜践踏，这在一定程度上促进了植被生长和生态系统的恢复。此外，莫索湾地区还采取了人工植被措施，分别在弃耕地进行秋灌造林、丘间地和部分弃耕地进行集水造林以及利用沙丘湿沙层进行固沙造林，这些措施有效地保护了绿洲周围的土地和农田免受沙丘危害。

莫索湾地区对非常规水资源的有效利用，在一定程度上缓解了沙漠地区的水资源短缺问题。传统的地表水和地下水资源在沙漠地区通常稀缺且难以获取，莫索湾地区利用地形改造进行雨水收集和融雪水回用等方法来弥补水源不足。这将为沙漠地区植被自然恢复提供水资源供给，有效抑制沙丘活化扩张问题，减缓沙漠化过程，提高土地的质量和可持续利用能力。此外，沙漠地区往往面临贫困和资源匮乏的困境，限制了当地居民的生活和经济发展，非常规水资源的利用和沙丘治理还能促进沙漠地区的可持续发展。通过有效利用非常规水资源和治理活化沙丘，可以改善居民的生活水平，也有助于发展当地的农业和畜牧业，推动区域的经济繁荣。使用非常规水资源治理活化沙丘还有助于应对气候变化的挑战。莫索湾地区的沙漠绿洲治沙模式为国内外学术界提供了宝贵的经验和借鉴，对于沙漠治理和生态修复具有重要的参考价值。

7.1 莫索湾地区的考察

7.1.1 考察背景

古尔班通古特沙漠（也称"准噶尔盆地沙漠"）深居中亚腹地，位于新疆北部准噶尔盆地的中央，是中国境内受西风环流影响最为明显的沙漠，也是中国唯一以固定、半固定沙丘占绝对优势的沙漠（中国科学院新疆综合考察队，1978；丁国栋，2002）。该沙漠主要由东部霍景涅里辛沙漠、中部德佐索腾艾里松沙漠、西部索布古尔布格莱沙漠和三个泉子干谷以北的阔布北—阿克库姆沙漠4片沙漠组成（钟德才，1988）。根据1998年、2013年两期野外调查、遥感影像判读和制图综合分析，古尔班通古特沙漠面积分别为5.113万km² 和5.63万km²，两期统计面积均位列中国第二（钟德才，1988，1999；钱亦兵 等，2010；Lu et al., 2013）。

古尔班通古特沙漠是欧亚丝绸之路北疆段和天山北坡经济带北部的重要生态屏障，沙漠地下蕴藏着丰富的油气资源，为中国区域社会经济发展的战略能源基地之一。莫索湾沙漠是位于古尔班通古特沙漠西南缘玛纳斯县六户地镇内的一个沙漠，距玛纳斯县城45km。这里的地貌以树枝状沙垄和蜂窝状沙丘为主，呈西北—东南走向。沙丘一般高度为 10—20m。丘间洼地表层松软，覆盖着丰富的沙漠植被。植物以旱生、沙生灌木类为主，其中以白梭梭、梭梭、艾比湖沙拐枣为主要群种，天然植被率可达 25%（夏训诚 等，1991；潘伯荣 等，2001）。莫索湾垦区位于古尔班通古特沙漠西南缘，是新疆生产建设兵团第八师的四大垦区之一，也是新疆粮棉生产的一个重要基地。它深入沙漠约 60km，东西北三面为沙漠包围，20 世纪 50 年代以来，因无节制的樵采、过度放牧和大规模垦荒引发的沙漠化问题十分突出，导致局部沙丘活化、弃耕地就地起沙、流沙入侵绿洲，风沙给农业生产带来了极大危害。20 世纪 80 年代开始，中国科学院生物土壤沙漠研究所莫索湾沙漠研究站开始在垦区边缘开展治沙造林技术试验研究。

通过几十年的试验研究，依托秋季农闲水、地表径流、沙丘悬湿沙层水等三种非常规水资源，研究人员开发出秋季农闲水灌溉造林、集水造林及悬湿沙层水造林等无灌溉治沙造林技术模式，并在古尔班通古特沙漠南缘沙漠化土地治理中得到大规模推广，为北疆沙漠化防治和生态建设提供了重要的科技支撑。

7.1.2　考察过程

20 世纪 50 年代以来，中国研究者对古尔班通古特沙漠逐步开展了深入研究。1951 年，新疆石油管理局在准噶尔盆地进行了以寻找储油构造为主的地质勘探，同时对风沙地貌作了简要描述，随后开展的 1∶60000 航空测量为古尔班通古特沙漠地貌研究提供了有价值的资料（钱亦兵 等，2010；李志忠 等，2022）。1956—1959 年，中国科学院新疆综合考察队先后对准噶尔盆地和古尔班通古特沙漠进行了地貌和第四纪地质调查。1959 年，中国科学院治沙队组织综合考察，3 次纵穿古尔班通古特沙漠，随后以报告和论文的形式提出沙漠改造和利用的初步意见（中国科学院新疆综合考察队，1978），使人们第一次较完整地认识了古尔班通古特沙漠的自然环境、风成沙丘类型与分布格局以及主要沙丘类型的成因（吴正，1962；陈治平，1963）。1960 年，中国科学院在古尔班通古特沙漠西南部莫索湾地区建立莫索湾沙漠研究站，初期以研究沙漠自然演变趋势和沙漠化防治为主要方向；1979 年后，重点开展生物防沙措施研究；2007 年研究站成为国家荒漠—绿洲生态建设工程技术研究中心的科研基地；2013 年又加入中国荒漠—草地生态系统观测研究野外站联盟。在继续观测沙漠自然环境和风沙灾害状况的同时，莫索湾沙漠研究站将重点逐渐转移到研究沙漠与危害治理的技术和方法上（李志忠　等，2022）。

7.2　古尔班通古特沙漠的区域条件

7.2.1　自然条件

古尔班通古特沙漠位于新疆准噶尔盆地中央，玛纳斯河以东及乌伦古河以南，属温带荒漠区，地理位置为 44°11′N—46°20′N 和 84°31′E—90°00′E，面积 48800km²，海拔 450—600m（周宏飞　等，2013），其东西绵延约 412km，南北最宽处约 26km。面积仅次于塔克拉玛干沙漠，在全国八大沙漠中居第二位（陈昌笃　等，1983）。古尔班通古特沙漠因深处内陆，距离海洋 3000km 以上而成为世界上离海洋最远的大型内陆沙漠。古尔班通古特沙漠是中国最大的固定与半固定沙漠，固定沙丘主要分布在沙漠西部、南部边缘以及生态恢复的区域，植被覆盖度大于 30%；半固定沙丘植被覆盖度在 10%—30%，主要分布于沙漠腹地；流动沙丘植被覆盖度小于 10%，主要分布于沙漠的东部边缘，其沙漠内的半固定沙丘主要分布着白梭梭、蒿属等荒漠植被，固定沙垄沙丘上主要分布着白梭梭、蒿类、麻黄等植物，沙漠东缘的半流动沙丘上主要有沙拐枣丛和巨穗滨麦丛等。

由于古尔班通古特沙漠位于准噶尔盆地中部平原，整个地势愈向中部愈低，沙漠以北为剥蚀高原。沙漠中固定、半固定沙丘面积为整个沙漠面积的7%，是我国面积最大、固定状态最好的沙漠（王涛，2003）。古尔班通古特沙漠主要由两大地貌类型组成，即以沙垄为主的较高大沙丘地貌和以薄层砂砾质平原为主的低矮短垄以及新月形沙丘链地貌（丁国栋，2002）。前者分布在沙漠中、南部（乌尔禾、三个泉子以南），占沙漠地貌的80%以上，这一带的中段集中分布着各种沙垄（线状、树枝状、梁窝状、平行状和复合型沙垄），大致为南北走向，高度15—70m，长达10km，垄体宽20—1000m，垄间距150—1500m，西坡缓（10°—15°），东坡陡（20°—33°）。西段湖泊分布区与玛纳斯河流域沙漠地貌种类较多，其北乌尔禾区以风蚀地貌为主，如风蚀城堡、风蚀柱、风蚀蘑菇等，中间为较矮短的格状和复合型沙垄，走向由西北向东南弧转，这与沙漠南缘莫索湾—奇台地区的沙垄走向一致。南部绿洲间分布着流动的新月形沙丘和沙丘链，后者在沙漠北部和东北部也有分布，但因沙源不丰富，地面有砾石覆盖，抑制风场，难以形成高大沙丘（吴正，1987；丁国栋，2002；钱亦兵 等，2010）。

沙垄的形成除了与沙源丰富有关外，还受气流的影响。在奇台、大井一带进入的东风与精河一带形成的西风合力作用下，形成了近于南北走向的沙垄，而由西向东的沙垄是在沙漠主风向西北风和西南风合力作用下形成的（夏训诚 等，1991）。沙源主要由北部哈巴河、布尔津一带山麓风蚀屑及额尔齐斯河与乌伦古河河流的冲淤积细粒，经背风吹积于此；西部乌尔禾、克拉玛依一带剥蚀物经西风吹积于此；南部厚层构造沉积经洪水、河流及风力搬运于此（丁国栋，2002）。

古尔班通古特沙漠气候条件北部优于南部，西部优于东部。由于西部和西北部各山口进入的湿润西风为沙漠主要风系，使年降水量达 70—150mm，降水集中在春秋两季，由边缘向中心减少，由西和西北向东和东南减少（钱亦兵 等，2001）。稳定积雪日数一般在 100—160 天，最大积雪厚度可达 20cm 以上，年蒸发量一般在 1700—2200mm，为降水量的 10 倍以上，有些地方可达 20 倍，干燥度 2.0—10.0（丁国栋，2002）。准噶尔盆地气流循环从盆地西部和西北部山口进入盆地中部，向东南转入甘肃、内蒙古全境（盖世广 等，2008）。全年出现的大风多为西风系（西、西北与西南），集中出现在 4—8 月，9 月至次年 3 月多东北风，年均风速 1.4—2.7m/s，4—6 月风速最大，达 7—8 级。多年平均温度南部 5℃—7℃，北部 3℃—5℃，1 月平均气温 -10℃—20℃，7 月平均气温 23℃—28℃，极端最低气温可达 -40℃，最高气温可达 40℃，年较差 45℃左右，最大可达 80℃，日较差 15℃左右，年日照时数 2700—3100h（钱亦兵 等，2010；丁国栋，2002）。

古尔班通古特沙漠由于水分条件尚可，所以内部植被生长较好、植被资源较为丰富，是优良的冬季牧场。在固定沙丘上植被盖度可达 40%—50%，沙漠中部树枝状与梁窝状沙垄间连接处有白梭梭、沙拐枣、三芒草出现（中国科学院新疆综合考察队，1978；钱亦兵 等，2007a）。在沙垄西北、西南迎风缓坡上遍布白梭梭、沙拐枣、沙蒿与苦艾蒿，背风陡坡有东方虫实、黑色地衣并散生蛇麻黄、囊果苔草；沙漠北缘垄间距渐宽，白梭梭被沙拐枣取代，丘间出现针茅、沙葱，属蒙古荒漠草原群系；沙漠南缘丘间地遍布琵琶柴、红柳、梭梭、白沙蒿、白刺，局部有胡杨、驼绒藜、苦艾蒿、蛇麻黄等（钱亦兵 等，2002；钱亦兵 等，2007b；杨怡 等，2019）。

莫索湾位于新疆天山以北，古尔班通古特沙漠南缘，现属于玛纳斯河流域，地理坐标 86°E—86°30′E，44°45′N—45°15′N。整个莫索湾地区的地势都很平坦，地形东南较高，西北较低，海拔约 300—380m。在第四纪沉积过程中，莫索湾由于距离大山山脉较近，形成了以湖相沉积为主的冲积湖积内陆堆积平原。当天山积底上升、玛纳斯河改道后，莫索湾仍然受三工河、呼图壁河、塔西河等水系的侵蚀、堆积、改造，所以在莫索湾平坦的地表上分布着一些古河道、干河床、古冲沟的微地貌。除水流侵蚀的作用外，风力侵蚀也存在（吴正，2009）。

莫索湾垦区光热条件较好，全年总辐射量为 126.681 千卡/m²，高于长江中下游平原和西南地区及同纬度的其他地区，这样的光热条件有利于棉花、玉米、大豆等喜温农作物的生长。莫索湾年平均气温 6℃，四季分明，但气温年较差和日较差比较大。平均年降水量 117.2mm，年均蒸发量 1946.5mm，蒸发量约为降水量的 16 倍，降水条件无法满足农作物的生长需求，因此在莫索湾地区进行粮食生产需要人工灌溉。莫索湾地区的地表水主要来自玛纳斯河，玛纳斯河水通过大海子水库和夹河子水库，然后经由莫索湾总干渠引入莫索湾，年引入量约为 $2.3 \times 10^8 m^3$（夏训诚 等，1991；丁国栋，2002）。

7.2.2　人文条件

莫索湾垦区可耕地面积 50922 公顷，垦区人口 9.02 万人。莫索湾总干渠担负着约 100 万亩土地的农业灌溉引水任务，是石河子垦区三大灌区之一。

莫索湾垦区的经济产业主要由以棉花、小麦、玉米、瓜果蔬菜、苜蓿饲草为主的种植业，以奶牛、猪、羊、家禽为主的养殖业，以农产品加工、农机具制造、造纸、塑料制品、建筑安装、交通运输、商贸为主的工商业和以教育、医疗卫生、广播电视、物业管理为中心的社会服务业等构成。

7.2.3 沙害成因

一、沙害成因

由于自然因素和人为因素的影响，古尔班通古特沙漠天然植被遭到了不同程度的破坏，覆盖度明显降低，沙丘活化现象普遍。尤其是东起木垒、西至奎屯，横穿 20 多个县、团场，绵延近 500km 的沙漠南缘地带，沙丘活化更加剧烈，许多地方出现了流沙带，侵入绿洲、危害农田、阻塞交通，已经成为一个不可忽视的环境问题。

就古尔班通古特沙漠南缘沙丘活化的程度和普遍性而言，它是由东向西渐次递增的，大致以米泉为界。米泉以东沙漠边缘年降水量150mm左右，沙丘水分较为充沛，植被有较好发育，植被受破坏后自身恢复能力也较强，且附近草场资源相当丰富，沙漠植被破坏较轻，因此沙丘活化不十分强烈。而米泉以西沙漠边缘年降水量110—130mm，沙丘水分条件较差，沙丘植被发育及自身恢复更新能力较弱，沙漠天然植被被破坏后，沙丘活化强烈，沙害十分明显。位于古尔班通古特沙漠西南边缘的莫索湾垦区外围绿洲的沙丘普遍活化，绿洲内部的灾害性天气增多，加剧了风沙对垦区内农业生产的危害。

二、风沙地貌特征

古尔班通古特沙漠常见的沙丘形态有新月形沙丘及新月形沙丘链、星状沙丘、横向沙垄和蛇形沙垄、抛物线形沙丘、树枝状沙垄、线性沙垄、格状沙丘、新月形—格状沙丘、蜂窝状沙丘、复合蜂窝状沙丘（中国科学院新疆综合考察队，1978；朱震达 等，1980；吴正，2003）。

（1）沙丘形态特征

①新月形沙丘及新月形沙丘链

新月形沙丘及新月形沙丘链是古尔班通古特沙漠流动沙丘的主要贡献者，

因其底面形状具有新月或者连续新月的外形而得名。沙丘的两侧有顺主风向延伸的两个角状翼，在单一风向或两个相反条件下的反方向的风作用下形成（刘铮瑶，2020）。

②星状沙丘

星状沙丘是古尔班通古特沙漠少数高大沙丘类型之一，又名金字塔沙丘。因其底面形状具有多角的星状外形而得名，这种沙丘通常具有一个中央高峰顶和三个或以上的辐射状延伸臂翼，同时存在多个落沙坡面，在多个相似风力复杂风况作用下形成（李志中，1996）。当其刚好出现三个延伸臂翼和落沙坡时与埃及金字塔极其相似。星状沙丘常出现在邻近山岭的迎风地带，其形态空间对称，属于流动沙丘中的对称沙丘（中国科学院新疆综合考察队，1978；朱震达 等，1980；王雪芹 等，2003）。

③横向沙垄和蛇形沙垄

横向沙垄和蛇形沙垄是古尔班通古特沙漠中比较特殊的沙垄类型。横向沙垄整体看似呈南北纵向分布，但是由单向西北盛行风塑造而成的，其走向在180°—200°之间，西侧坡缓而长，东侧坡陡。类似传统定义上的横向沙丘，但是在长直沙脊部分上每隔约500—800m处出现一个小型的新月形丘体，高度为5—10m，沙脊整体走向与风向相近，并导致沙垄呈现一个小弧度，类似新月形沙丘（垄）。横向沙垄在沙漠上向东逐渐过渡，由西北风和北西北风共同作用，主体走向在100°—150°之间，沙垄出现弧度的距离变短，频率增多，弧度增大，如同蛇形蜿蜒，故取名为蛇形沙垄（刘铮瑶，2020）。

④抛物线形沙丘

抛物线形沙丘是沙丘形态通常酷似U字形或V字形的固定、半固定沙丘，也是古尔班通古特沙漠之前未被注意到的沙丘类型之一（闫娜等，2010）。抛物线形沙丘多发源于沙源匮乏而植被生长较好的单风向主导地区，在沙丘中部受垂向风作用形成风蚀坑缓慢向下风向移动，且在背风坡面上形成了一个沙包，而沙丘的两个丘臂生长植被并被植被固定，以至于整个沙丘相对稳定。虽有研究表明抛物线形沙丘次一级移动是往两侧延伸，但是沉积构造的许多特征表明与一个主导风向下所形成的各种沙丘是相同的，故属于横向沙丘类型（马倩 等，2014）。

⑤树枝状沙垄

树枝状沙垄是古尔班通古特沙漠固定、半固定沙丘的主要贡献者之一，占沙漠面积的 16.45%，也是最典型的沙丘类型，在我国其他沙漠中鲜有报道（刘铮瑶，2020）。树枝状沙垄因其形状具有树枝状分叉而得名，受窄双峰风况作用，主干走向大致平行于主风向，次级风向导致枝杈产生并交汇于主干，属于复杂的纵向沙丘（中国科学院新疆综合考察队，1978；刘铮瑶，2020）。

⑥线形沙垄

线形沙垄介于树枝状沙垄和直线型沙丘之间，在较为笔直的主体线形沙垄上相隔较远距离有时出现一条副梁与其交汇，形态类似于字母 Y，故归为 Y型线形沙垄（程维明 等，2018）。根据间距形态不同，分为疏型线形沙垄和密型线形沙垄，后者分布更为广泛。疏型线形沙垄受地形影响和西北风及西南风共同锐双峰风况作用，沙丘走向与合力作用一致，走向为西北西—东南东，在110°—128° 之间。密型线形沙垄由于受区域风向变化的影响，排列方向与北部疏型线形沙垄存在明显差异，沙垄长度较为分散，主体以 10—12km 为主，沙垄排列与沙漠延伸方向一致，主干走向由西向东，呈 120° 左右（刘铮瑶，2020）。

⑦格状沙丘（垄）

格状沙丘是古尔班通古特沙漠中分布比较散的固定、半固定对称沙丘，面积为 1700.96km²。因其形态中间低，四周高，地面形状为方格（不规则的正方或长方）而得名，可以看作是蜂窝状沙丘中形态规整的分类（王雪芹 等，2003）。格状沙丘所受风况无主风向，在均匀风力的多风向风交替作用下导致沙丘各翼受到的风速、沙源相似，梁部发育较为整齐并在相似间距相连形成。

⑧新月形—格状沙丘

新月形—格状沙丘是古尔班通古特沙漠中格状沙丘中特殊形态的固定、半固定对称沙丘。形态上除了有覆盖植被的方格状风蚀低洼地的共同特征，还有受到一个方向上明显强势的风力作用而形成的四侧丘梁不对称，且同一方向上的两个沙梁出现新月形沙丘的新月形—格状特征地貌（中国科学院新疆综合考察队，1978；朱震达 等，1980；王雪芹 等，2003）。

⑨蜂窝状沙丘

蜂窝状沙丘是古尔班通古特沙漠中另一特色的沙丘，也是分布面积庞大的固定、半固定对称沙丘。由于外形如同蜂类窝巢一样，中间凹陷，边缘有凸起的典型不规则圆窝底面（弯曲边缘的正圆，椭圆等）形状，从而得名（吴正，1962；中国科学院新疆综合考察队，1978；朱震达 等，1980）。

⑩复合蜂窝状沙丘

复合蜂窝状沙丘主要为蜂窝状沙丘和线形沙丘共生出现（吴正，1962；朱震达 等，1980）。从整体风况来看，古尔班通古特沙漠的复合蜂窝状沙丘受到西北风主控，且部分风力受到山体阻挡转向为西南风，但在线形沙丘上可以看到明显 S 形，即两侧都出现迎风坡和背风坡，表明还有东北风的作用。在沙源不充足的南缘，受地形影响蜂窝状沙丘链耸立在两片低矮的线形沙丘中，特殊的十字交叉排列使得两类沙丘形成复合蜂窝状沙丘（刘铮瑶，2020）。

（2）沙丘分布格局

古尔班通古特沙漠各类型沙丘的分布和形态差异受到风况动能的作用显著，沙漠风能动力在横跨近 7 个经度的大范围尺度上时空格局变化明显，从西部和西北部谷底进入的干旱气流到沙漠中逐渐转为北北西风和北风，沙丘基本上呈现南北走向，出现典型的树枝状沙丘，在中部盆地中心汇聚大量沙源，并和交汇的北风及西风形成蜂窝沙丘、沙垄—蜂窝状沙丘等大面积类型沙丘，到沙漠东南部开口处风向转为西风向东部流出，沙源减少，沙丘逐渐转向，呈西北—东南走向的直线型沙垄和新月形沙丘等（吴正，1962；中国科学院新疆综合考察队，1978；程维明 等，2018）。沙丘类型丰富多样，但是由于以固定、半固定为主，类型多为简单沙丘，不像天山以南塔克拉玛干沙漠以复杂型沙丘居多，也不同于西部祁连山以北巴丹吉林沙漠的高大沙丘，而是形成了独有的大面积树枝状沙丘和蜂窝状沙丘地貌（朱震达 等，1980；吴正，2003；郭洪旭 等，2011）。

（3）沙丘发育模式

古尔班通古特沙漠以固定、半固定沙丘为主，同时有部分流动沙丘，总体上看沙丘类型是复杂多样的。其中线形沙丘是最主要的沙丘形态，占固定、半固定沙丘面积的80%以上（丁国栋，2002）。沙垄的走向受到风向的影响，在沙漠北部和中部近于南北方向（偏西），而在东北部有北偏东走向，呈曲线形条带状分布；到沙漠西部和南部则呈西北西—东南东走向，甚至近乎东西向排列，断续分布。有学者研究发现，从西部和西北部进入的大风到盆地中逐渐转为北北西风和北风，沙丘呈南北走向，东部气流为北西西向，沙丘走向转为西北—东南向，在双向风作用下，有吹扬风沙沿着合成风向堆积风沙形成纵向沙垄（吴正，2003；郭洪旭 等，2011）。还有学者认为，区域纵向沙垄是由垄状沙链演变而来，垄状沙链又是在灌丛沙丘的基础上发展起来的。在沙漠中南部发育了复合型沙垄，在近于南北走向的蜂窝状沙丘组成的沙垄两侧分布着一系列与主沙垄几乎垂直的次一级的低矮沙垄（中国科学院新疆综合考察队，1978）。沙漠南部纵向沙垄的沉积构造总体表现为垂向加积的增长模式。在沙漠东南部采用探地雷达探测分析了纵向沙垄的沉积构造后发现，沉积构造总体表现为垂向加积的增长模式（Li et al.，2011）。但是由于这项研究是以两坡大致对称的纵向沙垄为研究材料，因此难以反映沙漠西部和南部常见的两坡不对称的纵向沙垄发育模式。

除纵向沙垄外，在沙漠西南部的莫索湾地区和玛纳斯河流域发育有梁窝状沙丘，沙丘高度 10—30m（程维明 等，2018）。沙漠中南部则发育有较高大的半固定沙垄—蜂窝状沙丘和蜂窝状沙丘，以及特殊类型的复合型沙垄，近似于"山"形分布（陈治平，1963）。其中梁窝状沙丘是由密集的新月形沙丘或沙丘链被植被固定或半固定而形成，沙垄—蜂窝状沙丘为格状沙丘的固定、半固定形态，由纵横交错的沙丘组成，平面形态呈格网状。蜂窝状沙丘缺乏固定方向的沙梁，为中间低而四周以无一定方向的沙梁所组成的圆形或椭圆形的沙窝地形。复合型沙垄的形态特征是，在高大的近于南北走向的、由蜂窝状沙丘组成的沙垄两侧分布，具有主沙垄最典型特征并呈现不同的复杂程度（吴正，1962；中国科学院新疆综合考察队，1978；朱震达 等，1980；高冲 等，2022；李志忠 等，2022）。这些沙丘或沙垄的高度多为 30—50m，甚至超过 70m。

二、风沙活动特征

（1）风动力条件

莫索湾地区大风主要出现在夏季各月，其次是春季，秋季较少，冬季没有出现过大风。其中 4—7 月莫索湾大风出现次数较多，尤其是 5 月、6 月的大风次数为全年最多，4 月次之。7 月份以后大风出现次数明显下降，11 月到次年 3 月没有出现过大风。春夏季大风发生频率高，除了与该地区一年之中以春季风速为最大有关系外，还与该地春夏季天气过程频繁有关。莫索湾地区的大风风向主要有六个方位，以西北风居多，占据总数的 33%，其次是北西北和西西南，各占总数的 20%，出现西风的频率居第三位，之后是西北风和南风（王雪芹 等，2003）。

（2）输沙特征

地表风的输沙能力是塑造地球表面形貌格局形成与演化的主要驱动力，地表输沙强度与风速及其风向并非呈简单的线性关系（丁国栋，2002）。因此，为了评价风沙地貌及其各类型沙丘形态的发育与风况的关系，使用地表风的输沙势（DP）代表潜在的最大输沙量，通过矢量单位（VU）计算。李红军等（2004）通过分析周边气象台站 1961—2001 年风况资料发现，古尔班通古特沙漠合成输沙势（RDP）的四季和年变化趋于波动减小，方向变率指数（RDP/DP）东部较大，中部、天山中部和北麓平原一带为 0.6—0.7，西部、西北部有两个低值中心，东北部为 0.7—0.8，方向以偏东南、东居多。郭洪旭等（2011）通过对沙漠腹地 2 个气象站 2003—2006 年风况资料分析表明，盆地北部和西部站点输沙势高达 500—900VU，沙漠中部 20—30VU。而王雪芹等（2004）指出准噶尔盆地南部的莫索湾各地区低至 5—7VU，从盆地北部、西北部和西部，向沙漠中部和南部边缘，区域风能类型由高能风况过渡为低能风况。古尔班通古特沙漠南部地区起沙风频率为 0.11%，以西北风和西南风为主。南部地区总 DP 为 29.8VU，RDP 为 16.3VU，合成输沙方向（RDD）为 108.4°，方向变率指数为 0.65（郭洪旭 等，2011）。

7.3 莫索湾地区沙丘活化及其沙化土地治理

莫索湾地区农田与沙漠呈片状交替分布，频繁的大风、干旱的气候、稀少而年变化率大的降水、自然恢复更新能力低的沙漠天然植被，这些构成了沙丘活化的自然因素。但沙丘活化的发生和发展，主要是由人为因素引起的（黄丕振，1987；夏训诚 等，1991；钱亦兵 等，2001）。

7.3.1　沙丘活化及其危害

一、沙丘活化的原因

莫索湾地区开垦前，沙丘活化现象已然存在，但活化趋势并不明显。自开垦后，由于人为因素的剧烈扰动，导致沙丘活化土地迅速扩张。原因如下：

（1）无节制的樵采

莫索湾垦区自 1958 年开始建设，积极垦荒种地。随着人口的增加，冬季取暖和生产生活的燃料成了亟待解决的问题。虽然兵团当时已经意识到了随意砍伐梭梭树将引起生态问题，但燃料紧缺，且价格较贵，沙漠旁的梭梭树自然成了燃料替代品。梭梭自然更新能力较弱，一旦大面积人工砍伐，自然更新速率无法跟上人为破坏的速率，自然植被覆盖度将大幅降低。

（2）过度放牧

莫索湾地区以农牧业发展为主，天然牧场匮乏，人工饲料地在种植面积中比例较小，主要靠作物秸秆养畜。然而作物秸秆有限，仅够牲畜食用半年，冬季及开春，牧民只得在农田四周及沙漠里四处转场放牧，沙漠里植物以短命植物为主，对牲畜来说适口性尚好，然而因饲料紧张，在荒漠放牧往往是过度的，导致牲畜啃噬强度过大，同时在开春时的过度放牧导致对梭梭苗及短命植物的自然更新形成了断代的破坏性放牧，导致放牧区周边总是出现成片流沙，并逐步入侵绿洲。

（3）垦荒缺乏计划

莫索湾地区最初发扬"南泥湾精神"，进行大面积垦荒，移除大面积的梭梭、柽柳，开荒种地，然而无计划的开荒导致水资源紧张，许多开垦荒地由于后期水源不足导致被迫弃耕，弃耕地由于无植被覆盖，导致沙丘活化、就地起沙，荒漠化加剧。

（4）油气资源勘探

在油气资源勘探开发中，车辆对沙漠植被的碾轧不仅毁坏了原有的植被，同时也破坏地表结构，造成植被生存困难。油气勘探车辆碾压还破坏了古尔班通古特沙漠特有的地表生物结皮，直接导致沙面活化现象加重。

二、沙丘活化的特征

莫索湾地区在开垦以前，由于人迹罕至、无人为干预，沙漠植被发育较好，沙丘处于固定和半固定状态，没有流沙。自1958年开垦以来，现已建立起总面积为4.7万公顷的新绿洲，成为新疆粮棉生产的一个重要基地。与此同时，莫索湾绿洲外围的生态环境也发生了巨大变化，绿洲外围沙丘的普遍活化。在绿洲外围已经出现了一条宽10—20km，长约80km的沙丘活化带。整个绿洲除南部外，已处在这条沙丘活化带的包围之中（夏训诚 等，1991）。

莫索湾地区的活化沙丘按其活化前状况及活化程度，大致可划分为4种类型，即固定—活化型、半固定—活化型、半流动型和流动型。固定—活化型沙丘是原系固定沙丘，本来植物发育较好，除多枝柽柳、细穗柽柳、梭梭柴等灌木外，还有草本植物如猪毛菜，总覆盖度30%—50%，沙丘固定程度好。后因柽柳等灌木被砍伐，草本植物发育不良，沙丘表面开始风蚀。由于沙物质颗粒较细，一旦失去植被庇护，风蚀相当活跃，有时沙丘上部风蚀量超过半流动沙丘。

半固定—活化型沙丘由半固定沙丘演变而来。沙丘上植被原以白梭梭为主，另有短命及类短命草本植物，覆盖度20%—25%。后因人为破坏，植被更新不良，覆盖度降至10%—15%，沙丘迎风坡风蚀日趋加剧，常见白梭梭植株根系外露，有倒伏的活株（张世军，2010）。沙丘上植被组成也有明显变化，艾比湖沙拐枣、羽毛三芒草发育并代替了白梭梭。

半流动型沙丘由前两类沙丘进一步演化而形成。沙丘上旱生灌木植株极少，零星分布的植株也生长不良，有为数不多但生长茂盛的羽毛三芒草草丛，覆盖度约 5%。其迎风坡下、中、上部均有强烈风蚀，背风坡堆积加剧，整个沙丘明显前移。

流动型沙丘一部分由半流动沙丘进一步演化而成，另一部分则由外来流沙堆积而成。沙丘上植被极少，基本裸露。其流动性颇大，尤其是那些低矮的新月形沙丘，移动速度相当惊人。

莫索湾地区沙丘活化的一般规律是从绿洲边缘向外逐渐减弱，通常在 3—5km 以内活化强烈，向外则逐渐减轻。

三、沙丘活化的危害

沙丘活化是沙漠环境的退化，若任其发展，会使古尔班通古特沙漠这个固定、半固定沙漠全面退化成流动性沙漠，这将会恶化准噶尔盆地整个生态环境，给人类带来巨大的灾难。沙丘的普遍活化，目前已给国民经济带来了许多方面的危害，包括流沙侵入绿洲、掩埋房屋、导致附近绿洲的灾害性天气增多及沙漠生产力降低等（夏训诚 等，1991）。流沙对交通线会造成危害，如距石莫公路 60km 附近，西侧大片流动沙丘已经逼近路基，路面开始有积沙。莫索湾—夏子街盐场公路经过流沙带的路线，也存在严重的道路积沙问题。大面积的沙丘活化，使得绿洲内部的灾害性天气增多，从而加剧了风沙对农业的危害。沙丘活化不仅给附近农田、交通干线带来灾害，而且使沙漠本身的生产能力下降。

众所周知，古尔班通古特沙漠自古以来就是养羊业的"冬窝子"，是重要的冬春放牧场。冬季沙漠内较温暖，固定和半固定沙丘沙地上又有枯枝落叶及干草，春季沙漠温度回升快，早春的短命及类短命植物发育良好，可作为冬季放牧及早春接羔的场所。但当沙丘普遍活化以后，其鲜草及干草产量均急剧下降，若继续放牧，既没有多大的价值，也加剧了沙丘活化。

固定、半固定沙丘上的梭梭林是周边居民的优良薪材，它具有一定的再生能力，适度樵采可以解决沙漠边缘地区居民的生活能源问题。沙丘活化后，这些天然薪炭林生长量将迅速降低，不能再利用了。

7.3.2　活化沙丘的防治措施

一、保护和恢复沙漠天然植被

由于莫索湾地区有 100mm 的年降水量以及 10—20cm 深度的冬季降雪，被破坏的沙漠天然植被具有一定的自我恢复能力，可以通过封沙育林的途径使这些天然植被得到恢复更新，从而使沙丘活化发生逆转。这是一条既经济又便于大面积推广的途径。但这种措施必须具备以下几个基本条件：第一，沙丘植被的毁坏程度较轻，其覆盖度仍保持在 10% 以上，沙丘表面蚀积状况不太活跃，仍属于固定—活化型或者半固定—活化型沙丘。那些流动及半流动沙丘因生境已极为恶化，在较短时间内是不能自然恢复的。第二，沙丘上有植被建群种——白梭梭或白梭梭的种源，即保存有一定量的母树，在近期内可大量结实，种子能有效地散布在有待恢复植被的沙丘沙地上（陈昌笃 等，1983；张涛 等，2006）。

封沙育林育草是自然恢复沙漠天然植被的途径，即在要恢复的区域实行严格封禁，在一定年限内禁止打柴、放牧和人畜践踏，待植被得到初步恢复后才允许有节制的开放。

莫索湾地区对其西缘沙丘实行封禁保护的具体做法是：第一，成立荒漠植被保护站，其任务是保护、发展和经营封禁范围内的所有沙漠植被，指派护漠员负责各自封禁地段的护漠工作。第二，划定保护区范围。绿洲边缘向外延伸 3km 列为重点保护区，在植被恢复前严禁樵采和放牧。第三，按照国家森林法并根据当地具体情况，制定奖惩条款。

二、建立绿洲外围人工防沙植被

那些天然植被遭到严重破坏的地段，成为流动、半流动沙丘沙地，生境已严重恶化，靠单纯的封禁保护措施来恢复植被已经无望，应在封禁保护条件下采取一些人工恢复的措施。在一些重要地段，例如交通要道及居民区附近，虽然天然植被破坏没有十分严重，但为了促进沙丘固定，早日消除沙害，也可考虑采取人工措施，建立人工植被（夏训诚 等，1991）。

中国科学院新疆生态与地理研究所莫索湾沙漠研究站曾就这个地区沙漠边缘建立人工植被问题进行了比较系统的试验研究，提出了适用于不同立地条件的三项技术措施：

（1）利用弃耕地进行秋灌溉造林。大部分弃耕地位于沙漠边缘，远离水源，利用渠系灌溉较为费水，但大多都经过土地平整，有现成渠系可供利用，稍作休整，即可灌溉。当时农业种植水资源紧张，在弃耕地进行常规造林，每年进行多次灌溉，农业用水尚不足，灌溉问题无法解决，而每年秋季在农忙季过后，尚有部分未利用的灌溉农闲水可进行利用，此时将部分农闲水引入沙漠周边弃耕地进行灌溉造林是可行的。由于秋灌造林地土壤水分状况得到了根本改善，旱生灌木梭梭、沙拐枣等在造林当年保存率常在95%以上；对比未进行秋灌的造林地，其保存率往往受当年降水的限制，平均仅60%。因此秋灌造林因其保存率高、生长迅速、成林早等优点，很快便能发挥防护效益。

（2）丘间地形平整区（龟裂性灰漠土）进行集水造林。沙漠边缘丘间分布很多平整地段，土壤类型主要为龟裂性灰漠土，分布面积大小不一，几十亩至上百亩不等。光裸的龟裂性灰漠土上仅少量分布琵琶柴、假木贼等矮小植物，土壤黏重且略呈碱性。莫索湾沙漠研究站实测表明2—3mm降水就可产生径流，然而沙漠地区的降水量小且分散，夏季蒸发量大，能保存进入土壤的水量较小，很难为植物利用。集水造林方法即采用适当的集水方法使这些小而分散的降水能集中在局部区域使用（肖笃志，胡玉昆，1989）。

（3）丘间地形不平整区（灰漠土）进行蓄水沟造林。蓄水沟造林也是集水造林方式之一，仅在微地形改造上有所区别。其主要利用有自然坡降的地段，如在沙丘中上部，或地形有明显起伏地段，利用自然坡降开沟收集降水。该方法在不平整地段，借助地势，避免进行大规模地形改造，又有效利用了自然地形提高了造林保存率。据造林档案显示，蓄水沟造林（无灌溉）当年的保存率达59%。

研究人员针对不同造林技术问题采取了不同措施，巧妙利用了地形改造，借助农闲水或自然降水，在当地取得了造林成功，为区域荒漠化防治做出了较大的贡献，且直至今日，当初的造林在不断维持基础上仍然在持续发挥防风固沙的功效。

三、建设和完善农田防护林网（带）

在莫索湾垦区，绿洲内部的农田林网化在20世纪80年代末已基本上达到新疆维吾尔自治区所颁布的标准，即林网化完整率达到85%。其中尚有15%的条田林网还不完整，即条田的一边或两边还没有林带。这些不完整的林网常位于沙漠边缘，而且常常是靠近沙漠一边缺乏林带，因为那些地方生境条件差，灌水不便常被忽视（林宝善，1965；黄培祐，1989）。

如上所述，莫索湾地区农田与沙漠呈片状交替分布。绿洲内部又有片状及零星的沙丘。因此，农田林网的完善、防沙林带的正规营造，不仅能发挥防风防沙、改善农田小气候的显著效益，而且对防止绿洲内沙丘活化以及外围流沙的入侵也将起着积极的作用。

在莫索湾地区营造农田防沙林带的主要挑战是沙埋。在西北边缘营造的大型防沙林带丰收林宽20m，长3.8km，与1975年的胡杨、白榆和沙枣行间混交种植。该林带由于得到过常规灌溉，生长良好，在防风固沙方面发挥了积极作用。但10年树龄以后，由于林带迎风面风沙流强度较大，林前沿植被稀疏，而流沙大量涌入林带，东北端约 2km 长林带因积沙无法灌水，林木相继枯死（曹尤淞 等，2020；尚白军 等，2021）。

莫索湾垦区不是大风特别多的地区，造林时没有必要营造多带式的或宽度达到 50—100m 的防沙林带，但防沙林必须和林前固沙林相结合。在流沙带边缘及存在强度风沙流的地段上营造农田防沙林带，必须事前或同时采取固沙措施，营造固沙林，把绝大部分流沙挡在防沙林带的迎风侧。否则，营造的防沙林带是不会成功的，也达不到防止流沙侵入绿洲与危害农田的目的。因为防沙林带常以中生乔木树种为主，这些树种在干旱地区造林需要灌溉，而当林带大量积沙以后无法再灌溉，林木只有枯死。

7.4 莫索湾绿洲风沙治理的科学性

7.4.1 治沙的科学性

20 世纪 80 年代始，中国科学院生物土壤沙漠研究所莫索湾沙漠研究站开始在垦区边缘开展绿洲风沙治理技术试验研究。通过三十多年的试验研究，依托秋季农闲水、地表径流、沙丘悬湿沙层水等三种非常规水资源，开发出秋季农闲水灌溉造林、集水造林及悬湿沙层水造林等无灌溉治沙造林技术体系，并在古尔班通古特沙漠南缘沙漠化土地治理中大规模推广，为北疆沙漠化防治和生态建设提供了重要的科技支撑。

一、秋灌造林

（1）技术背景：沙漠边缘耕地因沙漠化和渠水供应困难而弃耕，沙化严重，急需快速恢复植被。秋季农闲时期，有少量农闲水可用于生态建设，只要对渠系和田块稍作休整，即可人工种植荒漠植物。

（2）技术参数：造林前一年平畦整地，秋季（10月份）利用原有沟渠浇灌弃耕地，灌溉量为每亩80m³。第二年春季（3月份）栽植梭梭当年实生苗，株行距为2m×2m，每亩用苗量166株。种植后三年内，秋季（10月）畦灌一次，灌溉量仍为每亩80m³，春夏两季不用灌溉；平时加强锄草管护，每年需锄草3次。

（3）造林效果：据造林第三年9月份的调查显示，梭梭造林保存率达到95%，平均株高2.5m，平均冠幅1.6m×1.8m，平均林地植被盖度56%，单株地上生物量9.55 kg，折合每亩生物量约1.6吨。1986年，造林成本约8.69元/亩，每年每亩管护及抚育成本为0.01元。2021年，该造林区梭梭林龄已达37年，造林保存率74.8%，株高平均2.02m，平均冠幅1.5m×1.7m，但受区域农业井水灌溉影响，地下水位下降明显，梭梭呈明显的衰退迹象，枯枝率达41.15%。

（4）应用状况：弃耕地连灌3年，较好地改善了土壤水分状况，梭梭可以迅速生长，3年即可成林，具有较高的生态效益。该技术后在多个团场相继推广，生态防护效果显著。

图7.2　秋灌造林试验示范地（左：1987年，右：2017年）

二、集水造林

（1）技术背景：据观测，20 世纪 80 年代莫索湾地区降水量约 110—120mm。在表面光滑、土质黏重的龟裂性灰漠土地块，降水 3mm 以上时，就会形成地表小股径流。这些径流小而分散，无法直接用于造林，但通过人工进行微地形整理，将小股径流汇聚起来，可以种植少量耐旱植物。

（2）技术参数：集水造林原理是将较大面积上的降水集中到小面积上使用。1983 年，研究人员进行微地形整理（图 7.3），5.5m 沟距，垄沟最深处 20—30cm，两侧坡面坡度 5°—7°，垄沟内间隔 4m 打一横埝；1984 年春季，研究人员每个横埝内种植 1 株梭梭。集水面积和地面坡度可以人为控制，径流系数大，水分利用率高；对土质要求不严，除了流沙地外的龟裂土、龟裂性灰漠土、沙质碱土等均可利用，暂无水可利用的弃耕地也可。集水造林是莫索湾地区造林应用最广和效果最好的一种造林模式。

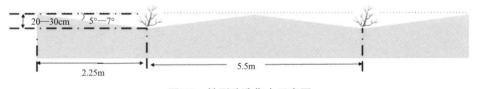

图7.3　地形改造集水示意图

（3）造林效果：在沙丘间平地进行集水造林试验。1984—1986 年中 13 次径流观测结果表明，在 22m² 的集水区，所截留降水约为 2.5mm，获得径流量 702kg，径流系数为 43.5%。按此径流系数计算，丰水年可集水 1354kg，中水年 850kg，而少水年也有 450kg。对单株梭梭而言，这样的径流水补给是非常可观的。集水区造林当年，梭梭平均株高可达 84.2cm，第二年株高达 100.9cm；3 年后统计结果显示，林木保存率在 80% 以上。2022 年，林分调查显示，在垄沟里有很多长大的梭梭，外貌上与当初种植的梭梭已无法区分。当年梭梭种植密度为 30 株/亩，而 37 年后，梭梭密度增加到了 43 株/亩，证明这一种植模式不仅能有效保存种植植物，还使林地具有自我更新的能力。

（4）应用情况：集水造林即利用降水和冬季降雪，有效补充梭梭所需生态水，前3年由于不如秋灌造林灌溉水多，加之龟裂性灰漠土黏重、渗水慢等特性导致很多径流水蒸发较多，苗木由于有效水补给相对少而生长缓慢。但从长远来看，37年后该模式种植的梭梭长势较秋灌造林要好。

图7.4　集水造林试验示范地（左：1984年，右：2016年）

三、悬湿沙层造林

（1）技术背景：古尔班通古特沙漠冬季有稳定积雪，春季沙土表层会形成稳定的悬湿沙层。据1982—1986年研究结果显示，20—50m高沙丘迎风坡中上部，湿沙层埋藏深达地下8m左右，整个湿沙层平均含水量2.82%。沙丘悬湿沙层为固沙造林提供了重要水源。

（2）技术参数：据测定，3月中下旬该区湿润沙土的含水率可达4%—9%，而在苗木生根发芽期，根系深度内湿沙含水率仍保持在4%以上。3月中下旬种植梭梭和沙拐枣一年生实生苗，一般年份的保存率在80%以上，最干旱年份（如1983年）也能达60%以上。种植时需注意：种植时沙丘表面有干沙层，要将干沙层拨开，露出湿沙层，将苗木根系完全种植在湿沙层中，再用湿沙将种植坑表面盖严、踩实。造林以稀植为宜，可采用4m行距、2m株距。

（3）造林效果：1983年（降水干旱年）造林保存率在60%以上，之后的年份造林均在80%以上。2020年调查显示，该片林木仍有50%以上保存率。20世纪80年代，该模式在莫索湾垦区一五零团先后推广种植500亩，之后陆续在多个团场进行了大面积推广应用。

图7.5　沙丘悬湿沙层造林试验示范地（左：1987年，右：2016年）

莫索湾无灌溉造林治沙模式，适用于典型温带荒漠气候区，年降水量在100mm以上的干旱、半干旱区，且冬季有稳定积雪的地方，海拔约在3000m以下，土壤可为风沙土、灰漠土、灰棕漠土等，为梭梭、沙拐枣等优势的荒漠植被天然分布区。符合上述条件的地区，均可进行推广应用。

7.4.2　治沙模式的演化分析

工程沙害防治主要是通过人工措施抑制风沙流、沙丘前移压埋和风蚀对工程造成的危害。但是，由于不同地区风沙环境和不同工程防沙标准的差异性，特别是风沙问题的复杂性，使得工程沙害防治经历了较为长期的认识阶段。

有关工程沙害防治历史可以追溯到19世纪80年代末的里海东岸铁路防护，当时采用了芦苇和旧枕木阻挡沙子入侵和防止路基碎裂、黏土、吹蚀，喷洒石油、海水固定沙丘表面，以及在沙地上栽种植物等措施。但由于措施仅设在紧靠铁路的两侧，因此防护效果并不理想。20世纪40年代，苏联在中亚荒漠地区修筑铁路时，用半隐蔽沙障铺在沙丘的三分之二以下部位，以借助风力来平沙丘，用草方格固定沙地，阻滞地表流沙和促进方格内植株的萌发和生长。之后，苏丹和澳大利亚的铁路防沙，都采用过带下输沙板（即"下导风工程"）；印度曾使用固沙植物建立"活沙障"和用立式或平铺沙障的办法固定沙丘和拦截流沙；美国在线路一侧设置高挡风土墙，也取得良好的效果。我国自20世纪50年代初开始，在内蒙古、宁夏、甘肃、新疆等地的铁路防沙中也采用各种立式、半隐蔽和隐蔽沙障和防护林等措施，为保证铁路畅通起到了决定性的作用。在公路防沙方面，我国也先后采用了各种立式、半隐蔽和隐蔽沙障、下导风工程和防护林等措施，其中伴随着塔克拉玛干沙漠公路的修筑，在长达446km的沙漠段全线采用了"前阻后固"的机械防沙措施并建立了防护林，确保了沙漠公路的安全运行。

莫索湾无灌溉治沙造林模式破解了干旱区沙漠化防治的关键技术难题。20世纪80年代在准噶尔盆地西南缘推广10500亩，平均成活率在60%以上，防护作用明显。与绿洲外围比较，造林3年后风速平均降低25%，气温降低0.7℃—3.2℃，相对湿度提高5%—22%。风沙灾害明显减少。1960年，莫索湾地区风沙灾害面积17000多亩，而1984年降至2519亩，粮食亩产提高了103kg，增加了经济收入。该模式引起了国内外学术界的广泛关注和高度评价。

2000年后，悬湿沙层水固沙造林技术被应用到古尔班通古特沙漠输水明渠工程中，基于对土壤水分动态监测和生物生长状况的系统调查，经过植物优化配置试验、植物引种试验和补水灌溉试验，并结合试验示范区建设，形成了新疆北水南调工程古尔班通古特沙漠段工程植物防沙技术体系，即用悬湿沙层土壤水分在固定、半固定沙地进行无灌溉造林的技术体系。技术体系主要由十余个适宜植物种（梭梭、白梭梭、沙拐枣、沙枣、文冠果、紫穗槐、花棒、刺沙蓬、盐生草、沙米、沙蒿、绢蒿等）、两个种植时段（晚秋和早春）、两种造林方法（植苗和直播）、两种处理方式（保水剂蘸根处理和客沙造林）、三种结构布局（株行距分别为 2m×2m、2m×1m 及 1m×1m）、四种立地条件（填方段阴坡、填方段阳坡、挖方段阴坡、挖方段阳坡）等组成，为全线利用无灌溉造林建立工程生物防沙体系提供了技术储备，同时为古尔班通古特沙漠和同类地区活化沙丘治理提供了实用技术。

图7.6　古尔班通古特沙漠工程沿线无灌溉防护林（左：造林前，右：造林后）

7.5　莫索湾绿洲风沙治理的综合效益和意义

7.5.1　综合效益

一、生态效益

　　莫索湾治沙模式的生态效益主要表现在防风固沙和改善小气候两个方面。通过对比发现，在自然条件下，梭梭林的生长缓慢，枝条少且树冠残缺，林木结构稀疏，林地覆盖度小于 30%；而秋灌条件下的梭梭林，生长迅速，一般 2—3 年能够成林，林木枝条繁茂，林冠大且完整，在每公顷 2400 株的林地上，造林第 3 年林地覆盖度一般能够达到 60%。因此当遇大风天气时，贴近地面的气流受到干扰，导致风速锐减，这种削弱风速的作用在造林第二年便显现出来，并会逐年增大。

在林内风速的减弱以及林灌的遮阴作用下，林中的小气候产生了一系列的变化。莫索湾沙漠研究站 1986 年 6—9 月对 3 年龄梭梭林的观测表明，与旷野相比，林中气温日均值能够降低约 1.2℃，林中地表最高温度降低 1.6℃。由于林中气流交换缓慢，热量不容易散失，春秋两季夜间地温和气温都比旷野高，增温效果明显。在空气湿度方面，观测结果表明，6—9 月林中相对湿度提高 9%。在地表蒸发方面，梭梭林作用尤为显著，6—9 月，林中水面蒸发日平均值较旷野减少 6.6mm，为旷野的 52.5%。

二、经济效益

虽然莫索湾治沙模式的效益主要体现在生态效益上，但秋灌造林措施也仍然能够取得不错的经济效益。梭梭树干和木质化枝条是沙漠地区的优质燃料。秋灌条件下营造的梭梭林其薪材产量也相当高。胡文康（1985）对莫索湾等地区的调查发现，成年的梭梭纯林每公顷薪材产量一般为 7.2 吨，最高为 12—15 吨，最低为 4 吨。梭梭嫩枝也具有一定的饲用价值，在我国北疆地区，沙漠里的梭梭林可作为冬春放牧场。刘光宗等（1995）分析表明，梭梭嫩枝脂肪及粗蛋白含量比怪柳、沙拐枣略高，同野生优良饲草骆驼刺相近。

7.5.2　科学价值

莫索湾治沙模式，即自然荒漠林—人工梭梭林—农田防护林三重防护结构的生态防护林体系是从 20 世纪 80 年代开始建立的，采用集水造林、秋灌造林、光板地造林等方式，至今已有 35 年。莫索湾是北疆无灌溉造林技术成果原产地，属重要的国家科研监测样地，具有重要的科研价值。

如今，莫索湾治沙模式已成为国内外沙漠地区无灌溉造林的一种经典模式，莫索湾梭梭人工林为早期玛纳斯河流域人工防沙治沙的原始创新基地，是我国治沙的典范。中国科学院莫索湾沙漠研究站在人工林内开展了长期沙地水分、生物多样性、林分生长监测，也成为接待国内外同行专家参观考察的重要基地。

本章撰稿：周杰

第 8 章
以临泽为代表的沙漠绿洲治沙模式：干旱荒漠化地区生态防护林体系建设

    临泽绿洲地处西北内陆干旱区，由于气候干旱、植被覆盖度低、土壤贫瘠、水资源严重匮乏，受到来自北部风沙灾害的严重威胁。尽管新中国成立后河西走廊在防沙治沙方面取得了举世瞩目的成就，但随着人口增加，绿洲土地面积的急速扩张造成了区域水土资源的匹配错位，绿洲农业生产用水严重挤占了生态用水比例，增加了在气候变化背景下生态环境的不确定性（赵文智 等，2023）。自 1975 年以来，中国科学院临泽内陆河流域研究站在该区建站，并开展了大量绿洲边缘流沙治理的相关试验研究，促使临泽绿洲的风沙防护体系逐步得到完善。几代人持续不断的植树造林，有效地遏制了流沙危害，阻止了沙丘前移，初步建成了农田防护林网、植物固沙林带、前沿阻沙林和封沙育草带为一体的区域性防护林体系。绿洲防沙治沙防护体系的初步建成标志着沙漠化过程得到了有效控制，对绿洲生产力的逐步提高具有十分重要的作用。

8.1　临泽绿洲的考察

8.1.1　考察背景

绿洲是干旱区人类生存的重要依托，是我国西北地区社会经济发展的主要基地。由于气候干旱、植被覆盖度低、土壤贫瘠、水资源严重匮乏，绿洲也是干旱区典型的脆弱生态系统，尤其受到来自绿洲外围风沙灾害的严重威胁。20世纪80年代以来，随着社会经济的持续发展，人口数量的不断增加，我国西北内陆干旱区普遍存在人工绿洲扩张的问题，导致绿洲—沙漠过渡带微缩或消失，从而加重了绿洲区的风沙危害（赵文智，常学礼，2014）。长期的实践证明，在绿洲边缘建立稳定的固沙植被是有效治理生态环境问题（如土地沙化）的根本途径。

临泽绿洲隶属于张掖绿洲，位于黑河流域中游地区，沿黑河冲积平原呈西北—东西向分布，东西长100km左右，南北宽在8—30km之间。临泽绿洲北部临近巴丹吉林沙漠，其中有超过70km^{2}的流动沙带，在西北风为主风向的作用下，流动沙丘时常侵蚀绿洲农田，严重威胁着绿洲的生态安全和可持续发展（刘新民 等，1982）。新中国成立后，临泽绿洲的水—生态—经济系统的矛盾更加突出，防沙治沙挑战性不断增大。因此，防治风沙危害一直是保证绿洲生态安全的重点。

临泽绿洲地处西北内陆干旱区，自然环境条件严酷，由强烈的风沙活动造成的流沙地带，仅靠自身很难实现恢复。为能进一步有效防治沙漠化，当地政府从20世纪60年代开始在绿洲边缘地带兴修水利，建设防风固沙林。1975年，中国科学院临泽内陆河流域研究站在该区建站，并开展了大量绿洲边缘流沙治理的相关试验研究，促使临泽绿洲的风沙防护体系逐步得到完善。经过几代人持续不断地植树造林，截至2020年，临泽全县人工林保存面积55万亩；封育天然分布的荒漠植被 38 万亩；建成了南、中、北三条风沙防护林带，长度达187 公里，有效地减小了流沙危害，阻止了沙丘前移。此外，临泽还初步建成了内有农田防护林网、中有防风固沙林带、外有天然植被封育的区域性防护林体系。绿洲防护体系和农田灌溉系统的建成标志着沙漠化过程得到了控制，同时实现了绿洲生产力的逐步提高。

8.1.2 考察过程

1976 年，刘新民等人对临泽县的沙漠化地区进行了考察，发现沙漠、戈壁面积占全县总面积的三分之二左右，由南到北形成了三条风沙带，流动沙丘主要分布在绿洲边缘的中段，向北延伸后与巴丹吉林沙漠相连，沙丘形态主要为新月形沙垄，呈东北—西南走向，沙丘的前缘部分发育有新月形沙丘链，而相对密集较大的沙丘呈格状新月形。考察发现，沙丘高度通常为 3—5m，最高的沙丘可达到 15m。砂粒主要为浅黄棕色或微红棕色的细砂颗粒，其中0.05—0.25mm 直径的砂粒占 80%—90%。沙层的含水量较低，在 2% 左右（陈隆享，1981）。同时考察还发现，临泽绿洲北部外围的流动沙丘带长达 40 多公里，流沙覆盖面积达 12000 多公顷，沙质与砾质荒漠面积达 26000 多公顷，然而临泽绿洲的洲边带却很窄，仅有数十米到数百米宽。因此，根据上述调查发现，刘新民等人认为临泽绿洲沙漠化过程使得绿洲外围地区的生态系统平衡遭到了严重破坏，绿洲防风固沙的功能被不断消减，有限的水资源被大量消耗，从而也使生物机能退化，导致荒漠绿洲发生生态系统的恶性循环，使自然逆转极其困难。因此，采取人为的整治措施才有可能改变这一局面。只有从生态平衡最脆弱的绿洲外围地带开始建设人工植被防护体系，才能保障绿洲不受风沙侵害，从而正常发挥其生产能力（刘新民 等，1982）。

2000 年以来，赵文智研究团队对临泽绿洲外围沙区进行了多次考察，发现巴丹吉林沙漠南缘年降水量虽然仅在 100mm 左右，但仍然有大面积的天然植被群落分布，并且在沙漠的延伸带成功建植了人工梭梭林，证明在巴丹吉林沙漠南缘流动沙丘区建立以霸王、沙蒿、红砂、白刺、沙鞭等乡土物种为主的固沙植被体系是可行的。研究团队还提出了在巴丹吉林沙漠南缘的生态保护和沙漠化防治中需要进一步关注的科学问题：①从风沙活动特征及规律出发，明确沙漠边缘风沙活动对植被结构、功能及稳定性的影响机理，阐明植物对风沙活动的适应机制，探索维持与提高植被稳定性的有效途径；②从天然植被稳定性维持机制出发，确定稀疏、斑块荒漠植被的分布格局和稳定性条件，研究基于植被土壤承载力的天然植被保护目标和人工固沙植被建设范式；③应用遥感及野外调查的方法，考虑重点生态功能保护，基于风沙治理"阻、固、输、防"的思路，提出维持区域生态系统稳定的适应性管理策略。

　　通过考察，研究团队认识到巴丹吉林沙漠周边是典型的荒漠脆弱区，降水稀少，并且叠加了频繁的风沙活动，从而导致生态系统稳定性差。在"山水林田湖草沙生命共同体"理念下，既要从区域尺度上解析水、植被、沙的关系，系统了解生态系统的原真性、完整性和连通性及其稳定性维持问题，又要加强对乡土植物适应干旱风沙机制和乡土植物扩繁保育技术的研究，在此基础上优化生态景观格局，确定生态系统保护目标、建设规模和结构，以便为区域生态建设和保护提供科技支撑（赵文智 等，2022）。

8.2　临泽绿洲的区域条件

8.2.1　地理位置

　　临泽县位于甘肃省河西走廊中部，地处黑河流域中游，是张掖盆地的重要组成部分。该县经纬度分别为 99° 51′ E—100° 30′ E，38° 57′ N—39° 42′ N，总土地面积 2729km²，东邻张掖市甘州区，西接高台县，南依祁连山，并且与肃南裕固族自治县接壤，北毗内蒙古自治区阿拉善右旗。临泽县所处地区地理位置十分重要，从临泽县南面出梨园口，可到达青藏高原；从北部越过合黎山，可抵达内蒙古荒漠草原；从西面经过嘉峪关可通往新疆；从东出发，经过武威、兰州，与内陆相连接。临泽县地形特征是"两山夹一川"，南部紧靠祁连峻峰，北部邻接合黎峰峦，而中部地区是由黑河冲积平原形成的绿洲平川区，占临泽县总面积的 80%（图 8.1）。

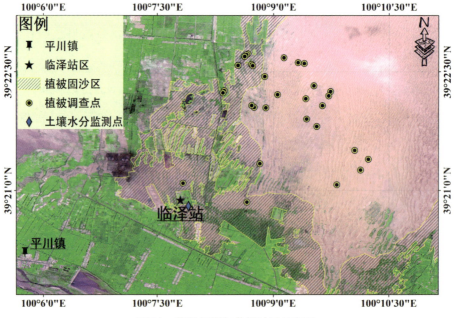

图8.1 临泽绿洲与北部沙区示意图

8.2.2 气候特征

临泽县位于欧亚大陆腹地，属于典型的温带大陆性荒漠气候类型，降水稀少，且分布不均匀，冬季除了受西风控制外还受到极地气团的影响，夏季也受到多种水汽的影响。多年平均降水量为 110.3mm（1965—2012 年），其中 5—9 月的降水量占全年降水量的 80% 以上，且以小降水事件为主，空气相对湿度 46%，年潜在蒸发量为 2390mm，是年降水量的 20 多倍。年均温为 7.6℃，极端最高温可达 39.1℃，极端最低温可至 -27.3℃，无霜期为 150—160 天，季节性冻土厚度为 109—123cm。临泽全年以西北风为主，尤其在春季风沙活动强烈，大于 8 级的年平均大风日数为 15 天，年平均风速为 3.2m/s，最大风速可达 21m/s。

8.2.3　地貌特征和土壤类型

临泽县境内地势南北高、中间低，由东南向西北地区逐渐倾斜。南部是祁连山山区，中部是由黑河水系冲积形成的平川区，北部是合黎山剥蚀残山区。临泽地区海拔为 1380—2278m，最高海拔为新凤阳山 2278m，最低海拔为蓼泉镇 1380m。临泽境内山区主要为祁连山北麓的浅山区，黑河流域最大支流黎园河从该区流过。北部地区的合黎山，隶属于天山余脉，山势相对平缓，海拔为 1500—2000m，相对高差只有 200—300m，是干旱剥蚀的低山区，植被稀少，属荒漠草原区。中部平川区地势平坦，海拔为 1600—1380m。南面与山前戈壁相连，北面与荒漠草原相拥，绿洲镶嵌其中，水草茂盛，物产主富，是临泽地区的精华地带。绿洲北部外围地貌类型主要为风成地貌，包括流动、半流动、半固定、固定沙丘以及丘间低地。流动沙丘高度在 3—6m，主要以新月形或沙丘链形式存在。土壤类型以灰棕漠土为主，其中土壤中砂粒、粉粒、黏粒比例分别为 53%、42%、5%，土壤容重为 1.32，土壤孔隙度为 50%，有机质含量 0.12%—0.83%，可溶性盐含量不到 0.1%。

8.2.4 植被特征

临泽绿洲外围荒漠区天然植被总体特征是群落结构简单且不郁闭，物种单一、分布稀疏。严酷的大陆性干旱气候决定了该区的地带性植被主要为以旱生的半灌木和灌木为优势种，形成中国西北内陆典型的荒漠生态系统。旱生物种普遍具有枝叶肉质化或退化为同化枝、高渗透压、储水等特征。植被调查发现，旱生和盐生灌木为主要的植物群落，代表性植物有沙拐枣、柽柳、柠条、花棒和泡泡刺，它们是广泛分布于荒漠绿洲过渡带固定、半固定沙丘上的灌木和半灌木，并伴有一年生草本如猪毛菜、虫实、雾冰黎、沙蓬、碱蓬、白茎盐生草等（李志建 等，2006）。长期的风沙活动严重干扰了荒漠植被的生存与分布，使得荒漠灌木分布稀疏，生长矮小，并伴灌丛沙堆。为了保护绿洲正常的农业生产免受风沙活动的侵害，中国科学院兰州沙漠研究所于 20 世纪 70 年代中期开始陆续在临泽研究区进行了大面积人工植被的建设，其中，梭梭是种植面积最大的人工固沙植被（图 8.2）。

图8.2 临泽绿洲外围人工固沙梭梭林建设及演变过程

8.2.5 水文特征

临泽境内的地表水资源主要来源于祁连山发源的河流，冰雪融水和大气降水是这些河流的主要补给。河流水的水资源总量为 12.95 亿 m^3，其中黑河、梨园河多年平均入境流量 12.67 亿 m³。黑河中游绿洲的农业生产主要依赖于河水灌溉，是地表水资源的主要耗散区，而产生于山区的有限径流及其由此转化的地下水不仅要维持整个流域的经济发展，还要支撑流域内的生态需水以保障区域的生态安全（赵文智，程国栋，2008）。在气候变化和人类活动的背景下，黑河流域地下水循环和更新演变也深受影响，平原区浅层地下水主要来自地表径流转化补给，其他也有部分是降水和冰雪融水在山前戈壁带的入渗补给，更新能力较强。中游平原区地下水总补给量为 18.6 亿 m³，其中河流渗漏占 29.5%，农田灌溉水渗漏占 9.6%，降水渗漏仅占 3.3%，灌溉渠道渗漏占 53.8%。从 20 世纪 80 年代至今，地下水水位埋深整体有增大的趋势，区域地下水位下降趋势显著，地下水位的变化由水文—灌溉型逐步向开采型转变，其中 2000 年之后的开采利用是导致地下水水位下降的主要因素。

8.2.6　人文条件

临泽县历史悠久，是古丝绸之路的重要站点，也是欧亚大陆桥的必经之地，以西汉名将霍去病西征有功而得名"昭武"，后因水多色浓而改名"临泽"。全县行政区划总面积 2729km²，下辖 7 个乡镇，71 个行政村，总人口在 15 万人左右，主要包括汉族、蒙古族、裕固族、回族、藏族等 11 个民族，其中农业人口 9.7 万左右。临泽是典型的绿洲灌溉区，享有"中国枣乡"的美誉。临泽县交通、通讯便捷。兰新铁路、国道 312 线穿境而过，县乡村公路相互贯通。临泽县着力发展旅游业，开创乡村旅游、研学旅游等新业态。"七彩丹霞"是临泽县境内的国家 5A 级景区，流沙河景区是国家 4A 级景区，德源农庄和红桥庄园是国家 3A 级景区。芦湾村、南台村、红沟村、五泉村成功创建为"市级专业旅游村"。

8.2.7　沙害成因

一、自然因素

临泽县位于欧亚大陆腹地，属于典型的温带大陆性荒漠气候类型。该区降水量严重不足，且具有不确定性，植被稀疏，地面失去保护，为该区沙漠化的发生与发展提供了有利条件。在土地沙漠化灾害的成因中，超过临界起沙风（5m/s）的风力条件与干旱季节在时空分布上的一致性最为关键，也是风沙灾害发生的动力条件，而绿洲北部流动沙丘主要以松散的沙质土壤为主，为沙漠化的持续发展提供了源源不断的物质来源（王涛，朱震达，2003）。

临泽县全年以西北风为主，平均风速3.2m/s，尤其在极端干旱地春季风沙活动强烈，大于8级的年平均大风日数在15天，最大风速可达21m/s，超过临界起沙风速（≥5m/s）的天数在60天左右。研究表明，风是沙漠化地区风沙灾害的主要动力，对区域沙漠化的形成与发展，以及地表形态的塑造都起着主要作用。因此，临泽北部沙漠化区频繁的、超过临界起沙风的风力条件，再加上干旱少雨的季节，使沙层易为风力所吹扬，不仅严重干扰了固沙植被的生存与分布，也不断侵蚀绿洲，造成临泽县沙漠化的蔓延（朱震达，1989）。

二、人为因素

临泽县生态环境在20世纪50年代以前破坏严重。20世纪80年代以来，随着绿洲区人口的不断增加与社会经济的发展，人工绿洲也出现了持续扩张的趋势（赵文智，常学礼，2014），造成水土资源开发利用在时间和空间上的不稳定性，导致水资源的转移。其中，2001—2015年，黑河中游绿洲规模不断扩张，绿洲总面积约增加235km²，同时也导致绿洲水资源的过度耗散，尤其是对地下水的过度开采，引起地下水位的下降，导致绿洲外围地下水依赖性植被大面积死亡。因此，绿洲沙漠化的发生、发展与中游人工绿洲扩展时绿洲防护体系的退缩不无关系。黑河流域中游绿洲开发历史悠久，也存在开发强度更高的时期，最终使沙漠化的危害程度在该区域逐年加重（陈隆享，1981；赵明 等，2010）。

三、空间分布

临泽县受风沙危害的土地主要可分为三个区域：北部风沙侵入区、中部风沙带以及东南部风沙区，主要来自巴丹吉林沙漠向临泽绿洲北部的延伸区，形成长约 70km、宽 3—5km 的东北—西南向风沙带，该风沙带与绿洲呈 "U" 字形态（赵文智 等，2022）。北部风沙侵入区主要是巴丹吉林沙漠南缘延伸区进一步入侵绿洲造成的，主体较为稳定，其变化主要发生在绿洲—沙漠过渡带；中部风沙带位于北部绿洲和中部绿洲之间，沙区面积具有逐年缩小的趋势，尤其在东部地区，绿洲的逐年扩张使得原有的荒漠草原景观转变成为绿洲。1977—2012 年，临泽县荒漠化土地总面积呈持续下降趋势，减少了 165.90km^2（表 8.1）。

表8.1　1977—2010 年临泽县荒漠化类型面积（钱大文 等，2015）

年份	轻度荒漠化/km^2	中度荒漠化/km^2	重度荒漠化/km^2	极重度荒漠化/km^2	合计/km^2
1977	84.47	10.79	40.00	312.14	447.40
1986	73.78	34.97	58.06	272.76	439.57
1993	15.60	20.29	82.13	279.54	397.56
2002	16.31	22.39	45.79	266.64	351.13
2012	15.40	20.66	31.04	214.40	281.50

8.3　生物防沙治理模式与技术创新

根据临泽平川绿洲北部流动沙丘之间狭长的丘间低地和可以利用灌溉余水浇灌丘间低地的有利条件，研究人员首先在绿洲边缘沿干渠营造宽10—50m不等的防沙林，树种采用二白杨与沙枣，前者防风作用显著，多栽植在具有下伏黏土层的地段，阻挡风沙能力较好，并适用于较贫瘠的土层。在营造防沙林的同时，在绿洲内部建立护田林网，规格为300m×500m，以二白杨、箭杆杨、旱柳、白榆为主。在绿洲边缘丘间低地及流动沙丘上先设置黏土或芦苇沙障，在沙障内栽植梭梭、多枝柽柳、花棒、柠条，这样就在绿洲边缘形成了"条条分割，块块包围"的防护体系（王涛，2011）。为了进一步防止外来沙源，在防护体系外的沙丘地段又建立封沙育草带。禁止放牧、樵柴以促进天然植被的恢复，在冬季农田有灌溉余水的情况下，引水入封育区以加速植被的恢复，这样就以绿洲为中心形成自边缘到外围的"阻、固、封"相结合的防护体系（赵文智 等，2022），建立了适宜干旱地区绿洲附近土地荒漠化治理的模式，即绿洲内部护田林网、绿洲边缘乔灌结合的防沙林、绿洲外围沙丘地段的沙障与障内栽植固沙植物相结合的固沙带和沙丘固定带外围的封沙育草带（图8.3）。

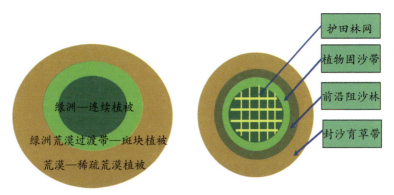

图8.3　防护体系结构、功能和配置示意图

人工造林治沙模式

一、造林技术

绿洲防风阻沙林带的物种构成主要由速生乔木和耐风沙、喜适度沙埋的灌木组成。对于宽度较大的绿洲防风阻沙林带，灌木多分布于林带的外缘，或单种，形成灌木固沙阻沙带；或与乔木混交，构成乔灌防风阻沙带。乔木多单种于林带的内缘，主要起到防风和改善内部小气候的作用。灌木和乔木混交营造林时，要保证乔木和灌木错位分布，以提高林带的防沙阻沙效果。绿洲防风阻沙林带多由紧密结构林带与稀疏结构林带组合而成。其中，靠近外缘的林带多为紧密型林带，主要为灌木或乔灌木混交林带，构成透风性较差的林墙，阻挡流沙前移。特别是一些灌木，如柽柳、白刺在受到流沙侵袭时可以形成灌丛沙堆，可有效固定流沙。靠近内缘的林带多为疏透结构，即单独由高大乔木组成的林带，因其林带高，防风效果好（朱震达 等，1998）。

为了提高绿洲防风阻沙林的防风阻沙效果，延长其寿命，一般要求在绿洲防风阻沙林的外围还要建立300—500m的封沙育草带，以便构成天然植被和人工植被共同组成的多层固沙阻沙屏障。封沙育草带内应严禁放牧、樵柴和滥挖药材等。如果封沙育草带中的沙丘较为高大，且流动速度较快，应采取必要措施加以控制：一是将季节性洪水或农田灌溉余水引入丘间低地，通过灌溉促进丘间低地植被的生长，抑制沙丘的流动；二是在水分条件较好的地段栽植一些灌木或乔木，通过植物固沙抑制沙丘的流动；三是对于个别危害性较大的沙丘通过设置草方格、秸秆沙障等机械沙障进行控制。

二、植物物种的选取

根据流动、半流动沙丘或沙地的土壤稳定性差、风沙活动强烈、土壤易干燥的基本特点，固沙植物种的选择总体要求是较为抗旱和耐风沙。具体选择原则是：①根系发达，或为深根系植物，根系能够向下延伸与地下水衔接，通过利用地下水生存，或水平根系发达，能够通过根系的水平扩展，有效利用天然降水；②喜适度沙埋，得到适度沙埋后，枝条或根系能够萌生不定根，或受到风蚀影响后，裸露根系能够出现大量萌蘖，长出新的枝条或树干；③耐旱、耐瘠薄，能够在贫瘠干旱的流动、半流动沙地正常生长，而且具有较低的耗水量；④枝叶较为繁茂稠密，防风固沙能力较强，种植后能够较好地固定沙面；⑤生长旺盛、生长量大、繁殖容易，最好具有一定的经济利用价值；⑥在流动性大的沙地、沙丘或水分条件较差的地方，在开始绿化时应采用耐旱的灌木、半灌木种，待造林地环境有了较大改善后再选用乔木树种。

绿洲防风阻沙林带处于绿洲的最外缘，与沙漠、戈壁接壤，经常受到来自绿洲外部的大风、流沙、风沙流和干旱的侵袭，自然条件远比绿洲内部严酷。同时，绿洲防风阻沙林还担负着降风滞尘、阻滞流动沙丘前移、拦截风沙流的作用。因此，绿洲防风阻沙林带建设对树种的选择更为严格，不仅要求树种具有抗风、耐沙打、喜适度沙埋，或具有在适度沙埋情况下能够较好生长的特性，而且应具有较强的降风滞尘作用。经过多年的实践和不断的甄选，已经挑选出一批适宜我国西北地区绿洲防风阻沙林带建设的树种（王涛，2011）。其中，乔木树种主要有小叶杨、二白杨、新疆杨、白榆、刺槐、旱柳、白柳、樟子松等；灌木树种和一些多年生草本主要有梭梭、柽柳、柠条、花棒、沙拐枣、白刺、泡泡刺、小叶锦鸡儿、中间锦鸡儿、胡枝子、红砂、山竹岩黄芪、差巴嘎蒿、油蒿、籽蒿、沙蓬、珍珠猪毛菜等。

三、适用范围

人工固沙植被主要是在大尺度荒漠背景基质上，为了保护绿洲安全而建的，而绿洲防风阻沙林带是根据绿洲上风向前缘的沙源状况而建设的。如果绿洲外缘流沙面积大、沙源丰富、风沙活动强烈、沙丘移动速度快，林带的建设就应尽量宽些。其宽度小至 200—300m，大到 800—900m，甚至于 1000m 以上，例如塔克拉玛干漠南缘绿洲的防护林带宽度达到了 3000—4000m。如果流动丘距离绿洲较近，林带宽度可根据沙丘与绿洲之间的距离而定。在绿洲和沙丘直接毗邻的地带，若为固定、半固定沙丘，缓平沙地或风蚀地，风成沙不多，可在绿洲边缘直接营造宽度为 10—20m、最宽不超过 300m 的防阻林带。绿洲防风阻林的宽度还取决于灌溉条件，如果水源充足，延伸距离大，渠系完整，可适当扩大林带宽度；如果水源不足，或灌溉条件不利，应缩小林带宽度，保证林带能够适时适量得到灌溉。另外，绿洲防风阻沙林带的宽度在绿洲不同方向也有差异。通常主风向一侧的防护林宽度较大，侧风向或次风向的林带较窄，而下风向或背风向的宽度较小，只要能够达到改善周边环境的效果即可。因此，在绿洲外围建设人工固沙植被的模式可以根据绿洲具体的情况推广至中国西北大多数绿洲防护体系的建设中，包括甘肃河西走廊、内蒙古西部平原、青海柴达木盆地、内蒙古河套平原等受到风沙侵害的绿洲外围区。

8.4　生物防沙治理的科学性

临泽荒漠绿洲边缘年均降水量约为 120mm，荒漠绿洲边缘防沙治沙植被不仅要有极强的适应干旱的能力，还要对风沙环境有较强的适应性。针对荒漠绿洲边缘固沙植被建设及其稳定性维持等科学问题，临泽站研究人员开展了大量关于绿洲边缘固沙植被繁殖更新、适应性、种群扩张、植被格局及群落演变规律等方面的科学研究工作。在此基础上研发了荒漠绿洲边缘固沙植被物种选择技术、苗木培育技术及植被稳定的格局配置技术，依托临泽县荒漠绿洲风沙防治和水土保持工程，开展效益监测，提出绿洲防沙建设优化结构和规模。同时按照工程设计，开展防沙治沙水土保持科技示范园建设，构建荒漠绿洲区水土保持相关科研、示范和科普教育平台，为河西走廊乃至整个干旱区生态建设提供科技支撑，推动水土保持和荒漠化防治学科的发展。

8.4.1　治沙的科学性

在理论方面，临泽站关于荒漠绿洲边缘人工固沙植被建设及防沙固沙体系建设等研究成果在国内外一些著名学术期刊发表，相关研究结果也被知名期刊发表的文章多次引用，得到了国内外同行的充分肯定。例如，联合国环境规划署荒漠化防治高级顾问、著名生态学家林赛•斯特林格（Lindsay Stringer）发表了一篇综述联合国防治荒漠化行动的文章，将我国的防护体系建设模式和成果作为案例进行了推介。

在实际应用方面，临泽站关于荒漠绿洲边缘人工固沙植被建设及防风固沙体系建立的相关研究成果被地方政府及公司大力推广及应用。例如，相关成果支撑了临泽县国家沙漠公园的建设规划；临泽县北部沙丘上栽植了大面积人工梭梭林（图 8.4），不仅有效防治绿洲沙害，为发展梭梭上种植肉苁蓉产业提供了支撑，也为企业投资承包沙荒地促进生态建设提供技术支持和理论实践支撑。

图 8.4　临泽绿洲外围人工固沙梭梭林

一、植物物种研究

利用野外调查和控制实验相结合的方法，临泽站研究了临泽荒漠绿洲边缘主要固沙植被沙拐枣、梭梭和泡泡刺的繁殖策略、定居过程及扩张过程，揭示了典型固沙植被群落演变过程。

（1）沙拐枣繁殖定居过程

成熟的沙拐枣种子在风力的作用下，扩散至沙丘低洼处后被流沙掩埋，后期如遇到合适的水热条件即可萌发成实生苗。随着沙拐枣植株的拦沙和积沙作用加强，周围的流动沙丘也随之慢慢固定，而下风向不断形成的风蚀坑也会提高沙拐枣果实积聚、萌发和定植的可能性。同时，一定程度沙埋条件下，定植的沙拐枣实生苗表现出较强的克隆繁殖能力并迅速占据生境，在积沙作用下发育成片状或团块状的灌丛，形成半固定和固定沙丘。此外，沙拐枣随生境条件变化而改变繁殖方式，当母株固定沙地后，沙地土壤水分条件也随之恶化，此时沙拐枣就会改变其繁殖方式，由有性繁殖变成克隆繁殖，通过根状茎向裸露流沙地扩展，而扩展至相邻生境的沙拐枣分株又会通过克隆整合作用加强整个群落在流沙生境中的生存。

（2）沙拐枣克隆分株片段存活机制

土壤水分、土壤养分、沙埋深度和根状茎长度都显著影响沙拐枣克隆分株片段的萌发和繁殖能力。克隆分株数量和生物量都随着土壤水分、土壤养分和根状茎长度的增加而增加，随着沙埋深度的增加而减小。这表明土壤水分和养分条件越适宜，沙拐枣克隆分株片段萌发和繁殖能力越强。深度沙埋抑制沙拐枣分株片段的萌发和繁殖，在深度沙埋条件下（20cm）几乎没有新分株产生。土壤水分、养分和沙埋深度也显著影响沙拐枣分株片段对有性繁殖和克隆繁殖的投入，沙埋深度和根状茎直径显著影响沙拐枣根状茎片段的萌发和营养繁殖能力。适度沙埋是根状茎片段萌发的必要条件，和沙埋（5cm）处理组相比，沙埋深度 20cm 处理组的根状茎克隆片段的萌发率和存活率分别下降了

66.66% 和 58.00%。根状茎片段萌发力、营养繁殖能力、生物量的积累和新生分株数量都随着根状茎直径的增大而增加，呈显著正相关关系。因此，沙拐枣根状茎克隆片段营养繁殖的最适宜沙埋深度和直径是中度沙埋（5cm）和较大的直径（20mm）。风蚀和沙埋作用的时间与程度显著影响沙拐枣分株的生长和繁殖能力，重度风蚀和沙埋作用对沙拐枣分株的生长和繁殖有明显抑制作用，而长期中度风蚀对沙拐枣分株的生长和繁殖有明显促进作用。沙拐枣克隆分株间的克隆整合能够很好地缓解风蚀和沙埋对沙拐枣分株生长和繁殖的抑制作用，增强其抗风蚀和沙埋能力（图 8.5）。

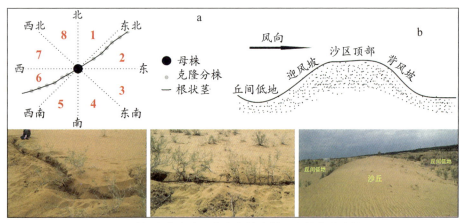

图8.5　沙拐枣克隆片段的方向性生长及斑块状分布格局

（3）揭示了泡泡刺幼苗存活、定植机制

①幼苗萌发和生长对沙埋的干扰适应。沙埋深度显著影响泡泡刺的出苗率、幼苗生物量和幼苗高度。泡泡刺种子的最佳沙埋深度大约是 2cm，超出 6cm 沙埋深度时没有出苗现象。在沙埋深度为 2cm 时，泡泡刺出苗率、幼苗生物量和幼苗高度最大，大于 2cm 深度后，随着沙埋深度的增加而降低。在人工培育泡泡刺时，种子的适宜萌发温度为 34.1℃（沙子基质处理）和 25.3℃（滤纸基质处理）。②幼苗存活和定植对沙埋干扰的适应。沙埋深度显著影响幼苗

存活率、高度、质量、高度相对生长率、高度绝对生长率、根重比、地下茎重比和地上茎重比。没有沙埋和部分沙埋处理中，幼苗的存活率为 85%—100%。但当沙埋深度达到幼苗高度的 100% 时，对于大、中、小种子重量组，幼苗分别只有 60%、39% 和 43% 的存活率。当沙埋深度达到幼苗高度的 133% 时，已经没有幼苗存活。因此，在培育幼苗的过程中适度掩埋幼苗可以促进幼苗的生长，但应防止沙子全部掩埋幼苗。

二、典型固沙植物种群扩张机理

沙拐枣种群扩张域与扩张速率：就沙拐枣克隆繁殖而言，固定沙丘的扩张域在其母株 1—5m，大多数 3—5m；迎风坡 1—8m，多数 1—4m；背风坡 0—2m；丘间低地 1—4m，多数 2—3m。就沙拐枣的有性繁殖而言，固定沙丘的扩张域 9—14m，多数 9—12m；迎风坡 8—14m，多数 9—12m；背风坡 2—12m，多数 8—10m；丘间低地 5—13m，多数 9—11m。与克隆繁殖相比，有性繁殖的扩张域大得多。沙拐枣种群在固定沙丘、半流动沙丘迎风坡、背风坡和丘间低地上无性繁殖的平均扩张速率分别为 0.67m/a、0.64m/a、0.15m/a 和 0.41m/a。

泡泡刺种群发育对沙埋干扰有不同的适应机制。灌丛沙堆是泡泡刺种群发育的表现形式，形成途径主要有 4 种：实生苗发育定植、根蘖繁殖、较大的沙堆退化（生境破碎化）和邻近沙堆兼并。泡泡刺有种子和根蘖两种繁殖方式，侵入并在流动沙丘上定植后，如果遇到风蚀时，一方面会通过根系的水平和垂直生长稳定植株，另一方面则采取种子繁殖的方式扩大种群。如果遇到沙埋时，一些枝条则会生出不定根进行根蘖繁殖，通过根蘖繁殖扩大种群，以斑块状格局形式存在。频繁的风蚀和沙埋作用使泡泡刺种群成为优势种群，并且形成独立的灌丛沙堆。适度沙埋可以促进泡泡刺种群生长，但当沙埋深度超过 1m 时，会对泡泡刺个体的生长产生负面影响。随着沙堆的进一步发育，泡泡刺会衰退甚至死亡，最终退出群落，被其他植物种代替，而当生境再变化到适宜生长的条件时，土壤种子库的种子将再次侵入沙地。

三、典型固沙植被的空间格局

荒漠边缘及荒漠绿洲过渡带植被呈灌丛斑块分布格局，主要具备以下特征：①在不同的生境条件下，灌丛斑块大小和空间格局存在明显差异。荒漠生境中的泡泡刺种群趋向于小斑块、高密度，空间自相关尺度较小（15m），而沙丘生境中趋向于大斑块、低密度，空间自相关尺度（25m）大于荒漠生境。②过渡带斑块植被对空间尺度有较强的敏感性，并且空间异质性程度越高的种群对空间尺度越敏感。对荒漠绿洲过渡带泡泡刺和红砂种群的研究表明：野外调查所采用的样地面积和样方粒度对斑块植被的空间格局及异质性都存在很大的影响。如果样地面积太小，则无法包容影响植被空间异质性的所有环境因子，因此在这个样地面积（尺度上）计算的空间异质性参数不能真实反映整个过渡带的植被空间格局。反之，当样地面积足够大且样方粒度太小时，样方间的数据差异很大，这种差异足以掩盖由空间位置不同带来的差异；但若样方太大，样方间的数据趋于同质，异质性程度减小，结果同样难以反映真实的植被空间异质性。研究发现，泡泡刺种群的野外调查样地面积应不小于200m×200m，而红砂种群应不小于100m×100m，并且两个种群的样方粒度应在20m×20m到30m×30m之间。③随空间尺度增大，荒漠斑块植被物种多样性的空间依赖性减弱，种—面积曲线斜率z值呈幂函数曲线降低，若尺度从$1m^2$增大到$100m^2$、$1000m^2$的尺度，则z值从0.370分别降到0.213、0.035，并且在$100m^2$的尺度上出现拐点，这表明$100m^2$大小的正方形调查样方基本可以反映荒漠植被物种多样性的信息，可以作为野外调查的最小面积单元。

四、典型固沙植被群落演替过程

研究人员恢复重现了40年沙丘梭梭人工林的演变过程，明晰了梭梭人工林演变过程中生物学特征变化规律（图8.6）。发现梭梭人工植被盖度在25年左右最大，35年后盖度显著减少，且地下和地上生物量均显著降低，出现许多林内裸地。研究发现梭梭人工林建植后的7—10年开始不连续天然更新，但只有在5—6月降水量超过40mm的年份才可发生更新。因此，在封育条件下，梭梭人工固沙林可以实现天然更新。例如，在绿洲边缘存在40多年人工梭梭林天然更新后种群保持稳定，其覆盖和密度分别保持在38%和1870株/公顷的样地（赵文智 等，2018）。

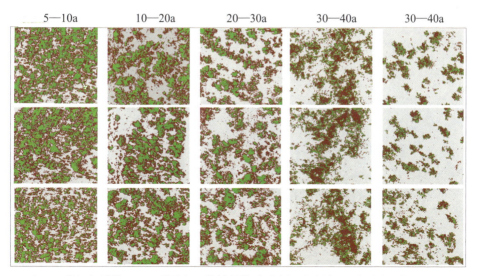

图8.6　临泽绿洲外围不同种植年限梭梭林的种群空间分布格局（赵文智 等，2018）

五、治理布局配置研究

针对如何实现荒漠绿洲边缘风沙防护体系功能、结构和耗水之间的动态平衡这一荒漠绿洲生态系统管理面临的科学难题，临泽站选育确定了适应荒漠区绿洲防护体系构建的树木良种，制定了节水栽培技术标准，研发了育苗、植被建设技术与机械设备，形成了绿洲边缘梭梭人工固沙林建植和管理技术，改进了荒漠生态系统研究观测方法，构建了适用于河西走廊地区的绿洲风沙防护体系模式。

（1）设置机械沙障，阻止沙丘移动，保证人工固沙林建植成功

机械沙障是阻止沙丘移动的最有效方法，可大幅提高后期人工固沙林存活率，保证固沙效果。临泽荒漠绿洲边缘流动沙丘布设的机械沙障主要有两种：尼龙网沙障和柴草沙障（图8.7）。尼龙网是一种新型的防沙材料，尼龙网沙障虽然造价相对较高，但是可以提高其抗老化性能和防风固沙的作用。柴草沙障主要是利用一些作物秸秆如芦苇秆、麦草和胡麻秆等，资源更为丰富。针对不同的沙丘类型及风向，设置沙障时通常要与主风向垂直，或与主风向成90°—100°的夹角，这样不仅能充分地拦截流沙，而且能使部分挟沙气流顺沙障间流去，降低沙丘高度，也可防御沙障受强风的掏蚀和过量流沙的埋压。

图8.7　临泽绿洲外围固沙区设置机械沙障

（2）改进荒漠生态系统研究观测方法，改进荒漠绿洲边缘人工固沙林建植和管理技术

临泽站研制了干旱区凝结水监测设备，用于监测土壤表层凝结水昼夜动态变化，且其原理简单，设计合理且测量精确度较高，能够实时准确监测土壤中凝结水的变化情况，便于分析研究。监测站还研制了一种改进式陷阱收集

器，该专利解决了荒漠土壤动物研究中布设陷阱易被风沙掩埋和动物破坏、无法收回的难题，减少了陷阱投放数量，提高了地表活动节肢动物多样性研究的工作效率。此外，临泽站依据地形地貌及黏土层可能分布状况在沙丘上进行斑块状配置，利用梭梭裸根苗进行栽植造林，采用机械沙障造林，造林当年每穴补充灌水 3—4 次，每次 2 升，成活率可达 90% 以上。

（3）评价荒漠绿洲风沙防护体系防护效应，集成构建防护体系模式

针对建立什么样的绿洲防护体系可做到既保护绿洲免遭风沙危害，又不浪费宝贵的水资源的科学问题，临泽站从防护体系的结构与防护效益、防护体系规模与耗水量两方面入手，以"灌溉植被防风、雨养植被固沙"为思路，开展了基于生态水文相互作用的绿洲防护体系建设范式研究，分析了绿洲边缘防护体系宽度与降低风速、输沙率的关系，以及绿洲内部林网规格与主要作物产量的关系，回答了河西走廊绿洲防护体系配置规模和配置格局的问题。

临泽站通过对流动沙丘、2 龄梭梭固沙区和农田林网内的返青小麦地输沙率和风速的观测，发现流动沙丘与 2 龄梭梭固沙区的风速差别不大，但输沙率明显不同，这表明地表覆盖度的增加会明显抑制输沙率。当地表覆盖度从 0.5%、5%、10% 增加至 80% 时，其输沙率从 8.07g/m、2.36g/m、0.12g/m 降至 0.03g/m。地表覆盖度的增加对沙丘土壤含水量也有明显的提升作用，当地表覆盖度从 0.5%（流动沙丘）增加至 5%（2 龄梭梭区）和 ≥ 10%（20 龄梭梭区）时，沙丘 0—20cm 沙层含水量由 0.7±0.3%，分别增加为 1.1±0.6% 和 2.8±0.9%（何志斌 等，2005）。通过对绿洲防护体系结构、格局、防护效益和耗水关系的研究发现，绿洲与荒漠之间过渡带宽度为 1.5km 左右时，防护效益和节水效益最优。基于此，临泽站提出了以雨养植物为主，以斑块格局配置方式为核心的荒漠—绿洲过渡带人工植被建植技术，总结出集绿洲、荒漠—绿洲过渡带、荒漠为一体，以聚集、斑块和散生格局多种配置为特征的农田林网带、前沿阻沙带、植物固沙带、封沙育草带一体化的绿洲防护体系建设模式。

其中，植物固沙带主要是由荒漠灌木、半灌木、多年生草本组成的天然或人工种植植被带，它可以有效地削弱近地面风速，防止就地起沙。通过对植物固沙带的积沙效应和防护效应的研究发现，风蚀率随植被盖度的减少而增加。植被盖度大于60%、20%—60%和小于20%，分别对应为轻微风蚀或无风蚀、中度风蚀和强烈风蚀。另外，沙源也是风蚀率的一个重要参数，如20龄的梭梭固沙区，其地表覆盖度不足10%，但由于在长期无干扰的情况下形成一层质地较硬的物理结皮，使其输沙率与盖度达80%的小麦地基本一致（何志斌 等，2005）。

前沿防风阻沙林带主要由杨树、沙枣和灌木树种组成，如二白杨、沙枣和柽柳等。临泽站通过调查杨树、沙枣、杨树＋柽柳和沙枣＋柽柳4种类型的阻沙林带积沙厚度和积沙宽度发现，4种阻沙林带都有明显的阻沙作用，但积沙程度存在显著差异。在株行距相同的情况下，沙枣林带的阻沙效果比杨树林带较好，主要原因是阻沙效果与树种的株型显著相关。栽植2年的杨树（树高5m，株行距0.5m×1.0m）比沙枣（树高2m，株行距0.5m×1.0m）的疏透度更高，尤其是靠近地面更为明显。另外，在外缘配置灌木的阻沙林带积沙厚度和积沙宽度均大于没有灌木的阻沙林带（何志斌 等，2005）。

8.4.2 治沙模式演化的分析

经过50多年的摸索与发展，临泽荒漠绿洲治沙模式也发生了很大的变化。20世纪80年代在河西走廊绿洲沙害治理中建立的风沙防护体系无论在稳定性和防护功能方面都很好，但都是以灌溉为主的防护体系。随着对有限水资源高效利用认识的加深以及相关研究的深入，临泽站从生态水文的视角出发，在对荒漠优势植物适应干旱风沙环境的繁殖策略、种群演变以及雨养条件下天然稳定植被格局解析的基础上，揭示了降水量150mm以下绿洲边缘雨养梭梭人工植被能够稳定的土壤条件以及可以更新的降水和管理条件，提出并进行了荒漠绿洲外围雨养植被建设技术研发，该技术极大地巩固了绿洲外围生物的风沙防护效果。

随后，针对荒漠绿洲外围防沙治沙植被的退化问题，临泽站又研发了荒漠绿洲边缘退化植被修复技术以及荒漠绿洲边缘天然固沙植被与人工固沙植被融合建植技术，并进行了示范推广。

荒漠绿洲边缘退化植被修复技术——泡泡刺灌丛沙堆人工修复为例。通过平茬处理技术、不同方式的结皮层处理技术、补施营养物质等技术方法，人工修复后第一年可使退化泡泡刺新生枝与叶片数增加 13%—16%，盖度提高5%。在荒漠—绿洲过渡带，通过天然植被的人工修复，较重新种植人工植被成本降低 80%。天然植被较人工植被有更好的生理生态适应性，退化泡泡刺通过人工修复后有效遏止了泡泡刺沙堆的活化，使其重新固定，对防止绿洲外围的沙漠化、保护绿洲起到重要作用。

荒漠绿洲边缘天然固沙植被与人工固沙植被融合技术。在充分考虑过渡带天然植被分布格局、不同灌木种水分利用来源、个体繁殖和种群扩张特性、不同种对土壤环境效应的影响以及种与种之间的相互作用的基础上，结合以往的植被建设技术，临泽站提出了在降水量小于 120mm 的干旱区绿洲外围采用人工固沙植被与天然植被融合建植技术与方法。这种融合天然植被的荒漠—绿洲过渡带植被建设和生态保育技术，最大程度地利用和保护了天然植被，形成了梭梭—泡泡刺、沙拐枣—梭梭、泡泡刺—沙拐枣—梭梭、泡泡刺—沙蒿的天然植被与人工植被有机融合的混合群落，形成株高 2m 以上（梭梭林）、0.5—1.5m（沙拐枣）和 0.1—0.5m（泡泡刺和沙蒿）的多层次冠层结构，有效增加防风固沙效应。

此外，为了高效利用绿洲水土资源，临泽站还优化集成了荒漠绿洲边缘节水型风沙防护体系的建植技术。在绿洲外围实施封育保护，形成一定宽度的草本植物、灌木相结合的固沙带；在绿洲边缘建设天然植被与人工植被融合的植被防护体系；在绿洲内部建设高标准农田林网，组合形成稳定且具有强大生态服务功能的绿洲生态安全保障体系。绿洲外围的荒漠乔灌木林不仅是绿洲人工防护林体系的延伸，也是联系绿洲与荒漠的过渡带，有效阻止了绿洲的荒漠化，具有极其重要的生态功能。绿洲内部的防护林，同样起着降低风速和改善绿洲生态环境的作用。这样，以荒漠乔灌木林为主体的绿洲边缘荒漠生态系统和以人工林为主的绿洲农田防护林体系有机结合，从空间上实现了绿洲边缘荒漠林与人工防护林体系的生态整合。

在水资源日益紧缺的背景下，农田防护林的配置，在树种选择和网格大小的设计上不仅需要考虑防护林对农田系统的防护效应，还要考虑防护林配置格局的需水和耗水及对农作物的影响等因素。特别是现代农业的发展，灌溉渠系的完善、膜下滴灌等高效节水技术的应用，要求农田防护林网的建设重新进行布局和规划。临泽站在厘清配置树种的耗水与需水规律、林网内气象因素及作物生产力影响的基础上，集成节水型农田防护林体系建设模式。

8.5 干旱沙漠地区生物防沙模式的现实意义

经过几十年的研究和发展，临泽荒漠绿洲边缘防沙固沙植被的建设取得了大量的成果，相关研究成果的推广和应用极大地改善了地方生态环境，也在一定程度上推动了地方经济发展，极大地改善了当地人民的生活。

8.5.1 推动了地方经济的发展

荒漠绿洲边缘防沙固沙植被的建设在一定程度上推动了地方经济的发展，

以临泽县沙产业发展为例，2016 年临泽县沙产业主要体现在以下几方面：一是经济效益显著，结合集体林权制度综合配套改革，由地方政府提供梭梭苗木和肉苁蓉种子，鼓励农户在荒滩沙地上大面积栽植梭梭和接种肉苁蓉，大力发展林下经济，产值可达 3.6 亿元；二是加快果蔬产业的发展。按照"多采光、少用水、不占地、高效益"的沙区产业发展思路，以戈壁荒滩和宜林沙区为主，大力发展沙区果蔬产业；三是沙化土地治理效果明显。通过多种措施相结合的沙化土地治理方法，共治理沙区面积达 5600 公顷，每年直接经济效益超过 4300 万元。

8.5.2　改善了地方的生态环境

一、荒漠绿洲边缘防风固沙区植被变化

通过防风固沙植被建植等技术的实施，部分区域植被盖度由 10% 增加到 35% 以上。其中流动沙丘建植梭梭林后，植被盖度由 3% 以下增加到 30%—40%。泡泡刺沙堆分布区配置梭梭和沙蒿后植被盖度由不足 15% 增加到 40% 以上。2019 年，由于 6—7 月份适量的降水，通过人工撒播的草本植物沙蒿生长繁茂，盖度达 50% 以上。泡泡刺沙堆与梭梭、沙蒿融合区每平方土壤种子库密度由 70—120 粒增加到 260—430 粒。

二、荒漠绿洲边缘防风固沙区土壤风蚀因子变化

2020 年 4 月，对防风固沙区风蚀输沙率的观测表明，建植 3 年的梭梭林和泡泡刺、梭梭、沙蒿示范区 0—20cm 高度的平均风蚀输沙率分别为每分钟 $0.66g/cm^2$ 和 $0.35g/cm^2$，与自然恢复流动沙地对照区比较，风蚀输沙率分别降低 29% 和 63%；小于 0.063mm 颗粒输沙率分别降低了 40.2% 和 61.5%。通过表层 0—5cm 土壤黏粉粒含量、有机质、碳酸钙等土壤性状的测定，对表层沙

面的稳定性、风蚀可蚀性因子等进行估算，进一步验证了防风固沙植被的建设显著减轻了土壤风蚀。

三、荒漠绿洲边缘防风固沙区地下水位监测

对荒漠—绿洲过渡带布设的 20 个地下水位观测井的长期观测表明，植被建设区地下水的变化随季节而波动，季节性的波动主要是绿洲农作物灌溉的影响，但整体无明显的变化。结合近 10 年的观测，过渡带地下水位保持稳定。在绿洲外围种植的人工固沙梭梭，定植 5 年内主要依赖降水维持生长，对地下水的影响有限。

8.5.3 改善了当地人民的生活

荒漠绿洲边缘防沙治沙植被体系的建设通过改善区域生态环境和带动沙区资源开发利用等方式提高了当地居民的生活水平。多年来，临泽县着眼于沙区生态建设和资源高效利用，重点发挥沙区资源优势，大力推动和研发区域特色明显、科技含量高且经济效益突出的沙区产业和产品。同时，巩固治沙造林成果的总体思路，以提高林业综合效益为目标，充分发挥资源优势,兴办绿色产业,以林业建设带动相关产业发展。具体表现为：①以国有林场站、乡村集体林场和行政、企事业单位兴办的农林场等营林生产实体为主，在抓好生态建设的同时，结合多种经营方式，发展高效林果基地建设，提高以临泽红枣为主的经济林面积，增加农民收入。②把沙区治理与开发有机结合起来，以全县农业综合开发示范区为重点，通过改造中低产田和复垦沙压耕地等措施，坚持渠、路和林配套，治理开发沙区土地，最大限度地发挥其经济效益。③重视沙产业开发,充分发挥沙区和林区面积大的优势，积极鼓励和扶持规模养殖和工厂化养殖企业的发展,建立规范化养殖示范点,发展各类规模养殖大户，推动村镇经

济发展，最终提高人民生活水平。④依托丰富的林果资源，形成了林果品加工业，不仅有效实现了农民增收和财政增税，而且为加快县域经济发展注入新活力。

本章撰稿：何志斌　周海　罗维成

附录　吐鲁番沙漠绿洲治沙简述

　　吐鲁番沙漠绿洲是中国西北地区的一个重要绿洲，拥有丰富的农业资源和生态资源。绿洲地区面临的主要问题之一是沙漠化，即沙丘的扩张和土地退化。为了解决这一问题，吐鲁番绿洲采取了一系列治沙措施。例如，在绿洲外围风沙地段前缘建立封沙育草带，在绿洲边缘建立防风阻沙林带，在绿洲农田内部建立纵横交错防护林网等三部分组成的综合防护体系。此外，还采取了植被恢复和土地保护措施，通过种植抗风固沙植物和建设防风林，阻止沙丘的进一步扩散。这些创新的治沙措施不仅为吐鲁番绿洲的可持续发展提供了有效的解决方案，还有助于促进当地农业发展、增加农民收入，保护生态环境和生物多样性。此外，吐鲁番绿洲的治沙创新性还为其他沙漠地区提供了宝贵的经验和启示，推动了沙漠地区的可持续发展。

自然地理位置

　　吐鲁番盆地位于新疆维吾尔自治区中部，是东部天山中的一个较大的山间盆地，土地总面积 70049km^2（低于海平面的面积为 2085km^2）。盆地西起阿拉沟口，东至七角井峡谷西口，东西长约 245 公里；北界为博格达山山麓，南至觉罗塔格山山麓，南北宽约 75 公里。盆地最低处为艾丁湖湖面，低于海平面 154m，干涸最低地为 −161m。湖盆东西狭长约 40 公里，南北宽仅为 8 公里，其面积为 152km^2，艾丁湖现基本上已干涸，成了吐鲁番市开发芒硝和食盐的基地（齐矗华 等，1987；夏训诚 等，1991）。

　　吐鲁番盆地内部虽无高山大川，但两条东西走向、横亘盆地中部的低山丘陵在改变着盆地气候，尤其是对改变大风风速和风向起着重要作用。一条是托克逊县以北、吐鲁番亚尔乡西部，为由一系列雁行式低缓丘陵组成的山地，即盐山，其相对高度仅 100—300m。另一条是吐鲁番以北的桃儿沟至鄯善县城西南兰干村长约 100 公里的雁列式山地，因中新生代红色岩系在干燥气候条件下山体基岩裸露，在阳光照射下远眺似火焰，故名火焰山，海拔一般在230—500m，起伏度 220—400m，最高峰 851m。该山由于其地质构造和大自然的加工，以及《西游记》里的描述，已成为吐鲁番盆地有代表性的景观（齐矗华 等，1987）。

吐鲁番盆地以高温、干燥、多大风而著名。盆地地形低凹，四周高山环抱，地势北高南低，大部分地处海平面以下，受热面积大。加上盆地云量少，太阳辐射强，地表辐射热量不易散发，因此增温迅速。再由于受塔里木盆地热低压的影响，故形成了气温特别高、炎热期长、多干热风的特点。火焰山和盐山东西横亘，使山南山北气候差异显著。高温的中心区即盆地的中心，主要位于山南的吐鲁番市和托克逊县，夏季平均气温在 30℃以上，平均最高气温在38℃以上，极端最高气温主要出现在 7 月中旬，极值达 47.6℃，地表温度多在70℃以上。

吐鲁番盆地深居欧亚大陆腹地，东离太平洋 3000 多公里，西距大西洋6000—7000 公里。海洋气流经过数千公里长途跋涉，且东面受秦岭和祁连山等高地，西面受帕米尔高原、天山和准噶尔西部山地，北面受阿尔泰山，南面受青藏高原和昆仑山的层层阻隔，水汽极难进入盆地内部形成降水。因此，盆地年均降水量不足 30mm，成为我国降水最少的地区之一。盆地降水稀少主要是由于冬季受到干冷的欧亚极地大陆气团的控制，天气较为稳定，只是偶尔在冷锋入境时，才形成少量的降雪；春季盆地迅速增温，气温上升较准噶尔盆地早，极地大陆气团迅速后退与准噶尔盆地形成了较大的气压梯度差，吸引北方气流迅速南下。而北方下来的夹带水汽的气候，在翻越天山到达吐鲁番盆地已是强弩之末，加上受到盆地上升的热空气影响很难形成降水。吐鲁番盆地降水稀少，蒸发却极为强烈，蒸发量要比降水量高出 100—500 多倍。

沙害情况

吐鲁番盆地的风沙灾害危及范围较广，不仅危害着绿洲农田，而且还涉及铁路和公路交通事业。吐鲁番盆地的沙漠面积总共不到 2600km²，仅占新疆沙漠总面积的 0.6%。其中以鄯善县附近的库姆塔格沙漠为主，面积共约 2500km²，其他沙漠则零星分布在盆地的绿洲边缘和内部。

吐鲁番盆地的沙丘基本属于无植被的流动沙丘，沙丘一般高 5m 左右，最高 7m。零星分布的沙丘在大风频繁的作用下，具有超速、单一方向和前进式的移动特点，对下风处的农田、村庄和水利设施造成了极大的威胁。吐鲁番市频发的大风还常常造成地表风蚀危害，因此该地多以风蚀作用为主的雅丹地貌，而被风蚀的物质成为该区域风沙危害的沙物质来源之一。

吐鲁番荒漠与绿洲交错、镶嵌分布，吐鲁番平原绿洲不仅被戈壁、沙漠包围，其内部也分布着许多大小不一的夹荒地，将吐鲁番绿洲分割成了许多面积不等的小绿洲，在每个小绿洲的西北面都有一个"风口"，沙源对绿洲的存在构成威胁。土地风沙危害的形成原因主要是就地起沙。一是山区、戈壁砾石风化形成的砂粒向绿洲迁移、聚集；二是平原绿洲土地风蚀、堆积。前者是自然原因，后者是人类经济社会活动破坏了自然植被造成的恶果，而土地风蚀是吐鲁番绿洲沙害形成的主要原因（夏训诚 等，1991；孙桂丽 等，2022）。

科学问题

吐鲁番盆地除了春季易遭受到严重的风沙灾害外，在春末至夏季，还常有干热风灾害，成为新疆乃至全国的干热风重灾区之一。这是由于盆地与博格达山、喀拉乌成山之间巨大的相对高差，盆地中心在中午以后气温升高很快，而山地温度又很低，山地与盆地中心气候差异悬殊，形成局部范围的气压梯度，盆地中心热空气急剧上升，北部山地冷空气沿坡下滑，气流下降时产生绝热增温，使风的温度高于气温，因此形成了干热风，又称之为焚风。这种风历时较短，多在下午发生，夜晚终止，风速一般不大。干热风虽然风速较弱，不易引起风沙，但因空气湿度小，气温高，也会使农业生产遭受损失（戴湘艳，吕衡彦，2011）。

干热风一般分为三类，中等干热风，风速≥ 5m/s，最高气温在 39—41℃，最小湿度 <20%；强烈干热风，风速≥ 8m/s，最高气温≥ 42℃，最小湿度 <15%；旱风性大风，风速≥ 17m/s，最高气温在≥ 38℃，最小湿度 <15%。据统计，吐鲁番年平均出现干热风 130.8 次，其中，中等干热风为 123.3 次，强干热风 7.2 次，旱风性大风 0.3 次。干热风的出现，往往会使各种农作物脱水、青枯，严重影响小麦灌浆，降低籽粒饱满度，棉花蕾铃脱落严重，葡萄干穗落粒，各种作物开花不孕，最终造成减产（戴湘艳，吕衡彦，2011；李雪，2022）。

治沙模式要点

吐鲁番绿洲风沙治理模式主要是由包括绿洲外围风沙地段前缘建立封沙育草带，绿洲边缘建立防风阻沙林带，绿洲农田内部建立纵横交错防护林网三部分组成的综合防护体系。这三部分的防护作用相互联系、阻防结合，使风沙流的强度受到层层削弱和阻挡（夏训诚 等，1991；宋政梅，2012；阿米娜•帕塔尔，2019）。

绿洲外围前缘建立封沙育草带：在绿洲前沿天然植被遭破坏的地方，逐渐采取封禁的办法（严禁割草、放牧和打柴等）恢复植被。封沙区订立《封沙护草公约》，指派专人看护。根据植被恢复情况可进行"死封"或"活封"。灾害严重地段，或植被覆盖度较低的地段，多采取死封，即严禁破坏。一般死封多年后，植被基本恢复。对已经固定了的沙丘地区，可实行合理轮牧，对多年生草本植物，还可以实行轮割，这样可以解决平原草场饲草不足问题。建立300—500m宽的植被带，提高生草覆盖度。人工灌溉沙地，育草繁殖，引冬季农闲水灌溉沙荒地，冬季农闲水挟带各种植物种子，浇灌沙荒地使其自然生草，或采取人工整地、翻耕播种，然后灌足冬水，利用人工措施大量繁殖沙荒地植物，达到建立植被、增加地表粗糙度、减少风蚀、防治就地起沙或固定外来流沙的目的。

绿洲边缘建立防风阻沙林带：林带沿绿洲边缘等高线延伸，造林先修渠，渠间距4.5m，宽度1.5m，有利于灌溉造林时节约用水，避免盐碱危害。树种配置上，迎风面第一道渠旁栽植两行沙枣，目的在于利用其较强的抗风沙能力起到边缘灌木的防风作用。林中开两道毛渠，按树种隔行混交，每渠迎风面各栽植一行新疆杨和白榆，背风一侧两道毛渠，各栽植一行新疆杨和桑树。

绿洲农田内部建立纵横交错防护林网：树种选择抗逆性较强的白榆、新疆杨、桑树、沙枣、杏树等乔木树种。通过合理配置，构成具有复层林相、稀疏结构的窄林带。林带宽度一般在4—8行，即6—12m宽，以树种行间混交方式栽种，行间距1.5m，株距1—1.5m。防护林网主林带间距在200—250m之间，林网面积多在14公顷以内，形成小的网格。

1971—1972年，中国科学院新疆生态与地理研究所（原中国科学院新疆生物土壤沙漠研究所）科研人员应当地人民政府的要求，与新疆吐鲁番市林业工作站的科技人员一起，成立了吐鲁番红旗治沙站，开始对该地区大面积的沙害进行全面治理。针对吐鲁番市的气候、土壤和风沙危害特点，科研人员从中国西北各沙区广泛引种具有抗风、固沙和耐旱特性的各种乔木、灌木和草本植物，利用坎儿井的冬季农闲水进行灌溉造林试验。经过多次探索和试验，首次建成了以优良固沙植物沙拐枣、胡杨为优势植物种的大面积防风固沙片林和农田防护林网体系，面积近2000公顷，有效地降低了当地的风沙危害，取得了显著的生态效益，成为中国沙漠化治理的重要成果示范基地，引起了国内外的广泛关注。

1975 年，为了巩固和推广已经取得的防风治沙和沙生植物引种研究成果，深入开展固沙植物的引种、繁殖、选择以及生物生态学特性的研究，由新疆生物土壤沙漠研究所、新疆八一农学院林学系、吐鲁番市林业站和吐鲁番红旗治沙站 4 个单位联合规划，在已营建的大面积固沙人工灌木林中，划出 7 公顷土地筹备建设了"沙漠植物系统标本园"和约 2 公顷的引种实验苗圃，主要以国内沙区木本植物为引种收集对象，开始了沙漠植物园的引种、研究与建设前期工作。

1976 年，正式开展了沙漠植物园基础设施建设和科学研究工作。中国科学院新疆生态与地理研究所投资新建了科研和生活居住区，建成吐鲁番沙漠植物园。1985 年，在吐鲁番市人民政府和恰特喀勒乡人民政府的大力支持下，植物园获得了土地证，面积增至 140 多公顷。目前，吐鲁番沙漠植物园已成为中亚荒漠植物资源（物种、基因）储备库、我国荒漠植物多样性迁地保护与可持续利用研究基地和国家科普教育基地。现存活体荒漠植物近 600 种，基本涵盖了中亚荒漠植物区系主要成分类群，隶属 87 科 385 属。其中珍稀濒危特有植物 40 种，特有种 21 种，残遗种 4 种。吐鲁番沙漠植物园立足新疆、面向中亚，辐射热带及亚热带干旱荒漠区，重点开展干旱荒漠（沙漠）区和中亚地区温带荒漠植物区系成分和特殊（战略）植物种质资源的收集、迁地保育，开展极端干旱环境下荒漠植物逆境生理和生态学特性研究，开展特殊（战略）植物种质资源生态经济价值评价，开展沙漠植物逆境生存对策、群落景观及资源可持续利用模式研究，确保国家干旱区植物战略种质资源的安全。吐鲁番沙漠植物园已成为世界上保存温带荒漠植物物种多样性最丰富的种质资源储备库和具有典型温带荒漠景观特征的国际一流科学植物园。

治沙效果和意义

自 1963 年以来，吐鲁番地区普遍开展植树造林、防风治沙，并取得了显著的成效。以吐鲁番地区为例，截至 1985 年，即"三北"防护林体系第一期工程结束时，累计造林保存面积 2650 公顷。其中农田防护林 1134 公顷，总长度 1460 公里；固沙林 980 公顷；经济林 150 公顷；用材林 385.8 公顷。林木总量达 1502 万株，此外还封沙育草保护沙地植被 5332 公顷（夏训诚 等，1991；潘伯荣 等，2001）。

吐鲁番地区通过植树造林防风治沙，以乔、灌、草、带、片、网相结合的防护体系在风沙灾害区已初具规模，大大改善了绿洲的生态环境。封沙育草带的作用在于改变地面的粗糙度，增加地面对气流的阻力，改变近地表表层的气流结构，增加对气流的动量消耗，从而发挥其防蚀阻沙作用。

风沙育草带有以下治沙效果：①降低风速，不同性质的下垫面，具有不同的粗糙几何尺度。因此，当气流从裸露平坦的地表进入草带后，粗糙度可以提高 8—30 倍，对气流的阻力也相应增加 17—26 倍，摩阻流速增加 4—5 倍，迫使近地表气流产生强烈的抬升作用，并随着气流进入草带距离的增加，抬升的高度也相应增加。进入植被层的气流受到摩擦和撞击，消耗了动能，使得植被层内风速大幅度降低。②防止风蚀，封沙育草带的防蚀阻沙作用的大小与草带的植物组成和覆盖度有着密切的关系，根据新疆林业科学院造林治沙研究所观测表明，在风蚀区当植物盖度达到 64% 时，表土免于风蚀；而在风积区，植被覆盖度达到 40%，就可以免于流沙再起。③阻截流沙，草带削弱了近地表层的风速，改变了风沙流的结构，从而可控制砂粒的前移运动，通过对 0—20cm 高度风沙流通量的观测表明，在宽为 50m 草带处所截获的沙量占总输沙量的 80% 左右。大部分砂粒在此草带内沉降下来，而且不易再起，从而阻截了流沙的前移。封沙育草带植被的一个营养周期内，地面集沙厚度平均可达 13cm，可见草类植被带的阻沙效果明显。

防沙林带的作用，在于继续削减越过封沙育草带前进的风沙流速度，并在草带未充分发挥作用之前，阻挡外来流沙入侵绿洲农田。但是不同结构类型的防沙林带具有不同的阻沙效果，没有前沿草带建立的防沙林带，虽然也起到了防风阻沙的作用，但还存在着一些弊端。①防沙林带对风沙流的影响：降低风速、阻截流沙。由于林带对气流的抬升作用以及本身所具有的防风性能，使林带的迎风面或背风面林缘出现一个弱风区，促使气流中在近地面空间呈现跃移和蠕移运动的砂粒，于弱风区沉降堆积，从而制止砂粒继续向绿洲内侵移。②保护田间地表免于风蚀：穿透过林带以后的近地面层气流，含沙量急剧减少，使气流转入不饱和状态，于是有趋向风蚀的发展。但是由于林地的防风作用，使在一定范围内气流的速度始终低于狂野风速，这就减轻了对田间的风蚀程度。③过滤气流：防沙林带如同一个巨大的绿色立体筛，风沙流经过防沙林带的过滤后，不仅使呈跃移和蠕移运动状态的砂粒沉积于林缘附近，而且还使呈悬移运动状态的粉砂和尘埃在随气流透过林带时，被黏附于植物体上或降落于林带之中，从而使空气中含尘量减少。

农田防护林网是农田防护体系的中心环节，在上述防风阻沙措施的密切配合下，农田防护林网可以进一步防风阻沙，改善农田气候条件，保护作物正常生长，达到保障农业生产的目的。

农田防护林网的防风作用不同于孤立的林带。当运行中的气流受到林网第一道林带的阻挡后，气流以接近空旷地的速率（为空旷地风速的 97.8%）进入林带，其作用类似单条林带。从林带上空越过的气流不断地向近地表被削弱的气流传输能量，使近地层风速逐渐增大。但在气流尚未恢复到空旷地风速前，又遇到第二道林带的阻挡，如此反复始终不能恢复到空旷地的风速。同时，后面几道林网均比第一道林网内降低风速的效果好。①农田林网对田间空气温度的影响：因季节、天气条件、下垫面特征等情况的不同而异。一般情况是，春秋季节林地具有增温作用，而夏季具有降温作用。在晴朗无风和下垫面呈裸露状况时，林带对气温的影响趋于缓和，而在有风的天气条件下，则作用更加明显。总体来看，林带在气流的作用下抑制上下层空气的混合作用极为显著。②对空气湿度的影响：林地对农田近地表空气湿度的影响，在炎热的夏季表现极为明显。在林带影响下，最高相对湿度仅提高 2%，而最低相对湿度可以提高 5%—12%（0.8—1.5m 高度）。③林地对农田蒸发力的影响：田间蒸发力的大小代表下垫面水汽向空间散逸的速度，蒸发越大，土壤水分的无效损耗越多。林地对农田蒸发力的影响随着农田与林地距离的增加而减少，最远可达林带背风面 25—35 小时。在吐鲁番绿洲，从边缘到绿洲内部三个相邻的林网内，蒸发力分别减少为 16%、34% 和 43%。

附录撰稿：周杰

第9章
以科尔沁沙地奈曼旗为代表的沙漠化防治和土地利用模式

科尔沁沙地为中国四大沙地之首，沙漠化面积大、程度高，沙漠化进程不断反复，严重限制了地区发展，影响地区生态安全。自 20 世纪 50 年代起，我国政府及国内外学者在该地区陆续开展沙漠化过程防治研究，实施了一系列沙漠化治理措施，逐渐演化出以奈曼旗为代表的一系列沙漠化过程治理技术和治理模式。

科尔沁沙地在进行沙漠化治理的同时兼顾经济发展，立足当下，放眼未来，从更加长远的视角进行可持续的沙漠化防治工作，研究出了一系列具有鲜明特色的"生态—经济系统"式沙漠化治理模式。为其他沙漠化地区的治理提供了成功经验，同时对于推动其地方经济发展、改善当地及周边地区生态环境、改善居民生产生活条件具有重要的现实意义。

9.1 科尔沁沙地考察

9.1.1 考察背景

土地荒漠化是当今世界面临的最大的环境—社会经济问题之一（王涛，朱震达，2003）。科尔沁沙地历史上多次经历沙漠化逆转和沙漠化加重的变化，由于清朝末期和 20 世纪初期的大规模开垦，科尔沁沙地沙漠化大大加剧，致使曾经"地沃宜耕植，水草便畜牧"的科尔沁草原退化为科尔沁沙地。新中国成立以来，科尔沁沙地的流动沙丘为 10.7 万公顷，至 1964 年迅速发展至 24 万公顷，由此引发的自然和社会问题与日俱增（李建东，1996）。每年因风沙灾害造成的经济损失达上亿元，严重影响了当地的社会经济发展和人民生活质量。

党中央、国务院高度重视沙漠化防治工作，自 20 世纪 50 年代起相继成立多个沙漠研究所，针对性地开展科尔沁沙地防沙治沙工作，并多次组织科考队赴科尔沁沙地开展沙漠化进程考察，探索有效的治沙技术和治沙模式。自 20 世纪 70 年代以来，我国在科尔沁沙地相继实施了"三北"防护林体系工程、退耕还林还草工程及京津风沙源治理等一批重点生态工程，截至目前已取得显著成效，科尔沁沙地治理成了中国沙地治理的"优等生"。

9.1.2 考察过程

几十年来，国内外研究学者对科尔沁沙地进行了多次科学考察。20 世纪 50 年代，中国科学院沈阳应用生态研究所（原林业土壤研究所）开始进行科尔沁沙地治理的研究工作（蒋德明 等，2002）；20 世纪 60—70 年代，中国科学院内蒙古宁夏综合考察队对科尔沁沙地风沙灾害及其治理进行了全面的考察（中国科学院内蒙古宁夏综合考察队，1978）；2003 年 8 月，中国科学院沈阳应用生态研究所同中央电视台联合再次对科尔沁沙地进行生态科学考察，考察内容包括草地的退化及其可持续管理、科尔沁沙地水资源状况及问题、荒漠化动态与植被恢复（蒋德明 等，2004）。

受人类活动和气候变化的影响，科尔沁沙地处于不断的变化中，1975—1990 年，科尔沁沙地面积持续增加；受"三北"防护林工程、退耕还林还草工程等的影响，1990 年起沙地面积不断减小（曹文梅，2021）。沙地在地势上呈现南北高、中间低、西高东低的趋势，具有流动沙丘、半固定沙丘、固定沙丘、天然草甸等多种景观，整体呈沙丘—草甸梯级生态系统分布（韩春雪，2019）。根据中国科学院沈阳应用生态研究所蒋德明研究团队的考察结果，科尔沁沙地主要以耕地、草地、林地、固定沙地和半固定沙地为主（蒋德明 等，2004）。

9.2　科尔沁沙地区域条件

9.2.1　地理位置与行政区划

一、地理位置

　　科尔沁沙地位于西辽河中下游的冲积平原，地处东北平原向内蒙古高原的过渡地带（刘建宇 等，2021）。杜会石等人于 2017 年对科尔沁沙地的范围进行了界定，划定松花江、辽河分水岭以南，养畜牧河以北，招苏台河以西，乌里吉木仁河以东的区域（118° 31′ E—124° 18′ E，42° 31′ N—44° 50′ N）为科尔沁沙地覆盖区域，沙地面积 64387.22km²（杜会石 等，2017）。科尔沁沙地为中国四大沙地之首，主要位于内蒙古自治区通辽市、赤峰市和兴安盟的科尔沁右翼中旗、吉林省通榆县以及辽宁省彰武县等地，其中 86.42% 的区域位于内蒙古境内（吴薇，2005）。奈曼旗位于通辽市西南部，是科尔沁沙地最具代表性的地区之一。

二、历史沿革

（1）史前时期

根据岩性分析结果，科尔沁沙地于中更新世就已经形成，至晚更新世晚期面积不断缩小，约 5.4 万—1.6 万年前，沙地面积再次扩大（裴善文，1989）。约 1.2 万年前，末次冰期结束，气候转暖进入全新世时期，沙地范围大大缩小，沙丘大多都被固定，此时的科尔沁沙地为森林、草原相间的自然地理景观（冯季昌，姜杰，1996），但在固定、半固定沙丘中仍有流动沙丘的发生。至全新世中晚期已存在人类活动，沙丘再次被固定，植被生长茂盛，发育沙质褐土和黑垆土（裴善文，1989）。整体认为，自全新世早期至战国时期，科尔沁沙地主要以草原、森林为主，其间短时期内经历了具有少量分散的流动沙丘时期，但并未大量沙漠化。

（2）战国时期至北魏

根据考古发现，战国时期土壤为黑土层，反映了该区域地表植被茂盛，生态环境宜居。自西汉时期起，鲜卑族开始在该区域活动，根据考古证据和古籍记载，此时的科尔沁沙地仍分布大片针叶林或针阔混交林。至东晋南北朝时期，科尔沁沙地南部地区已出现成片的沙漠（冯季昌，姜杰，1996）。

（3）北魏至辽代

北魏时期契丹人开始在科尔沁沙地活动，唐代时科尔沁沙地的沙漠化得到良好控制，又开始呈现森林景观，众多出土的唐代墓穴土质印证了这一点。辽代建立后，契丹人在此大力发展农牧业和手工业，兴建城市和道路。此时的科尔沁沙地水源丰富、河湖众多、人口增加、农业发达、经济繁荣（张柏忠，1991）。

（4）辽代至明朝晚期

由于辽代对科尔沁沙地的全面开发和利用，辽代晚期在科尔沁沙地生态急剧退化，沙漠化迅速增加，达到了沙漠化顶峰，辽代在此建立的州城几乎全部废弃。这种现象一直延续到明代晚期，经历了金、元、明三代漫长的沙化时期，由于人类活动减少以及气候变化，科尔沁沙地进入全面恢复阶段，此时的科尔沁沙地以疏林草原为主，伴有草甸、森林草原及荒漠草原的景观格局（冯季昌，姜杰，1996）。

（5）清朝至今

至清朝时期，科尔沁沙地已全面恢复，植被茂盛，水资源丰富。康熙年间，又对科尔沁沙地开启新一轮的垦荒，发展农业，且规模不断扩大。至 19 世纪初期，大规模的垦荒和农业种植使科尔沁沙地再次沙漠化，虽然政府颁发禁止开荒令，但一直没有得到有效的推行。20 世纪初期，科尔沁沙地的开垦达到史无前例的程度，现代科尔沁沙地的轮廓便是自此时形成的（任鸿昌 等，2004）。

新中国成立以来，国家开始关注沙漠危害，成立多个机构开展沙漠治理工作，其中中国科学院成立与地理、植物、土壤、林业等与沙漠科学相关的多个研究所，并建立治沙队开展沙漠研究与治理，形成了一系列治沙模式并提出众多生态恢复举措。但由于科尔沁沙地人口快速增长，土地过度开垦，科尔沁沙地的治理仍面临较大的挑战（朱震达，1991；杜云，2021）。

9.2.2　区域条件

一、自然条件

科尔沁沙地地处温带半干旱大陆性季风气候区，年均温 3℃—7℃，年均降水量 350—500mm，绝大多数降水集中在夏季，年蒸发量 1500—2500mm（赵哈林，张铜会 等，2000）。科尔沁沙地地处中纬度西风带，春秋两季风向变化频繁，夏季以偏南和西南风为主，冬季以偏西或偏北风为主，年均风速 3.5—4.5m/s，最大风速 19—31m/s（王涛 等，2004）。

科尔沁沙地总体西高东低，南北高，中间低，海拔高度 180—650m，北部以大兴安岭及其丘陵地区为主，中部为西辽河及其支流长期活动形成的冲积平原，南部为黄土丘陵区，整体主要由黄土台地、低山丘陵、漫岗和丘岗之间的低地与侵蚀沟谷组成（赵哈林 等，2003）。该区域的典型地貌特征为沙层分布广泛且丘间平地开阔，形成了坨甸相间的地形组合（李金亚，2014）。

科尔沁沙地土壤以栗钙土、黑钙土、栗褐土为主，由于沙漠化影响，大多已演变为风沙土，占总土壤面积的 84.3%，以固定风沙土、半固定风沙土为主。该区域土壤质地粗、结构差、有机碳含量较低、保水保肥能力差，不适于植物生长。区域内以半干旱地区植物种为主，按土壤基质适应性可分为盐生植物和沙生植物。盐生植物主要包括芨芨草、隐花草、碱茅、滨藜、碱蓬等，沙生植物主要包括沙蓬、沙生冰草、芦苇、光沙蒿、黄柳、怪柳等（李金亚，2014）。区域内水资源较为丰富，年均水资源总量约 124 亿 m³，大部分地区地下水位较浅，矿化度低（赵哈林，张铜会 等，2000）。

二、人文条件

科尔沁沙地总人口 542.88 万人，居住着汉族、蒙古族、满族、回族、朝鲜族、鄂伦春族、苗族等 40 多个民族，其中绝大多数为汉族和蒙古族，是多民族大杂居、小聚居的典型区域（舒心心，2019）。截至 2019 年底，赤峰市、通辽市、兴安盟的生产总值分别为 1708.38 亿元、1267.26 亿元、520.05 亿元，人均国民生产总值远低于全国平均水平（杜云，2021）。

9.2.3　沙害成因

一、自然因素

从地质学角度讲，科尔沁沙地在地质时期属于松辽古大湖的一部分，构造运动引起大湖隆起，最后消失，在地表形成了粉砂层，成为现代科尔沁沙地的起源（任鸿昌 等，2004）。沙性土是沙漠化发生的物质基础，伴随着较大的风速，便会引起沙漠化（韩国峰，况明生，2008）。从气候角度出发，科尔沁沙地地处温带半干旱大陆性季风气候区，主要特征为干旱、多风，这是沙漠化形成的动力因子。此外，该地区地处生态脆弱区，植被稀少，抗干扰能力差，无法固定沙丘，这些因素共同导致了科尔沁沙地的形成（图9.1）。总的来说，科尔沁沙地沙漠化形成的气候因素与近一个世纪以来干旱多风、降水量减少、气温升高等气候条件密不可分。

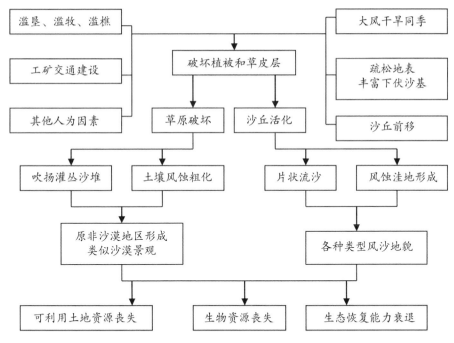

图9.1 科尔沁沙地土地沙化形成过程（舒心心，2019）

二、人为因素

科尔沁沙地在人类历史上不断正向、逆向地发展，除自然因素外，主要由人类不合理的活动导致，如过度种植、过度放牧、砍伐森林、不合理的灌溉管理措施、工矿交通建设等（图9.1）。历史上很长一段时间内，科尔沁沙地的植物生长茂盛、水资源丰富。由于其良好的自然条件，自战国时期起便有先民在此地区开展农业、牧业活动，尤其至辽代和清代，政府大规模推行垦荒政策，严重破坏了该地区的生态平衡，一度造成科尔沁地区流沙面积不断扩大、沙漠化逐渐失控（裘善文，1989）。此外，人口剧增、经济发展也是沙漠化的重要因素。人口增加势必带来资源需求的增加，进而造成过度的开发和不合理利用，从而导致沙漠化加剧。

总的来说，科尔沁沙地的形成是自然因素和人为因素共同作用的结果。人类活动的干扰使得原本就脆弱的生态系统失衡，从而加速该地区的沙漠化进程。

9.3 科尔沁沙地治理模式

9.3.1 主要治沙技术

研究人员在反复的实践中探索出生态经济圈营建技术、农林牧立体种植，复合经营技术、飞播造林技术、沙地衬膜水稻种植技术、植物再生沙障技术等十余项沙地治理与综合开发利用技术，并被广泛地应用于科尔沁沙地的治理中。

一、飞播造林技术

飞播造林技术是通过飞机播种实现大规模造林的一种造林治沙技术，普遍应用于荒漠化土地的治理中。20世纪末，通辽市在科尔沁沙地南缘开展了大规模的飞播造林，并取得了一定的成效。飞播造林技术适用于地下水位0.5—10m、植被覆盖度3%—12%、丘间低地开阔、沙丘相对高差小于15m的沙地（马秀丽，2010）。科尔沁沙地飞播造林主要树种包括莽吉柿、小叶锦鸡儿、沙打旺、草木樨等。

二、沙地衬膜水稻种植技术

沙地衬膜水稻种植技术是指在荒漠化土壤铺设衬膜并栽培水稻的技术。荒漠化土壤质地较粗、漏水漏肥、养分含量极低，不适宜植物生长，但通过铺设衬膜可以形成防渗层，防止水肥流失。通过科学的水肥管理措施即可实现沙地变耕地，既可以防风固沙，又能够提高土地生产力，防止土壤污染（王婷，2006）。沙地衬膜水稻种植技术由内蒙古自治区哲里木盟农业科学研究所与中国科学院兰州沙漠研究所合作在奈曼旗首先试验成功并推广，具有产量高、经济效益高、节水、节肥、省工等特点（王贵平，1995）。截至2021年，科尔沁沙地水稻种植面积已经达到5000亩，并且构建了自己的"沙米"产业链，形成了自给自足的荒漠化地区循环经济体（付金晶，2021）。沙地衬膜水稻种植技术适用于水分条件较好的风沙区。

三、植物再生沙障技术

植物再生沙障技术是针对高大流动沙丘发展的治沙技术（曹显军 等，1999）。该方法将一、二年生的沙生灌木植被（踏郎、黄柳、杨柴等）的硬枝条在初春或秋末时按一定间距插入流动沙丘，通过植被的生殖繁衍形成植物沙障，实现固定沙丘的目的（张文军 等，2007）。经过多年的研究试验，科尔沁已经形成了一套成熟的植物再生沙障搭建技术，并将这些技术广泛应用于科尔沁沙地高大流动沙丘的治理中。以巴林右旗为例，使用植物再生沙障技术，3年时间使流动沙地植被覆盖度由15%提升至85%，治理面积达4000

公顷，成为典型造林治沙改革试验示范区。综上，植物再生沙障技术是一种可再生、可持续、经济实用的防沙治沙技术，适用于年均降水 300—400mm 的半干旱区，均匀分布的流动沙丘或沙垄、沙带的沙地（赵廷宁 等，2002）。

9.3.2　主要治沙模式

1985 年以来，中国科学院成立了奈曼沙漠化研究站、乌兰敖都沙漠化试验站，进行科尔沁沙地防沙治沙理论研究和模式探讨，取得了一系列成果。如奈曼沙漠化研究站提出的"生态经济圈"、乡村户三级"生态网"以及"多元系统"等治沙模式，乌兰敖都沙漠化试验站提出的"四位一体"庭院经济模式、丘间低地生态经济模式等。这些成功的沙漠化治理模式大幅逆转了示范区沙漠化进程，改善了生态环境，提高了农牧民生活水平（王蕾，哈斯，2004），为今后科尔沁沙地及类似地区全面开展沙漠化土地综合整治和开发利用提供了重要的理论和实践依据（王涛，赵哈林，2005）。

一、生态经济圈模式

生态经济圈模式又称"小生物圈模式"，该模式以户或联户为单位，按水、草、粮、林、经五项配套综合建设生物圈，为沙区环境建设、经济发展提供新思路（柴永江，李吉人，1997；朝伦巴根 等，2004）。具体实现方法是选择水热条件较好、面积大于 1 公顷的沙丘低地（甸子），在上方建房修棚打井，以居住区为核心建设生产保护区，包括中心区、保护区和缓冲区（图 9.2）。中心区为围封条件较好的坨间低地，外围种植乔灌林带，内围种植牧草，中心建设小管机井和基本农田。中心区的作用是提供粮食和燃料，保护区内农田不受风蚀。保护区位于中心区外围，用刺铁丝围建数十公顷的草库伦，起到固定流沙作用，实现有计划的封育和放牧。缓冲区位于保护区外围，再划定一部分区

域，只对流动、半流动沙丘进行封育，其余区域进行放牧。此外，修建一条马
路穿过三个区域，将居住区与外界相连。

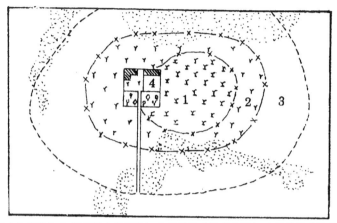

1.中心区（全封育）　2.保护区（半封育）　3.缓冲区（局部封育）　4.居住区（住房、棚圈）

图9.2　生态经济圈模式示意图（韩天宝，赵哈林，1997）

　　生态经济圈模式解决了开发与保护、农业与牧业、生产与生活的关系，
实现以小规模开发换取大面积生态保护与建设的效果。它既满足小面积开发农
牧户生产生活需要、改善和提高农牧民的生活水平，又保证大范围生态治理与
保护，获得良好的生态效益，最终实现人与自然的和谐相处及资源的永续利用
（闫德仁，闫婷，2022）。该模式适用于以牧为主的坨甸交错区，目前已在科尔
沁沙地奈曼旗及其周围地区推广实行，极大地促进了当地的沙地治理工作。

二、乡村户三级"生态网"模式

　　"生态网"模式按照一定的规划和技术要求，在大规模范围内营造网格化
的防风固沙林带，从而使每个网格形成各具特色的小型生态系统，再针对其地
形、土壤、水分条件制定治理措施，改善网格生态环境。该模式需要由乡政府
组织，各村进行具体实施，适用于开阔的沙质平地或低缓起伏沙地。中国科学
院奈曼沙漠化实验站自建站以来，配合奈曼旗政府进行生态网的建设，使区内

流动沙丘得到了有效的控制（赵哈林，赵学勇，2000）。

三、"多元系统" 模式

"多元系统" 模式是以村为单位进行沙漠化治理的一种模式，它将自然村看作一个系统，按照自然要素的配置格局和社会要素的组合特点，开展对资源、环境、生态的全面整治和资源、经济、技术的综合开发，从而实现植被迅速恢复、生产水平大幅度提高、农民生活明显改善。采取的主要措施包括：①调整土地利用结构，将原有低产农田退耕还牧；②平整土地，大量建设基本农田；③调整种植结构，引进经济林木和作物，推广优良品种；④引进和推广沙地治理和农牧业生产的先进技术；⑤封沙育草，植树造林，加强对植被的保护和草地的合理利用；⑥增加对农业生产的投入；⑦压缩家畜数量，发展规模养殖,畜牧业走舍饲化道路,减少对草场的破坏；⑧控制人口数量，推动人口高质量发展；⑨加强村级组织的建设和管理；⑩给予适当政策优惠（赵哈林，赵学勇 等，2000；郭云义 等，2009）。该模式主要适用于以农为主、具有较大甸子地的坨甸交错区。

四、"四位一体" 庭院经济模式

"四位一体" 庭院经济模式是指将沼气池、猪舍引进冬暖式日光温室，建成 "温室—沼气—猪舍—蔬菜" 的种养模式（任英才，范书芳，1999）。庭院经济模式共包括三个子系统，蔬菜、葡萄生产子系统，生猪生产子系统以及沼气能利用子系统（郭云义 等，2009）。该模式以沼气为核心，借助沼气发酵，使系统内物质能量实现多级利用，并通过各个子系统间的物质、能量转换将种植业、养殖业和沼气三者紧密结合，保护农业生态环境，具有较高的经济效益、生态效益和社会效益，目前已在科尔沁沙地中广泛应用（胡平 等，2006）。

五、丘间低地生态经济模式

丘间低地生态经济模式是针对丘间低地的特征形成的治沙模式，该模式以丘间低地为单元，从丘间低地底部至顶部分别划分为水田圈、果树经济林圈、草方格生物固沙带（简称"三圈一带"），从而形成"水稻坐底、果树镶边、杨柳缠腰、沙障封顶"的沙区丘间低地生态经济模式（王蕾，哈斯，2004）。

9.4　科尔沁沙地治理的科学性和时代性

9.4.1　治沙的科学性

一、土壤研究

沙漠化的本质是以风沙活动为主要标志的土壤退化，土壤风蚀是干旱、半干旱区土壤退化的主要驱动因素（李玉霖 等，2019）。因此，土壤研究是沙漠化防治的前提。科尔沁沙地土壤以栗钙土、黑钙土、栗褐土为主，土壤物理稳定性较低，极易发生风蚀，是土壤沙化发生的内因。随着沙漠化的发生，土壤黏粒、粉粒被逐渐移除，土壤逐渐演化为沙化土壤（苏永中 等，2004）。科尔沁沙地沙化土壤主要包括风沙土、生草沙土、草甸沙土、栗钙土型沙土，其中绝大部分为风沙土（李钢铁，2004）。风沙土又分为固定风沙土、半固定风沙土和流动风沙土，其特征表现为土壤砂粒含量较高、导水性较强、养分含量较低、土壤团聚体含量较少，不适宜植物生存和生长。

因此，科尔沁沙地沙漠化治理以风沙土治理为主，经过多年的探索，发展出一系列风沙土治理模式。影响风沙运动的因素主要包括风力、沙源及其粒度、下垫面性质等（张文军，2008）。几十年来国内外学者进行了大量的风沙土理论研究，中国科学院寒区旱区环境与工程研究所的赵哈林研究员等人研究了风沙土的风蚀特征，明确了不同风速下不同类型风沙土的风蚀率，为防治土壤风蚀提供了有效的科学依据和理论指导（移小勇 等，2006）。张华等（2002）研究了科尔沁沙地不同类型沙丘的风沙流结构与变异特征，揭示了输沙量的变化规律及植被特性和地表特性对输沙量的影响，为风沙区植被重建提供了科学指导。

综合分析科尔沁沙地现有风沙土治理模式和治理技术，不外乎植被恢复和土壤改良两种主要手段。植被恢复一方面通过减小风速、根系固定等方式限制风沙流动，另一方面通过改善土壤结构、增加土壤有机质含量和养分含量实现土壤改良、减少沙源。土壤改良则主要用于改善土壤结构及理化性质，减少沙源，主要包括化学改良、物理改良及生物改良。化学改良是指在土壤表面喷洒化学土壤改良剂等物质改良土壤性质，土壤改良剂可显著提高土壤团聚体含量，增加土壤储水能力和保肥能力（周磊 等，2014），近年来在科尔沁沙地得到广泛应用。物理改良指通过工程措施设置机械沙障、改善土壤结构的土壤改良方法，科尔沁沙地通过沙地衬膜技术在砂质土壤底层铺设防渗层，从而物理实现保水保肥的效果。生物改良则是通过一系列植被恢复措施实现土壤改良的目的。多年来中国科学院专家及国内外学者不断进行以土壤研究为基础的沙地治理研究，为科尔沁沙地的治理和可持续发展提供了有效的科学依据。

二、植物研究

恢复与重建植被是土地沙漠化综合防治中最主要和最基本的措施（蒋德明等，2008）。近几十年来，我国在科尔沁沙地进行了大规模的植被恢复与重建工程，产生了显著的成效。然而，水分条件是干旱、半干旱区植被建设的重要制约因素（崔国发，1998）。因此，植被的选取和造林密度是沙地植被恢复与重建的关键。大量种植高耗水的人工林会消耗沙地水分，导致植物因土壤水分亏缺而死，难以实现持续发展的目标。科尔沁沙地在几十年的植被恢复中也存在一定的问题，如大面积人工固沙林发生退化、植被配置结构不合理、人工植被类型不明确等（李钢铁，2004）。为了实现沙地治理的可持续发展，国内外众多学者针对如何提高造林成活率、植被的选取及造林密度的确定等方面进行了深入的理论研究，通过大苗深植、根苗造林、截干造林、缝植造林等技术提高造林成活率（叶凤山 等，2008）。科尔沁沙地最初造林所选取的人工植被主要为榆树、樟子松、油松、小叶杨、沙棘等（李进 等，1994），由于初期种植密度过大及所选树种的高耗水特性，导致了"小老树"等现象，植被恢复不可持续。研究表明，科尔沁沙地地处典型草原地带，土壤水分有限，不适合森林生态系统，而疏林草原是最适合科尔沁沙地的植被群落结构（李钢铁，2004）。经过不断地探索，科尔沁沙地逐渐形成了以榆树、樟子松等疏林草地为主的造林模式，并将该模式广泛应用于科尔沁沙地的治理中。

三、沙地特征研究

明确沙地特征及演变趋势对于科学制定沙地治理措施至关重要。沙地特征研究主要从地形地貌特征、气候特征两方面研究出发。

科尔沁沙地生态环境脆弱，抗干扰能力较差，随着气候变化及人类活动的干扰，生态环境遭到破坏，在风力作用下逐渐形成各类风沙地貌，主要包括沙丘（坨子）、缓起伏沙地（沙沼）、丘间低地（甸子）及冲积平原，其中大部分为沙丘与沙沼（刘新民 等，1996）。沙丘又分为固定沙丘、半流动沙丘及流动沙丘，其中大部分为固定沙丘及半流动沙丘。在风力作用下，流动沙丘会不断扩散，吞蚀草场和农田（张铜会 等，2000）。因此，流动沙丘面积虽小，但危害巨大，流动沙丘的治理是沙漠化防治中最困难和最关键的一步（李玉霖 等，2007）。在几十年的治沙过程中，流动沙丘的治理一直受到广泛关注。不同的沙丘类型应采用不同的治理手段，对于流动沙丘，由于其原生植被稀少、土地沙化明显，需要在人为干预下科学地进行植被恢复；对于半流动沙丘和固定沙丘，则以保护现有植被为主。20 世纪 50 年代以来，科尔沁沙地一直呈现发展—逆转的过程；20 世纪 90 年代起，科尔沁沙地流动、半流动沙丘面积不断减小，固定沙丘面积增大，表明沙地治理已经展现出成效（左小安 等，2009）。

气候特征是沙漠化主要成因之一，因此，研究沙地气候特征、气候变化及可能产生的生态环境效应也是沙漠化防治的关键。科尔沁沙地为温带半干旱大陆性季风气候区，近一个世纪以来干旱多风、降水量减少、气温升高等是科尔沁沙地沙漠化进程的重要推手。同时，沙漠化又成为气候持续干旱的原因（杨树军，张学利，2005）。气候特征研究一直以来受科研人员关注，用于指导科尔沁沙地的植被建设过程和治沙模式发展。

9.4.2 治沙模式演化分析

科尔沁沙地治理模式的演化可以分为三个阶段，即 1977 年以前的流沙治理阶段、1977—1985 年的沙漠化过程及其整治的区域性综合研究阶段以及1985 年以来的沙漠化机理及其整治的典型研究阶段（王蕾，哈斯，2004）。

早在 1953 年，中国科学院林业土壤研究所就与辽宁省固沙造林试验站一起，针对东北平原西北部农田的风沙危害问题在科尔沁沙地彰武县开展流动沙丘治理试验研究，比较系统地研究了工程和生物固沙措施，积累了中国流沙治理的最早期经验（蒋德明 等，2002）。20 世纪 60—70 年代，中国科学院内蒙古宁夏综合考察队对科尔沁沙地风沙灾害及其治理进行了全面的考察（中国科学院内蒙古宁夏综合考察队，1978）。1972 年以后，中国科学院兰州冰川冻土与沙漠研究所在奈曼地区开展了铁路两侧沙漠化土地生物固沙治理试验。1975年以后，中国科学院沈阳应用生态研究所在内蒙古翁牛特旗的乌兰敖都和白音塔拉开展了以防风固沙和改良草场为目标的生物群落改造和生境改善方面的试验示范工作。这一阶段为沙漠化防治的摸索阶段，未形成成熟的治沙模式及治沙技术，但取得了大量的基础数据，为后续研究提供了基础（蒋德明 等，2002）。

1977 年以后，中国沙漠科学的研究重点转向已经遭受或面临沙漠化危害的半干旱及部分半湿润地区的沙漠化过程防治研究（王蕾，哈斯，2004）。在这个阶段，不同的专家学者多次考察科尔沁沙地，并综合论述了科尔沁沙地的分布、成因、演化及整治情况。

1985 年以来，中国科学院成立了奈曼沙漠化研究站、乌兰敖都沙漠化试验站，针对科尔沁沙地生态系统退化原因、受损过程以及退化生态系统恢复重建的生物学原理、技术途径等问题展开研究。除此之外，一大批地方科研单位在科尔沁沙地部分地区开展的固沙造林、改良沙化草场和技术成果推广等活动也取得了许多成功经验（李钢铁，2004）。

9.5 科尔沁沙地治理的现实意义

荒漠化是限制地区发展、影响生态安全的重要因素。荒漠化发展会带来生产力的下降、自然灾害的增加、生物多样性的减少，进而影响人类的生存环境。科尔沁沙地的治理对于推动地方经济发展、改善当地及周边地区生态环境、改善居民生产生活条件具有重要的现实意义。

9.5.1 推动了地方经济的发展

科尔沁沙地治理过程中产生了一系列的经济效益。第一，科尔沁沙地治理过程中大面积营造基本农田和林地，截至 2022 年，通辽市累计完成造林

2566.69 万亩，其中经济林面积达 100 万亩，大大增加了土地生产力和农民经济收入；第二，科尔沁沙地发展了生态经济圈模式、多元系统模式等一系列沙地治理模式，充分利用沙地的特点，人工构建复合生态系统，在完成沙地治理的同时获取更多的经济效益；第三，科尔沁沙地在进行生态治理的同时，发展出一系列的沙地产业，如沙地水果、沙地药材等，具有巨大的经济效益（亢彦清，李永桩，2013）；第四，沙地治理使科尔沁沙地形成了独具特色的沙地旅游文化景观，从而促进沙地旅游业的迅速发展，并通过旅游业带动餐饮、交通等的进一步发展（汪海洋，2017），截至 2022 年，通辽市已发展 A 级景区 23 家，旅游业收入达 77.31 亿元，接待国内游客 720 万人次；第五，沙地治理提供了大量就业岗位，实现就业结构的调整，大大提升了居民的收入水平。

9.5.2　改善了地方的生态环境

经过几代人的不懈治理，科尔沁沙地沙漠化进程已被显著遏制，在四大沙地中率先整体实现了治理大于破坏的良性逆转，沙地面积大幅度减少。截至 2019 年，其主体区域通辽市森林覆盖率提高 14.2%，土壤蓄水量增加 4.7 亿 m^3，900 多万亩水土流失土地、1500 万亩农田、2000 万亩草牧场得到有效保护，年沙尘暴次数下降 60% 以上，生态环境得到显著改善（李昌隆，2021）。目前，通辽市已初步构建起乔灌草和带网片相结合、功能完备的区域性生态防护体系，有效防治了干旱、洪涝、风沙等自然灾害。

9.5.3　改善了当地人民的生活

科尔沁沙地的治理不仅重点针对流动沙丘进行防治，对于居民的生活环境治理也是重中之重。以通辽市为例，实施了"城郊百万亩森林""重点区域绿化"等工程。科尔沁沙地通过将乔灌花草相结合、落叶树与常绿树相结合进行大面积绿化，建立了国家级森林乡村 30 个，自治区级森林乡村 440 个，完成通道绿化 3500 多 km（李昌隆，2021）。此外，科尔沁沙地的治理推动了当地的经济发展，人均国内生产总值大幅提升，人民生活条件显著改善，人民幸福感显著提升。最后，"多元系统""生态经济圈"等沙地治理模式实现了农牧区人口布局、产业布局、种养业布局和生态建设布局的调整，改变了当地的生产经营方式，为农牧民带来更多的经济收入，提高了居民的生活质量（杨丽华等，2009）。

本章撰稿：牛连涛

第 10 章
以黄淮海平原为代表的沙地改造利用治沙模式

    黄淮海平原是中华民族的重要发祥地之一，但域内风沙化土地较多，在 35 万 km² 的大地上有风沙化土地约 203.3 万公顷，占总面积的 5.8%（朱震达，1986）。其中，河南 81.5 万公顷，占 40.1%（河南省土壤普查办公室，2004），山东 5.54 万公顷，占 2.7%（山东省土壤肥料工作站，1994）；分布在河南新乡—内黄的沙带，以延津等县最为集中（李根明，2011；李根明 等，2013a，2013b；李根明 等，2015）；分布在鲁西北黄河冲积平原区的沙带，又以禹城等县市最为集中（许越先，1985；高安，1989，1993，1994）。此间沙地因地处半湿润地区，既有沙漠化土地特点，又有独特之处——风季与旱季同步，植被生长、枯落与沙漠景观消长相吻合，所以称其为"沙化土地"，从景观季相来定义，称为"季节性风沙化土地"，以有别于我国干旱、半干旱区的沙漠化土地（朱震达，1986；王涛，吴薇，1999；王涛，2003）。

10.1 黄淮海平原沙地考察

10.1.1 考察背景

    历史时期黄河多次决口、泛滥、改道，在黄淮海平原形成的大量沙化土地，以延津和禹城较为典型，面积分别为 45000 公顷和 2000 公顷（高安，1989；陈梧桐，2006；李根明 等，2015）。冬春遮天蔽日的风沙，给区域人民的生产、生活带来了严重的危害，制约了当地农业经济发展和人民生活水平（马程远，1953）。为摆脱缺衣少粮的窘境，摘掉贫穷落后的帽子，1966 年，中国科学院和中国农科院深入该区，拉开了区域风沙治理的序幕（陈广庭，1989；杨正明，黄仟庭，1989）。

为探索该区的土地整治、开发和利用，中国科学院确立沙化土地防治为重要课题之一。1985—1987 年，中国科学院兰州沙漠研究所经过考察论证，相继在延津和禹城建立研究站（山东省禹城县史志编纂委员会，1995；延津县史志编纂委员会，2009），配合国家黄淮海平原开发战略，治理风沙化土地，改善生态环境，科学有效地利用沙地资源（韩月香，1995）。

黄淮海平原，既是我国政治、经济和文化的中心地带，又是我国重要的工农业生产基地。该区水热条件较好，区内风沙化土地土性较强，具有较大的利用潜力，是我国宝贵的土地资源。如能消除或减弱风沙化土地的旱涝、风沙等障碍因子，其所蕴藏的资源优势较容易被激发和利用（韩致文 等，1995）。

随着我国社会经济的快速发展，城市化进程和社会主义新农村建设不断推进。伴之而来的是耕地、林地、未利用地和建设用地之间的快速转换，耕地保护压力日趋增大。同时，国家耕地占补平衡政策对应的"十八亿亩耕地"红线和粮食直补鼓励农民种粮等相关政策，把粮食安全放在了很高的位置（李根明 等，2015）。在此大背景下，如何唤醒沉睡千年的沙地，使其服务"三生"（生产、生活、生态）空间、服务国计民生，把黄淮海平原沙地科学防治的意义提到前所未有的高度（牟月芳，2019）。

10.1.2 考察过程

一、考察团队

考察带头人河南农业大学资源与环境学院李根明副教授，是中国自然资源学会土地资源专业委员会委员、河南省地理学会理事和省高校科技创新人才。他长期从事黄淮海平原季节性风沙化土地利用研究，作为河南省农业资源优化工程技术研究中心主任，先后带领其团队对延津和禹城等处的沙地进行了考察。

二、考察范围、沙地的分布情况

河南省沙地面积 81.5 万公顷，占黄淮海平原沙地总面积的 40.1%，分布在新乡—内黄的沙带，其中又以延津等县最为集中。延津沙地南起新安乡，东北至丰庄乡的秦庄，呈带状由西南向东北贯穿县境中部，总面积约 4.5 万公顷，占全县总面积的 47.6%。其中高度在 3m 以上的大中型沙丘占地 6700 公顷，3m 以下的小型沙丘 4300 公顷，风蚀沙地 2400 公顷，其他沙荒 3.17 万公顷。本区沙地除零星的片状流沙、流动沙丘、半固定和固定沙垄沙岗外，绝大部分为缓起伏沙地和平沙地，呈带状分布于因黄河泛滥改道所形成的决口扇或古河床区。

山东省黄淮海平原沙地主要分布在鲁西北黄河冲积平原区，其中禹城市沙化土地为 2200 公顷，面积由西南至东北逐渐减少。禹城北部的北丘洼、辛店洼和沙河洼三个洼地风沙危害最为严重，总面积 1098.8 公顷，地势自西南向东北缓缓倾斜，坡降 1/5000—1/7000。

10.2　黄淮海平原区域条件

10.2.1　地理位置

延津和禹城为黄淮海平原风沙化土地典型区。延津县位于河南省北部，黄河北岸，地理坐标为 113°57′ E—114°46′ E，35°07′ N—35°29′ N。自东北部顺时针依次与滑县、封丘、原阳、新乡县、卫辉市和浚县接壤。县域南北长 45.5km，东西宽 42.5km，总面积 886km²。禹城地处山东省西北部，徒骇河中游，地理坐标为 116°22′ E—116°45′ E，36°42′ N—37°12′ N。自东北部顺时针依次与临邑、齐河、茌平、高唐和平原五县（区）接壤。市境南北长约 58km，东西宽约 33km，总面积 990km²（山东省禹城县史志编纂委员会，1995；延津县史志编纂委员会，2009）。

10.2.2　自然条件

延津和禹城同属黄河冲积平原，地势平坦，起伏较小。总地势均为西南高，东北低。由黄河挟带的大量泥沙，在多次泛滥后形成的冲积平原，大体可分为古黄河高滩区、黄河故道区和陂洼区三种微地貌类型。延津海拔为 65—70m，禹城海拔为 19—22m，地面坡降为 1/7000—1/10000，有利于农业机械化和农田水利建设。

延津和禹城分属黄河、海河流域。延津地表径流河渠较大的有 7 条，分别是东孟姜女河、大沙河、柳青河、文岩渠、人民胜利渠、东三干、南三干，多为引黄干渠。地下水流向和地势基本上一致，为西南—东北向。多年浅层地下水总储量约为 1 亿 m³，占全县水资源总量的 58.5%。禹城市水资源主要包括地表径流、引黄干渠和地下水资源三部分；徒骇河、赵牛河、苇河等较大河流纵贯全市，过境径流量丰富；潘庄引黄干渠穿越该市，境内长 36km。全市地下水可供利用水资源约 1.2 亿 m³（延津县史志编纂委员会，2009；山东省禹城县史志编纂委员会，1995）。

两处同为黄河流经和泛滥的地方，受黄河多次决口的影响，成土母质分为冲积物母质、风积物母质两大类。在紧沙、慢淤、澄清碱的成土规律作用下，沙地分布零星，垂直方向层次分明。

延津和禹城自然条件优越，适宜多种动植物生长繁衍。据 20 世纪 80 年代的植物资源调查，延津县内植物有 169 科，832 种，其中栽培植物 201 种，森林植物 132 种；据 1997 年野生动物资源调查，县内有动物资源 6 大类 24 目 90 科 352 种。禹城境内植物品种约有 330 种，其中树木 150 种，粮食 55 种，棉花 2 种，油料 18 种，烟、麻 4 种，蔬菜 65 种，药材 14 种，饲草 2 种，水生植物 16 种，绿肥植物 4 种；动物品种约有 82 种，其中陆生 48 种，水生 34 种（延津县史志编纂委员会，2009；山东省禹城县史志编纂委员会，1995）。

10.2.3　沙害成因

黄淮海平原沙地沙害是由自然和人为因素共同作用造成的，其中自然因素是必要条件，人为因素是催化剂。

一、自然成因

（1）黄河的形成和泛滥

黄河既是黄淮海平原的塑造者也是其众多灾害的源头，如果不是黄河带来的泥沙沉积，这里很有可能还是汪洋大海。黄河是黄土高原通向华北平原的输沙通道，其形成无疑对黄淮海平原沙地沙害的形成具有先决作用。黄河水的挟沙能力在中上游极强，在下游因水流变得平缓而挟沙能力大为减弱，致使黄河在黄淮海平原呈现易淤、易决和易徙的特点（陈梧桐，2006；李根明 等，2015）。

（2）黄土高原水土流失

黄土高原年降水量一般为 300—700mm，但分布极不均匀，主要集中在7、8、9 三个月，且多暴雨。据统计，黄土高原水土流失面积高达 43 万 km^2，年输入黄河泥沙量 16 亿吨，90% 以上泥沙源自黄土高原段（陈梧桐，2006；李根明 等，2015）。

（3）华北平原地质构造

区域性河流的演化受到基底构造的控制，这在地质学上有明确认识。黄河在华北平原的历次改道，多沿着某条断裂带行河。黄河古道，在流出桃花峪之后，不是径直东流入海，而是作北东方向流动一段距离以后才东流入海，明显受到基底活动构造的影响（陈梧桐，2006；李根明 等，2015）。

（4）气候及地理位置

黄淮海平原多年平均降水量为 500—600mm。年际和季节变化较大，超过80% 集中在 6—9 月份，冬春降水不足 20%，年均蒸发量 900—1400mm。冬春两季多大风，风旱同期、植被枯萎，极易形成风沙化土地。

沙地沿古河道方向的带状分布及沿泛滥决口扇的片状放射分布，是黄淮海平原沙地沙害分布的主要特征。水力方向决定了沙物质的总体分布规律及较大沙地的延伸方向。本区地处太行山东侧，地势平坦，南北气流通畅。由于地处北半球，惯性作用使近地表气流有向右偏转的趋势。加上太行山与泰山对该区的东西挟制，冬春季近地表气流盛行风向为东北或北北东，使沙地沙害主体呈东北—西南走向（陈梧桐，2006；李根明 等，2015）。

二、人文成因

黄淮海平原沙地沙害与我国农业开发历史悠久、人口众多等人文因素所导致的加速侵蚀密切相关。我国作为世界上重要的农作物栽培起源区之一，农业的发展在养育了具有多源一体特征的中华文明的同时，也使中国的水土流失不断加剧。铁器的出现、历代的大兴土木和战争、人口增长、不合理的土地利用方式、引黄灌溉问题及政策层面的问题等，都可能成为黄淮海平原沙地沙害的原因。

（1）铁器的出现

社会生产力的发展，表现在生产工具上。随着秦汉时期铁器工具的普遍使用及牛耕技术的推广，人们得以借助锹、铲、斧、锯和犁子等铁制工具将更多林草地变为农田，人类改造自然的能力提高。同时，金属冶炼和烧陶也耗用不少木材（陈梧桐，2006；李根明，2015）。

（2）历代大兴土木和战争

历代王朝大多建都于黄淮海平原、关中平原及其附近地域，作为畿辅重地人口大增，伴之而来的是大兴土木修宫殿、城邑、陵墓。每每朝代更迭更是"楚人一炬，可怜焦土"式的推倒重来。结果是大量的树木被砍伐，伴之而来的是黄土高原的水土流失，以及更多泥沙被带到黄河下游。

（3）人口的增长

和土地荒漠化相似，华北平原沙地沙害也是人地关系矛盾的结果。夏、商、周的人口数量在1000万左右。先秦西汉时期，我国的人口出现了第一个高峰，为春秋战国时期的2—3倍。人增地减，陡坡开荒，引起严重的水土流失（陈梧桐，2006；李根明，2015）。

（4）不合理的土地利用方式

人类不合理的土地利用方式，譬如城市化程度过高、人为破坏植被、过度采用水资源等，都会使得土壤干旱、风化侵蚀加重，进而出现土地沙漠化（陈梧桐，2006；李根明 等，2015）。

（5）引黄灌溉

由于黄河水挟沙较多，到了下游河床变宽、流速变缓，挟沙能力下降致使黄河在该河段泥沙沉积，河床高于沿岸地表而成为悬河，这种高差成为沿黄河地区引流灌溉极其便利的条件。但河水泥沙含量极高，所挟泥沙易在渠道、农田沉积下来而成为沙地的新沙源（陈梧桐，2006；李根明　等，2015）。

10.3　黄淮海平原沙地治理模式与技术创新

10.3.1　治理开发技术

一、平丘固沙工程技术

黄海平原大面积沙地起伏不平，有许多沙丘和陂洼，易旱易涝。平丘固沙工程是沙地开发利用的基础，从 1988 年开始大规模实行平丘固沙工程。

（1）平丘固沙。工程挖填方工程量较大，研究人员用方格网法或断面法计算工程量和具体点位的挖填数量。平整沙丘土地时尽量做到格田内部挖填平衡，有特殊要求情况时，尽量做到区域土方平衡，做好土方调配，降低工程量。工程多用东方红拖拉机推平沙丘。

（2）灌排建设与林、路配置。根据农作物灌溉制度，结合区域地表、地下水灌溉水源情况，设计完善配套的沟渠灌排工程，辅之以生产道路和防护林网。渠分为干、支、斗、农四级渠系，道路分为主、次干道和田间道路，林带分主、副林带。

经过平丘固沙工程实施，基本形成田成方、林成网、渠相通、路相连的格局，初步实现旱能浇、涝能排的稳产田（杨喜林，1996；许德凯　等，1999；许德凯，李兴田，2001）。

二、农田防护林体系建设技术

结合风沙化土地的气候干旱、土质瘠薄和风蚀严重等环境特点，植树造林、增加植被是改善自然环境、进行生物防治的根本措施。建立乔灌草相结合的生物防护体系，对风沙防治具有较强效果。据测定，当沙地植物盖度为10%时，风速减低率为10%—20%；盖度为10%—20%时，风速减低率为20%—40%。因此，农田防护林体系建设成为开发利用风沙化土地的一项基本生态工程（段争虎，1995；高前兆，张小由，1996；高安，吴诗怡，1996）。

（1）林带走向。由于黄淮海平原风沙地貌形成发育的风动力主方向为东北向。主林带理应为东南东至西北西向，与主风向垂直。但为便于施工和照顾当地习惯，而将主林带设置为近于东西走向。这样主风向与林带交角减低0—20°，防风作用降低8%—9%。

（2）林带间距和宽度。主林带间距150m，副林带与主林带垂直，间距250m，方田总面积3.75hm²（含林带、道路、沟渠所占面积）。主副林带与沟渠和道路走向一致，沿沟渠两侧各栽4行乔木，行距1m，株距2m，株间栽植灌木1株。在沟渠2个坡面上各栽旱柳1行，株距4m，绵柳2行，株行距1m×1m，具有护坡作用。道路宽分别为4m和6m。林带、沟渠和道路占方田面积的23%—25%。10—15年后，沟渠里侧的4行林带采伐利用，退林还农后林带占方田面积的18.4%—20.7%。由于施工时客观因素的影响，某些方田的主副林带间距比设计的间距偏大，致使林渠路所占面积比例相应减少。

（3）树种选择。乔木树种以各种杨树为主，其次为泡桐和刺槐等；灌木树种为白蜡条、荆条、紫穗槐和妃柳等；沟渠坡面为旱柳和绵柳等。目前，延津、禹城风沙化土地的农田防护林网主要以杨树为主；泡桐种植数量越来越少，刺槐因其根系繁殖快但难以成才而日渐淘汰，白蜡条和荆条等灌木树种也因生产生活中编篮、编筐、编荆笆等需求变少而减少种植（张小由，1993；杨喜林，1996；许德凯 等，1999；段争虎，刘发民，2000b；许德凯，李兴田，2001）。

三、沙地经济林建设与栽培技术

沙地种植果树等经济林是治理风沙危害、发展沙区经济的有效途径。果树种植品种的选择和更新是增加果品产量、提高果品质量的关键。根据我国果品生产形势和果树品种发展趋势，结合黄淮海平原风沙化土地的自然特点，遴选适宜于区域优先发展的果树品种，能对黄淮海平原风沙化土地果树的发展和优质果品生产起到积极的推动作用（孟庆法，侯怀恩，1995；苏培玺，1996；李晓云，2000；刘发民，高前兆 等，2000）。

适宜区内推广的优良果树品种有：①苹果，如新嘎拉、珊夏、新红星、华帅、优系富士等；②桃，如源东大白桃、莱选一号、离核毛桃、粘核毛桃等；③油桃，如美味、早红珠、曙光等；④杏，如二花曹、张公园杏、玛瑙杏、美国凯特杏等；⑤李，如牛心李、红心李、大石早生、李王、莫尔特尼等；⑥梨，如红香酥、七月酥、新高等；⑦桑葚，如黑珍珠，白蜡皮；⑧葡萄，如美国红提、美国黑提、无核白鸡心、里扎马特、京亚、藤稔、大粒六月紫、早生高墨、醉金香等（孟庆法，侯怀恩，1995；李晓云 等，1996）。

仅以苹果为例，介绍栽培技术要点如下：①砧的选择：用矮化砧MM7、MM106作中间砧，结果早，收效快，矮化密植，产量高（株行距 2m×3m），便于管理。②疏花疏果：因花序座果率高，要严格进行疏花疏果，留单果，叶果比按（30—40）∶1 为宜。③加强肥水管理：收果后早施基肥（腐熟有机肥）、追肥；花前及幼果膨大期追施果树专用肥或碳铵；结合喷药，前期根外喷施0.3%尿素，后期喷施 0.5%磷酸二氢钾。④修剪技术：加强夏季修剪，拉枝调整方位和角度，以促成形；调整树体生长和结果，采取疏、控、刻、扭、割、剥等措施，缓和树势；冬剪按小冠自然纺锤形修剪，短截中干、延长头，逐年疏除或回缩生长过密、影响通风透光的枝条；修剪技术必须在加强土、肥、水综合管理的基础上，才能达到最佳的效果。⑤病虫防治：清净果园，消灭病虫寄居场所，萌芽前地面喷施 300 倍五氯酚钠，树体全面喷施 5 度石硫合剂；

若发现蚜虫，及时喷施 3000 倍"蚜虱净"，防止金纹细蛾用 2000 倍"灭幼脲三号"，6 月上旬喷施 3000 倍"螨死净"一次性防治红蜘蛛；此后可用杀菌剂交替使用防治轮纹病、炭疽病。冬剪后树体喷杀菌剂一次（李晓云，杨传友，1998；荔克让 等，2000）。

四、沙地培肥改土技术

（1）合理利用土地，以林促农

土壤风蚀是加速土地风沙化的主要动力，合理防护林体系的建立是改造风沙化土地、进行沙地农业开发的前提，在农林间作或果农间作的立体种植地块，由于林木防风的巨大作用，常对农田具有明显的经济效益和生态效益。反过来，在沙地开发初期，农作物既可以弥补林果不能迅速产生较大效益的不足，又可以增加林果行间的盖度，有利于防治风蚀，抑制田间杂草和培肥地力，从而取得以果护农、以农养果的效果。

（2）发展水利，合理灌溉

水分不足是影响黄淮海平原风沙化土地肥力提高的又一关键因子，该区除利用自然降水灌溉外，也尝试利用地下水和地表水进行补充性灌溉。试验结果表明，灌溉不仅提高了农作物产量，而且增加了复种指数，如小麦在灌溉条件下单产可达 4500—5250kg/hm^2，相当于旱作小麦的 2.5—3 倍；西瓜单产量 37500—60000kg/hm^2，相当于旱地瓜的 3 倍以上。不仅如此，由于灌溉沙地由原来的一年一熟（花生）改为两年三熟（西瓜＋油菜＋花生）或一年两熟（小麦＋棉花），使土地利用率大为提高。此外，灌溉使人们对土地的投入大量增加，使土壤肥力得到明显提高，对控制土壤风蚀作用明显。

（3）发展绿肥，以地养地

风沙区一般是人少地多，化肥和农家肥远不能满足大面积农业增产的需要，加之沙地漏水漏肥现象严重，所以一般耕地土壤肥力较低。而沙区实行大力发展绿肥，以地养地则是肥田增产和改良土壤的有效途径。实践证明，在风沙化土地上种植草木樨、红豆草、紫花苜蓿、红三叶等牧草作为绿肥，对改良土壤和提高肥力效果明显。经测定，绿肥种植一年后，土壤的容重由 1.33 降为 1.26，土壤干筛团粒中小结构（< 0.25mm）在 0—60cm 土层内的比例平均由 35.14% 升为 43.5%，大结构（> 0.25mm）的比例平均由 64.86% 降为 56.5%，有机质由 5.4g/kg 增至 6.3g/kg。

（4）增施化肥，提高地力

只有增施化肥，才能从根本上解决风沙化地区人少地多、有机肥少的情况，才能快速提高土地生产力，增加人们对土地的投入和提高土地的产出，从而增加秸秆返还的数量。通过增加土壤自身内部的物质循环，在沙地开发初期，实行"施无机肥为主，无机促有机，有机促地力"的施肥模式。

（5）合理施用磷肥，并注重微肥的施用

风沙地上普遍缺磷，施用磷肥有明显的增产效果，是行之有效的增产措施。施用磷肥须注意，宜作种肥施用，随播种直接施入根际，以提高磷肥利用率；在磷肥不足的前提下，最好优先把磷肥施在豆科作物（包括绿肥）上，起到以磷增氮的作用。微量元素在土壤中含量很少，但与植物生长的关系极为密切。沙地保肥能力弱，缓冲容量低，极易引起微量元素的缺乏，特别是硼、镁、锰、锌等植物生长必需的微量元素。所以，适当施用微肥，对于保证作物持续的高产、稳产非常重要（施来成，杨喜林，1995；王晓娟 等，1999；段争虎，刘发民，2000b；董智 等，2008）。

五、沙地农业立体种植技术

黄淮海平原风沙化土地相对贫瘠，在土壤不断改良的同时，可以充分利用区域良好的水热资源，发展沙地立体种植农业。农林复合经营便是在农业实践中探索出的一种典型的沙地农业立体种植技术，也是集生态、经济和社会效益为一体的人工复合生态系统。

沙地农业立体种植主要集中在果粮间作立体种植和林粮间作立体种植两种模式。由于林木根系与作物争夺水分、养分，再加上树冠遮阴，影响林带附近农作物的生长，进而影响农作物的产量和质量。在此，选取果粮间作立体种植中的"枣粮间作"介绍沙地农业立体种植技术。

枣树与间作粮食作物存在时间差，发芽晚、落叶早、年生长期比较短，其根系集中分布在树冠内 30—70cm 深的土层内，而间作农作物的根系则集中分布在 0—20cm 的耕层内，彼此之间基本不争水分。加之枣树冠较矮，枝疏叶小、遮光程度小，对间作农作物的光照强度和采光量影响不大，在黄淮海平原风沙化土地区较受推崇。

枣粮间作立体种植模式可分为：枣主粮辅、粮主枣辅和枣粮兼顾三种模式，分别适合人少地多、人多地少和人地均衡三类地区采用。沙地枣粮间作农业立体种植技术的关键在于调节好枣树与间作农作物之间争肥、争水、争光的矛盾，实现枣粮的互惠互利双丰产。其种植技术要点如下：①掌握适当的栽植密度：行距大小对空气温度、湿度、光照和风速都有明显的影响，也是影响枣粮产量的重要因素；因此要根据栽培目的因地制宜统筹安排；以枣为主的行距 6m 为宜，以粮为主的行距 15m 为宜，枣粮兼顾的行距 8m 为宜。②选择适宜的栽植行向：行向对枣树产量有一定的影响；实践证明，南北行向栽植枣树，冠下受光时间较均匀，日采光量也大于东西行向的日采光量；因此一般以南北行向栽植枣树为宜。③适当控制枣树高度：树体高度与接受直射光量多少有一定关系；为了提高光能利用率和经济效益，树体高度应控制在 6m 以下，树干高度 1—1.5m 为宜。④合理修剪控制树形：研究表明，树冠形状对枣树和间作农作物的生长及产量有不同程度的影响；树冠郁闭枝条拥挤，通风透光不良，结果部位外移，座果率下降，并且加重了对间作农作物的影响；因此，树冠形状以疏散开心形为宜。⑤间作农作物选择配植：选择适宜间作农作物进行合理的配植，是调节枣树与间作农作物"三争"矛盾的重点技术之一；选择的间作农作物应具备物候期与枣树物候期相互错开、植株矮小、耐阴性强、生长期短、成熟期早的特点；根据实践经验，冬小麦、大豆、豌豆、绿豆、红小豆、玉米、谷子、芝麻、花生和棉花等都比较适合和枣树间作（牛步莲，1993，孟庆法，侯怀恩，1995；武继承 等，1998；刘发民，肖生春，2000；肖生春，刘发民，2000）。

10.3.2 季节性沙化土地基本治理模式

一、治理原理

季节性沙化土地的治理原理是根据区域土壤、气候、水文等自然特征，充分发挥黄淮海平原风沙化土地所在区的光热资源优势和水资源优势，抑制风沙劣势（高前兆，刘发民，2000）。采取建设护田林网、果粮间作立体种植、林粮间作立体种植和农作物轮作种植等治理模式，充分发挥季节性沙化土地的生产潜力。

二、治理模式的效益

通过护田林建设、果粮间作、林粮间作和轮作等模式，风沙化土地区取得了较好的生态、经济和社会效益。首先在生态效益方面，大幅度提高了地表粗糙度，近地面风速显著降低，控制了起沙风速，扬沙概率降低。土壤表层机械组成颗粒变细，土壤持水量增加，土壤有机质含量增多，营养成分提高，土壤抗风蚀性能大为提高。这对阻止土壤进一步风沙化、改变生态有明显的作用。护田林网在产生前述生态效益外，还产生了直接经济效益。绵柳和紫穗槐从栽后第二年起，每年可平茬供编织用，乔灌木每年都有增值，农作物种植更是为当地居民带来实实在在的收益。沙化土地治理产生的良好生态、经济效益保障了粮食安全，提升了广大群众参与治理、开发风沙化土地的积极性，提高了农民的科技意识，播下了科技致富的种子，为沙区人民提供了一条致富的途径（中国科学院兰州沙漠研究所延津试验站，1996；陶贞 等，1996；张春来 等，1997；张小由，段争虎，1997）。

三、治理模式的适用范围

根据自然地理条件和地域特点，在黄淮海平原广袤的风沙化土地上，护田林建设、果粮间作、林粮间作和轮作等模式大多都能较好地使用。但客观考虑到我国的风沙化土地治理开发规模和质量主要受制于当地水资源，所以对于黄淮海平原个别特殊地域，特别是域外地区，在沙化土地治理时，一定要充分考虑区域的水热等气候特征。

四、沙地改造开发（禹城试验示范区、延津沙地生态农业模式）

禹城试验示范区位于县城北 30km 的沙河地区。沙河地区受张集、辛店两乡（镇）管辖，其风沙化土地均为历史上黄河泛滥后的故道，总面积 1098.8hm^2，是全县三个洼地（北丘洼、辛店洼、沙河洼）最北部的沙洼地，以风沙危害闻名于县。该区风沙危害的沙源一是来自农田腹部的密集的流动沙丘，二是来自缓平沙地或垦后的沙质农田，其危害的方式有流沙前移吞蚀农田、风沙割打禾苗和就地起沙等。

沙地改造开发采取"治中求用，用中重治"的原则以及"水利先行，林草紧跟，草田车轮作，综合利用"的整治措施。治沙人员通过查清沙源，根据沙丘的类型、风沙危害状况及立地条件等特点，"因地制宜"进行综合治理，合理安排农林牧用地，固定沙丘，防止风沙再起，使生境处在一个相对稳定的生态系统之中，取得了较好的经济、社会和生态效益，并且该模式得到推广应用

（王宏年，2000）。根据该区风沙危害状况，治理措施如下：

（1）农田毗邻流动沙丘地段

该地段流动沙丘密集、沙源丰富、风沙频繁、沙害严重，既有沙丘前移埋压，又有风沙流的危害。主要采用营造防沙、阻沙林带的措施以切断沙源，林带的配置结构应包括控制风沙流和固定沙丘两个组合内容。

（2）农田毗邻零星分散的流动沙丘地段

沙地在开发利用中，境内常有分散孤立的单个沙丘，其面积一般小者10—20亩、大者50—100亩不等。据此，应视人力、财力采用"不用不平，急用先平，小平大不平"的措施进行平沙造田。1987年春，该区首垦2000亩沙地，辟为示范田，其中包括200亩科学试验田作为超前技术试验研究基地，以期应用推广。

（3）缓平沙地就地起沙地段

该类型沙地面积大，以细砂为主，占粒级组成的70%以上，植被盖度低。开发利用后地面植被被破坏，沙面活性增强，极易形成人为沙化。为此，应结合水利措施，开渠引水、平沙造田，垦后及时灌溉，以水压沙，适时播种。做到"水利先行，林草紧跟，草田轮作，林农并举"，当年开发当年种植禾苗，可增加地表盖度，防止风蚀沙埋，减少就地起沙。

营造农田防护林应同渠、林、路建设相结合，形成配套技术。渠系分为干、支、斗、农四级，道路分为主、次干道和田间道路，林带分主、副林带。主干道路面宽8m，林带宽10m，支渠配套株行距3m×2m，渠道边坡两侧栽植旱柳，毗邻支渠农田边缘以泡桐镶边。次干道路面宽6—8m，林带宽8m，株行距3m×2m，隔行混交。田间路面宽4m，株行距3m×2m。防风固沙林和农田防护林的树种选择，应注意筛选抗逆性强、速生、寿命较长和经济效益高的树种。实践表明，泡桐、毛白杨、泰青杨、紫穗槐等是该区较适宜的树种（杨泰运，1992；许德凯，2001）。

豫北延津风沙化土地于 1988 年开始进行中低产田综合开发治理建设，采用以井灌沟排的水利系统，为沙地提供了有效水分；建立完善沙岗林地和林带防护系统，控制区域风蚀沙化；实施沙地土壤的培肥系统，稳定增加沙土的有机质和矿物营养元素；还通过建设成片的果园经济林子系统、沙地农业种植子系统和草食畜牧业养殖子系统，以果、农、林地之比为 3∶4∶3 的结构，建立了 110hm² 的沙地农业科技开发试验示范区，初步取得了治理开发黄河故道沙荒地的经验。通过 12 年的建设，该地区已初步建立起沙地林果业生产系统、特色农业种植生产系统和草食畜牧业生产系统，从而构成了一个沙地农业生态系统（陈国雄，1992；韩致文，1998）。

10.4 黄淮海平原沙地治理的科学性

10.4.1 治沙的科学性

黄淮海平原沙地治理是针对土地沙化而进行的。治理过程中，注重科学分析域内的土壤、植被、水温、大气等条件，对沙地治理与资源开发起到了因地制宜、综合施策的关键作用。

一、沙区土壤科学性分析

黄淮海平原风沙化土地机械组成以细砂为主，0—25cm 土层细砂占各级颗粒含量的 70.5%，25—50cm 土层占 80.1%。结构松散，颗粒间的孔隙较小，孔隙度 40% 左右，易通气透水。物理性黏粒含量较小，胶结作用小，小风速作用下可使砂粒起动，起沙风速为 4m/s；在植被盖度为 25% 时，起沙风速为 4.8m/s。土壤质地为松砂土，结构差，有机质含量低，氮、磷、钾元素贫乏，pH为8.2。这种沙地开垦初期与北方沙漠相比具有一定肥力，含有铁、锌、锰、硼等大部分微量元素，但含量普遍很低（张小由，1995）。

由于国民经济发展的需要，开发黄淮海平原沙荒地和盐碱地成为国家"九五"和"十五"的重点攻关课题。风沙化土地改良后有很大的变化：①改良后的土壤中小于0.002mm的颗粒平均含量比沙土增加了1.83倍，土壤性质发生逆转，小于0.005mm范围颗粒组成达13%以上，比沙土增加9倍；②经改良后土壤中的平均粒径变小，由沙土变成砂质壤土，分选性变差；③经改良后的土壤抗风蚀颗粒增加了6—10倍，使沙土的流动性大幅降低，有利于固沙；④逆转后的土壤水分物理常数发生变化，田间持水量、最大分子持水量、毛管上升高度、孔隙度均比沙土大1—1.5倍，而恒定渗透率则比沙土减小45.2%，明显更具有保水特性；⑤逆转后的土壤水分变化明显，砂质壤土剖面含水量比沙土增加了50%—70%，并且40cm以下土壤水分含量保持在10%以上，可满足植物生长的需要，适应旱季农业生产。半湿润风沙化土地经多年改良，土壤特性发生的变化表明，半湿润沙地经人为合理改良后，会迅速逆转，从而为黄淮海平原风沙化土地的治理提供了强有力的支撑（王晓娟 等，1999；段争虎，刘发民，2000a）。

宏观上，延津和禹城同为黄河流经和泛滥的地方，受黄河多次决口的影响，成土母质分为冲积物母质、风积物母质两大类。在紧沙、慢淤、澄清碱的成土规律作用下，土壤种类较多，分布零星，垂直方向层次分明。延津土壤分为潮土类、风沙土两个大类，7个亚类，11个属，45个土种。延津县土壤面积7.77万公顷，潮土类6.67万公顷，约占土壤面积的85.9%；风沙土类1.10万公顷，约占土壤面积的14.1%。禹城土壤种类主要分为潮土、典型潮土和盐土，面积占可利用地面积分别为43.42%、54.35%和2.23%。

二、沙区植物科学性分析

豫北地区植被种类繁多，而植被枯落季节正是风沙开始活动季节。土壤风蚀强度随地形不同而异，由植被种类和盖度大小决定。根据果粮间作和林粮间作立体种植实践经验，优选出冬小麦、大豆、豌豆、绿豆、红小豆、玉米、谷子、芝麻、花生和棉花等比较适合与杨树和枣树等果树间作的粮食。为改变黄淮海平原沙地近地表风沙活动微环境，优选出沙打旺、草木樨、苜蓿黑麦草、高丹草及箭筈豌豆或毛苕子等作为治理风沙化土地的牧草。

沙漠研究所延津试验站围绕豫北地区风沙化土地的整治和高效开发利用，就豫北沙地果树发展和果品质量的提高，开展了"豫北沙地果树的适宜树种选择及其高产、优质、高效栽培技术"研究。先后从国内外引进 228 个果树品种，进行引种栽培试验。对引进的 70 个苹果品种、84 个桃品种、18 个杏品种、8 个李品种、32 个梨品种、2 个桑葚品种、16 个葡萄品种进行了引种观察试验，筛选出 41 个适宜于豫北风沙区栽培的优良果树品种，有效地推动了豫北沙地果树的发展和优质果品生产。

三、沙区水文科学性分析

水是干旱区农业生产和造林的主要限制因子。对半湿润禹城沙地来说，虽然沙地水分条件好，但春、秋两季降水较少，又是植物和农作物生长发育的开始和结束时期，长期的干旱会造成植物枯萎，加上这两季风速较大，引起土壤风蚀量增大，给农业生产和居民带来危害。所以必须对本区沙地水分动态进行研究，对影响沙地的水分因子作深入分析，以便合理利用水资源，保证植物的正常生长和减少风对地面的破坏作用，服务黄淮海平原治理。

沙地土壤水分随季节变化划分为春季失水阶段、夏季降水补给阶段、秋季失水阶段和冬季调整阶段。研究人员通过对沙土土壤水分动态监测，分析其土壤水分剖面变化，得知地下水位较高，水埋深度因地形而异，草滩地为 1—

2m，平缓沙地 3—5m，沙丘缓坡 5—7m。可将土壤水分垂直剖面划分为表层 0—10cm 或 0—20cm 干沙层、20—40cm 土壤水分变化剧烈层、40—80cm 土壤水分活跃层和 80—120cm 以下土壤水分深部稳定层。地下水矿化度为 0.5—1g/L，pH 为 7.8，渠水矿化度和井水相近，水质较好。平沙造田，开渠引水，建成果园后即可利用地表黄河水和地下水资源。

延津和禹城分属黄河、海河流域。延津地表径流河渠较大的有东孟姜女河、大沙河、柳青河、文岩渠，人民胜利渠、东三干和南分干渠。前 4 条为旧河道或洼地开挖的排水河，雨季有较大径流，平时多为上游的引黄来水，后 3 条属引黄灌渠。地下水流向和地势基本上一致，由西南向东北。多年浅层地下水总储量约为 10142 万 m³，占全县水资源总量的 58.5%。禹城水资源主要包括地表径流、引黄干渠和地下水资源三部分。徒骇河、赵牛河、苇河等较大河流纵贯全市，径流量丰富。潘庄引黄干渠穿越该市，市内长 36km。全市地下水可供利用水资源约 12000 万 m³（高安，1995；陈国雄，1995；冯起，1995，1996）。

四、沙区气候科学性分析

气候对农作物的分布、熟制、产量以及旱作与水田工作方式的选择等农业生产都有极大的影响。光照、气温和降水、风力对黄淮海平原季节性风沙化土地、典型区土地的治理与收成具有重要影响。

延津和禹城同属暖温带大陆性季风气候，季风进退和四季交替较为明显，大陆性气候特征明显。冬季盛行偏北风，夏季盛行偏南风，春秋两季属于过渡性季节。春季干旱少雨，冷暖多变，风沙多；夏季炎热，雨量集中；秋季天高气爽，气候宜人；冬季干冷少雨雪。延津多年平均气温为 14.06℃，极端最高气温 39.5℃，最低气温 -16℃，平均日照时数为 2400h，降水量 656.3mm，蒸发量为 1456.4mm，太阳辐射总量 4980MJ/m²，≥0℃积温 4562℃·d，≥10℃

积温为 2985℃·d，无霜期平均 204 天，年平均风速为 2.4m/s，全年盛行偏北风和偏南风；禹城多年平均气温 13.1℃，降水量 582mm，蒸发量 1884.8mm，太阳辐射总量 5225MJ/m²，日照时数 2640h，≥ 0℃积温 4951℃·d，≥ 10℃积温 4441℃·d，无霜期 200 天，平均风速为 2.1m/s，盛行偏北风和偏南风。

延津和禹城超过 80% 主要集中在每年的 6—9 月份。蒸发量随着气温上升而增加，随纬度增加而递减，冬、春两季的大风为风沙活动提供了动力条件。加之冬春季节缺雨少雪，风旱同期，植被枯萎，干燥的土壤表层土质疏松、黏力差，极易形成风沙化土地。因此，冬春季节是沙地改造利用重点关注的时期。

五、沙区社会经济科学性分析

重视科学治沙宝贵经验积累，实现生态、经济和社会效益多赢。黄淮海平原沙地治理通过改善生态环境、提高土地生产力和农业产值，为当地经济发展提供了有力的支撑，促进了相关产业的发展。沙地治理提高了空气质量，改善了当地居民的生活环境和生态环境。同时，推动了科技创新和人才培养，提升了地区形象和旅游价值，为当地社会经济发展做出了重要贡献。

10.4.2　治沙模式的演化

延津和禹城治沙模式的演化经历了地方自主和国家主导两个阶段。地方自主阶段从新中国成立持续到 1983 年。20 世纪 50 年代初，农户自发培育树苗，在风口及沙丘大量栽植野生槐树苗、杨柳、红荆条等。1962 年后，重点开始封沙造林，对每个无林和少林沙丘，逐个密植造林。但在开垦荒地的过程中，陆续出现乱砍滥伐，致使风沙重新为害。

1983 年后进入国家主导阶段。继延津县防沙治沙工程列入国家基建项目后，1985—1988 年，中国科学院兰州沙漠研究所针对黄淮海平原地区风沙荒漠土地面积大的特点，经过考察论证，相继在延津和禹城建立沙荒土地整治开发研究站。1988 年，国务院正式启动黄淮海平原农业开发，延津和禹城被首批列入黄淮海平原农业综合开发县。国家主导阶段更加注重科技运用，治沙模式不断演化优化，护田林网建设、果粮间作立体种植、林粮间作立体种植和农作物轮作种植等模式得到广泛应用。

护田林网旨在建立乔灌草相结合的生物防护体系。林带走向与主风向垂直，为便于施工和照顾当地习惯而设置为近东西走向。主林带间距 150m，副林带与主林带垂直，间距 250m，方田总面积 3.75hm^2。树种选择乔木以各种杨树为主，其次为泡桐等，灌木树种为紫穗槐等，沟渠坡面为旱柳等。

果粮间作立体种植模式中，根据沙地条件，分为以果为主的果粮间作和以粮为主的果粮间作两种类型。果粮间作立体种植选用的果树品种苹果、桃等具有生长快、结果早、丰产性好的特性，杏树等耐贫瘠、寿命长，在当地有悠久栽培史。选用的低秆作物具有用地和养地特点。以粮为主果粮间作类型的作物若选用棉花和小麦，应和大豆、绿肥作物轮作或在树干两侧留一定面积种植绿肥，在花期压青或刈割后覆盖于树盘，保证沙地肥力。

林粮间作立体种植模式中，林以防风片林和速生丰产林为主。充分利用林间空地是提高沙地开发效益的途径之一。不同的林间空地，种植模式有异，原有片林的林间空地，地力薄、树木大、风沙危害较严重，以种植红薯为主。新发展林地的林间空地，多间作花生、大豆、小麦和棉花（时明芝，2003）。

农作物轮作种植模式中，为保证沙地的生产力，农作物均采用轮作种植方式，3 年为一轮作周期，轮作物选择绿肥作物（苜蓿、秣食豆、沙打旺和箭筈豌豆等）和养地作物大豆。每周期内至少种植一茬绿肥作物，花期压青。棉花、玉米、小麦等高肥水作物避免重茬，新垦沙荒地多种植大豆、红薯和花生。

黄淮海平原沙地通过科学的方法和手段，积极开展防沙治沙工作，在这
一过程中，注重时代特征和现代技术的应用，积极推广和应用现代农业技术、
生态修复技术等先进的科学技术和方法，提高了治理工作的效率和质量。沙地
通过治理，改善了生态环境，提高了土地生产力和农业产值，促进了农村经济
发展和农民增收，为子孙后代留下一个更加美好的生态环境和发展基础。

10.5 黄淮海平原沙地治理的现实意义

10.5.1 推动了地方经济的发展

黄淮海平原沙地治理优化了区域农业结构。长期以来，黄淮海平原是我
国以粮、棉、油为主体，种植业占绝对优势的地区。在种植业内部以粮食作
物占主导地位，经济作物比重较小。随着黄淮海平原沙地治理落地推广，林、
果、畜等发展较快，农业结构亦相应地从单一结构向多元化方向发展（张改
文，2006）。

区域农业生产条件得到改善，粮、棉、油、肉生产能力大幅度提高。通
过黄淮海平原沙地治理，累计改造中低产田 409.6 万公顷，其中增加和改善灌
溉面积 386.6 万公顷，增加和改善除涝面积 221 万公顷，农业抗御自然灾害能
力明显增强，粮食生产能力大幅度提高。

20 世纪 80 年代中期以来，黄淮海平原沙地治理加快了农业生产力的发
展，农、林、牧、渔各业以及粮食作物和主要经济作物等的布局逐步向经济效
益高的方向转移，农业生产的专业化和区域化得到了较快的发展，涌现出一批
粮、棉、油和多种经营生产基地。20 世纪 90 年代以来，为适应地方经济发展
的需要，当地相继涌现出一批以龙头企业、股份合作、科技与市场为带动的市

场农业经营模式，昭示了今后区域化种植和专业化经营的方向。

10.5.2　改善了地方的生态环境

黄淮海平原沙地治理有效地改善了地方的农业生态环境。通过实行水、土、田、林、路综合治理，在全区范围内基本上形成了田成方、树成行、渠成网、路相通、桥涵闸配套的新格局。护田林网建设、果粮间作立体种植、林粮间作立体种植等模式，使区域林木覆盖率增加 10% 左右。农田林网网格面积 20 万—26.7 万公顷，大大减轻了风沙和干旱危害，调节了农田水热条件，改善了农田小气候，使原来盐碱、风沙、涝洼等多灾的低产农田生态系统转化为高产、高效、良性循环的生态系统（任国勇，2009；樊爱鹏，2013）。

10.5.3　改善了当地人民的生活

黄淮海平原沙地治理使农民生活水平明显提高，加快了农村经济改革步伐。实行农业综合开发区的农民人均纯收入明显高于非开发地区。其中 1988—1993 年禹城开发区农民人均纯收入年增加 624 元，比非开发区多 318 元。同时，农业综合开发还促进了农业生产的区域化与商品农业基地的建设，推动了农业生产经营方式从传统的小生产经营向集约化、规模化与专业化方向转变，加快了以农畜产品加工业为主体的乡镇企业的蓬勃发展（申志锋，2019）。

附录 半湿润区类似沙地改造利用简述——以山东夏津为例

夏津县地处黄淮海平原，属暖温带半湿润季风气候区，多年平均降水量565.5mm，蒸发量2203mm，多年平均风速3.7m/s，4月份最大，达6.7m/s。据中国科学院兰州沙漠研究所测定，本区流沙起沙风速为4.9m/s；多年平均沙尘暴日数为24天，主要集中在3、4月份（王为君，1995）。

夏津县风沙化土地的风蚀危害主要表现在吹失表土细粒物质和营养成分，沙打禾苗，沙埋农田、渠道和村庄。特别是冬春季节，每遇大风侵袭，沙尘蔽天，既影响农事活动，又恶化生活环境。为改变这种面貌，夏津县人民政府同中国科学院兰州沙漠研究所联合，以该县苏留庄镇为治理示范区，采取生物措施和工程措施相结合的办法，对风沙化土地进行了防护体系、蓄水、灌溉、排水体系、治理开发体系和试验研究体系等开发治理。具体如下：

防护体系

一、农田防护林网。设计主林带间距150m，副林带间距250m，林带与沟渠路走向一致，同步设计。沟渠、主副林带宽度分别为19.5m和22.5m。

二、防风固沙林。沙岗地、缓起伏沙地地形起伏不平，地表多为飞沙土，冬春易形成风沙流，属强度流失、极强度流失沙地。该类型主攻方向是因地制宜栽植乔木封育沙丘。

三、经济林。缓起伏沙地，易风蚀跑水、跑肥，土地贫瘠。该类型先围堰平整后，再种植适合当地发展的乡土经济林和名优特新品种，主要树种有杏、桑、桃、山楂、梨等。

四、农林间作。由于林带林网、防风固沙林不能满足极强度流失沙地需达到的防风效果，为了弥补防风设施的不足，采用农林间作方式（王为君，

1995；温向乐，1997）。

蓄水、灌溉、排水体系

该区主要引水源或排涝沟道为六五河、六马河，按地形、行政区域设计 4 个较大灌区，渠与林带走向一致，沟渠排、蓄、灌结合在一起，统一规划，精心设计，一沟多用。

治理开发体系

建立完善的防护体系和灌排体系的目的，在于保护开发利用沙化土地。因此，沙化土地的开发利用应坚持长、中、短利益相结合的原则，注重高产、优质、高效和市场竞争动态，在经济林、林粮间作、农作物种植等方面进行高产开发利用，收到了较好的效果。沙化土地平整、薄膜覆盖和塑料大棚等虽投资大，但见效决，效益高，已在沙化土地得到推广。

试验研究体系

为配合风沙治理示范区的全面治理，提高治理的科学技术水平，探索黄淮海平原风沙治理的新技术、新途径，研究人员先后进行了果粮棉间作、果树引种、樟子松引种、风沙流观测等试验研究。共引进桃品种 11 个，杏品种 7 个，山楂品种 3 个，葡萄品种 1 个，李子品种 2 个。

樟子松引种试验中，为了改善防护林单一落叶乔木的现象，提高防护林的经济效益和生态效益，自 20 世纪 90 年代开始，在章古台地区引种常绿树樟子松。樟子松在鲁西北沙地引种成功，使该树种在低海拔平原沙地的造林范围纬度向南推进了 50° 44′，为该地区推广樟子松造林提供了依据（杨喜林，1993）。

经过 5 年综合治理开发，黄淮海平原共治理风蚀、水蚀面积 33.9km²，治理程度 90.9%，林木覆盖率由原来的 28% 增加到 42%，林带前后风速减弱 16.3%—33.3%，治理区相对湿度增加了 2.2%—2.6%。土壤风蚀模数由 1400—2800 吨 /km²·a 下降到 1120—2100 吨 /km²·a。经过示范治理，原来的流动荒沙变成了林木茂密、粮棉增收、果品丰盛的沙产业基地。风沙危害基本解除，抗灾能力增强，人均纯收入由示范前的 345 元增加到 2250 元，示范区生态、经济、社会效益显著改善（吕爱霞，2006）。

本章撰稿：李根明

第 11 章
以库布其沙漠为代表的
"产、学、研"结合沙产业开发治沙模式

　　库布其沙漠是我国的第七大沙漠，地处干旱、半干旱区的过渡带，是我国北方重要的生态安全屏障。库布其沙漠的"产、学、研"结合沙产业开发治沙模式，为全球荒漠化治理提供了"中国方案"，得到了国际社会的高度认可。库布其治沙模式突破了单纯依靠政府投入的传统治沙思路，实现了政府、企业和其他社会力量的合力共治，探索出了"政企共赢、惠及全民"的沙漠治理模式。库布其用产业带动防沙治沙，打造了独具当地特色的生态旅游业、光伏产业、生态饲料加工业，构筑起一二三产业融合发展的产业体系。与此同时，通过生态产业的导入带动沙区农牧民就业创业，实现农牧的增收致富，生动诠释了"绿水青山就是金山银山"的理念，走出了一条生态建设与经济发展并重的中国特色防沙治沙之路。

11.1　沙产业理念

11.1.1　理念提出背景

　　沙产业理念由中国著名的科学家、工程师、教育家钱学森于 1984 年提

出，这一理念的背景可以追溯到 20 世纪 50 年代初期。彼时正处于新中国成立初期，国家面临着严重的经济困境和发展难题，资金和资源都非常有限，急需寻找新的经济增长点。

在这个背景下，钱学森开始思考如何利用中国广阔的沙漠资源来推动经济发展。中国拥有大片的沙漠，当时普遍被认为是贫瘠和无用的。然而，钱学森认为沙漠并非无用之地，合理地治理与资源挖掘可让其成为中国的财富，于是便有了沙产业的理念。在《创建农业型的知识密集产业——农业、林业、草业、海业和沙业》的报告中，他正式提出"沙产业"概念，并指出沙产业是农业型知识密集产业，要改变以往对于沙漠和戈壁的植物资源只采不种的利用模式，要既采又种并提高产量，甚至进一步将其加工成其他产品。此外，沙漠戈壁拥有充足的太阳能和风力资源，可以用来发展电力产业，但是这一产业并不属于农业型生产（钱学森，1984）。后来，钱学森更加明确地指出："沙产业就是在'不毛之地'上搞农业生产，充分利用戈壁上的日照和温差等有利条件，推广使用节水技术，搞知识密集型的现代化农业。概括地说，就是以系统工程思想整合的'阳光农业体系'。即以太阳能利用为发展谋略，以知识密集型和人工控制生态条件为特点，用现代思维、现代科技、现代管理等一系列成果把生态建设、市场机制、富民工程、大棚农业和节水浇灌紧密结合的现代农业体系。"钱学森所提出的沙产业主要特点可以总结为"多采光、少用水、新技术、高效益"，其关键在于"运用高新技术和提高太阳能转化率"，标准是看太阳能转化效益、知识密集程度、是否与市场接轨、是否保护环境坚持可持续发展（王岳，刘学敏，哈斯额尔敦，夏方禹娃，2019）。钱学森认为沙产业是农业型的知识密集产业，是利用现代技术在沙漠中搞大农业生产，强调"绿化—转化—产业化"，在生态保护与建设前提下，以系统工程理论为指导，向沙漠要效益（刘恕，2003）。

钱学森的沙产业理念是对当时沙漠地区资源浪费的反思，也是对中国经济发展模式的创新思考。他提出的这一理念，旨在充分利用沙漠资源，促进经济发展、改善生态环境，为解决中国面临的资源和环境问题提供一种新的思路和路径。这一理念对中国的沙漠治理和经济发展产生了深远的影响，也为全球的沙漠开发和可持续发展提供了有益的启示。

11.1.2　沙产业的定义

在钱学森提出沙产业理念后的20多年里，许多专家、学者对沙产业的理念进行了探讨。部分学者将沙产业定义为农业型产业，但是不同于传统农业，沙产业强调资源的合理利用以及高新技术的使用。朱俊风（2004）指出，沙产业是在沙区利用生物机能，采用高新技术，经过人工培育和科学的管理，使其不断发展和再生，提升太阳能转化率，合理利用资源，形成以产品生产、加工和经销为主要内容，具有一定规模效益和持续发展的产业体系，为人类提供生活产品。贺访印和王继和（2006）认为，沙产业以沙区水土资源合理利用和光能利用率提高为目的，基于生态系统承载力，在干旱、半干旱区发展具有高效经济过程及和谐生态功能的荒漠生态产业，即发展以生态草业、生态药业、生态林果业、生态农业、生态畜牧业为主体的生态产业。郝诚之（2007）认为，沙产业就是利用阳光，通过生物，延伸链条，依靠科技，对接市场，创造财富。也有学者对沙产业做出了更加宽泛的定义，认为沙产业还包括与农业发展相关的其他产业，是一二三产业深度融合的现代化大农业。刘恕（2003）认为，沙产业并不追求从根本上改变沙漠的自然地理特征，而是主张人工控制生境条件，跨专业、跨领域地运用高新技术，引入现代化的产业管理和系统管理方法，发展成工、农、贸一体化的大农业，实现人与自然的和谐发展。常兆丰（2008）认为，沙产业是利用沙漠、戈壁土地资源和光热资源的产业，是知识密集型产业，是大农业组合产业，是资源保护型产业。李发明等（2012）认为，沙产业是指在沙漠和沙漠化地区，结合人类的生产活动与资源特点，针对资源逐渐匮乏的现实问题，立足于生态环境建设，科学地组合和集成新型技术，突破干旱缺水、光充足地区的生物技术，发展生态农业、相关工业和其他产业，促进沙漠和沙漠化地区生态、经济和社会的可持续发展。

11.1.3 沙产业的发展和举措

从沙产业的定义上看，沙产业的最终目标就是要实现"生产发展、生活富裕、生态改善"，而这一目标既需要理论的支撑也需要实践的探索。回顾中国沙产业理论的发展历程，理论成果主要集中在三大方面：以沙漠化防治、资源合理利用、循环经济、可持续发展为主的沙产业生态理论，以农业产业化为主的沙产业经济理论，以及以沙漠治理、沙漠资源高效利用、特色产品研发为主的技术创新和技术传播理论框架（樊胜岳，周立华，2000；李发明 等，2012）。

沙产业的生态理论强调沙产业发展必须与生态恢复、生态保育相结合，保障生态安全和生态平衡，合理利用沙漠地区的各种资源，发展节水型、循环用水型沙产品，并将生产、加工过程中产生的废弃物循环利用，实现沙漠治理与应用的统一，促进沙漠地区生态、经济和社会的协调，实现可持续发展（王自庆，2011；李发明 等，2012）。沙产业的经济理论指的是发展沙产业必须将农业和农产品加工业作为主导产业，通过重点发展农产品的精深加工业，将农产品转化为工业产品的产业经济理论。沙产业的技术创新和技术传播理论包括：①开发沙漠化监测、盐碱地改良以及沙障＋植物组合方式防沙固沙等关键新技术，走生态治理与经济效益双赢的沙产业发展之路。②采用现代工程技术，为作物营造最适宜的生长环境，发展以光伏发电、智能温控的温室大棚为代表的设施农业；运用节水、保墒、增效的农业栽培技术，如间作套种、立体栽培、地表覆盖、滴灌、气雾栽培等技术措施，改善作物局部环境。③基于沙漠地区资源环境特色，培育和引种适宜栽培、经济性状优良的植物和动物品种（金正道，2011；赵吉 等，2020；朱淑娟 等，2021）。此外，刘铮瑶等（2015）提出了沙产业生态系统服务体系理念，在对沙生环境生态系统科学认知的基础上，转化、利用沙生生态资源与能源，保护、调节和改善生态系统，为人类生活提供供给服务、调节服务和文化服务，将沙产业转化成一种为人类服务的体系。

另外，近几年还有学者从全新的角度对沙产业理论进行了丰富和完善。比如王岳、刘学敏和哈斯额尔敦（2019）将"互联网＋"模式引入沙产业理论，提出利用多维地理信息系统、智慧地图等技术，结合互联网大数据分析，建立沙漠资源动态监控系统；利用互联网平台，增加不受时间、空间限制的"虚拟人力资源"；将"互联网＋"模式应用到生产和营销过程中，降低信息交流成本，充分开发"沙产业"产品市场。李卫东（2016）提出，在"一带一路"背景下，发展欧李沙产业，改善地区生态，带动经济、社会发展，同时打造国际合作的新亮点，将"一带一路"沿线地区开发为沙产业产品的销售市场，推动沙产业发展。

沙产业理论的发展伴随实践的发展而来，自 1984 年"沙产业"概念首次被提出以来，许多沙产业组织相继成立。1992 年 11 月，中国治沙暨沙业学会成立，该组织旨在促进沙业科技创新与人才成长，推广沙业科技成果，促进沙业的发展和繁荣。1994 年 9 月 27 日，在钱学森的积极倡导下，中国科学技术发展基金会促进沙产业发展基金在北京正式成立。同年，该基金在北京召开了纪念钱学森教授建立沙产业理论十周年学术研讨会，明确了沙产业"让生物利用太阳光能为人创造财富"的历史使命，提出要用全新的思维方式、治理措施、开发模式经营管理沙区生态系统。这次研讨会是沙产业从理论迈向实践的总动员。

1995 年，受到沙产业理论的启发，甘肃张掖在山丹县戈壁荒滩上组织建成了 235 座日光温棚。这一技术路线摆脱了戈壁滩不利自然条件的制约，很快在张掖的多个县市推广开来。进入 21 世纪以后，随着人们对沙产业认识的深化，沙产业的理论和实践得到了各界人士的关注和重视，沙产业迎来了快速发展阶段。作为沙产业初步试点的开展地，甘肃在这一阶段进行了积极的探索。

2003 年，甘肃省成立了沙草产业协会。次年，甘肃省武威市为推动沙产业发展，在民勤县建立了勤锋滩沙产业试验示范生态园。2005 年 5 月，武威市委、市政府出台了《关于加快沙产业发展的意见》。2006 年，武威市建立阳光产业示范基地。2009 年，古浪县八步林场成立了八步沙绿化有限责任公司，探索经营多种业务，走出了"以农促林、以副养林、以林治沙、多业并举"的新路子，实现了生态治理和经济发展双赢的目标。2008 年，位于巴丹吉林沙漠边缘的张掖市临泽县开展了林权改革试点工作，为创业者在林权流转、林下经济发展等方面提供优惠政策。2015 年，临泽县蓼泉镇双泉村农民王建龙以 27.4 万元的竞拍价得到蓼泉南沙窝 9000 多亩林地的经营权，此后通过栽植梭梭林、肉苁蓉，发展林下经济养殖鸡、羊，将沙漠建设成了苗木繁育区、林下养殖基地和沙漠旅游区。截至 2020 年底，甘肃沙产业累计产值达 896 亿元，相关企业 1000 多家，农民合作社 2000 多家。

作为全国沙漠化和沙漠土地最为集中的省区之一，内蒙古自治区在沙产业实践中也涌现了一批成功典型。2002 年，内蒙古自治区成立了沙草产业协会。同年，北京华林公司在内蒙古自治区磴口县投资了以梭梭林为母体培育肉苁蓉，制作中药保健食品的项目。2012 年 11 月，在内蒙古自治区举办的"阿拉善生态沙产业高峰论坛暨项目推进会"上，22 家企业与当地政府签订了投资额为 123 亿元的合作协议，治理和开发利用乌兰布和沙漠东缘 1000 多 km^2 的不毛之地。此外，内蒙古鄂尔多斯市在多年的沙产业发展过程中，依托沙漠气候光热资源优势，充分利用现代科学技术，现已形成"六大支柱产业"——沙漠休闲旅游、沙生灌木加工、沙生植物食用及药用开发、沙漠新能源利用、微藻开发利用、设施农业，"十二大产业基地"——库布其沙漠东缘沙生灌木种植加工基地、毛乌素沙地沙生灌木种植加工基地、杭锦旗药用植物生产加工基地、东康阿设施农业示范基地、东胜沙棘生产加工基地、鄂托克旗微藻生产加工示范基地、恩格贝生态文明示范基地、杭锦旗库布其沙漠旅游基地、杭锦旗七星湖沙漠生态旅游示范基地、响沙湾沙漠旅游基地、杭锦旗风能基地、毛乌素生物质能发电示范基地，大量优质企业——亿利资源集团、东达集团、碧森种业、碧海木业、宏业人造板、天骄人造板、高原圣果、天骄食品等。

经过 40 多年来在理论和实践上的不懈努力，沙产业在甘肃的河西走廊、内蒙古鄂尔多斯、新疆、宁夏等地得到快速发展和创新突破，尤其在内蒙古鄂尔多斯市形成了基地建设、技术培训与推广、品牌创建及市场营销的产供销一体化的沙产业发展模式——库布其模式。

在众多沙产业实践发展中，库布其模式无疑是钱学森沙产业理念的成功实践之一。库布其人兢兢业业治沙改土，逐渐摸索出治理沙漠与发展沙漠经济相结合的产业化治沙道路，实现了从"沙逼人退"到"绿进沙退"的历史转变，为当地民众提供了几十万个就业岗位（韩庆祥，黄相怀，2018）。

库布其沙漠沙产业开发是习近平生态文明思想的生动实践。自然是生命之母，人与自然是生命共同体，人类必须敬畏自然、尊重自然、顺应自然、保护自然。库布其模式遵循人与自然的辩证法，既尊重自然、顺应自然、保护自然，同时又合理地利用和改造自然，找到了人与沙共生共存的生态平衡点，使沙漠治理实现质的飞跃，使库布其的生态文明建设发生了天翻地覆的变化。

库布其沙漠沙产业开发在实践中探索出了一条正确处理经济、环境和民生关系的道路。沙产业投资规模大、发展周期长且见效慢，想要找出可持续、可推广的开发模式，必须兼顾经济、生态和民生。库布其模式体现了对于生态脆弱地区经济发展、生态环境保护与民生保障之间关系的辩证思考，并在实践上提供了一条可以借鉴的新路径：生态环境是一切的基础，保护生态环境就是保护生产力，良好的生态环境就是最大的民生福祉；生态环境的改善，必将推动经济的发展，经济的发展也必将进一步推动生态环境改善，二者的相互促进也必将带来民生的改善。库布其模式是通过认知革命和技术自主创新，把沙漠转变为资源、财富的（尹成国，2016；韩庆祥，黄相怀，2018）。

11.2　库布其沙漠沙产业开发考察

11.2.1　考察背景

库布其沙漠东部属于半干旱区，雨量相对较多，西部属于干旱区，热量丰富，中东部有 10 多条发源于高原脊线北侧的季节性川沟，沿岸土壤肥力较高。沙漠西部地表水少，仅有内流河沙日摩林河向西北消失于沙漠之中。北部为黄河成阶地区，多是泥沙淤积土壤，土质肥沃，水利条件较好，是黄河灌溉区的一部分，粮食产量较高，有"米粮川"之称。沙漠西部和北部因靠黄河，地下水位较高，水质较好，可供草木生长。库布其沙漠的植物种类多样，植被差异较大。东部为草原植被，西部为荒漠草原植被，西北部为草原化荒漠植被。主要植物种类为东部的多年禾本植物，西部的半灌木植物，北部河漫滩地的碱生植物，以及在沙丘上生长的沙生植物。特殊的区位及自然条件为库布其沙漠沙产业开发提供了便利。

除自然条件的便利外，针对库布其沙漠早期的科学研究，也为本地沙漠化综合治理与开发奠定了基础。早在 20 世纪 50 年代后期至 60 年代，中国科学院组织的沙漠考察就曾在磴口设点，并组建巴盟治沙综合试验站。沙漠林业实验中心自 1979 年成立以来，一直在库布其沙漠东北部从事以林为主的区域生态治理与开发。1982 年起，先后在绿洲外围荒漠区、绿洲边缘区、绿洲林网中心区建立地面气象站 3 座，积累了大量观测数据，为建立荒漠生态信息数据库提供了便利。

　　当然，库布其沙漠沙产业的成功开发离不开当地企业的实践、农牧民的参与以及国家政策的支持。在 30 年前，库布其沙漠的生态环境极其恶劣，严重阻碍了地区经济的发展。在地区政府的倾力支持下，杭锦旗盐场（亿利资源集团前身）最早为摆脱沙丘侵扰开展沙漠化治理，后来修建穿沙公路、大规模治沙，为改变困境做出了极大努力。后期，亿利资源集团规模化、产业化治沙，大力发展沙漠生态产业，带动了当地经济的发展。在国家一系列鼓励政策的指导下，通过各种形式的土地流转和租赁经营，亿利资源集团与当地农牧民建立起长期的合作关系，政府、企业与当地农牧民围绕治沙产业共同探索新型的发展模式、多元化的产业模式。

11.2.2　考察过程

一、带头人及其团队

　　新中国成立以来，针对库布其沙漠的科学考察团队不胜枚举，包括中国科学院地质与地球物理研究所新生代地质与环境研究室研究员杨小平团队、中国科学院寒区旱区环境与工程研究所（现"中国科学院西北生态环境资源研究院"）研究员周立华团队等。

　　杨小平团队主要从事干旱地区环境及其演化、风沙地貌及风沙灾害防治、干旱地区古气候与水资源、绿洲演化等方面的研究。周立华团队对干旱区人地关系、沙漠化地区生态修复及衍生产业发展、干旱区社会—生态系统演化等方面开展了大量研究，积累了丰富成果。

二、考察内容

2016 年来，杨小平团队对库布其沙漠东西断面地质、地貌、风沙运动等方面进行了全面考察。他们通过对沙漠东西断面沉积物最后一次曝光事件发生年代和一系列古环境特征代用指标的测定，结合对地质地貌、风况数据以及历史文献的分析，对库布其沙漠景观的成因和形成时代取得了新认识。此外，他们还对库布其沙漠近 3000 年环境演变与人类活动相互作用关系进行了初步研究。

周立华团队借助国家科技支撑计划项目"沙漠化地区生态修复及衍生产业发展技术与示范"对库布其沙漠进行了一系列研究。在执行期间，对库布其沙漠杭锦旗范围内的防沙工程、技术、材料、产业模式、民生福祉等方面开展了全面的考察与研究，为该地区生态、经济、社会的协调可持续发展提供了支撑。此外，该团队还深入研究了生态政策对该地区土地利用、生态系统服务价值以及农户行为的影响。

11.3　库布其沙漠的区域条件

11.3.1　地理位置

库布其沙漠（107°E—111°30′E，39°30′N—41°N）地处鄂尔多斯高原北部与河套平原的交接地带，位于黄河"几"字弯南岸并且呈东西走向，东起准格尔旗，途经达拉特旗境内，西至杭锦旗。沙漠东西长约 400km，东部宽 15—20km，西部宽 50km，面积约 1.863 万 km^2，是我国第七大沙漠，也是我国北方重要的生态安全屏障。

11.3.2　自然条件

一、气候水文

库布其沙漠位于中温带干旱、半干旱气候区，西部属于干旱区，东部属于半干旱区，年日照时数为 3000—3200h，年平均气温 6℃—7.5℃。年降水量150—400mm，年蒸发量 2100—2700mm，干燥度 1.5—4。库布其沙漠东部及中部雨量相对较多，季节性沟川大约有 10 条，除此之外中部还有黄河过境水等。相对而言，西部地表水资源匮乏，仅有沙日摩林河流向西北，消失于沙漠中。

二、地形地貌

库布其沙漠地处鄂尔多斯高原脊线的北部，地势南高北低，东高西低，海拔自西北向东南逐渐上升，西北部最低海拔为 954m，东南部最高海拔可达到 1593m。库布其沙漠西部有贺兰山、桌子山，北部有乌拉山、大青山，南部及东部有黄土丘陵及沟壑区。其地貌为风沙地貌，主要以流动沙丘为主，固定及半固定沙丘多分布于沙漠南部边缘的平缓低洼地带。东部地区地势平坦，适于种植粮食作物及经济作物，中、西部地区环境条件相对较差，可进行植树造林、封沙育草。

三、植被与土壤

库布其沙漠位于荒漠、草原的过渡区域，区域内荒漠、荒漠草原、典型草原均有分布。沙漠西部地区植被群落分布较为集中，主要有蒙古沙拐枣、沙米、虫实、猪毛菜等沙地先锋植物群落。东部主要分布有杨柴、沙柳、沙蒿群落。此外，沙漠边缘地区植被群落多种多样，并且区域间分布不均。沙漠东、西部的土壤差异显著，西部地带性土壤为棕钙土，东部则为栗钙土，西北部有部分为灰漠土，河漫滩上则主要分布着不同程度的盐化浅色草甸土。

11.3.3 人文条件

一、经济情况

库布其沙漠位于内蒙古自治区鄂尔多斯市，横跨鄂尔多斯市的杭锦旗、达拉特旗以及准格尔旗的部分地区，其中超过一半位于杭锦旗。鄂尔多斯市是典型的资源型城市，素有"资源之城"之称。自2002年开始，随着国内煤炭价格的大幅上涨，鄂尔多斯这个煤炭资源富集的城市迎来了经济的快速增长。2012年煤炭价格大跌后，鄂尔多斯经济发展受到重创，但伴随2016年煤炭价格的再度回升，鄂尔多斯经济发展回暖，2021年、2022年人均GDP位居全国首位。2022年，杭锦旗、达拉特旗和准格尔旗的经济发展状况均较为良好，GDP分别在内蒙古自治区103个旗县区中排名第42位、第11位和第2位。

二、生态文化

根植于传统的蒙古族文化，形成了鄂尔多斯独具特色的生态文化。蒙古族文化历来重视对生态环境的保护，草原儿女们视牧场、湖泊、流水为最珍贵的宝藏，早在成吉思汗时代，就有对保护草原的明确规定（高娃，2009），之后的《喀尔喀法典》《卫拉特法典》中，也明确规定了保护草原的条款。鄂尔多斯传统的生态文化，表现为当地人对故乡的热爱和通过辛勤劳动保护、改善家乡环境的观念。当代的鄂尔多斯人面对日益扩大，吞噬草原、良田的沙漠，继承了祖先热爱自然，保护、建设家园的传统生态文化，并在新的历史条件之下将其发扬光大，与先进的科学技术相结合，与发展经济、改善生活的目的相结合，使鄂尔多斯生态文化达到了更高的层次。

11.4 库布其沙产业治沙模式与技术创新

11.4.1 生态旅游模式

生态旅游指的是一种对环境负责的旅游行为，既能实现生态环境保护，又能促进当地生态环境和人口的可持续发展。库布其沙漠拥有丰富的旅游资源，现已形成以七星湖、恩格贝、响沙湾为主的旅游区（崔琰，2010）。库布其依托沙漠绿洲的生态治理、日益完善的硬件服务设施以及多姿多彩的娱乐活动，打造出了沙漠生态旅游胜地，吸引了大量的游客。这不仅给当地带来了可观的收益，为当地农牧民创造了大量的就业岗位，还让更多的人感受到了大漠风情，对沙漠有了一定认知。此外，库布其生态旅游业的发展，还带动了其他产业的发展，形成了共生集群模式。

11.4.2 光伏产业模式

2017年，达拉特旗着手在库布其沙漠规划建设占地10万亩、规模200万千瓦的光伏治沙项目。2018年5月，总投资37.5亿元的一期50万千瓦项目开工建设，同年12月实现一次性全容量并网发电。现如今，达拉特旗已经建成国家级沙漠光伏发电应用领跑基地，装机容量达1.148GW。光伏设施能有效阻降风速，减少地表水分蒸发，产生巨大的经济效益，为库布其沙漠地区生态环境改善和经济突破打开了新局面（郭彩赟 等，2017）。

光伏基地不只能发电，还能治沙。一方面，基桩能够固沙，光伏板可以遮阴，这可以明显改善植物的生长环境。此外，随着技术的进步和沙漠治理开发理念的拓展，该基地将光伏发电与农牧业有机结合了起来。一期项目完成生态绿化工程2万余亩，在光伏板间隙种植黄芩、黄芪等中草药，在光伏区栽植沙障，套种红枣等经济林。目前，在前期工作的基础之上，基地正进一步丰富光伏产业内容，采取"政府＋企业＋合作社＋农牧户"的产业联结模式，建设"牧光互补"高端肉牛养殖项目，打造"育、繁、养，加、储、销"一体化的良种资源培育基地和科技研发应用基地。采用沙漠治理、光伏发电与农牧业镶嵌配套的综合模式，既能有效治理沙漠，又可实现清洁能源和土地资源的高效利用，生动诠释了沙漠治理、能源产业和农业经济"三位一体"的沙产业新模式。

11.4.3 生态饲料加工模式

生态饲料加工模式是指从饲料原料的选购到配方设计，进行严格质量监督，以减少可能发生的畜产品公害和环境污染，生产低成本、高效益、低污染的饲料（王睿 等，2017）。库布其地区生态饲料加工企业中最具代表性的是亿利康牧饲料有限公司，其主要依托沙柳、柠条、甘草、紫花苜蓿等高蛋白沙生牧草，利用先进的技术和工艺，结合当地牧民养殖的需求，生产既能提升畜产品质量又能降低环境污染的畜禽饲料，推动了当地蛋白有机饲料产业的发展，得到了养殖户及同行业的认可与高度评价。

11.5 沙产业治理的科学性

库布其模式在沙漠治理过程中将沙漠治理与技术创新和共享充分结合，产、学、研联手建设防沙治沙绿色产业带。早在 20 世纪 50 年代，我国就在库布其建立了治沙站，通过长期的研究，积累了治沙技术和经验。甘草平移种植技术、无刺大果沙棘优良品种培育等的应用，带来了可观的生态效益和经济效益。微创水汽法植树技术利用水流瞬间冲击，在洞里形成保水防渗层，种植一棵树只需 3 升水，成活率能达到 90% 以上，既提高了治沙效率，又节约了在沙区异常珍贵的水资源。"前挡后拉，中间让风刮""前挡后不拉，沙跑树底下"等治理措施，将工程建设与生物措施相结合，控制了沙丘的移动。"以路划区、分块治理、锁住四周、渗透腹地"的科学治沙模式，确保了库布其沙漠治理成果的稳定和可持续发展。2023 年 6 月，由亿利资源集团牵头，来自中国科学院、中国林业科学研究院等科研院所的院士、专家以及内蒙古自治区、鄂尔多斯、杭锦旗等有关部门的负责人员参与的研讨会在亿利生态示范区举行，围绕建设立体生态光伏防沙治沙绿色产业带，实施百万亩级光伏板下防沙治沙产业和保卫黄河生态屏障工程，提升生态新能源与防沙治沙综合效益等问题展开探讨。为了打好库布其防沙治沙攻坚战，充分发挥科学家、专家学者在防沙治沙中的智库作用，库布其沙漠论坛秘书处特筹建"库布其模式专家智库委员会"，致力于不断丰富库布其治沙模式和经验，推广库布其模式和技术，创新防沙治沙新成果在国内国际荒漠化防治中的应用。

11.6　沙产业治理的现实意义

11.6.1　推动了地区经济发展

库布其沙漠治理有效改善了当地的生态环境和资源利用效率，推动了当地农业、旅游业和新能源产业的发展，进而带动了当地经济的增长。内蒙古亿利库布其沙漠光伏治沙基地中正在开发建设的 200 万千瓦光伏治沙项目采用"板上发电、板下种植、板间养殖、治沙改土、带动乡村振兴"的立体综合光伏治沙模式，项目建成后可修复治理沙漠 10 万亩，向电网年均供应绿色电力约 40 亿千瓦时，实现生态、经济效益双赢。与此同时，沙漠治理需要相应的基础设施建设，例如交通设施、灌溉设施和能源设施等，基础设施建设在推动相关产业发展的同时，也为当地带来了资金流入。另外，通过治理库布其沙漠，改善了当地的生态环境，保护了水资源，减少了自然灾害带来的经济损失，为当地经济的可持续发展提供了支撑。因出色的治沙成效，库布其沙漠治理区被联合国确立为"生态经济示范区"，被评为国家"绿水青山就是金山银山"实践创新基地。

11.6.2　改善了地区生态环境

保护生态是经济社会可持续发展的基础，库布其沙漠治理能够有效阻止流沙侵入黄河，起到防风固沙、防止水土流失和保护生物多样性的重要作用。在当地群众和亿利集团等沙区企业的艰辛努力下，库布其沙漠治理面积达到900多万亩，沙漠的森林覆盖率由 2002 年的 0.8% 增加到 2016 年的 15.7%；植被覆盖度由 2002 年 16.2% 增加到 2016 年的 53%。《联合国防治荒漠化公约》第 13 次缔约方大会上发布的《中国库布其生态财富评估报告》显示，库布其沙漠修复固碳 1540 万吨，涵养水源 243.76 亿 m³，释放氧气 1830 万吨，生物多样性保护产生价值 3.49 亿元。

11.6.3　改善了地区居民的生活

库布其沙漠治理的过程中，通过出租土地、参与治沙产业，农牧民以市场化的方式参与到经营活动中，成为库布其治沙事业最广泛的参与者和最大的受益者。沙区农牧民通过向企业转租荒弃沙漠和以承包沙漠入股企业的方式，实现了增收。此外，沙区农牧民还积极参与到治沙产业中，实现了从农牧民到产业工人的转变。仅在沙漠治理方面，库布其就先后组建了 232 个治沙民工联队，让 5820 人成为生态建设工人，人均年收入达 3.6 万元。随着生态环境的改善和第三产业的兴起，许多农牧民还参与到了沙漠特色旅游业中，近 1500 户农牧民发展起家庭旅馆、特色餐饮、民族手工业、沙漠越野等产业，户均年收入 10 余万元。库布其沙产业开发治沙模式已经让库布其沙漠所在的杭锦旗摘掉了国家级贫困县的帽子，让当地 10.2 万群众摆脱了贫困，实现了世世代代的脱贫夙愿。

本章撰稿：周立华　陈勇　张聪

第 12 章
以塔克拉玛干沙漠南缘为代表的
绿洲防护林与沙产业相结合的防沙治沙模式

在广袤的塔克拉玛干沙漠南缘，叶城、皮山、和田、策勒、于田、民丰、且末、若羌等绿洲，像一颗颗镶嵌在沙漠边缘上的珍宝，散发着迷人的魅力。但茫茫沙海不断侵蚀绿洲，给人类绿洲文明蒙上了尘埃。多年来，当地政府部门响应国家号召，联合科研部门，依靠人民群众开展了防沙治沙工程技术创新和工程实践，通过多种多样的沙漠边缘防沙治沙工程、治沙措施和植物防沙措施，结合地方政府、科研机构、企业、农户的多方优势，形成了一整套防护林与沙产业相结合的防沙治沙模式。通过选育耐风沙及盐碱的治沙植物，接种具有药用等经济价值的寄生植物，因地制宜构建咸水灌溉及耐盐植物种植搭配模式，利用"光伏＋智能灌溉"等技术措施，将绿洲生态防护与沙产业的经济收益相融合，从而改善土壤肥力、减小风沙速度及侵蚀力度、降低防护林维护成本、增加农户经济收入、有效提升当地民众生活品质和幸福指数。

12.1 塔克拉玛干沙漠南缘的考察

12.1.1 考察背景

"一带一路"倡议是中国为推动经济全球化深入发展而提出的国际区域经

济合作新模式（刘卫东，2015），"一带一路"区域的生态环境和灾害风险问题，持续受到世界各国的广泛关注。中国约一半的沙化土地分布在新疆，荒漠化引起的土地退化是新疆社会经济发展所面临的重大生态问题。塔克拉玛干沙漠南缘是新疆风沙灾害最严重的地区，历史上该区沙漠紧逼绿洲城镇，且末、策勒等县城曾因风沙灾害被迫搬迁。塔克拉玛干沙漠南缘绿洲也是新疆少数民族聚居区，由于生态系统脆弱，风沙灾害严重影响了当地人民生活质量和经济发展。

20 多年来，南疆地区在防沙治沙和生态建设中取得了一定的成效，但由于塔克拉玛干沙漠南缘水资源短缺，农业用水和生态用水矛盾突出，生态建设面临水资源短缺的严峻挑战。同时，以往的防沙治沙方法缺乏科技支撑，生物防沙体系的防护效益欠佳，经济效益不显著，难以调动广大人民群众防沙治沙的积极性。这也是长期以来风沙危害难以根本缓解的重要原因。

面向塔克拉玛干沙漠南缘防沙治沙国家重大战略需求，针对现有防沙治沙工程建设的关键技术难题，研发治沙新材料和防沙新模式，提出适宜不同区域和不同立地条件的可持续生态建设和管理技术体系，并进行技术示范和推广，是破解治沙难题的关键，也是为绿洲生态安全提供科技支撑的必然举措。同时，在带动沙区社会经济发展和促进人与自然和谐共生现代化方面，具有极为重要的现实意义和深远的历史意义。本模式基于生物多样性相关理论，集生态建设与沙业发展目标为一体，将全链条分区分类治理理念和可持续、可复制、可推广的管理模式相配套，致力于改变防沙治沙和生态建设工作中"模式单一、重建轻管、生态效益与经济效益分离"的局面。

12.1.2　考察情况

40 多年来，陆续有团队、研究人员针对塔克拉玛干沙漠南缘的主要景观地貌、地表及地下水资源、绿洲分布典型特征及农业生产主要限制因素等进行实地调查、勘测和评估。

塔克拉玛干沙漠南缘以绿洲、戈壁、沙漠等景观类型为主体，地势由南向北逐渐降低，海拔一般为 800—2200m。地貌以流水和风成地貌为主，由南向北呈现明显的带状分布，南侧为昆仑山山麓或昆仑山低山带；中部主要为山前平原，有洪积、冲积洪积、冲积平原等类型，也有部分平原已被沙化，策勒以东有不少沙地已直抵山麓；北侧为塔克拉玛干沙漠，近绿洲地带多固定半固定沙地，再往北则基本上为流动沙地（图 12.1）。这种地貌格局使得整个区域的风沙危害呈现由南向北不断加重的趋势。

本区域降水稀少，且由西向东、由高向低逐渐减少，平原和沙漠年降水量一般在 50mm 以下，地表水和地下水资源也呈现西多东少的特征，较大河流中西部有叶尔羌河，中部有和田河和克里雅河，东部有车尔臣河。除少数较大河流外，其余河流多在出山口后不久即消失于戈壁，或于扇缘再次溢出泉水后不久流逝于沙漠之中。上述水文特征通过影响植被及绿洲的分布，间接影响该地区风沙危害的格局，即西部、河流沿岸及扇缘潜水溢出带附近的植被及绿洲覆盖面积较大，沙漠化程度相对较轻；而东部、北部及山前倾斜平原中上部则相反。

人工绿洲主要分布于河流谷地、冲洪积扇缘附近及其以北地区，呈团块状、串珠状分散分布，植被覆盖度较高。受水资源西多东少的影响，区域北缘以各种类型、各种高度的沙丘为主，几乎无植被分布，土质则大多沙性重、质地轻、通透性好、缺磷少氮、保水保肥力差。

图12.1　塔克拉玛干沙漠南缘卫星影像图

12.2　塔克拉玛干沙漠的区域条件

12.2.1　地理条件

塔克拉玛干沙漠南缘东西长约 1400km，光热资源极为丰富。当地各族人民长期赖以生存和发展的绿洲呈串珠状分布于山前洪冲积扇扇缘带或河流两岸，源于昆仑山脉的叶尔羌河、喀拉喀什河、玉龙喀什河、克里雅河、车尔臣河等河流为绿洲提供了较为充沛的水资源。它是新疆重要的农业和林果业生产基地，也是塔里木盆地油气资源大规模开发的依托基地之一，在新疆乃至国家社会经济发展中具有极为重要的战略地位。

由于独特的地理位置，绿洲三面均被塔克拉玛干沙漠包围，一面背抵昆仑山，比邻青藏高原，自然环境相当恶劣，年内多风沙，春季最甚，年浮尘天气（俗称"黄风"）达 263 天，每年沙尘暴天气在 60 天左右，月均降尘量可达 100 吨/km²，典型区域风沙灾害发生次数每年可达 2000 次以上（王让会，1997）。据监测，塔克拉玛干沙漠西南缘的沙丘以每年 3—10m 的速度逼近绿洲，甚至穿越绿洲外围的防护体系，伸向绿洲内部，吞没农田和基础设施。

12.2.2 沙害成因

一、自然因素

塔里木盆地由于极端干旱，荒漠和沙漠面积辽阔，春夏季多大风，地温较高，且其流动起沙风速仅为 5.2m/s，因此成为中国两大强沙尘暴和极强沙尘暴灾害天气的源地之一（李红军 等，2012）。塔克拉玛干沙漠南缘在我国气候区划和生态区划中分别属暖温带极端干旱区和塔里木盆地与吐哈盆地绿洲—荒漠生态区，在行政区划上隶属和田地区、喀什地区和巴音郭楞蒙古自治州的部分县市。从行星风系来看，高空环流主要受中纬度西风带影响，这可以从 5000m 高度流场形势中得到反映（图 12.2）。

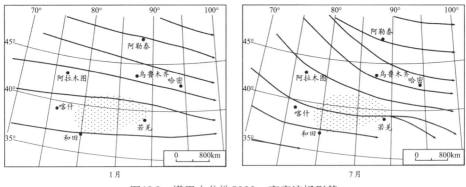

图12.2 塔里木盆地5000m高度流场形势

根据气候资料，冬季塔克拉玛干沙漠大部分处于蒙古—西伯利亚大陆高压的西南缘，仅沙漠的西部受西风的影响。反气旋中心位于 40°N，83°E 附近，近地面辐合线移至尼雅河附近。在 3000m 高度上（图 12.3），仅在昆仑山北坡与天山南坡上空存在气流的弯曲，在塔克拉玛干沙漠上空影响较小。1—2 月，塔里木盆地盛行偏西气流，气流相当平滑。3—4 月，塔里木盆地的西部和东部分别被气旋环流和反气旋环流所控制，环流总体与 1500m 高空环流相类似。5 月，高空偏西冷性气流相当强劲，这就导致在塔里木盆地西南部有较强的辐合上升气流，另外，沿青藏高原北部边界的局地反气旋环流，是形成影响塔里木盆地东部低空偏东急流的主要气流。10月，环流转换，反气旋气流控制塔里木盆地，盛行偏西气流持续至次年2月。

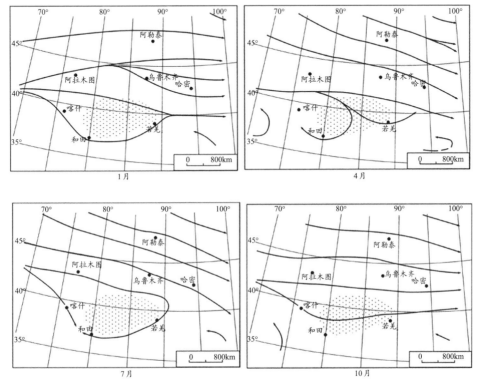

图12.3　塔里木盆地3000m高度流场形势

从1500m高空环流来看（图12.4），冬季期间，塔克拉玛干沙漠在尼雅河以东盛行偏东气流，以西盛行偏西气流。3月和10月是过渡月份，气旋性环流在西部约占整个塔里木盆地的三分之一，反气旋环流位于东部，占整个塔里木盆地的三分之二。4月，塔里木盆地南部开始出现气旋性环流。5月，气旋性环流占据了整个塔里木盆地并进一步发展持续至9月。6—8月，东北东和东风急流在塔里木盆地南部较强，偏东气旋占据主导地位。这种气旋控制着整个塔克拉玛干沙漠，致使塔克拉玛干沙漠中部由强风引起的沙尘暴天气为最多，年平均达 60 天，其次为塔里木盆地的西部和西南部地区。春秋季节同样受这两种风的影响，但两种气旋的分界线在尼雅河和克里雅河之间摆动，所以这一带地区形成风向的交替性。

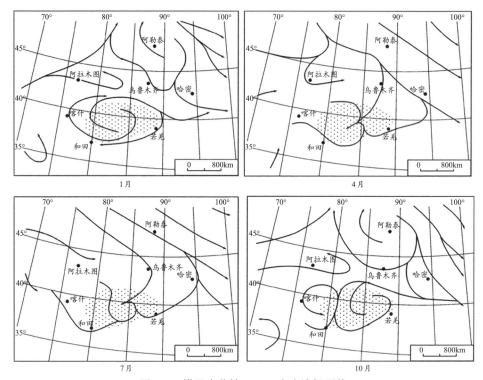

图12.4　塔里木盆地1500m高度流场形势

在这种环流形势影响下，冬季整个塔里木盆地为高压脊所控制，天气稳定，晴朗少雨；夏季随着高压低槽的逼近，加之副热带高压的北进和地面增温，塔里木盆地天气表现不稳定，并随着每一次天气变化过程，均有风沙及沙尘暴天气出现。

二、人类活动

水资源是绿洲存在的基础，除了维持自然生态系统平衡，也保障人类社会用水。绿洲要可持续发展，人类生产生活的规模就要相对稳定。在 19 世纪以前，塔克拉玛干沙漠南缘典型绿洲——和田地区人口只有 4 万人左右，1911 年耕地只有 37572 公顷（俎瑞平 等，2001），按这种规模来看，20 世纪以前此地人类活动与水资源供给之间的矛盾并不突出。20 世纪之后，随着科学技术的提高与工农业生产的发展，该区域人口急剧增长，耕地面积也大幅度增加，对水资源的需求也越来越大。据第七次全国人口普查数据，截至 2020 年，和田地区常住人口约为 250 万人。这意味着，在 200 多年的时间里，和田地区人口净增 62 倍。农用地由 1911 年的 37572 公顷增加到 368632 公顷，100 多年间净增近 9 倍。在水资源总量没有改变的前提下，人口与耕地数量的急剧增长，造成了社会系统用水与生态系统用水之间的冲突越发激烈，引发河流断流、地下水位下降、沙丘活化、土地沙化等一系列的环境问题（赵文智，庄艳丽，2008）。

12.3　绿洲防护林与沙产业相结合的防沙治沙模式

12.3.1　社会需求

一、防沙治沙是"一带一路"沿线国家面临的共同挑战

绿色"一带一路"是"中国理念、世界共享"的重要载体。把中国生态文明与绿色发展理念融入"一带一路"，必须加强生态环境保护，坚持资源节约和环境友好原则，将生态环保融入"一带一路"建设的各方面和全过程。"一带一路"沿线大部分区域气候干旱，水资源短缺，生态脆弱，有 60 多个国家遭受风沙危害，"一带一路"规划共建的六大经济走廊带中的四个存在荒漠化问题。风沙危害不仅严重制约沿线国家可持续发展，而且直接影响沿线各国互通

共赢发展，对"一带一路"的基础设施互联互通、能源资源基地建设、生态安全与环境健康等造成严重危害和巨大威胁。

二、塔克拉玛干沙漠边缘风沙灾害防治是民生大事、民心所向

塔克拉玛干沙漠面积约 33.76 万 km^2，是中国最大的沙漠，也是中国四大沙尘暴发源地之一。每年春天，伴随强冷空气过境，由新疆发源的沙尘暴从西北到东南，席卷大半个中国，新疆是最大的受害者。塔克拉玛干沙漠南缘的绿洲也生活着少数民族，风沙灾害严重影响和制约当地人民生活质量和经济发展。防沙治沙、改善生态环境，是生活在沙漠边缘的广大人民群众世世代代孜孜不倦的追求和对美好生存环境的一致向往。

三、绿洲防护林与沙产业相结合的防沙治沙模式是破解现有防沙难题的重要出路

长期以来，塔克拉玛干沙漠南缘的各族人民积极探寻保卫家园和增收致富之路，特别是近 20 年，在防沙治沙和生态建设上取得了一定的成效。但水资源短缺、生态用水压力大、各级人才缺乏、防沙治沙科技支撑力度明显不足，是长期以来制约南疆科学治沙发展的根本原因。如何科学规划绿洲防护林体系建设，科学布局生态防护屏障空间，建成生态效益和经济效益兼顾的经济型防护体系，是该区域防沙治沙工作急需突破的瓶颈。

12.3.2 塔克拉玛干沙漠南缘治沙模式

一、治沙植物幼苗的保护技术模式

传统的生态防护体系没有与直接经济效益挂钩，不利于防护生态工程的可持续发展。因此，选择抗逆性强、防护效果好，又具有显著经济价值开发潜力的植物种，对构建新型经济型生态防护屏障、发展特色沙产业、促进地方经

济发展，具有重要的现实意义。

为了满足造林要求、利于苗木成活，需要对绿洲外围沙地沙丘起伏较大区域最外侧的林区（带）需要进行适当局部整地、削峰填谷，降低坡度。对于内侧区域，则需要根据产业发展需求和辅助条件，平整沙地，使其达到机械作业条件，以提高土地利用率和单位产值效益。

为了保护幼苗早期不受风沙危害，在外围林区，尤其是阻沙林带，需要在造林前或与造林同步扎设机械保护沙障，避免苗木风蚀，确保成活率。沙障一般采取半隐蔽行列式沙障，平行于林带扎设，苗木在沙障内侧 30—50cm 处（图 12.5）。

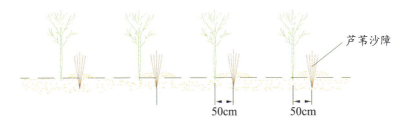

图12.5　保护沙障扎设示意图

二、行列式配置治沙模式

林带成行状配置，株距采用 1m。行距既要考虑人工或机械操作的空间，又要考虑滴灌土壤湿润的特点，使地下湿沙层连为一体，这将有利于寄主植物对土壤水分的充分利用，促进寄主的生长。在这些条件下，行距 3m 较为理想（图 12.6），这种配置的林地密度大约为 3330 株/公顷。使用这种配置模式，可以在林下接种肉苁蓉等经济价值很高的沙生中药材，从而建成高产稳产规模化生产的肉苁蓉种植基地。

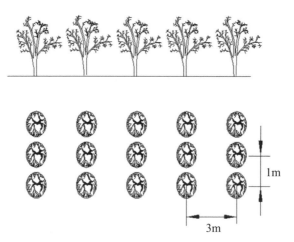

图12.6　行列式配置治沙模式

三、带状配置治沙模式

带状配置采用 2 行梭梭为 1 带，带距 3m，株行距 1m×1m（图 12.7）。林下接种肉苁蓉，寄主林密度为 5200 株/公顷左右。在这种配置模式中，梭梭林的种植密度大，防风固沙效果好。肉苁蓉可以在带的两侧同时接种，也可以两侧错时交替接种，错时交替接种不仅可以确保肉苁蓉产量的稳定性，同时有利于梭梭林的生长和整体防风固沙效益的增加。

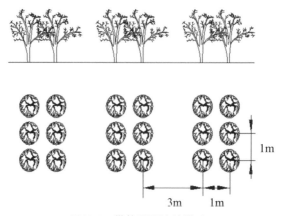

图12.7　带状配置治沙模式

四、咸水高效种植特色沙生中药材技术模式

对大面积种植的防风固沙锁边林进行优化提升，接种锁阳、肉苁蓉，充分利用符合农业灌溉标准的排碱渠咸水进行灌溉，形成咸水高效种植特色沙生中药材技术模式，该技术模式的特点是：梭梭、柽柳等直立灌木具有较高的生长高度，可以降低风速；白刺等匍匐灌木可以大面积覆盖林下沙面，起到固沙的作用；结合利用不同类型的灌木，可以发挥固阻结合的防风固沙效益。该技术可在我国北部防沙带大面积推广应用（图 12.8）。

图12.8　咸水高效种植特色沙生中药材技术模式

五、"光伏＋智能灌溉"治沙技术模式

沙漠边缘至沙漠腹地有穿越塔克拉玛干沙漠的多条公路，车辆在这些公路的运行安全均受到风沙灾害的严重威胁。其中，塔里木沙漠石油公路、14团至塔中沙漠公路，均采用了先进的光伏水泵技术以及提取地下咸水灌溉治沙技术，并且实现了智能化灌溉和在线监测（图 12.9）。该技术模式具有较好的可复制性，在风沙地区重点工程的防护工作中，能够发挥有效作用。并且，光伏水泵智能灌溉在节约人力管护成本的基础上，还可以通过在防护林中接种肉苁蓉和锁阳等药用植物，直接提高经济效益。因此，光伏＋智能灌溉治沙技术模式已经成为塔克拉玛干沙漠南缘的一个重要模式。

图12.9　沙漠公路生物防护体系建设技术模式

六、可持续发展的经济型生态屏障建设模式

防风治沙不能生硬地照搬其他地区的模式，必须从沙源特征、风沙运动规律、风沙危害特点、植物种选择、植物种筛选、物种多样化等多个特点进行综合分析，集成整合多项适宜当地情况的专利技术，才能形成适宜当地的生态建设模式，因地制宜地解决问题。

可持续发展的经济型生态屏障建设模式立足于建立资源、生态、经济和社会的协调发展和良性循环，以贯彻国家生态文明建设战略为宗旨，以"科技引领—政府主导—多方参与—农户得利"为基本思路，实施种子苗木基地建设工程、防沙治沙林升级改造工程、经济型治沙林推广示范工程，从总体上扭转风沙危害严重局面，实现"技术落地、乡镇满意、农户受益"的最终目标。运行模式以构建经济型防沙治沙生态屏障为目标，由政府提供政策和资金扶持，配套设施建设；由专家提供技术服务、人才培训资源；由基层单位和农牧民具体实施；从而形成"政府扶持—专家指导—农户得利"的运行体制。

12.4　绿洲防护林与沙产业相结合以治沙的科学性

12.4.1　治沙的科学研究

塔克拉玛干沙漠南缘的人工绿洲，人类活动范围不断外扩，虽然大面积连片的普遍性风沙灾害已经得到了有效控制，但深入沙漠的耕地和房屋、部分绿洲风沙前沿风口的人工防护体系以及交通、水利、电力能源等设施工程仍然面临严重的风沙危害风险。当前绿洲的防护体系存在的普遍问题是：①物种单一，结构简单，因此抗老化、病虫害等能力弱；②无经济产出，功能单一，因此不具有可经营性，持续维护困难；③结构模式单一，格局缺乏合理性，地段针对性差，因此防护效益和资源利用效率低；④老化快，更新难。除此之外，绿洲的快速扩张使绿洲—沙漠过渡带变窄，导致绿洲外围环境变差，从而威胁绿洲防护体系。针对上述存在的问题，研究人员结合典型绿洲外围的自然条件，包括土壤、植被、风沙等，结合水资源条件，重点在以下三个方面开展了大量的科学研究。

一、经济型植物种质资源选育研究

筛选优良的沙生植物种，特别是具有经济价值的植物种，并将其应用于防护林生态建设，不仅能增加防护林生态系统生物多样性，而且能够提高直接经济收益。针对塔克拉玛干沙漠独特的自然环境条件，中国科学院新疆生态与地理研究所塔中沙漠植物园、吐鲁番沙漠植物园、阜康盐生植物园等开展了大量优良固沙植物和荒漠经济植物的引种工作。通过植物生长和生物学指标监测，评价植物生态适应性，筛选出适宜当地环境条件的优良固沙植物和荒漠经济植物，并扩大繁育。塔中沙漠植物园占地面积约 300 亩（图 12.10），由于地处塔克拉玛干沙漠腹地，园中的沙生植物遭受干旱、高盐、干热风等多重环境胁迫，在此条件下能够存活的植物，表明其对沙漠环境的适应性极强。

图 12.10   塔中沙漠植物园

依托塔克拉玛干沙漠研究站，在塔中沙漠植物园内的环境胁迫试验区（图 12.11）进行了大量引种苗木的适应性评价。通过监测、评价、筛选，选育适应项目区环境条件的经济型沙生植物种。

图 12.11   塔中沙漠植物园环境胁迫试验区

　　科研团队所开展的项目，通过将适合风沙环境的特色沙生植物种在且末县河东治沙基地进行驯化栽培，建立了且末县河东沙漠植物园引种驯化基地（图 12.12），引种植物 50 种以上，为本区域生态建设和生态工程的可持续维护提供了丰富的种质资源。

图 12.12　且末县河东沙漠植物园引种驯化基地

　　根据经济型防护屏障建设需求，在咨询多位专家的基础上，依层次分析法构建了植物适应性评价指标体系。确定生长表现、抗逆性、管护成本和应用价值 4 个一级指标。然后根据一级指标内涵及其指标的可获取性，分别选择长势、变异系数、成活率、抗盐性、繁殖能力、更新能力、管护成本、防护能力、观赏价值等多个评价因子（图 12.13）。

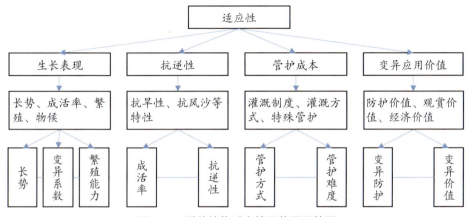

图 12.13　引种植物适应性评价因子简图

二、绿洲—沙漠过渡带经济型防护体系建设试验示范

在策勒县 2 号风口和 3 号风口实施的生态建设工程，圆满完成了策勒绿洲—沙漠过渡带的荒漠生态环境治理和生态产业发展的技术研发与示范推广等系列工作。从中国科学院塔克拉玛干沙漠研究站引种一年生梭梭和多枝柽柳苗木，在策勒荒漠草地生态系统国家野外科学观测研究站进行不同模式栽培试验。采用四种栽培模式（行间混交、带状混交、片状混交、片状套作），进行肉苁蓉接种试验。梭梭和柽柳分别呈片状种植，沟间套作红枣。建立了塔里木盆地南缘风沙区经济型生态屏障建设技术体系、基于多样性的风沙区防护体系物种优化配置与技术体系，形成了塔里木盆地绿洲经济型生态屏障建设的模式，构建了风沙区防护效益与经济产出的合理关系。提出塔里木盆地南缘荒漠—绿洲过渡带经济型生态屏障建设与可持续管理模式，并建成了试验示范样板，提高了过渡带生态屏障建设水平，促进了过渡带绿洲防护体系建设过程中对新技术、集成技术和优化模式的运用，改善了策勒人居环境，为维护区域生态安全以及实现区域人口、资源和环境的可持续发展提供了技术支持。

三、绿洲外围流沙区沙漠治理与生态产业试验示范研究

该研究区位于且末县，地处塔克拉玛干沙漠南缘，县城距离流动沙漠最近处不到 2 公里，风沙危害严重影响农牧业发展和民众生活质量。按照技术研发和应用示范要求，且末县河东治沙基地作为主要示范推广区，共建成肉苁蓉高产示范基地 20000 亩（升级）；肉苁蓉生产基地 20000 亩（新建）；林果示范基地 8000 亩（新建）；肉苁蓉优质种子生产基地 1000 亩（新建）；生态和经济苗基地 1000 亩（新建）。在且末县河东治沙基地形成了 50000 亩经济型生态防护屏障，总体布局如图 12.14 所示。

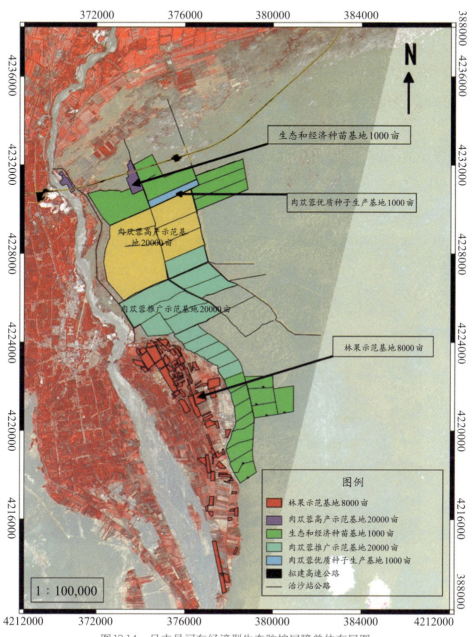

图12.14　且末县河东经济型生态防护屏障总体布局图

　　该研究以集中示范与核心示范相结合的工作方法，开展特色沙生植物引种筛选、培育扩繁、经济型沙生植物规模化种植示范，并进行促进农牧民增收的技术体系构建和模式示范，以期在促进典型村全部农户共同增收、实现共同富裕的同时，进一步丰富以防沙治沙工程促进沙产业协调发展的理论与技术体系，树立特色沙生植物培育和可持续发展的典型样板，推动农牧业生产结构转型，为农牧民增收提供技术支撑。

　　得益于先进的开沟、播种、施肥、覆土一体化种植机械，种子用量平均控制在每米 2000 粒，控制精度达到每米 ±50 粒，播种速度达到每小时 2500 米，生产效率得到极大的提高。且末县肉苁蓉种植试验示范区接种的肉苁蓉，第二年春季出土均匀，品质得到了大幅提升（图 12.15）。

图12.15　且末县肉苁蓉种植试验示范区出土的肉苁蓉

　　依据且末县风沙环境及危害特征，按照已有林带的防沙功能及防护范围，营造防风固沙林。一方面在河东治沙基地新营造梭梭防沙治沙林，接种肉苁蓉；另一方面选择红枣为主、枸杞、白刺等优良经济林果与防沙灌木进行空间优化配置，建成沙生林果示范基地 8000 亩（图 12.16）。

图12.16　且末县河东治沙基地红枣林

　　另外，在地形条件较好的平坦沙地上，采用沙漠研究团队最新研制的肉苁蓉和锁阳两用播种机，在且末县河东治沙基地进行锁阳的高效播种，实现开沟、播种、覆土的一体化作业，极大地节约种植成本，并能改善种植质量（图12.17）。

图12.17　且末县河东治沙基地机械化播种锁阳

四、沙漠腹地肉苁蓉和锁阳种植试验研究

塔里木油田公司肉苁蓉基地位于塔克拉玛干沙漠腹地，与且末县和民丰县的距离均约 200 公里，由塔里木油田公司委托中国科学院新疆生态与地理研究所管理，并提供技术指导。肉苁蓉规模化种植、管护、采收、加工和种子采收与处理的技术体系，《荒漠肉苁蓉咸水滴灌种植技术规程》（DB65/T 3319—2011）等 5 项地方标准和技术手册，《一种接种肉苁蓉机械播种方法》等相关的 10 余项国内、国际发明专利等几乎全部发源于这一研究基地（图 12.18、图 12.19）。

塔里木油田公司肉苁蓉基地在运行过程中，坚持"科技引领、创新争先"理念，获取定位观测数据，发挥中国科学院人才和科技优势，在锁阳接种技术、肉苁蓉寄生过程研究等领域，继续为南疆区域经济发展贡献力量。该基地是中国首个荒漠肉苁蓉高产稳产规模化种植试验示范基地，曾创最高每亩756.34kg的测产记录。截至 2019 年，该肉苁蓉基地仍然保有一定的产量，继续为肉苁蓉"一次接种，多年采收"的特点积累基础数据。

图12.18　塔中梭梭、肉苁蓉试验示范基地

图12.19　特色沙生植物种植示范区

12.4.2　治沙模式的演化分析

　　绿洲防护林与沙产业相结合的技术模式适用于干旱或半干旱地区，这些地区通常面临风蚀、沙漠化和水资源短缺等问题，有一定规模的沙化土地可供绿洲防护林和沙产业的发展。同时，这些地区应具备一定的经济潜力，在地方政府的优惠政策引导下，支持沙产业的发展，并能够借此推动林业、农业、畜牧业、旅游业、风与光新能源等相关产业的发展，满足相应的市场需求。推广绿洲防护林与沙产业需要具备一定的技术支持和管理能力，包括土地利用规划、灌溉技术、种植技术和绿洲保护管理等方面的知识和经验。在种植绿洲防护林时，通常选择适应干旱和贫瘠土壤的树种，如梭梭、柽柳、沙拐枣、胡杨、黑枸杞、肉苁蓉、锁阳、四翅滨藜、白刺等，这些树种具有较强的抗旱能力和生长适应性。

　　绿洲防护林与沙产业相结合的技术模式有助于实现生态保护与经济发展的双赢局面，为地区的可持续发展提供有效的解决方案。绿洲防护林可以增加地方政府单位和社区家庭对于风沙灾害的防治能力，降低民众遭遇风沙灾害的风险，有助于生态系统的恢复和保护。同时绿洲防护林有别于大型基干林，它可以利用洪水、沙层存储的土壤水、城市中水、融雪水、地下咸水、排碱渠水等多种非常规的水资源，不受常规水资源的用水限制，极大地提高水资源的利用效率，节约大量的生产和生活用水。因此，对于水资源紧缺的西北干旱区，绿洲防护林是一种非常好的生态水资源高效利用方案。

12.5 绿洲防护林与沙产业相结合以治沙的现实意义

12.5.1 推动地方经济发展

推广绿洲防护林与沙产业相结合的模式可以促进经济发展、提高农户收入。以绿洲—沙漠过渡带经济型防护体系建设技术模式为例，该模式针对策勒县沙漠—绿洲过渡带"柽柳＋肉苁蓉"、红枣、沙枣、杨树、核桃、药桑以及固沙植被骆驼刺等特色资源植物的产业种植技术的研发，在保持绿洲防护林体系防护功能的前提下，提高策勒绿洲风沙区示范基地和技术推广区的特色林果、药草、饲草等经济产出价值。在绿洲前沿风沙区采用以灌草为主的乔、灌、草混交体系，周边栽植杨树、沙枣为主的防护林带，重点开展人工种植柽柳、接种肉苁蓉，促进固沙植物骆驼刺自然生长。造林模式多采用乔灌多层次模式，带片网结合。

目前人工接种"柽柳＋肉苁蓉"亩产达到 50—100kg（鲜品），按最低市场价 10 元/kg 计算，亩效益在 500 元以上；研究区内平均亩产骆驼刺等草料（干料）500kg，按最低市场价 0.6 元/kg 计算，骆驼刺亩产值已达 300 元，周边林带沙枣杨树也相应产生一定量饲草，经济效益也在 20 元/亩以上；技术推广区的红枣、药桑能带来的经济效益更大，红枣亩产可达到 100kg/亩，若按最低市场价 15 元/kg 计算，仅此一项带来的收益就非常可观。配置的药桑、核桃都将挂果，总体经济效益将更加巨大。

肉苁蓉和锁阳接种 1 次可以连续收获 3 年（次），其中前 3 年可以达到经济产量，产生显著的经济收益。以且末县 2019 年梭梭林地内接种的 20000 亩肉苁蓉为例，荒漠肉苁蓉市场统货收购价格为 13—18 元/千克。扣除前期种植成本和管护成本 2573 元/亩，20000 亩合计产值为 4500 万元，项目实施区累积受益农户为 250 户，户均年纯收益 5.42 万元，农民增收显著。

12.5.2　改善地方生态环境

防护林与沙产业相结合的技术模式能够改善生态环境，具体体现在以下几个方面。

一、土壤肥力效应

防护体系内的枯枝落叶分解对土壤微生物的组成和活性产生积极的影响，能够增加土壤有机质和土壤肥力，改善土壤结构。部分观测数据表明，防护林体系内裸地的有机质含量为 1.0g/kg，而植被覆盖区域高达 1.7g/kg，为裸地的1.7 倍；裸地有机碳含量为 0.6g/kg，而植被覆盖区平均为 0.7g/kg；裸地氮元素含量为植被覆盖区的 60.6%，有效磷、钾元素也有所差异。同时，防护体系内不同物种的树根使土壤变得疏松，土壤容重变小，这说明土壤孔隙度增大，利于作物及植被生长。所以，在植物比较茂盛的地段，土壤肥力条件较好。同时，随着时间的推移，有植被覆盖的地区土壤肥力还会持续增加。

二、防风固沙效应

防护体系可以有效地影响气团流动的速度和方向，防止大风对土壤的侵蚀。同时防护体系具有增加地面粗糙度、降低风速、防治风蚀、固定沙地等功能。防护体系对农业发展的作用主要表现在通过减小风速来改善农业生态环境。风速降低可以促使与之相关的一系列生态因子的变化，改善防护林生态环境。经过几年的防护体系建设，防护体系内植被盖度普遍达到10%—20%，有效地降低了风速。与对照区比较，实验区起沙风速降低5%左右，风蚀量降低10%左右。在8级大风条件下，试验区内部输沙量仅为风沙前沿输沙量的十八分之一左右。由此可见，本技术模式应用对示范区域的土壤保育价值十分巨大，在一定程度上抗御了大风、干热风、风蚀和沙埋，在保障绿洲内部农牧业的安全生产、保护当地居民的生活生产环境等方面发挥了重要作用。

林带对风有一定的阻挡作用，降低了风速，改变了局地风场，使林带背风面的风力减弱。当风与林带垂直时，防风效应最大。一般情况下，林网的背风面距主林带3—6H（H为林带高度）处有一个风速低值区，其风速等值线呈闭合状态。在此低值区内，风速可降低50%—30%。野外观测和风洞试验均已证明：在平原地区，防风体系背风面减弱30%风速的有效防护距离可达15—20H。

除了防风体系的高度显著影响防风效果，观测试验还发现林带的疏透度也明显影响防风效能。有一定疏透度的稀疏型林带防风效果更好，主要原因是这种结构林带有随机分布的透风空隙，当风吹向林带时，一部分气流从林带上空翻越，另一部分穿过林障空隙，致使气流被树木枝叶分割、阻挡、摩擦，动能消耗更多，气流中大涡旋被分割为小涡旋，改变了气流原有结构，气流内摩擦增强，引起气流动能进一步减弱。翻过林带的气流在林带上空，因与林冠摩擦以及在林冠上产生强烈的涡旋运动，也会有动量的损失。两股气流抵达林带背风面一定距离时相汇合，此时发生的碰撞、摩擦还将消耗一部分动能，风速明显减弱。具体试验观测显示，疏透度约为 40% 时，疏林防风效果更好。

三、小气候效应

除了降低风速，防护林还具有降温增湿的功能。从沙漠公路防护林系统的观测数据来看，防护林带可以稳定近地层空气气温和提高空气湿度。太阳辐射对近地层温湿度影响显著，影响程度与气温呈正相关，与空气湿度呈负相关。在阴天时林带的保温保湿作用明显，防护林内气温总是小于原始沙地，林内湿度总是大于原始沙地，林边气温升降幅度大于原始沙地，林边湿度总是大于原始沙地。从影响范围来看，防护林垂直温度影响范围 4—10m，湿度影响范围 6—8m；水平温度影响范围 16m 左右，湿度影响范围 24m 左右。

四、生物多样性效应

由于防护林面积的增加、生态环境的改善、人类的生态保护意识的增强，防护林研究区的野生植物和动物开始有所增加。从近年来进行的防护林生物多样性调查结果来看，生物多样性效应主要表现在以下几个方面：①防护体系内野生动物种类和数量有所增加（主要为鸟类和沙漠蜥蜴数量和种类的增加），这对于维持防护体系的稳定具有重要意义；②防护体系内一年生草本或短命植物种类和数量有所增加，说明在防护林的建设过程中，植物的生存环境得到改善（例如沿灌溉系统周边普遍生长的猪毛菜、盐生草等一年生植物或短命植物，其盖度和密度有不同程度的增加）；③防护体系内单位面积土壤微生物的种类和数量都有一定程度的增加。

12.5.3　改善当地人民的生活

基于生物多样性理论、生态效益和经济效益平衡及多种技术组合的研究，为塔克拉玛干沙漠边缘绿洲防护体系建设提供了有力保障，其社会效益非常巨大。长期以来，塔克拉玛干沙漠南缘地区自然条件恶劣，交通欠发达和信息不流通，农林产品的品质和经济效益低下，科技力量和经济基础薄弱，发展资金严重不足。防护林与沙产业相结合的技术模式实施后，在绿洲风沙活动前沿，种植梭梭、柽柳、肉苁蓉、锁阳、甘草、红枣、枸杞等耐旱植物，既能起到防风治沙的显著生态效益，又能充分利用沙漠土壤、咸水、光热资源，也为居住在沙区的广大农牧民提供了一条致富的有效途径。科学技术的推广与普及、生态环境质量的提高，必将对当地的社会环境产生深远影响，同时在保障当地社会安定团结、调整产业结构等方面也具有重要意义。

本章撰稿：范敬龙　雷加强　李生宇　徐新文　李丙文　曾凡江
　　　　　孙永强　王世杰　常青　张恒　王晓静

第13章
以毛乌素沙地为代表的
半干旱地区沙漠化土地治理与开发模式

　　毛乌素沙漠亦称鄂尔多斯沙地、毛乌素沙地，是中国四大沙地之一。毛乌素，蒙古语意为"不好的水"，地名起源于陕北靖边县海则滩乡毛乌素村。自定边孟家沙窝至靖边高家沟乡的连续沙带被称为"小毛乌素沙带"，是最初理解的毛乌素范围。由于陕北长城沿线的风沙带与内蒙古鄂尔多斯南部的沙地是连续分布在一起的，因而人们将鄂尔多斯高原东南部和陕北长城沿线的沙地统称为"毛乌素沙地"。榆林沙区是毛乌素沙地的一部分，属毛乌素沙地南侵东扩的前沿地带。据史料记载，榆林沙区在秦汉时期还是"沃野千里，谷稼殷积，水草丰美，群羊塞道"的农牧区，分布有大量的草原植被。公元5世纪，大夏王朝在今靖边县北部建都统万城时，赫连勃勃赋文曰："美哉斯阜，临广泽而带清流，吾行地多矣，未有若斯之美。"那时的长城一线还有大片的湖泽，清澈的溪流盘绕着绿色的高原。随着人类活动加剧、战乱频繁以及气候的变化，植被遭受严重破坏，自然恢复能力丧失，沙漠化不断加剧。公元9世纪时毛乌素已出现"飞沙为堆，高及城堞"的情形，唐代李益也有诗云"有日云长惨，无风沙自惊"。特别是到明、清时期，榆林城外之山已"四望黄沙，不产五谷""明沙、巴拉、碱滩、柳勃居十之七、八，有草之地十之二、三，此外并无森林茂树、草软肥沃之地，惟硬沙梁、草地滩……"在新中国成立前，沙区林草植被还不到2%，流沙已越过长城南侵50多公里，形成了"沙进人退"

的被动局面。

新中国成立 70 多年来，特别是改革开放 40 多年来，广大的科技工作者和毛乌素沙区人民发扬延安精神，自力更生，艰苦奋斗，坚持同风沙灾害进行不懈斗争，对风沙灾害进行科学治理，充分利用沙区资源优势，坚持综合开发利用，兴办沙产业，创造了"人进沙退、塞上绿洲"的光辉业绩，取得了令人瞩目的成就。据统计，2000—2020 年，毛乌素沙地区域共完成林业建设 949.51 万亩，沙化草地治理 1640 万亩（娜荷雅，李振蒙，2023）。尤其是榆林共治理沙化土地 2.44 万 km^2、流沙 860 万亩，林木覆盖率从 0.9% 提高到 33%，成为我国第一个完全"拴牢"流动沙地的地区，陕西范围内的毛乌素沙地基本被"消灭"，成为世界治沙奇迹。2020 年，《人民日报》在《毛乌素沙地是这样变绿的》一文中提到，近年来毛乌素沙地生态状况全面好转，实现了从"沙进人退"到"绿进沙退""人沙和谐"的历史性转变。

13.1 毛乌素沙地治理与开发背景

13.1.1 毛乌素沙地概况

一、地理位置

毛乌素沙地位于陕西省榆林市和内蒙古自治区鄂尔多斯市之间，37° 27.5′ N—39° 22.5′ N，107° 20′ E—111° 30′ E，面积达 4.22 万 km^2 包括内蒙古自治区的鄂尔多斯南部、陕西省榆林市的北部风沙区和宁夏回族自治区盐池县东北部，万里长城从东到西穿过沙漠南缘。

二、地形地貌

毛乌素沙地主要位于鄂尔多斯高原与黄土高原之间的湖积冲积平原凹地上，海拔多为1100—1300m，西北部稍高，达1400—1500m，个别地区可达1600m左右，东南部河谷低至950m，整体自西北向东南倾斜，西北部包括从鄂尔多斯中西部高地向东南延伸出来的一些梁地，由于受侵蚀割切，梁间形成若干谷地，构成了"梁、滩"平行排列的相间地貌，还有几条河流切割台地形成河谷汇入黄河。在大部分台地和滩地上覆盖着流动或固定程度不同的沙丘与沙地，沙丘高度一般在5—10m以下。梁地出露于沙区外围并伸入沙区境内，主要由白垩纪红色和灰色砂岩构成，岩层基本水平，梁地大部分顶面平坦。各种第四系沉积物均具明显沙性，松散沙层经风力搬运，形成易动流沙。平原高滩地（包括平原分水地和梁旁的高滩地）主要分布全新统—上更新统湖积冲积层。

三、气候特点

沙区年均温6.0℃—8.5℃，1月均温-9.5—12℃，7月均温22℃—24℃，年降水量250—440mm，降水集中于7—9月，占全年降水60%—75%，尤以8月为多。降水量年际变化大，多雨年为少雨年的2—4倍，故当地常发生旱灾和涝灾，且旱多于涝。夏季常降暴雨，又多雹灾，最大日降水量可达100—200mm。沙地东部年降水量达400—440mm，属淡栗钙土干草原地带，流沙和巴拉（半固定和固定沙丘）广泛分布；西北部降水量为250—300mm，属棕钙土半荒漠地带。

四、水资源

毛乌素沙地水资源较为丰富，在鄂尔多斯境内，黄河的一级支流有：都斯图河、毛不拉孔兑、卜尔嘎色太沟、黑赖沟、西柳沟、罕台川、壕庆河等，流域面积约为 1.3 万 km²，多年径流量达 2.1 亿 m³。流经榆林市的河流更多，共有一百多条，主要有无定河、秃尾河、窟野河等，其中流量较大的是无定河和秃尾河。毛乌素沙地的内流水系汇成的大小湖泊星罗棋布，境内有大小海子（湖泊）200 多个，水面 18 亿 m³，最大的红碱淖海子水面 5515 公顷，蓄水 8 亿 m³，区内总水资源 22.41 亿 m³，人均水资源有 3000m³，高出全国、全省平均水平，目前地表径流水 14.68 亿 m³，浅层地下可开采量 7.73 亿 m³，自产水量 17.56 亿 m³，平均每亩耕地 253.6m³。

五、植被与土壤

毛乌素沙地的天然植被经过上千年的人为活动影响后几乎已荡然无存，现有的植被多为次生或人工栽植植被。植被大致可以按照三个（亚）地带与三大类群划分。从植被地带性来说，西部边缘属于向荒漠过渡的荒漠草原亚地带，中部与东部则属于草原亚地带，占 90% 以上；东南边缘开始向森林草原过渡，但由于沙土基质的覆盖，植被类型的差异不显著，仍为干草原亚地带。本区的三大植被类型是梁地上草原与灌丛植被，半固定、固定沙丘与沙地的沙生灌丛以及风沙滩地上的草甸、盐生与沼泽植被。与其相对应的土壤类型是梁地上的栗钙土，沙地上的风沙土，以及滩地上的草甸土、盐碱土与沼泽潜育土。毛乌素沙地大部分区域处于栗钙土干草原地带，向西北过渡为棕钙土半荒漠地带，向东南过渡为黄土高原暖温带黑垆土地带，分布上表现为东北—西南向排列的水平地带性变化，即淡栗钙土和棕钙土，南部和东南部黑垆土的分布受局部地形和母质的影响，一般分布在黄土高原的沙黄土母质上。草原地带的土壤以风沙土为主，地势高处也有黄绵土分布。

毛乌素沙地的梁地植被类型主要有：戈壁针茅、沙生针茅、冷蒿、小叶锦鸡儿、矮黄花木或半灌木红砂、驼绒藜、木碱蓬、猫头刺等。沙生植被类型主要有：白沙蒿、黑沙蒿、杨柴、柠条、沙地柏、沙柳、乌柳等。除以上集中分布的沙生植物外，在东南隅还有黑格兰、小叶鼠李、丝棉木等。风沙草滩地植被类型主要有：寸草、马蔺、芨芨草、碱蓬、盐爪爪、白刺等。

毛乌素沙地土地利用类型较复杂，不同类型土地常交错分布。农林牧用地的交错分布自东南向西北呈明显地域差异，东南部自然条件较优越，人为破坏严重，流沙比重大；西北部除有流沙分布外，还有成片的半固定、固定沙地分布。东部和南部地区农田高度集中于河谷阶地和滩地，西北地区则农地减少，草场分布增多。总体来看，现有农、牧、林用地利用不充分，经营粗放。

13.1.2　毛乌素沙地治理与开发的意义

2023 年，习近平总书记在内蒙古巴彦淖尔考察时指出，要坚持科学治沙，全面提升荒漠生态系统质量和稳定性，并强调要全力打好黄河"几字弯"攻坚战，以毛乌素沙地、库布其沙漠、贺兰山等为重点，全面实施区域性系统治理项目，加快沙化土地治理，保护修复河套平原河湖湿地和天然草原，增强防沙治沙和水源涵养能力。毛乌素沙地是我国四大沙地之一，其生态环境脆弱，是我国北方重要的沙尘释放源区（王涛，2003；Sweeney et al., 2016）。在第 24 个世界防治荒漠化与干旱日纪念大会上，国家林业和草原局原局长张建龙指出："中国的防沙治沙是从榆林走出来的，榆林成功的防沙治沙经验，正在引领着中国乃至世界防沙治沙工作的走向。"毛乌素沙地的治理与开发不仅关乎中国北方生态屏障的安全，还关系到沙区各族人民群众的生存发展。

毛乌素沙地并不是不毛之地。毛乌素沙地是我国著名的矿产资源富积区，也是我国正在建设的大型能源重化工基地，煤炭、石油、天然气等能源非常丰富，这些资源具有巨大的开发潜力。同时，毛乌素沙地光、热、水条件较好，且雨热同季，温差较大，宜于作物生长，具有发展农、林、牧、渔的自然条件。另外，独特的自然条件孕育了多种名贵沙生动植物资源，如鄂托克旗和鄂托克前旗的麻黄，杭锦旗的甘草，鄂尔多斯的山羊绒，宁夏的枸杞、苦豆草、"滩羊"、"滩鸡"，榆林的大枣、山杏、大扁杏、遗鸥、白天鹅等。毛乌素沙地的开发势在必行，但不合理的开发可能会引发一系列的生态环境问题，最终影响社会经济发展，如何实现该地区的可持续性发展成为研究的焦点。2021年，习近平总书记在榆林考察时指出，要深入贯彻"绿水青山就是金山银山"的理念，把生态治理和发展特色产业有机结合起来，走出一条生态和经济协调发展、人与自然和谐共生之路。因此，毛乌素沙地的治理与开发意义重大。

13.2 毛乌素沙地治理与开发考察

13.2.1 毛乌素沙地成因分析

　　毛乌素沙地及其周边地区的地质基础是一个轴向近南北的大型向斜式沉积盆地，盆地的基底是前寒武系结晶变质岩，后者经过多旋回沉积，形成了总厚度超过6000m的下古生界碳酸岩、上古生界—中生界碎屑岩和新生界地层，经过第三纪准平原过程，到喜马拉雅运动才开始在北面抬升，南部相对俯倾，四周发生断裂，在今阴山以南、白于山与横山以北地区形成"河套古湖"。黄河河道基本形成以后，"河套古湖"经流水的冲积洪积作用，形成台地；再经第四纪中后期以来的风沙活动，造就了今天的地貌景观。

　　据中国科学院地质研究所孙继敏、刘东生等（1996）对毛乌素沙地土壤剖面的研究，剖面存在层序S_0—S_5的古土壤（图13.1），记录了约50万年以来的风成沉积序列，主要由古风成砂、黄土与古土壤的叠覆沉积而成，表明第四纪时期不仅有冷期与暖期的多次旋回，而且冷期和暖期发生时还有次一级的气候波动。冷期的沉积物基本都是黄土层和古风成砂层，这两种沉积物显然代表了两种截然不同的气候条件。尽管冷期时由于植被覆盖度降低、风力强大而产生的风蚀作用可能导致某些沉积间断，但就现有的沉积来看，每个冷期发生时气候有明显波动，单个冷期气候特征可表现为在干冷为主的背景上叠加次一级的气候事件。暖期的气候并非以持续温暖为特点，亦有明显波动，从现有的资料看，阶段 5—13 的各暖期中都夹有1—2 个寒冷气候幕，而且 S_2 和 S_5 中分别夹有古风成砂，这一事实表明，与这两层古土壤对应的暖期阶段 7 和阶段 13 具有极大的气候振荡幅度。

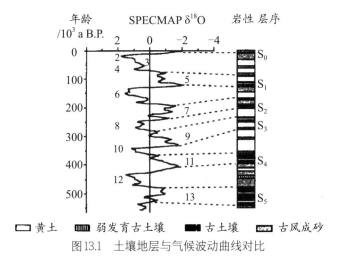

图13.1　土壤地层与气候波动曲线对比

综合我国有关黄土孢粉、黏土矿物、哺乳动物等方面的研究成果，毛乌素沙地主要是在干燥的气候条件下形成的产物，但在不同的地质时期，其气候与植被状况是有所变化的。就更新世来说，早更新世午城黄土时期，本区域气候比较温湿，植被是森林草原，森林占据一定的比例；中更新世离石黄土时期，气候趋于干旱，草原占据优势，但在原边与山地交接地带仍然分布着森林；晚更新世马兰黄土时期，气候变得干冷，植被是草原或荒漠草原。在上述每个时期内，随着气温与湿度较小幅度的变化，在暖期侵蚀间断的温湿环境或冷期的冷湿环境下，森林也曾几度扩展过。此外，更新世时，由于构造运动之强弱有所变化，该区域内部呈间歇性隆起，周围的拗陷区断续下沉，因此地质侵蚀与堆积交替进行，彼此互有消长。

秦汉以来的2000多年，我国北方地区经历了多次冷暖波动，季风气候下，温度的变化必然导致降水变化，半干旱与半湿润地区，必然产生森林—草原—沙漠正逆过程的互相转变。在秦汉、隋唐、五代暖湿期，我国北方地区的荒漠化过程以逆过程为主，流沙地面积减小；在东汉至南北朝较冷干旱期、北宋寒冷干旱期和明清小冰期，荒漠化则以正过程为主，流沙地面积扩大。区域环境历史时期的变化阶段与我国北方地区气候的寒冷干寒期有很好的对应关系，植物发生旱生化和植被明显荒漠化的阶段也恰好与之对应。从人类影响的角度来看，本区域主要的土地利用方式为发展游牧畜牧业，只是在明清时期农耕规模和强度有所增加，但人口密度从未超出半干旱区的临界标准。由此可以确信，本区域环境变化的肇因是百年尺度的气候冷暖和干湿波动，干燥的气候是本区域生态环境变化的主导因素，降水量的年季变化大是干旱、半干旱区的重要气候特征之一，本区域的降水变率在40%以上，地表植被也因此产生很强的年际变化，在干旱导致湖泊萎缩、植被覆盖度严重降低时，荒漠化面积增加。气候变化既是本区域生态环境变化的主要表现，同时也是主宰其他环境要素变化的背景因素。

董光荣等（1983）对萨拉乌素河地区第四系地层的研究显示：全新世大暖期时主要为湖沼环境，其中一些地势较高的地段则为浅小湖泊和沼泽沉积，距今5000—3200年时众多湖沼开始干涸，地表为草原环境，其上发育黑垆土。新冰期来临后鄂尔多斯高原环境转为干冷、多风的荒漠化、半荒漠化草原，本区域所在的鄂尔多斯东南洼地在风力和流水两种外力作用下被加高填平，形成目前的景观形态。近2000年来，鄂尔多斯台地的抬升使许多河流回冲下切，形成深切曲流，地下水位下降，地面湖沼水体也逐步疏干。本区域的古城反演的地表水坏境也止是经历了这样一个变化过程。秦汉时期本区域拥有众多的古城，这些古城尽管坐落于当时最优越的地段，但在后世得以延用的并不多，主要就是因为河流水位的下降及湖泊的萎缩而不能继续利用，水环境的这种变化在现代依然存在。据中国科学院考察队调查，20 世纪 70 年代榆林市共有大小湖泊 869 个，总面积约 10535.732 公顷，其中，湖泊面积在 100 公顷以上的有 6 个，大于 5000 公顷的中型湖泊 1 个。进入 21 世纪初，由于气候干旱、农业开发、煤炭资源的大规模开采等原因，湖泊总数锐减，仅剩大小湖泊 79 个，湖泊总面积已大大减小，水域面积较 10 年前减少了三分之一。

地表水环境的恶化是本区域环境变化的表现之一，同时也是植被退化和荒漠化的引致因素，湖泊水位下降或消亡，势必造成干滩地面积的增加，表土的含水量降低，植被覆盖度下降，干燥的地表沙层很容易在强劲风力的作用下对古沙翻新。盐湖和泉眼在干涸后的很长一段时期，因地下的盐分被毛管水带到地表而沦为盐碱地，是土地盐渍化的引致因子。而毛乌素沙地东缘无定河与秃尾河干支流河谷阶地的积沙，与河谷深切、水量缩小有密切关系。

在探讨毛乌素沙地生态变迁的过程中，更应对人类活动的影响着重加以研究。因为随着人口的增加与社会生产力的发展，人类对自然界的影响能力不断加大。在干旱区，城市的兴衰、土地的荒芜，虽然都由水资源的减少或枯竭所造成，但在自然环境条件基本稳定的背景下，人类的活动，尤其是农业生产活动则成为水资源分配格局变化的决定因素。在古代，人们的生态保护意识还没有像今天这样觉醒，外来移民若在没有对当地的自然条件有充分了解的情况下，开展大规模的农业生产开发，其引入的农具、栽培技术、生产管理方式都没有与当地生态环境相协调，会造成生态系统内部结构的破坏、功能下降。这种在生态环境脆弱的陕北地区进行的盲目农业生产大开发，给我们留下的教训是沉痛的。人类的农业生产用水在水系统的分配中起了定标作用，中上游截流开荒，使得水—植被—生产的矛盾加剧，下游植被减少。在人类对区域生态环境造成过度干扰时，荒漠化潜在因素会被激发而活化，风沙增强，沙漠扩展，最终导致生态系统的崩溃。

人类活动中能对环境变迁施加明显影响的主要是政治军事活动与生产活动。陕北黄土高原东南部的河谷平原地区，在唐代以前一直是我国经济繁盛的地区之一。而广大的丘陵山原地区则是各封建王朝时期防御西北方游牧民族进袭、拱卫京畿要地的屏藩。因而几千年来，历代统治者为加强防卫，巩固边防，不断在这里筑长城，修边墙，设置郡县卫所，建造城池堡塞，派驻大量军队，经常进行大规模的战争。这些政治军事活动显然会对当地自然环境产生破坏。然而对环境变迁产生更大影响的还是人类最基本的实践活动——生产活动。在古代主要是农、牧业及冶炼、烧瓷等手工业生产活动。由于当时生产技术低下，又完全处于自发状态，生产活动基本都是以掠夺自然资源为特征而进行的，因而一般都对自然环境造成一定的破坏。而其破坏程度往往与生产规模成正比。尽管各朝代生产活动之规模与产量、产值情况没有系统准确的记载，但由于人口增长是带有盲目性的，它所造成的生产规模的扩大也带有盲目性。这样性质的生产活动必然对自然环境造成破坏性影响，而且其强度是超乎寻常的。加之又发生在这样一个具有特殊的自然地理条件，生态环境十分脆弱、敏感的地区，大规模生产活动造成自然环境恶化与生态平衡失调也就势在必然了。

13.2.2　考察过程

对毛乌素沙地的科学研究或考察，最早可以追溯到 1905 年（刘玉平，1997）。1962—1964 年，在中国科学院治沙队的组织和领导下，北京大学地理系和治沙队以及华东水利学院对毛乌素沙地进行了综合考察，调查研究了该沙区的自然条件、自然资源及其改造利用途径。1974 年部分研究者又去毛乌素沙地进行了一次野外复查，重点调查了群众治沙造林、引水拉沙、垫沙改土和建设草库伦以及固定流动沙丘的经验（北京大学地理系 等，1983）。20 世纪 80 年代，中国科学院黄土高原综合考察团队也对毛乌素沙地进行了大规模的科学考察（黄考队，1987）。此外，陆续有专家学者对毛乌素沙地的起源和环境变迁、沙漠化成因、沙地生态系统、荒漠化治理等方面进行了大量研究。

　　毛乌素沙地位于鄂尔多斯高原的中部与南部，黄河从西、北、东三面环抱高原，东南背倚黄土高原，西北向库布其沙漠、腾格里沙漠敞开，处在戈壁向黄土高原的过渡地带。毛乌素沙地的具体界线为：东部大致以包神铁路为界（局部已经越过包神铁路向东发展，可能已经接近准格尔沙圪堵），南部至陕西榆林长城一线以北（局部已经跨越长城一线南侧），西部至石嘴山—吴忠黄河一线以东（宁夏境内黄河以西地区属腾格里沙漠），北部以 109 国道与库布其沙漠相分割，至准格尔沙圪堵—东胜—杭锦旗南—鄂托克旗北—石嘴山一线。

　　毛乌素沙地的北部为黄河的冲积平原，地势低平，为鄂尔多斯主要农业区；在东部与南部则逐渐过渡为黄土丘陵与低山；沙地西北方有高大流动沙丘与沙山形成的库布其沙漠，生态条件极其恶劣；黄河以西、以北则为阿拉善与腾格里的戈壁与沙漠，已属于荒漠地带。

　　本章涉及的考察范围包括内蒙古自治区鄂尔多斯市南部、陕西省榆林市的北部风沙区和宁夏回族自治区盐池县东北部。

13.3　毛乌素沙地治理体系

13.3.1　主要治理技术

一、飞播造林技术

　　飞播造林技术是利用飞机将植物种子播撒在深远山区，使其根据林木的自然生长规律，在自然环境气候下生长，以达到扩大森林资源目的的一种造林技术（徐维生，2018）。最早利用此技术的苏联于 1932 年开始进行飞播造林；20 世纪 50 年代开始，美国、加拿大、澳大利亚等国相继开展飞播造林工作，飞播树种主要是松类、云杉类、桉类等。国外飞播造林使用的飞机有固定翼飞机和直升机两种，主要在杂草和灌木少的采伐迹地、火烧迹地、陡坡和矿渣土上进行飞播作业，并采取了严格的植被处理和种子保护措施。我国的飞播造林始于 1956 年的广东，2 年后在全国包括陕西等 15 个省（市、区）相继开展。我国在飞播造林科技方面，采取科研、设计、教学、民航、生产相结合，共同试验，联合攻关，解决了飞播造林立地条件、树种、播种量、播种期、规划设计、地面处理、机型设备与飞播作业、播后经营管理等多个方面未完善的问题，形成了一套完整的施工作业技术（余志立，1991）。飞播造林在我国已有60 多年历史，为我国林业发展做出了巨大贡献，在林业发展史上具有里程碑意义。

全国大面积飞播试验始于 1958 年，当年即在毛乌素沙区开展，经过多年治沙成果积累，毛乌素地区现已是治沙成效最为显著的沙区之一。在毛乌素沙区飞播试验与应用期间，我国提出了包括植物种配置、播期控制、种子处理等八项技术措施为主要内容的《陕西省沙区飞机播种造林种草技术要求》，飞播造林治沙技术水平国际领先。试验筛选出了适宜在流沙地上飞播且具有抗风蚀、耐沙埋、生长快、自繁力强等特性和较高经济价值的踏郎、花棒、白沙蒿等植物种子。根据毛乌素沙区气候、多年气象观测资料和飞播植物生长特性，确定了最佳飞播期为 5 月下旬。此外，我国学者提出了"大粒化"飞播种子处理的理论和方法，有效克服了种子位移问题，还在鼠、兔、虫、病害防治，减轻风蚀等诸多方面取得了技术突破。毛乌素 60 余年的飞播试验、示范和推广，证明了飞播造林技术速度快、效率高、投资少，是加速毛乌素沙地林草建设和荒漠化防治的有效措施。

二、沙障造林技术

沙障又称机械沙障、风障，是用柴草、秸秆、黏土、树枝、板条、卵石等物料在沙面上做成的障蔽物，设置沙障是消减风速、固定沙表的工程固沙措施。我国对机械沙障做了大量研究，涉及设置规格和类型、风沙流结构、风速波动特征、沉积粒度特征、防护效益、生态恢复应用等方面。毛乌素沙区干旱缺水、生态环境恶劣，单纯依靠生物固沙措施改善沙区情况较为困难。为保证固沙植物成活率，有必要使用机械固沙措施以提高固沙植物成活率。沙障能增加地表粗糙度，减弱地表风速，减少地表风蚀（邹苗，2019），同时也能改善土壤水分状况（杨书鉴 等，2018），提高造林的保存率（王俊波，漆喜林 等，2014），促进植被恢复，改善土壤养分状况（石麟 等，2021）。

毛乌素沙区的研究人员经过长期探索，创造出"搭沙障、设障蔽"技术，即把表草、沙柳、尼龙网等，按网格状的形式插埋在沙地中，阻挡沙子随风流动，以保证沙障圈内的树木禾苗正常生长。"搭沙障、设障蔽"的技术主要包含 4 个要点：前挡后拉、又固又放、沙湾造林、全面固定法。毛乌素沙地常用的沙障材料有麦草、沙柳、尼龙网、聚酸乳纤维沙袋等。所谓的"前挡后拉"即在沙丘迎风面的半坡上栽植灌木，在背风沙坡的底部栽上高杆树。时间一长，沙丘顶部的沙子被风吹动，逐渐将沙丘间的低洼处填平，形成一块平地，之后人们就可以在上面植树、种草、种庄稼。有研究表明，$1m \times 1m$ 规格的沙柳沙障是毛乌素沙地防风固沙和植被恢复效果最好的工具（周炎广 等，2023）。

三、低覆盖治沙技术

低覆盖度治沙是一项荒漠化治理新理念、新技术，是从近自然林业思路出发，能够以 15%—20% 的覆盖度完全固定流沙、加快土壤植被修复、提高生物生产力、节约生态用水、实现固沙林可持续发展的新型治沙模式（杨文

斌 等，2016）。毛乌素沙区由于水分制约，只能营造接近自然分布密度的稀疏固沙林，并采用行带式水平配置结构。行带式水平配置结构的防风固沙林防风固沙效果优于等株行距均匀分布和随机分布的防风固沙林。在低覆盖度条件下，两（或单）行一带式配置的防风固沙林防风固沙效果明显，低覆盖度行带式人工生态林或者灌丛具有促进林下和带间植被自然修复的功能。营造行带式人工生态林或者灌丛，可以充分发挥其生物沙障的作用，促进带内自然植被快速修复和土壤发育，确保在人工固沙林"寿终正寝"后，自然修复的植被接近地带性植被，同时能够继续稳定生长发育。行带式人工生态林或者灌丛能够较好地实现人工植被向自然植被的和谐过渡，达到可持续防风阻沙的最终目标（杨文斌 等，2017）。

低覆盖度治沙可以使生态水的利用效益最大化，基本解决了防沙治沙实践中中幼龄林衰败或死亡的问题，并把人工造林与自然修复有机结合起来，降低40%—60%的造林成本（杨文斌 等，2017）。目前该技术已在内蒙古、甘肃、辽宁等地大面积推广，并被国家标准《造林技术规程》（GB/T15776—2016）采纳。把能够完全固定流沙的固沙林覆盖度需求从40%左右降低到20%左右是沙漠治理历史上的一大进步，对推动我国防沙治沙工作进入更加科学、高效、经济的时代具有重要意义。

四、引水拉沙治沙技术

引水拉沙（又称"打沙"）是指利用沙区水源、河流、海子、水库等的水资源，通过引水或机械提水冲拉沙丘，把沙子挟带到人们需要的位置，以改造和利用沙漠、消除沙害的一种方法（杨忠信，1998）。引水拉沙是运用水土流失的基本规律，以水为动力，通过人为控制影响流速的坡度、坡长、流量及地面粗糙等各项因子，使水流大量集中，形成股流，促使水的流速（侵蚀力）大于土体的抵抗力（抗蚀力），利用水力定向控制蚀积搬运，从而达到除害兴利的目的。早在明朝，榆林沙区横山县雷龙湾群众就摸索出了拉水造田的初步方法。1942 年，靖边县杨桥畔村民张冲完善了引水拉沙造田的方法。目前引水拉沙技术已在毛乌素沙地南缘广泛使用。

引水拉沙工程主要有引水渠、冲沙壕、围埂或沙坝、退水口等（胡宏飞，2003）。引水拉沙的主要方法有抓沙顶、漩沙腰、劈沙畔、野马分鬃、梅花瓣、羊麻肠和麻雀战（田朝文，1965）。引水拉沙技术主要包括引水拉沙造田、引水拉沙修渠和引水拉沙筑坝等。引水拉沙造田采取挖渠排水的方法，即上游排水、下游灌溉，把拉沙、造田、改土、治碱、排水、灌溉等融为一体。据不完全统计，仅榆林市引水拉沙造田就扩大耕地面积 6.67 万公顷。引水拉沙开渠是兴修沙漠渠道的好方法，修渠工作从水源开始，采用"边修渠边引水，以水冲沙，引水开渠"的方法，平高填低，拉平沙丘，由上而下、循序渐进。根据多年试验与工程经验，我国总结出高沙畔、大沙梁、小沙湾三类地形修渠技术，并在人工控制拉沙水量、水流方向和水流落差方面有一定技术积累。

引水拉沙筑坝由拉沙修渠技术发展而来，是在坝面筑埂分畦后通过自流引水或机械抽水把水引至沙场，利用水力冲击沙土，使其形成砂浆并输入坝面，砂浆经过脱水固结逐层淤填形成均质坝体，以水力冲填为主筑成坝。引水拉沙筑坝主要包括坝体断面设计和施工两个方面。坝体断面设计方面，沙坝设计关键是确定合理的坝坡坡比，在此方面，可参考沙坝经验坝坡公式和沙土拉沙坝建议坝坡坡率表。引水拉沙筑坝施工方面，主要应用了坝体填筑、划分畦块与修筑围埂等技术。总体来说，引水拉沙对扩大耕地面积、发展水利事业、固结风沙改良土壤和引水润沙加速绿化均有显著促进作用。

五、农田防护林营造技术

农田防护林是指以一定宽度、结构、走向、间距的林带栽植在遭受过不同自然灾害（风沙、干旱、干热风、霜冻等）农田（旱作农田与灌溉农田）上的人工村，主要功能在于抵御自然灾害，改善农田小气候环境，给农作物的生长和发育创造有利条件，保障作物高产、稳产，并为农民开展多种经营，增加经济收入打下良好基础（朱金兆 等，2010）。我国农田防护林的发展，大致分为3个阶段：第一阶段始于20世纪50年代，以防止风沙的机械作用为目的，由国家统一规划，在我国东北西部和黄河故道等风沙灾害严重地区，营造约4000km长的防风固沙林，防护林结构多以宽林带、大网格为主；第二阶段从20世纪60年代初开始，以改善农田小气候、防御自然灾害为目的，把营造防护林作为农田基本建设的内容，防护林结构主要以窄林带、小网格为主；第三阶段是以改造旧农业生态系统为目的，把农田防护林作为农田基本建设的重要内容，实现山、水、田、林、路综合治理。

经过多年实践探索，农田防护林营造技术已形成涉及林带方向、林带距离、林带宽度、林带缺口、适用树种、种苗规格、栽植营造、抚育管护、采伐更新等多要素的成熟技术体系。农田防护林林带走向应同道路、渠系相结合，主林带一般垂直主害风，副林带平行主害风（王忠林，高国雄，1995），当主林带不能垂直于主害风时，偏角不宜大于30°。主林带的间距应依林带的有效防风范围来确定。在风沙危害较轻的地方为300—400m，靠近明沙风害严重的地方应为100—200m，网格面积80—150亩较为适宜。为便于耕作、运输和防止气流阻塞，一般在主副林带交叉处与通路相邻的地方，留出3—5m宽的缺口。毛乌素沙地农田防护林常用的乔木树种有杨树、旱柳、樟子松等，常用的灌木树种有沙柳、花棒、踏郎、紫穗槐、柠条等，也使用经济效益好的梨、苹果、桑等果树（封斌 等，2005）。目前"窄林带小网格"的模式，即主带距为150—200m，副林带距为200—300m的模式带来的防护效益较佳（张梦珈，王晓荣，2022）。营造农田防护林具有降低风速、调节改善气温、土温，提高空气湿度，减少水面蒸发的作用（杨伟，2009），是毛乌素沙区农田固沙增产的有效措施。

六、盐渍化沙地造林技术

盐渍化是指土壤底层或地下水的盐分随毛管水上升到地表，水分蒸发后，积累在表层土壤中的过程。在毛乌素沙区强烈的蒸发作用下，毛管水将盐分带到土壤表层，有的成白色盐霜，甚至成白色结壳，此过程一般发生在滩地潜水位1m左右的环境。土壤盐渍化程度直接影响造林效果，随着盐渍化程度的加重，樟子松的造林保存率、树木生长量、树冠覆盖率和生产力下降（李根前等，2014）；沙地柏造林保存率及匍匐茎的增粗、延伸、分枝能力和覆盖率显著下降（王俊波，李根前等，2014）。

为改造利用盐碱荒地、改善灌区生态环境、提高农业产量，需对盐碱地进行综合治理，治理最为经济有效的途径是植树种草。治理盐碱地的关键是调节和控制盐碱地区的水盐动态，原因是盐渍化的发生与演化总是跟一定的气候、地貌与水文地质条件以及人为的灌溉、排水相联系，尤其在农区，灌溉与排水极大地影响土壤水盐状况与土壤盐渍化的消长过程。不合理的灌溉会使地下水位升高，造成次生盐渍化。治理的关键是防止水位升高，严格把水位控制在土壤不致盐化、植物不遭盐害的临界深度以下。因此，需要改变大水漫灌的传统方式，加强水资源管理，发展节水灌溉技术，做好渠道防渗及完善排水系统等工作，以降低地下水位，控制土壤盐渍化过程。考虑到内流地排水困难的情况，应建立扬排站，或发展井灌井排。此外，还应重视林网建设，林网既可生物排水，降低地下水位，又可防风，保护农田和调节田间小气候。经过多年攻关探索，研究人员总结了毛乌素沙区盐渍沙化土地造林的两种技术方法：沟阶造林法和垄沟挖穴造林法。沟阶造林法是人们利用水盐运动规律，在原开沟造林基础上，进一步总结出的一个行之有效的造林方法，适用于有排水出路或地下水位较低的盐渍化土地，具体包含改土措施、树苗选择、造林方法。垄沟挖穴造林法则适用于公路、渠沟两侧的盐渍化土段，包含林前改土、造林技术、深坑客土压沙造林、筒式塑料栽植、排水干渠旱台造林等技术。榆靖高速公路造林的实践表明，这是一个成活率高、绿化速度快的有效方法。

13.3.2 "片、圈、面"治理特色

"片、圈、面"模式是根据毛乌素沙地沙丘与滩地环状分布的结构和农牧交错地带立地类型自然景观的分布而提出的（王亚昇 等，2014）。"片"为传统意义上的农业耕作区，是农田林网保护下以粮为主的种植业，分布在滩地；"圈"为滩地与荒沙地结合区，是人类居住、生活及发展的地域；"面"为大面积分布的荒沙，是以防风固沙林为主的生态林草业治理区及沙地水源涵养区。

"片、圈、面"模式以"片"为核心，向周边"圈""面"发展，即在滩地内部营造窄带林、小网格的农田防护林网，林网内实行农林混作或粮草轮作和间作边缘"圈"上营造大型基干防风防沙林带或环滩林带；在滩地外围"面"上建立封沙育林育草带或营造防风固沙林。同时，该模式结合"四旁"（村旁、宅旁、路旁、水旁）植树，在滩地周边居住区和舍饲养殖场所周围的零星小片夹荒地建立小片的经济林、树园子和部分用材林、薪炭林等。这样从滩地外围到滩地内部，根据"片""圈""面"不同生境和需要造林种草，构成一个多林种、多树种、多功能、多效益的带、片、网相结合，防、经、用相结合和乔、灌、草相结合的综合防护林体系，能有效地改善当地脆弱的生态环境，显著提高当地生态系统的抗逆性和稳定性。复合经营、间作套种、地膜覆盖等新技术新材料的应用，使"片"的粮食产量提高；畜—沼气—粪—菜（果）"四位一体"日光温棚生产线等措施，满足了部分燃料的需求，提高了牲畜出栏率，使"圈"的经济效益提高；对于"面"上荒漠化土地，保留部分水源涵养区，其余土地通过飞播和人工造林种草等方式进行治理，使其植被覆盖度提高，风速降低，地表风蚀减弱，区域生态环境得到改善（郭岸朝，2007）。在示范推广"片、圈、面"模式过程中，毛乌素沙地引进了20多个农林牧及畜禽优良新品种，结合

了防护林更新改造、植被恢复重建、沙地衬膜节水种植、间作套种、沙地覆膜种植、抗旱造林种草、舍饲养羊、温棚养猪养鸡等十余种农业治沙技术，促使示范点新品种覆盖面达 90% 以上，林草植被覆盖率达 75% 以上，荒漠化土地治理度达 80% 以上，人均占有粮食达 2200kg 以上，人均收入达 18000 元以上，取得了显著的生态、经济和社会效益（王亚昇 等，2014）。

13.3.3　治理效果

毛乌素沙地治理过程中，总体形成了独特的"封沙育林禁休牧""飞播造林""小流域治理""家庭牧场""造林大户""生态移民""产业化带动"7 种防沙治沙用沙模式（乌兰，边良，2023）。根据毛乌素片区的不同，治理模式也不尽相同。宁夏毛乌素沙区总结出飞播造林模式、封沙育林育草模式、沙区农田生态经济型防护林建设模式、抗旱造林模式、固沙型灌木饲料林营造模式、机械沙障保护下的灌木造林治沙模式、沙地生物经济圈综合治理模式、滴灌节水果园模式共 8 种治沙模式。榆林毛乌素沙区总结出可持续发展与综合开发"片、圈、面"模式、引水拉沙造田模式、庭院农林复合经营模式、沙区生态农业优化模式、沙区果园立体种植模式、沙地综合治理模式、乔灌木混交模式、农林结合模式、农林牧协调发展的立体模式、北方农村能源生态模式共 10 种治沙模式。基于前人的探索，一些新的毛乌素治沙理念和模式应运而生。王仁德和吴晓旭（2009）提出了一种用于毛乌素沙地的兼具生态和经济双重效益的沙地治理新模式。该模式的构建思路是：将沙地推平后，通过混合黄土或者其他改良剂改善沙地的立地条件，建设防护林或者种植植被固定沙地，通过打井浇水保证固沙植被的成活率，待沙地固定后进行综合利用。这种新模式适用于水资源有保障的城镇周边和道路沿线地区，随着区域经济实力的增强和土地资源的日益稀缺，这一新模式的应用条件也将不断成熟。因此，毛乌素治沙模式是不断发展完善的，以不断适应不同地区、不同生态—经济环境。研究团队根据毛乌素土地荒漠化形势改造、开发、利用过程中的问题，以及生态、经济、社会改善的一致性原则和目标，将多年防沙治沙实践概括总结为一些可供参考的治理模式和可推广的适用技术。这些模式和适用技术适用于当地的地貌、土壤、气候、水和生物等自然资源条件和社会经济条件，以及市场需求，经营对象的性质、功能等情况，其对应的人工复合生态系统是按时空多维结构原理，在不同的自然条件下建立的，适用于多级生产和循环利用的人工复合生态系统，具有较强的指导意义。

13.4 毛乌素沙地治理与开发的科学性

13.4.1 治沙的科学性

我国西北干旱区防风治沙措施主要有生物和非生物两种类型，分别以植被固沙和工程固沙为主要手段。气候干旱的背景下，毛乌素沙地植被固沙的成败主要取决于土壤的理化性质和植被的生理特性两个方面。当前，沙丘的演化、植被固沙机理、土壤水承载植被发育的机制以及沙地植被选育是毛乌素沙地生物治沙科学研究的主攻方向。

一、沙丘的演化与植被固沙机理

毛乌素沙地地貌可大致划分为 5 类，即风成地貌、湖成地貌、流水地貌、干燥地貌和黄土地貌，其中风成地貌是沙地的主体地貌。风积地貌类型包括植被盖度小于 5% 的流动沙丘、植被盖度为 5%—20% 的半流动沙丘、植被盖度为 21%—50% 的半固定沙丘和植被盖度大于 50% 的固定沙丘，沙丘高通常在

5—10m 以下。固定沙丘、半固定沙丘包括沙垄、梁窝状沙丘和灌丛沙丘，流动沙丘类型有新月形沙丘及沙丘链、格状沙丘、横向沙垄（吴正，2009）。沙丘物源一般认为是下伏第四纪松散沉积层和白垩纪砂岩风化。新月形沙丘移动相对较快，沙丘形态具有从新月形向抛物线形演化的趋势，沙丘年平均移动速率约为 3.5—9.5m（王静璞 等，2013）。

毛乌素沙地新月形沙丘活动性强，治理难度较抛物线形沙丘大。新月形沙丘迎风坡处于风蚀状态，落沙坡处于积沙状态，而沙丘顶部则因大风天气特征的变化处于风蚀和积沙状态（姚洪林 等，2001）。植被通过减小风速降低风蚀输沙率，一般风速条件下，植被覆盖率需达到 40%—50% 才能有效抵抗风蚀，而极端强风条件下需达到 60%—70%。新月形沙丘经过固沙措施治理后，植被增加，沙丘移动速度会减慢，形态也会发生变化（周士威 等，1989；王静璞 等，2017）。飞播后，随着植被覆盖度的增加，地表风速减弱，地表风蚀减少，细颗粒在林内沉积，进一步促进飞播及天然植物的生长和自繁（刘健华，1983）。当飞播区沙丘以单个新月形沙丘为主，沙丘普遍高度在 5m 以下时，飞播植物可迅速占满整个播区，飞播 10 年内流沙可基本固定；但当飞播区域沙丘形态以格状沙丘为主，沙丘高度在 10m 以上时，飞播后的植物仅能在丘间地和沙丘下部定居，流沙很难被全部固定（沈渭寿，1996）。

二、土壤水对植被的承载机制

毛乌素沙地土壤类型主要为沙地上的风沙土，以及梁地上的栗钙土和淡栗钙土，滩地上的草甸土、盐碱土和沼泽潜育土等（邸超等，2016）。风沙土成分以中砂和细砂为主，中砂的含量范围在 37.9%—72.8% 之间，细砂的含量范围在 15.2%—52.9% 之间；其次为细砂和粗砂，几乎不含黏粒。固定沙地极细砂和黏粉粒含量显著高于半固定及流动沙地。风沙土组成颗粒较粗，结构松散，透水性和通气性较强，加之受风蚀作用影响显著，土壤保水保肥能力差。

土壤水分及氮、磷、钾等主要营养元素长期供应不足，严重限制了毛乌素沙地植被建设与生态恢复。土壤水分是陆地生态系统中水分循环和水资源形成与转化、养分循环等过程的关键，是影响干旱缺水地区植物存活与分布最主要的因素。

土壤水分变化受降水、植被、地形等多种复杂因素的控制。关于毛乌素沙地土壤水分时空变化的探讨大多围绕降水、沙丘不同类型及不同位置、不同植被覆盖等因素，尤其关注沙地浅层土壤水分在水平空间上的差异。毛乌素沙地不同飞播年，杨柴灌木林0—180cm范围内，林龄为38a的样地土壤体积含水量显著高于30a和15a样地，30a和15a样地差异不显著；土壤水分的补给量及植被耗水量模型估算显示，杨柴林地土壤水分承载力约为4701株/公顷，沙柳林地土壤水分承载力约为1013丛/公顷。毛乌素沙地地下水埋深对土壤水也造成了影响，地下水水位埋深较浅时，裸地与有植被覆盖的土壤平均含水率均随土壤深度的增加而增大，植被对土壤剖面含水率的影响变化近似呈高斯曲线变化。土壤水分和地下水位的变化影响着植被对水分的利用，樟子松根系在6月主要利用深层土壤水（深度大于90cm）（15.40%）和地下水（70.10%），7—9月逐渐转变为以吸收浅层土壤水（深度小于80 cm）为主（61.03%），10—11月随着降水量减少，深层土壤水（深度大于70cm）和地下水对樟子松根系吸水的贡献比雨季（7—9月）分别增加5.82%—28.00%和20.64%—23.30%。土壤水分变化同时影响水循环，毛乌素沙地连续降水有利于流动沙丘水分的深层渗漏补给，并且缩短了各土层渗漏速率到达峰值的时间。土壤水变化、土壤水承载力及植被对土壤水利用方式的相关研究对于沙区植被建设与生态恢复问题具有重要的科学意义和应用价值。

三、沙地植被选育

毛乌素沙地天然植物共90科、360属、772种，植物类群相对丰富，植被群落类型多样，优势科明显，单种属、寡种属占比达到 73.45%；毛乌素沙地以温带分布的类群为主的植物区系与所处的地理位置和气候具有相适应的特性；毛乌素沙地植物区系成分与浑善达克沙地植物区系亲缘关系最近，与库布其沙漠、乌兰布和沙漠、库姆塔格沙漠植物区系有一定差异，表明毛乌素沙地植物区系存在明显的从温带分布到地中海区、西亚至中亚分布的过渡性质（段义忠等，2018）。在毛乌素沙地发现苔藓植物 7 科、17 属、27 种，其中沙地柏灌丛（22 种）和油蒿半灌丛（14 种）物种数量明显较多，中间锦鸡儿灌丛（3 种）物种数量最少；草原群落、中间锦鸡儿灌丛、油蒿半灌丛和沙地柏灌丛群落的优势种是双色真藓、真藓、土生对齿藓和西伯利亚瘤冠苔，北沙柳灌丛群落优势种是长肋细湿藓、丛生真藓和镰刀藓直叶变种。

　　毛乌素沙地植被自然演替基本过程为流动沙地上的先锋植物→半流动沙地籽蒿群落→半固定沙地油蒿＋籽蒿群落→固定沙地油蒿群落→固定沙地油蒿＋本氏针茅＋苔藓群落→地带性的本氏针茅草原（郭柯，2000）。封育是干旱、半干旱区植被恢复的主要措施之一，在毛乌素沙地应用广泛。封育后，沙地植被群落逐渐恢复，各植被特征在短时间内显著改善，群落稳定性也随之增强（刘建康，2019）；除此之外，封育区域土壤种子库密度和多样性也大于未封育区域（李红艳，2005）。飞播能够明显改善沙地退化植被，随着飞播造林年限的增加，植被的盖度、植被密度、地上生物量和地下生物量增长明显，群落的结构逐渐复杂，群落更趋于稳定（李禾 等，2010；钱洲 等，2014）。在毛乌素沙地进行飞播后，相应区域群落演替经历 4 个阶段：先锋植物群落阶段，羊柴群落阶段，油蒿群落阶段和黑格兰、沙地柏、蒙古莸和柠条等中旱生灌丛群落阶段（李新荣 等，1999）。对照地流动沙丘以一年生蓼科草本为主，主要有沙米、虫实、猪毛菜和雾冰黎；随着沙柳的栽植，一些新的物种出现，主要有乳苣、山苦菜、白草和沙蓬，多为多年生菊科、禾本科草本，植物群落的生活型变得复杂（安云，2013）。柠条林内带间的植物由不稳定一年生植物虫实、猪毛菜逐步向稳定的多年生植物白草、赖草、草木樨状黄芪演替（王占军 等，2005）。

为使毛乌素沙地植被恢复，人们已筛选的适宜性植被有柽柳、沙枣、落叶松、油松、柳树、乌柳、臭椿、山杏、杜梨、柠条、紫穗槐、侧柏、刺槐等，这些植被具有耐土壤盐碱、耐土壤酸性、抗寒、耐涝、耐旱、耐瘠薄等优良特性。利用这些植被造林的方式主要为混交，典型模式有紫穗槐与樟子松、油松混交，杨树、刺槐及沙打旺等草—灌—乔混交，刺槐和杨树混交等。适宜性植被的选育对生态恢复与区域可持续发展具有至关重要的作用。从土壤固碳角度看，乔木是改善毛乌素沙地环境的最佳植被类型；从土壤肥力恢复与维持的角度看，花棒、杨柴等灌木与灌草结合的恢复模式能够提高土壤肥力，增加土壤有机质含量。

13.4.2　毛乌素沙地治理演化分析

毛乌素沙地并非自古以来就是荒芜之地，几千年前也曾水草丰美、牛羊成群。然而，随着自然环境变迁与人类活动范围逐渐扩大，在滥伐、过度垦荒、过度放牧等人为因素叠加影响下，毛乌素地区逐渐荒漠化，形成茫茫沙海。20 世纪 50—60 年代，我国政府拉开了防风治沙试验的摸索序幕。1950 年，中央林垦部召开的第一次全国林业业务会议，提出"普遍护林，重点造林，合理采伐与利用"的林业建设方针。榆林陆续在长城沿线设立了 20 个国营林场和 10 多个国营苗圃，总结确立了以生物措施为主，生物措施与机械措施相结合的治沙造林模式，创造出人工造林种草、封沙育林、植被改良、设置沙障、引水拉沙、客土改良、引洪淤灌等一系列行之有效的技术措施，为大规模治沙造林奠定了基础。

1978—1996 年，伴随改革开放，防治荒漠化迈入大发展的新时期，我国启动了横跨西北、华北、东北西部 13 个省（区、市），全长 7000 多公里的"三北"防护林工程。1991 年以来，国家先后制定了许多相关政策法规，如《中华人民共和国森林法》《中华人民共和国草原法》《中华人民共和国土地管理法》《中华人民共和国环境保护法》等。榆林从实际出发，实事求是，制定了"一个坚持、两个转变、三个结合"的政策措施，确立了"全封、远飞、近造"的工作方针，明确了"国家、集体、个人一起上"的思路，鼓励民营主体和个体承包治沙造林，坚持"科技兴林"，把科技贯穿治沙造林的始终。1993 年前后，沙地开发利用和沙产业建立被正式提上议事日程，自此沙产业与当地经济振兴和群众的脱贫致富奔小康紧密结合起来。

2000 年以来，特别是"十三五"和"十四五"期间，国家相继制定了《黄河流域生态保护和高质量发展规划纲要》，出台了《国务院办公厅关于科学绿化的指导意见》，提出了"统筹山水林田湖草沙系统治理"，治沙事业走向了多项工程综合治沙、特色农业蓬勃发展的新阶段。当前，毛乌素沙化土地治理率达到 93.24%，实现了从"沙进人退"到"绿进沙退"的历史性转变，为改善北方地区环境质量、保护黄河流域生态做出巨大贡献。然而，新时代背景下，治沙事业又面临了一些新的问题：

一、气候变化背景下的毛乌素沙地"二次沙化"风险问题被社会各界广泛关注，已建成的防护林逐步退化，脆弱的生态系统未进入良性循环。

二、能源矿产的大规模资源开发引发的治理保护与开发建设之间的矛盾日益突出，治理和开发未能协调发展；矿区水资源损失严重，水土流失趋重；矿区林木面积虽大幅增加，但生态系统服务功能较弱。

三、投入严重不足，传统林业向现代林业转变还没实现；有效的激励性机制体制尚不完善，农民经营山林的积极性不高；生态可持续抗风险能力相对较弱，生态产品生产能力严重不足，生态富民路径依然探索不足。

13.5 毛乌素沙地治理与开发的意义与效益

13.5.1 改善地方生态环境

随着天然林资源保护工程、退耕还林工程、京津风沙源治理工程、"三北"防护林工程等大型生态工程的实施，毛乌素沙地的生态环境得到了极大的改善。近两次全国荒漠化和沙化土地监测结果显示，毛乌素沙地流动沙丘面积减少了 435.8 万亩，重度和极重度沙化土地面积减少了 628.2 万亩，沙害基本消失。毛乌素沙区治理率超过 80%，林木覆盖率达 30%，森林小气候效应初步显现，实现了世界上最大面积的生态逆转。

目前，榆林市已治理的沙化土地面积占沙化土地总面积的 93.24%，已治理的流动沙地 860 万亩，林木保存面积 2360 万亩，流沙全部实现固定、半固定，沙区植被平均盖度达到 60% 以上，土地沙化和水土流失明显减轻。榆林地区建成总长 1500 公里的长城、北缘、环山、灵榆 4 条防风固沙林带，将陕西绿色版图向北推进了 400 余公里，实现了从"沙进人退"到"绿进沙退"的历史性转变。当前榆林市在生态保护方面继续发力，深入开展沿黄绿化造林和红枣林保护、白于山区生态环境自然恢复和"林果草农光牧"立体式治理、"塞上森林城"提质增效等行动，森林资源增加，区域野生动物栖息地恢复，动植物种群与数量不断丰富，生物多样性指数显著提高。榆林市建立了 6 个自然保护区，自然保护地面积占国土面积 3.4%，湿地面积达到 69 万亩，生物多样性指数显著提高。近年来，每年 8 月至 10 月，都会有国家二级保护动物蓑羽鹤栖息在榆林境内的湖泊、草滩中。

鄂尔多斯毛乌素沙地区域生态环境也逐年向好，2000 年以来，鄂尔多斯在毛乌素沙地累计完成林业生态建设 1285 万亩。乌审旗在新中国成立初期，全旗荒漠化和沙化土地面积达 90% 以上，森林覆盖率仅为 2.6%；到 2022 年底，乌审旗森林覆盖率和植被覆盖度分别达到 32.92% 和 80%。鄂托克前旗在 20 世纪 80 年代末的森林覆盖率只有 2.58%，2021 年达到 24.15%；2022 年开展"碳汇林"建设项目，建设 500 亩樟子松碳汇林。伊金霍洛旗森林覆盖率从 20 世纪 50—60 年代的不足 3%，增加至 2022 年的 37.06%，沙地面积从 550 多万亩减少到不足 2 万亩。

宁夏治沙人继续摸索出固沙防火带、灌溉造林带、草障植物带、前沿阻沙带、封沙育草带"五带一体"的治沙防护体系，并通过实施建造"三北"防护林、退耕还林等生态工程，让"人进沙退"完美战胜"沙逼人退"。宁夏沙生植物已由最初的 20 多种发展到现在的 453 种，森林覆盖率提高到 16%。灵武白芨滩国家级自然保护区从 1953 年建立至今已累计治沙造林 68 万亩，控制流沙近百万亩，使毛乌素沙地从银川平原灌区边缘后退了 20 多公里，有效遏制了毛乌素沙地的南移和西扩。

13.5.2　推动地方经济发展

毛乌素沙地治理与开发的一个重要目标是促进当地经济的增长和转型。茫茫沙海变成片片绿洲，土地的利用率和产出率有效提高，增加了农牧业的产值和稳定性，使沙区经济社会的可持续发展得到了强力保障。

目前，榆林市初步形成沙漠治理产业化，建立以种植业、养殖业、加工业、旅游业、新能源等为主的沙产业体系，建设樟子松、长柄扁桃、沙棘等百万亩基地，推广油用牡丹、长柄扁桃、樱桃等经济林新品种。"十三五"期间，榆林市各类经济林栽植面积达 400 多万亩，初步架构起红枣、核桃、"山杏＋扁杏"等独具特色的经济林果产业主框架，建立起集产品生产、加工、销售为一体的经济林果产业新体系，林木种苗花卉、优质牧草、林下经济、森林旅游等产业蓬勃发展。全市以紫花苜蓿和青贮玉米等为主的人工饲草种植面积保持在 200 万亩以上。神木市毛乌素治沙造林基地从 2003 年开始，成功发展苗木繁育、林下经济、生态农业，引进树莓、花楸、酿酒葡萄以及林下鸸鹋、绵羊生态养殖和食用菌种植等产业，开展了以造林务工、林业育苗、林果采摘、林下经济为产业的经营活动，周边村民累计增收达 8000 多万元，每年创造直接经济效益 3000 多万元，改变了区域农民的生产方式和收入结构，探索出一条科研、科普、生态造林、生态惠民的循环林业发展道路。榆林市风沙区大棚种植、育苗，沙漠旅游等产业蓬勃兴起，全市从事沙产业的企事业单位150 多家，年产值 4.8 亿元，从业人员 10 万余人。

鄂尔多斯市一方面采取"庄园式生态经济圈"和"草畜平衡"治理模式，以农牧户为基本单元，通过封沙封滩育林、育林育草育灌、育灌种草养畜，围绕农牧户住所形成防沙治沙生物圈，建立农庄、果园、牧场、养殖场、饲料加工厂等，形成了水、草、林、料、机相配套的家庭林场、家庭草场、家庭牧场；涌现出以亿利、伊泰、东达等为代表的参与治沙造林企业 80 多家；建成了成吉思汗陵、响沙湾、萨拉乌苏等生态旅游景点 20 多处；近 10 年来生态旅游景区累计接待游客近 1000 万人次，实现收入 24.6 亿元。另一方面，积极打造低碳、环保、无污染的绿色健康产业链，加快新产品、新工艺、新设备的研究开发，推进林草资源的综合开发、深度开发，提高综合效益。初步培育形成以沙柳人造板、重组木为主的林板经济产业链，以柠条、杨柴颗粒饲料为主的林饲经济产业链；以生物质颗粒燃料、生物质发电、光伏发电、文冠果、长柄扁桃木本油料等新能源、电力、油料为主的林能经济产业链；以沙棘、山杏、红枣饮食品、肉苁蓉保健品和以葡萄、海红果酿酒为主的林果经济产业链；以林下养蜂、家禽和食用菌养殖为主的林下种养殖经济产业链，实现了林下经济立体开发与循环利用。

鄂尔多斯辖旗乌审旗建设以杨柴、柠条、沙柳为主的灌木林达 490 多万亩，依托当地沙柳、柠条、杨柴等沙生资源优势，积极推动灌木饲料、生物质燃料、有机质堆肥、结构板材等产业发展，已建成相关加工企业 4 家，每年总产值达 2500 万元，带动当地农牧民户均增收 5000 元。2022 年，乌审旗农牧林草沙产业总产值达 40.58 亿元，农牧民人均收入达 25601 元，其中来自林草和生态种植养殖收入占比 70% 以上。伊金霍洛旗依托丰富的沙柳资源，将高性能重组木广泛应用于家具、造船、航空等领域，实现了沙柳的可循环利用，有力地带动了当地群众种植沙柳的积极性，逆向拉动了荒漠化治理的进程。鄂托克前旗昂素镇 2020 年 4 月启动"百万亩柠条种植项目"，计划用 5 年时间种植柠条 100 万亩，到 2025 年实现种植总面积 340 万亩的目标。马审旗围绕柠条产业，打造党群柠条种植示范点 41 处，配套组建柠条平茬合作社 2 家，建成森晶饲料加工厂和现代化屠宰加工企业，正在摸索一条依托百万亩柠条种植改善生态链、建起产业链的绿色富民之路。

宁夏逐步形成了沙区设施农业、生态经济林业、瓜果产业、沙料建材业、沙生中药材产业、沙区新能源产业和沙漠旅游休闲业七大主导沙产业，年产值达 35 亿元以上；引导鼓励企业和个人参与防沙治沙，涌现治沙面积在 1500 亩以上的企业 60 多家；通过外围栽植灌木固沙林，周边栽植乔灌防护林，内部经果林、养殖业、牧草种植、沙漠旅游业，以治沙促治穷，助力乡村振兴战略；依托良好的生态环境，精心打造了一批生态旅游区，开发了自驾、乡村休闲、农家体验等特色旅游产品，2019 年旅游人数突破 126 万人次，旅游综合收入达到 4.07 亿元。灵武市白芨滩自然保护区内，林场职工在沙区边缘水分较足的地方，采取滴灌节水技术，打造乔灌混交林，发展起了果树、育苗、温棚等"沙产业"，还建起了奶牛养殖场，成立了 3 个造林绿化公司，这些公司给林场带来经营收入，带动沙区职工增收，反哺治沙，实现了植树与致富同步。盐池以生态建设为立县之本，通过种植柠条治沙固沙，利用大量的柠条资源为滩羊提供了优质饲料。目前，以滩羊为主的畜牧业已成为农民增收的支柱产业，盐池也被评为"中国滩羊之乡"。

13.5.3 改善当地人民生活

毛乌素沙地治理与开发的最终目标是提高当地人民的生活质量和幸福感：通过治沙造林、造绿固沙、治沙治穷、点沙成金等项目，为当地农牧民提供了就业机会、收入来源和技能培训，提高了他们的生活水平和自主能力；通过实施生态移民，将部分居住在沙区的贫困人口搬迁到生态环境和经济条件更好的地方，改善了他们的居住条件和社会保障；通过加强宣传教育，提高了当地人民的生态意识和参与度，增强了他们的责任感和荣誉感。

随着植被覆盖度的提高，榆林市空气质量提升明显，每年的沙尘天气数量由 100 多天下降到 10 天左右。春赏花、夏摘果、秋观叶、冬踏雪，各类生态文化旅游产品使榆林人追求品质生活和享受自然成为可能。榆林市建成了东沙生态公园、榆林沙地森林公园及神木两山、府谷神龙山、靖边五台、吴堡龙凤山、清涧笔架山、子洲金鸡山等 16 个城郊森林公园；打造出"陕北榆林过大年"、"清爽榆林"沙地避暑旅游两大节庆品牌活动；推出黄河风景游、长城风光游、黄土风情游、沙地风貌游、红色教育游 5 条精品旅游线路，为文旅融合赋能高质量发展注入了更强动力，为这座塞外名城增加了更多底蕴。2019 年11 月，榆林市荣膺"国家森林城市"称号。2023 年 5 月，榆林市入选了中国"十大秀美之城"，良好的生态环境已让榆林市成为宜居之城。

鄂尔多斯同样将生态建设与环境保护作为最大的民生工程。在与恶劣生态环境的博弈中，鄂尔多斯涌现出无数造林模范和先进群体，创造出许多生态传奇。从"乌审召精神"到"穿沙精神"；从鄂尔多斯集团治理"恩格贝"，到伊泰集团建设万亩甘草园、亿利资源集团建设库布其沙漠万亩锁边林；从乌日更达来到治沙女杰王果香、全国劳模殷玉珍……一家家企业倾情投入，一代代治沙人不断涌现。鄂尔多斯生态环境质量明显改善，城区空气质量优良天数比例为 90.7%。伊金霍洛旗城乡高楼林立，四季有景，水系环城，宜居宜业，连续两年获评"中国高质量发展十大示范县市",并蝉联"中国最具幸福感城市"。乌审旗先后荣获"中国全面小康生态文明县""全国绿化模范县""国家级生态保护与建设示范区""北疆楷模"等称号,被国家林草局确定为"三北"工程科学绿化试点旗。伊金霍洛旗荣获"中国十佳绿色城市""中国绿色名旗""国家园林县城"等称号,在沙地和荒滩上建起了全国唯一一个以沙地人工造林形成景观的国家森林公园——成吉思汗国家森林公园。

宁夏盐池一代又一代的治沙人持之以恒搏击荒漠,初心不改,书写了绿色传奇,前赴后继创造了治理毛乌素沙地的"宁夏经验"。治沙英雄白春兰创造出以草挡沙、以柳固沙、栽树防沙的"'三行制'治沙法",在荒漠中开发水浇地40亩,在沙漠中创造出"吨粮田"的奇迹。人民楷模王有德运用扎麦草方格的方法坚持治沙,有效阻止了毛乌素沙地的南移和西扩,守护着黄河以及河岸万顷良田。盐池先后荣获"国家绿化先进县""国家防沙治沙先进县"等荣誉称号,以生态资源为本底,盐池县挖掘长城文化、红色文化、边塞文化、民俗文化,依托"中国滩羊之乡"等品牌优势,精心策划"盐州大集•民俗嘉年华""航空嘉年华""盐池滩羊美食文化旅游节"等文化旅游系列活动。

毛乌素沙地治理与开发是一项长期的、系统的、综合的工程,涉及多方面的因素和利益。在国家和地方政府的领导下,在各级林业部门的组织下,在科技人员和社会力量的支持下,在广大农牧民和林场职工的参与下,毛乌素沙地实现了从"沙进人退"到"人进沙退"再到"人沙和谐"的历史性转变,创造了世界治沙史上的奇迹。毛乌素沙地治理与开发的经验和教训,对于我国其他沙区以及全球荒漠化防治具有重要的借鉴意义。

本章撰稿:赵国平 李群 马延东 柳隽瑶 王慧娜 李丹 庞营军

第二部分

典型
案例篇

第14章
兰考县"贴膏药、扎针"沙丘治理

"造林防沙，百年大计；育草封沙，当年见效；翻淤压沙，立竿见影。"这是焦裕禄同志在兰考县任职期间探索出的"贴膏药、扎针"治沙法。兰考县用"贴膏药、扎针"治沙法闯出了工程治理和生态治理相融合的新路子，不仅彻底根除了"内涝、风沙、盐碱——三害"，而且增加了森林资源，使兰考县生态环境得到了彻底改善。生态效益带动了全县有关产业的快速发展，进一步提供了就业岗位、促进了农民增收，提高了群众生活水平和幸福指数。2015 年至今，兰考县已经获得了"全国文明城市""国家生态文明建设示范市县""新型城镇化建设示范县"等近 30 项荣誉。兰考县防沙治沙工作实现了生态效益、经济效益和社会效益相统一。

14.1 治沙背景

20 世纪 60 年代初期，兰考县处于"三害"危害盛期，粮食产量降到历史最低水平，林业基础薄弱，自然灾害频发，大批灾民外出谋生。1962 年，焦裕禄被派到兰考县担任县委书记，为改变兰考贫穷落后的面貌，焦裕禄脚踏实地，呕心沥血，带领全县干部群众艰苦奋斗、顽强拼搏。先进行小面积试验，之后以点带面, 全面铺开。经过一年艰苦奋战, 焦裕禄对治沙工作进行了明确透彻的总结: 沙区没有林, 有地不养人; 有林就有粮, 没林饿断肠; 以林促农, 以农养林, 农林相依, 密切配合。造林防沙, 百年大计; 育草封沙, 当年见效; 翻淤压沙, 立竿见影。三管齐下, 效果良好。他带领群众探索的 "贴膏药、扎针" 治沙法闯出了工程治理和生态治理相融合的新路子。在焦裕禄精神的影响下, 兰考人民 "挥泪继承壮士志, 誓将遗愿化宏图"。如今, 兰考县早已摆脱了贫穷落后的面貌, "三害" 被彻底拔除。

焦裕禄在兰考县担任县委书记时, 领导当地人民与流沙展开了艰苦卓绝的治理斗争。在生态保护方面, 治沙对于维护和恢复生态系统的稳定至关重要。沙尘暴带来的沙尘和颗粒物污染不仅影响空气质量, 还会对水源、土壤和植被等造成严重破坏。沙地的治理可以改善土壤质量, 增强水资源保持能力, 促进植被生长, 重建生态平衡, 减少自然灾害的发生。

在农田保护与农业发展上, 流沙对农田的侵蚀和对农作物的破坏是农业生产的巨大威胁。治沙能够保护农田免受风沙侵蚀, 提高土壤的肥力和保水能力, 为农作物的生长创造良好的生产环境。这将有助于增加农业产量, 提升农民的收入, 并确保粮食安全。

沙漠化和风沙侵袭会严重影响受灾地区的社会经济发展。沙尘暴造成的交通中断、建筑物损坏以及水源减少等问题会给人民生活和基础设施建设带来巨大影响。沙地的治理可以改善当地环境质量, 提升土地利用效率, 吸引投资和产业发展, 推动经济的可持续增长。治沙也是应对气候变化的一项重要措施。沙漠化和风沙侵袭与气候变化密切相关。治沙可以减缓土地的沙漠化进程, 有助于地表温度保持平衡, 防止干旱和高温现象的进一步加剧, 并减少碳排放。治沙对于提高生态系统的适应能力, 降低气候变化带来的灾害风险至关重要。

14.2 区域条件

14.2.1 地形地貌

兰考县位于中国河南省中部，地处黄淮平原腹地，辽阔平坦。海拔高度为 37—120m。历代黄河在县域内曾多次泛滥、决口、改道，黄河故道沿东西方向横贯全境，形成了中部高滩、南北两侧低洼的微地貌特征。微地貌分为临黄滩地、黄河故道、背河洼地等单元。

14.2.2 气候

兰考县为温带大陆性半湿润季风气候区，夏季炎热多风，冬季寒冷干燥，四季分明，年平均气温为 14℃，无霜期 218 天，多年平均降水量 678.2mm（夏季占 56%）。全年日照时数 2742h，光照充足；常年平均风速 2.7m/s。

14.2.3 土壤

兰考县的土壤主要由黄土和沙质土组成，以黄河的泥沙冲淤堆积为主要米源，具有较低的持水能力和保肥能力。土壤母质主要是黄河新生界第四纪全新统沉积物和风积物（毛玉磊，2015），质地较为松散，土层深厚。土壤贫瘠、脆弱，易被风沙侵蚀，因而水土流失严重。这种土壤特点使得治沙工作面临着土壤改良和保护的难题。

14.2.4　水文

兰考县分属黄淮两大流域，除大堤内属黄河流域外，其他均属淮河流域。属黄河流域的面积为 149.28km²，占全县总面积的 13.37%，属淮河流域的面积966.92km²，占全县总面积的 86.63%。

兰考县淮河流域的面积分属两个水系，即南四湖万福河水系、惠济河水系。南四湖万福河水系流域面积 812.09km²，主要有 9 条干渠，均由西向东流入万南新河。其中，黄蔡河（长 24.45km）、四明河（长 33.03km）、贺李河（长34.9km）为 3 条主要排涝河道。惠济河水系流域面积 154.83km²，主要河流有济民沟、杜庄河东支、杜庄河西支、野庄沟等 6 条，并由北向南流入惠济河。兰考县的河道均为雨源型平原坡水河道的源头，无客水之忧，河道长年无水，平均径流历时为 16 天（马威，2014）。

14.2.5　植被

由于黄河历代决口、改道，原有的植被已被破坏殆尽，但次生植被多种多样。木本植物主要有大关杨、沙兰杨、北京杨、刺槐、国槐、榆树、泡桐、杨柳等 30 多种，其中泡桐、毛白杨、沙兰柳、苹果、葡萄、刺槐是主要树种。灌木主要有杞柳、白蜡条、紫穗槐、柽柳等。草本植被又分为栽培植物和野生植物两类，栽培植物主要有小麦、玉米、大豆、棉花、花生等，野生植物共有33 个科，147 种。

14.3　治理措施

14.3.1　造林防沙，百年大计

1952 年，毛泽东主席于兰考视察黄河期间三次强调"要把黄河的事情办好"，可以说是兰考地区改变恶劣自然环境的一个重要节点。1962 年，焦裕禄同志来到兰考县任县委书记，面对风沙的肆虐，他亲自率队摸排"三害"底细，在县委先后组织了 120 多人的"三害"调查队。经过走访调查，他发现了一种叫泡桐的植物，这种植物不但有耐盐碱的特性，并且可以对抗风沙，能在沙子里扎下根，生长速度也快。焦裕禄经过多次考察，最终决定在兰考县种上泡桐。这不仅改善了当地的恶劣环境，还让当地农民走上了致富之路。

兰考县东坝头镇张庄村原会计下九灵，曾陪同焦裕禄查看过风口。他说："焦裕禄对兰考所有风口、沙丘和河渠逐个丈量。"

81 岁的"焦桐"守护者魏善民仍记得焦裕禄当年说的话——"栽上树，岂不成了一片好绿林""把一片白变成一片青"。

焦裕禄为改变兰考贫穷落后的面貌，脚踏实地，呕心沥血，年仅 42 岁就因病逝世。然而焦裕禄精神一直鼓舞着兰考百姓。1984 年，兰考农桐间作达 20 万亩，被评为"中国泡桐之乡""全国绿化模范县"。

2022 年兰考农桐间作达 46 万亩，林木覆盖率达 32.9%，先后成为河南省首批森林城市、首批国家级生态保护与建设示范区。如今红色兰考已经成为闻名全国的绿色兰考、生态兰考。

图14.1 2012—2022年兰考县全县造林面积林木覆盖率变化

注：相关数据引自2012—2022年的兰考县国民经济和社会发展统计公报。

14.3.2 育林封沙，当年见效

1962年，焦裕禄在工作报告中分析了在兰考大面积种植泡桐防风固沙的优势。然而，要让成片的泡桐树苗在大风肆虐、流沙遍野的土地上存活下来并非易事。1963年的一天，焦裕禄到张庄调研。偶然间，他发现一片荒芜的沙丘中，唯有村民魏铎彬母亲的墓地绿意盎然。魏铎彬说，风一刮，棺材露出来了，很难看。他就用土将其埋一埋，上面包上一层好泥、淤土，再种上葛芭草，这样风再大也吹不动土。魏铎彬的做法给了焦裕禄很大的启发，他随即搞了一次封固沙丘的试验，让机关干部义务劳动，用4个小时封闭了一个30亩大小的沙丘。一场7级风刮过，沙丘果然没有被吹动。焦裕禄很高兴，给这个办法取名为"贴膏药"。在贴过"膏药"的沙丘上种树，树更容易存活，这种办法叫"扎针"。在焦裕禄的推动下，这种"贴上膏药再扎针"的植树方法在兰考全县迅速推广开来。截至 1963 年底，兰考总共造林 21014 万亩，"四旁"植树 146 万亩，打防风带 186 条，堵风口 83 处，新挖和疏浚较大河道上百条。兰考县的"三害"治理工作取得了阶段性胜利。

14.3.3 翻淤压沙，立竿见影

盐碱是兰考的"三害"之一，为了弄清碱地的性质，焦裕禄亲自品尝碱土，并得出了"咸的是盐，凉丝丝的是硝，又骚又苦的是马尿碱"的结论。经过多次外出走访和反复摸索，焦裕禄想出了治理盐碱的办法：在不出苗处（即盐碱斑处）挖深沟，下雨时，让含盐碱的水顺着深沟流走，将挖出的土堆暴晒，再回填，加入杂草，然后灌水，洗盐压碱，这样经过改良的土地就适合种植庄稼了。排涝治碱、深翻压碱、盖沙压碱的有效措施，让盐碱地的治理大见成效。通过这种方法，截至 1963 年底，兰考县改造盐碱地 9 万亩。

"造林防沙，育草封沙，翻淤压沙"，三管齐下。在焦裕禄的带领和兰考人民的不懈努力下，兰考县从 1962 年粮食亩产仅 21.5kg 发展到了 1965 年的粮食自给，再到如今的亩产超 700kg。全县粮食种植面积也是逐年增加，截至 2022 年末已经达到 152.1 万亩，机耕面积至 2022 年达 125.32 万亩（图 14.2）。

树一棵一棵种，"三害"一代一代治理，兰考 30 余万亩风沙盐碱地被改造成良田。兰考人已经探索出了农田林网，农桐、农枣、农条间作，防风固沙林，窄林带小网格造林，灌淤压沙等多种治理模式。

图14.2 2012—2022年兰考县粮食种植面积和机耕面积

注：相关数据引自2012—2022年的兰考县国民经济和社会发展统计公报，其中2015年和2017年数据是根据前一年增长率推算得来的。

14.3.4 兴沙产业，建生态城

　　特殊的地理位置，造成了兰考县恶劣的生态环境。焦裕禄书记的到来改变了兰考旧面貌，当初为了防风固沙栽种的泡桐树，如今已经成为兰考人的致富树，可谓"当年防风固沙生绿，如今脱贫致富奔小康"。

　　泡桐"经济"之乐器产业。1978年上海乐器制作商发现兰考的泡桐是制作民族乐器的好材料，10年后，木匠代士永将乐器制作引入兰考，由此带领着兰考堌阳镇徐场村走向了人人发家致富的道路。多年来，徐场村利用泡桐这一优势资源，大力发展民族乐器产业，成为远近闻名的"乐器村"。如今，古筝、琵琶等中国民族乐器的音板的木头95%以上都选自兰考泡桐，兰考乐器制作规模占全国民族乐器市场的30%以上。民族乐器生产业已成为兰考县特色支

柱产业之一，兰考县因此获得了"中国民族乐器之乡"的称号，兰考县的堌阳镇也成了远近闻名的"兰考音乐小镇"。

泡桐"经济"之家居产业。2022 年，兰考家居产业产值高达 380 亿元，家居产业已成为兰考真正叫得响的主导产业。兰考按照"龙头企业在城区，配套企业在乡镇"的发展思路，锚定"中国·兰考品牌家居产业基地"定位，持续推动家居产业体系"强链、补链、延链"，逐步形成了完善的现代家居产业体系。培育打造了东坝头镇、南彰镇、闫楼乡、红庙镇 4 个家居配套产业园和堌阳镇 1 个民族乐器产业园，2100 多家木制品加工企业，带动了 36 个村庄 10 万余名群众就业。整个产业链就业人口占了全县人口的 11% 左右，人均年收入在 8 万元到 10 万元之间。

2014 年春天，习近平总书记在兰考县调研指导党的群众路线教育实践活动时提出"把强县和富民统一起来，把改革和发展结合起来，把城镇和乡村贯通起来"的重大要求。目前，兰考县以配套完善的现代家居、节能环保为主导产业，大力培育智能制造产业，巩固提升乐器制造、绿色食品、文旅文创 3 个特色产业，打造出了特色鲜明的"2＋1＋3"产业体系。按照"龙头企业在城区、配套企业在乡镇"的思路，兰考正积极构建纵向连接"县—乡—村"、横向贯穿"初加工—精深加工—成品加工"的城乡产业一体化发展格局，推动县域内产业链、创新链、供应链、要素链、制度链的深度耦合。

14.4 治理效果

14.4.1 生态效益

焦裕禄的"贴膏药、扎针"治沙法让兰考县数百年之久的"三害"已寻不到踪影，过去兰考沙多成灾，现在沙子难觅。张庄村原会计下九灵说："影片《焦裕禄》拍摄时，在兰考找不到沙丘。外景地只好选在了千里之外的陕北榆林。"

"三害"不见踪影，花果树成林，生态环境改善。2022年，兰考绿化覆盖率已经达到42.8%。近年来，兰考县城市空气质量优良天数均在60%以上，黑臭水体基本消除，污水处理率在96%以上，地表水环境质量达标率100%，饮用水源地水质平均达标率100%；当年种下的泡桐已经遍布全城，成为环绕兰考县城区的绿色屏障，发挥着防风、通风、制氧、减噪等作用。沿兰阳河、清涧河分布的带状公园及沿陇海铁路分布的防护林带共同组成城区中绿化的横向带状骨架，构成兰考县"环—带"状绿地系统布局结构，并在此基础上，形成点、线、面相结合的绿地系统。

优质紫花苜蓿种植项目是兰考县绿色畜牧产业体系的重要一环，是深入贯彻落实黄河流域生态保护和高质量发展的重点项目。紫花苜蓿在涵养水源、防风固沙方面作用明显，能够有效推动化肥减量和土壤修复，实现"锁风沙、治盐碱、改生态"。相比粮食作物，紫花苜蓿每年每亩效益可高出30%以上，充分带动了当地农户增收，具有十分可观的生态效益和经济效益。

兰考县循环利用废弃资源，大力发展清洁能源，实现家电、汽车拆解再利用，打造"城市矿山"；让生活垃圾进入发电厂，变废为电；综合利用畜禽粪便进行沼气发电；实现生产生活废弃物全利用，以"扫干净、转运走、处理好、保持住"为基础，建立了"收集分类化、运输减量化、处置资源化、处理无害化"的运行模式，实现了生活垃圾收运处置全覆盖，生活垃圾治理率达到了100%。在清洁能源方面，兰考县建立了可持续的能源开发利用模式。产业集聚区依托瑞华电力热电联产，铺设循环水供热管网30公里，解决了园区工业企业生产用热问题；主城区利用地热资源，实现集中供暖680万m²，基本实现地热供暖全覆盖；农村完成气代煤、电代煤"双替代"4.8万户。目前，兰考县覆盖城乡的清洁能源格局已基本形成，被评为全国首个"农村能源革命试点建设示范县"。同时，兰考县还全面加强污染治理。开展"散乱污"企业集中清零活动，实行全域禁煤，全面治理工地、企业、交通、农业扬尘。

"昔日盐碱滩，今日鱼粮山；昔日大沙滩，今日花果园；昔日内涝滩，今日风景线；昔日'三害'地，今日赛江南……"坚定不移走生态优先、绿色发展道路，让兰考在2015年入选首批国家级生态保护与建设示范区，2016年入选国家园林县城，2019年荣获"省级森林城市"称号。

14.4.2 经济效益

2014年，兰考县有115个贫困村、7.7万贫困人口，兰考县委、县政府郑重作出了"三年脱贫、七年小康"的承诺。自此，兰考县以脱贫攻坚统揽经济社会发展全局，实施精准扶贫、精准脱贫，开启了脱贫致富奔小康的新征程。政府牢牢抓住产业扶贫这个"牛鼻子"，围绕家居、食品等主导产业，打造统筹城乡的特色产业体系；紧扣"精准"，对115个贫困村派出帮扶工作队，做到村村有脱贫计划、户户有脱贫措施。2017年3月，兰考县在全国率先脱贫摘帽，成为河南省贫困退出机制建立后首个退出的贫困县。"三年脱贫"承诺如期兑现，焦裕禄当年"治穷"的夙愿也成为现实。

根据兰考县发布的国民经济和社会发展统计年报，兰考县全县生产总值逐年增加，从2012年的170.74亿元增长到了2022年的426.1亿元（图14.3），年平均增长速度达到近10%。人均GDP由2012年的2万余元增加到了2022年的5万余元，农村居民人均可支配收入由2016年的9943元增加到2021年的16784元，城镇居民人均可支配收入由21124元增加到29904元。兰考县产业结构不断优化（图14.4），第一产业比重逐年下降至平稳状态，第二产业的比重有逐年下降趋势，第三产业比重则逐年升高，并且有赶超第二产业比重的趋势。

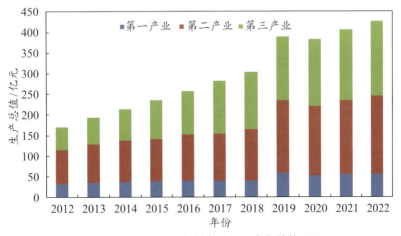

图14.3   2012—2022年兰考县国民生产总值GDP

注：相关数据引自2012—2022年兰考县国民经济和社会发展统计公报，其中2015年和2017年数据是根据前一年增长率进行推算得来的。

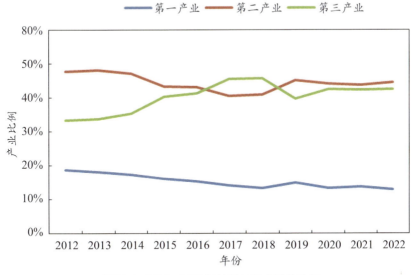

图14.4   2012—2022年兰考县产业结构比例

注：相关数据引自2012—2022年兰考县国民经济和社会发展统计公报，其中2015年和2017年数据是根据前一年增长率推算得来的。

兰考县不断推动农业转型升级，不断提升综合生产能力，粮食产量连年增长；兰考蜜瓜、红薯和花生"新三宝"种植规模持续扩大。此外，兰考县建立利益联结机制，促进小农户与现代农业的有效衔接，引进大型涉农龙头企业，打造绿色食品供应基地；建立"新三宝＋牛羊＋饲草"绿色产业体系，逐步形成"饲料加工、牛羊繁育养殖、有机肥料生产"的循环经济模式，构建了草畜一体化融合发展格局。

现代家居方面，兰考县立足"中国·兰考品牌家居产业基地"的定位，形成覆盖城乡的现代家居产业体系，产值达到 320 亿元以上；智能装备方面，富士康玻璃盖板和 5G 精密机构件等项目累计完成投资近 70 亿元，年产值达 40 亿元，进出口总额达 1.77 亿美元；民族乐器方面，全县民族乐器企业达 219 家，年产值达 25 亿元。

文旅文创方面，兰考县依托焦裕禄精神和黄河资源、生态资源的独特优势，以红色精神为本、黄河文化为魂、绿色资源为底，大力发展乡村旅游，高标准发展民宿、农家乐和旅游商店，吸引了国内外游客，实现旅游产业年收入上亿元。

14.4.3 社会效益

兰考县始终坚持以产业振兴助力乡村振兴，2020 年，兰考县规划打造黄河湾乡村振兴示范项目，总面积约 13.904km²，建设用地面积约 0.747km²，投资近 50 亿元。项目围绕生态文明建设、乡村振兴和城乡融合发展等国家战略，依托兰考县的焦裕禄精神、黄河湿地资源、生态农业资源和周边产业资源等，深度挖掘红色文化、黄河文化和黄河治理文化，建设兰考县黄河湾乡村振兴示范区。通过构建以生态产业为基础、文化产业为灵魂、教育产业为核心、旅游产业为抓手、康养产业为配套的五大产业体系，激活片区乡村资源，推动一二三产业融合发展，打造国家乡村振兴示范区、国家城乡融合试验区、国家级旅游度假区、国家5A景区。项目可直接提供1500个就业岗位，间接带动就业5000人。

正是因为兰考近年来的发展大家有目共睹，兰考的发展态势也为其招商引资创造了优势，近几年兰考县成功引进富士康、光大等6家世界500强企业和正大、蒙牛、立邦、万华生态等40余家行业龙头企业，全县规模以上工业企业达254家。与此同时，兰考县也通过多种举措推进招商引资工作，推动招商引资工作实现新突破。

"兰考人民多奇志，敢教日月换新天。"焦裕禄的这句名言，激励着一代又一代兰考人。兰考从原来的"风沙弥漫、贫穷落后"蜕变成了"绿意盎然、生机勃勃"的模样，走出了一条由"脱贫"到"小康"的嬗变之路。如今，在乡村振兴和推动黄河流域生态保护与高质量发展的战略机遇下，兰考以一二三产业融合发展为抓手，以生态优先、绿色发展为先导，以改革创新为动力，以满足人民日益增长的美好生活需要为目的，持续探索一条兰考特色的乡村振兴之路，着力建设"拼搏兰考、开放兰考、生态兰考、幸福兰考"。

本章撰稿：王蒙

第15章
塞罕坝机械林场植树造林治沙止漠

　　河北省塞罕坝机械林场位于河北省承德市北部、内蒙古浑善达克沙地南缘，是滦河、辽河两大水系的发源地之一，也是阴山山脉与大兴安岭余脉的交接地带。这里曾经森林茂密、鸟兽繁集，后由于过度采伐，土地日渐贫瘠，到20世纪50年代，成为风沙肆虐的沙源地。1962年河北省塞罕坝机械林场建场以来，三代塞罕坝人艰苦奋斗，驰而不息、久久为功，持续开展造林绿化，攻克了高寒地区全光育苗法、"三锹半"植苗法、石质山地攻坚造林等多项荒漠化治理的技术难关，使塞罕坝有林地面积达到115.1万亩，森林覆盖率从建场前的12%增长至82%，林木总蓄积量达到1036万m³。塞罕坝人创造了荒原变林海的人间奇迹，构筑了"为首都阻沙源、为辽津涵水源"的绿色生态屏障，铸就了"牢记使命、艰苦创业、绿色发展"的塞罕坝精神。

15.1　治沙背景

　　历史上的塞罕坝水草丰美、森林茂密。1863年开围放垦后，森林遭到肆意砍伐，加之山火不断，到新中国成立初期，原始森林已荡然无存，塞罕坝退化成了"林木稀疏、风沙肆虐"的荒原沙地。

图15.1　塞罕坝建场前的荒原

新中国成立前后，沙尘暴频袭北京。与北京直线距离仅 180 公里的浑善达克沙地，海拔 1400 米左右，而北京市城区海拔只有 40 多米。面对"风沙紧逼北京城"的严峻形势，为保持水土、改善京津生态环境、涵养水源、减少风沙危害、阻止浑善达克沙地南侵，1962 年，林业部决定在河北北部塞罕坝建立大型国有机械林场。

建场之初，来自 18 个省市区、24 所大中专院校的 127 名毕业生，和地方干部、职工一起组成了 369 人的建设队伍，在气候恶劣、缺食少房、远离城镇的茫茫荒原，开始了大规模治沙造林的艰难创业历程。60 多年来，塞罕坝几代务林人在国家、河北省各级林业主管部门的正确领导与大力支持下，以"构筑京津绿色生态屏障、再造河北秀美山川"为己任，按照"森林质量精准提升"的总体要求，本着"多措并举、标本兼治"的原则，秉承"艰苦奋斗、无私奉献"的价值追求，扎根坝上高原，战风沙、斗严寒、抗干旱，建造了今天的百万亩人工林海。为京津冀及华北地区构筑起防风沙、养水源、固生态的绿色长城，为建设一个高质量、高稳定性的冀北地区生态防护体系，优化首都及周边地区生态环境奠定了坚实的基础。

15.2　区域条件

15.2.1　自然条件

塞罕坝地处河北省的最北部，内蒙古高原浑善达克沙地南缘，北部隔河与内蒙古自治区多伦县、克什克腾旗接壤，南部、东部分别与承德市御道口牧场管理区和围场县的五乡一镇相邻，地处 116° 32′ E—118° 14′ E，41° 35′ N—42° 40′ N，地貌主要是介于内蒙古熔岩高原和冀北山地之间的高原台地，海拔 1010—1939.9m，是滦河、辽河两大水系的发源地之一。极端最高气温 33.4℃，极端最低气温 -43.3℃，年均气温 -1.3℃，积雪长达 7 个月，每年无霜期 64 天，年降水量 479mm，年大风日数 53 天，具有典型的半干旱半湿润寒温性大陆季风气候。这里夏季气候凉爽，空气清新，平均温度在 20℃；秋季层林尽染，漫山遍野的枫叶，溢金流丹；冬季白雪皑皑，玉树冰花，一派北国风光。这里被誉为"水的源头、云的故乡、花的世界、林的海洋、鸟兽的天堂"。

15.2.2　人文条件

塞罕坝机械林场，是河北省林业和草原局直属大型国有林场，国家级自然保护区。林场总经营面积 140 万亩，有林地面积 115.1 万亩，林木蓄积量 1036.8 万 m³，森林覆盖率 82%；单位面积林木蓄积量是全国人工林平均水平的 2.76 倍，树木按株距 1m 计算，可绕地球赤道 12 圈；2002 年成为省级自然保护区，2007 年晋升为国家级自然保护区。

塞罕坝林场自建场以来，塞罕坝人发扬"牢记使命、艰苦创业、绿色发展"的塞罕坝精神，克服了高海拔、高寒、无霜期短、大风、干旱等常人难以想象的困难，坚持"先生产后生活、先治坡后治窝"的生态建设理念，实施了"生态立场、营林强场、产业富场、人才兴场、文化靓场"的五大发展战略，确立了"生态优先、采育结合、持续经营、和谐发展"的经营方针，强化科学造林、攻坚造林，使有林地由建场前的 24 万亩增加到 115.1 万亩，增长了近 5倍；使林木总蓄积由建场前的 33 万 m³ 增加到 1036 万 m³，增长了近 30 倍；使森林覆盖率由建场前的 12% 提高到 82%，取得了"人逼沙退、绿荫蓝天"的辉煌成就，在取得客观的生态、经济、社会三大效益的同时，为京津地区筑起了一道坚不可摧的绿色生态屏障，成为全国生态建设的旗帜和标兵。

15.2.3　风沙危害情况

塞罕坝林场治沙止漠的历程并不是一帆风顺的。1962 年建场以来，塞罕坝共经历过两次自然灾害，其中在 1977 年的"雨淞灾害"是塞罕坝有史以来经历的最大的一次自然灾害。一夜之间，灾害毁掉了塞罕坝树木 57 万亩，树木被折断、劈裂、弯曲、压折的重灾面积多达 20 万亩。当时一棵 3m 高的树，挂冰量达 250kg，一棵中龄树挂冰量可达到 1 吨，塞罕坝人十多年的创业成果损失过半。这些严重受灾的树木不会再成活，塞罕坝人只能全部清理，再重新整地、重新造林。另外一次是 1980 年发生的特大旱灾，12 万亩落叶松人工林成片旱死。但是塞罕坝人并没有被灾害击垮，反而越挫越勇，铆足干劲，依靠自己的双手，重新造林，从头再来。

15.3　治理措施

15.3.1　科学育苗，奠定大规模造林基础

　　林木种苗是造林绿化的物质基础和根本保障，在林业和生态建设中具有举足轻重的地位和作用。造林绿化，种苗先行，塞罕坝人深深明白良种苗木在培育优质森林资源中的重要性。为提高苗木培育质量，塞罕坝林场自建场以来一直重视在强化种苗发展上做文章，在提高种苗质量上下功夫。林场曾因缺乏在高寒、高海拔地区培育针叶树种的经验，在 1962 年、1963 年所用的造林苗木基本都是从东北地区或承德地区经过长途跋涉调运来的苗木，遭遇了连续两年造林成活率不到 8% 的困境，加之工作、生活条件极其艰苦，塞罕坝人的信心受到巨大打击。塞罕坝的造林事业处在了生死存亡的边缘。关键时刻，以张启恩、李兴源为代表的技术骨干，通过反复实践，发明了适合高寒地区的"全光育苗技术"，培育出了"大胡子""矮胖子"等优质壮苗，解决了大规模造林的苗木供应问题。2000 年左右，科研人员经过反复试验，发明了"容器育苗技术"，解决了裸根苗造林需要经历缓苗期的问题，从而进一步提高了造林成活率。

　　当前，塞罕坝机械林场有 6 个骨干苗圃，其中大田育苗面积 205 亩、轻基质容器苗培育面积 320 亩。据统计，林场从事育苗工作的人员共有 50 余人，有效地保证了造林育苗工作的顺利进行。此外，林场配备了专门的喷灌、晒水池、起苗机械、供排水设施及种子加工、精选、检验等设备，基础设施齐全，每年可产落叶松、樟子松、云杉等良种壮苗上百万株。这些壮苗除满足全场的育苗造林工作需求外，还远销北京、内蒙古、山西、陕西等地。

15.3.2　克难攻坚，大规模开展造林绿化

一、坚定信心

经过不断地探索、改进、创新，1964 年春天，塞罕坝机械林场迎来了一个伟大转折，那就是开展了提振士气的"马蹄坑大会战"。林场选派了 120 名造林"精兵强将"，调集了当时最精良的机械装备，用了两三天的时间，用落叶松树苗造林 516 亩，而这些落叶松树苗在成长 20 天后，放叶率达到 96.6%。郁郁葱葱的树苗顽强生长，到了 10 月，造林成活率在 90% 以上。"马蹄坑大会战"开创了国内使用机械成功栽植针叶树的先河，让所有人都看到了希望，更加坚定了塞罕坝人继续创业的决心，塞罕坝的造林绿化事业由此开足了马力，造林工作也由每年的春季拓展到春秋两季，多时每天造林超过 2000 亩，一年造林达到 8 万亩。

图15.2　1964年塞罕坝机械造林场景及林地

二、荒原披绿

1982 年，林场超额完成了《塞罕坝机械林场设计任务书》（1962—1982）中确定的造林任务，在沙地荒漠上共造林 96 万亩，其中机械造林 10.5 万亩，人工造林 85.5 万亩，栽植壮苗总计 3.2 亿余株，苗木保存率 70.7%，昔日塞外荒原重新披上了绿装。到了 1983 年，林场的大面积造林已基本结束，林场

进入营林实践与研究并重阶段。林场自我加压，助推造林绿化工作再上新台阶，截至 2022 年，累计造林 55.7 万亩，并且先后完成了《樟子松造林技术》《樟子松育苗造林经营技术》等专著，编制了《容器苗造林技术规程》(DB13/T 1434—2011)等河北省地方技术标准，开展了"樟子松引种育苗技术""高寒山区樟子松人工林经营关键技术研究与示范""河北坝上地区樟子松嫁接红松技术研究"等课题研究。

三、攻坚造林

塞罕坝林场的造林脚步从未停止。2011 年，林场实施了"攻坚造林工程"，在建场以来多次造林难以成活和从未涉足的荒山沙地、贫瘠山地等"硬骨头"地块，不断总结改进造林技术，采取客土、浇水、覆土防风、覆膜保水等超常规举措，整坡推进，见空植绿。截至目前，林场共完成攻坚造林 10.6 万亩，造林成活率和保存率达到 98.9% 和 92.2% 的历史最高值。

半个多世纪以来，几代塞罕坝人在极其恶劣的自然环境中，一代接着一代干、一张蓝图绘到底，通过实施国家"三北"防护林工程、世界银行贷款造林项目、京津冀风沙源治理工程和"再造三个塞罕坝"等项目实现了塞罕坝生态环境的根本性改变。

图15.3　攻坚造林成效之一

15.3.3　科学营林，不断提升森林质量

1983 年，塞罕坝林场进入以营林为主的阶段，确定了"以育为主，育、护、造、改相结合，大力开展多种经营、综合利用"的经营方针，进入了一个全新的发展时期。

塞罕坝机械林场在实践中总结出"大密度初植、多次中间抚育利用和主伐利用相结合"的人工林经营路线，创造出造林、幼抚、定株、修枝、疏伐、主伐、更新造林等循环有序的森林培育作业流程，整理出一套适合塞罕坝特点的森林经营模式。建场至今累计抚育森林 300 余万亩次，使林分结构更趋合理，林分质量更加优良。在高寒、高海拔、半干旱、沙化严重等恶劣环境中，使林场单位面积蓄积达全国人工林的 2.76 倍，这也意味着，塞罕坝机械林场用不足全省 1.5% 的有林地面积培育出了全省 7% 的林木蓄积。2019 年，林场被确定为履行《联合国森林文书》示范单位，成为中国森林可持续经营技术和成果示范平台。

图15.4　塞罕坝机械林场抚育后的森林

塞罕坝机械林场经过多年的生产实践，逐步形成了一套独具特色的森林经营体系。坚持"施工一律以设计为准""生产一律以样圆为指导""伐根一律降低为零""修枝一律用锯""采伐剩余物一律清出林外""造材一律以市场为导向"的"六个一律"施工操作规范；适时总结编制了《河北省塞罕坝机械林场森林经营方案（2021—2030年）》《营、造林施工技术细则》《营林生产调查设计细则》《林业生产百分制考核管理办法》等，实现了经营工作的制度化、规范化管理。

15.3.4　加强资源保护，巩固生态文明建设成果

塞罕坝林场始终把资源管护工作作为头等大事，把保护森林资源安全上升到事关塞罕坝生死存亡的高度。

林场于2021年全面实施"林长制"，探索"三级林长、四级管理、一长三员"林长管理新模式，现有林场级林长8名，分场级林长31名，营林区级林长30名，实现了逐级管理、各司其职的资源保护新模式，构建了责任明确、协调有序、监管严格、保障有力的新机制。

一、幼林抚育管护

幼林抚育管护是林业生产中最重要的一环，在森林经营中的作用不可替代。塞罕坝林场摒弃"重造轻管、重造轻抚"的思想，不断加强新造林和幼林的管护工作。首先，强化抚育管理，为防止造林苗木受杂草影响，塞罕坝造林地需根据苗木长势情况适时进行割灌草作业。其次，合理布局围栏管护，林场结合不同的地势、土壤情况做到合理布局，科学建设。最后，强化工作机制，俗话说"三分造、七分管"，林场在幼林地管护上努力加大工作力度，合理调控护林员的职能，建立严格的考核机制，定期检查、督导，坚决杜绝"造得起

来、管护不住"的现象。

二、森林防火

塞罕坝机械林场始终把森林防火视为一项警钟长鸣、应当持之以恒的重点工作，常抓不懈，坚持"人防、物防、技防"相结合，建成了探火雷达、空中预警、高山瞭望、地面巡护、快速反应有机结合的"天、空、地"一体化预警监测和防灭火体系，保持着建场以来从未发生森林火灾的好成绩。

2021年9月29日，河北省十三届人大常委会第二十五次会议表决通过《塞罕坝森林草原防火条例》，以专项防火法律法规形式为塞罕坝森林草原防火工作立法。该条例通过建立联防联控机制、科学处理防火与旅游关系、强化人防、物防、技防融合，依法保护塞罕坝森林草原生态安全和人民生命财产安全。

（1）预防体系

人防：塞罕坝林场现有望火楼9座，防火紧要期内，18名瞭望员白天每隔15分钟、夜间每隔1小时汇报一次火情；共有专职管护人员460人，"清明节""劳动节""国庆节"等重点时期，全场50%以上人员充实防火一线力量，参与巡护；设有13个固定防火检查站，加强对入山人员和车辆的防火宣传和检查登记。

物防：林场现有防火隔离带970余公里，路网建设950余公里；安装生态安全隔离网450余公里，实现了禁止旅游区与其他区域的硬隔离，确保旅游旺季林草资源安全。

技防：林场安装林火视频监测系统1套（建有54个视频监控点）、红外探火雷达6台、雷电预警监测系统1套、无人机巡护系统1套（配备无人机8架、卫星小站2套）、火场标绘系统1套；火灾监测覆盖率在97%以上。

（2）扑救体系

林场有专业扑火队 7 支，队员 110 人；半专业扑火队 9 支，队员 169 人；现有防火指挥车 1 台、宣传车 1 台、运兵车 8 辆、机具运输车 2 辆、水罐消防车 5 辆、高压远程消防车 4 辆，配备各类常规风灭和水灭机具设备，建有消防储水点 18 处，消防水井 7 处。专业扑火队实行军事化管理，集中食宿，集中进行体能和技能战术训练。在防火紧要期，全场专业扑火队 24 小时保持临战状态，确保召之即来、来之能战、战之必胜。林场投资 3600 万元，建成了可满足 100 名森林消防救援队员驻防需要的多功能营房及训练设施。来场驻防的森林消防救援队与林场专业扑火队建立联演联训机制，共同执行防扑火任务，保护塞罕坝森林资源安全。

三、有害生物防治

林场设有林草有害生物防治检疫站，拥有国家级有害生物中心测报点 1 处；现有森防检疫人员 27 人，监测员 100 余人，专业化防治队伍 6 支，防灾、减灾、救灾药械储备库 9 处，标本室、实验室、档案室齐全，拥有简易防治飞机场 1 处；建立了有害生物防控三大网络（物联网与人工互补的全覆盖有害生物监测网络、航空与人工相补充的防治网络、严防危险性有害生物传播蔓延的检疫网络）。多年来，林场通过科学预测、有效防治、强化检疫，始终将林业有害生物成灾率控制在 3‰以下，有效地保障了林场森林资源安全和可持续发展。

四、自然保护区

林场通过建设国家级自然保护区，不断加强自然保护地建设，保护生物多样性与地质地貌景观多样性，维护塞罕坝生态系统稳定，为社会提供科研、教育、游憩等公共服务，促进人与自然和谐共生并永续发展。塞罕坝自然保护区于 2002 年经河北省人民政府批准建立，2007 年晋升为国家级自然保护区，总面积 2 万公顷，主要保护对象为森林—草原—湿地交错带自然生态系统及其天然植被群落、滦河、辽河水源之地，珍稀濒危野生动植物资源。2010 年被中国野生动物保护协会命名为第三批"全国野生动物保护科普教育基地"。

15.4　治理效果

15.4.1　生态效益

百万亩林海筑起一道牢固的绿色屏障，有效阻滞了浑善达克沙地南侵，为大幅度减少北京近年春季沙尘天数发挥了重要作用。森林和湿地每年涵养水源量 2.84 亿 m^3，相当于 4.7 个十三陵水库；年释放氧气 59.84 万吨，相当于 219 万人呼吸一年所需的氧气量；年固定二氧化碳 86.03 万吨，可抵消 86 万辆家用燃油轿车一年的二氧化碳排放量。与建场初期相比，塞罕坝及周边区域小气候得到有效改善，无霜期由 52 天增加到 64 天，年均大风日数由 83 天减少到 53 天，年均降水量由不足 410mm 增加到 479mm。

曾经"黄沙遮天日，飞鸟无栖树"的地方，成为今天的野生动植物物种基因库。在塞罕坝森林、草原、湿地等多种生态系统中，栖息着陆生野生脊椎动物 261 种、鱼类 32 种、昆虫 660 种、大型真菌（蘑菇）179 种、植物 659 种。其中，国家重点保护动物有 49 种，国家重点保护植物有 9 种。

15.4.2　经济效益

改善生态环境就是发展生产力。林场有林地面积增加到 115.1 万亩，林木总蓄积由 33 万 m³ 增加到 1036.8 万 m³，增长 30 倍。据中国林业科学研究院核算评估，林场森林湿地资源资产总价值达 231.2 亿元。在经营收入方面，林场主营业收入达 26.4 亿元，其中，森林抚育与利用原木产品实现营收 17.5 亿元，工程造林与园林绿化苗木实现营收 1.8 亿元，生态旅游实现营收 5.6 亿元，其他收入为 1.5 亿元。森林靠"呼吸"也能挣钱，塞罕坝林业碳汇项目已成功在国家发改委备案 474.9 万吨，截至 2022 年底，完成林业碳汇项目开发的林地面积达到 77 万亩，占森林总面积的 67%；共核证林业碳汇量 700 万吨二氧化碳当量，预计可实现收入 4.2 亿，已实现收入 922 万元。

15.4.3　社会效益

　　塞罕坝机械林场助推区域发展，带动群众致富，使周边 4 万多百姓受益，2.2 万名贫困人口实现脱贫；带动周边发展乡村游、农家乐等多种业态，这些产业每年实现社会总收入 6 亿多元；带动周边发展生态苗木基地 10 余万亩，苗木总价值达 7 亿多元；为当地 4000 余名群众提供就业机会，人均年收入达 1.5 万元。同时，林场提供技术支持，带动周边区域规模化造林 445 万亩，有力推动了"三北"防护林、太行山绿化攻坚、雄安新区千年秀林等生态工程建设。鉴于林场取得的成就和效益，联合国防治荒漠化公约授予林场"土地生命奖"，并组织了 30 多个国家代表来林场考察学习植树造林、防沙固沙技术。

本章撰稿：范冬冬　李俊佳　张建华

第 16 章
山西右玉"六注重"防沙治沙

"右玉精神"的核心就是防风治沙精神。右玉在治沙方面采取了一系列创新性的措施，包括在技术层面引进新的种植技术、在制度层面加强森林保护和生态旅游产业转型升级、在社会层面加强宣传教育等。这些措施的实施有效地控制了沙漠化趋势，保护了生态环境，产生了深远的社会影响（潘峰，2009）。右玉县的成功经验为其他地区提供了可借鉴的经验和模式，也为全球荒漠化治理提供了有利的借鉴和参考。

16.1 治沙背景

右玉自古为我国北方要塞、边关重地，风大沙多，自然条件恶劣，加上历史上战争频发、过度放牧，新中国成立初期，全县仅有残次林 533.3 公顷，水土流失面积达 1499km^2，占全县国土总面积的 76.2%。"春种一坡，秋收一瓮；除去籽种，吃上一顿。"严重的水土流失，极大地制约了右玉的经济社会发展。面对恶劣的自然环境，右玉县历届县委、县政府把改善生态环境作为确保生存发展的头等大事来抓，确立了"右玉要想富，就得风沙住；要想风沙住，就得多栽树"的指导思想，团结带领全县人民开展了一场以增加植被、改善生态环境为目标的旷日持久的"人民战争"。70 余年来，全县人民艰苦奋斗、坚持不懈，在一个年均降水量仅有 400mm 左右的地方，大搞生态建设，截至 2021 年底，全县累计治理水土流失面积 962.03km²，综合治理程度达 64.2%，水土流失面积减少到 647.54km²，降幅 56.8%。右玉人民将一片"大漠平沙无尽处，苍茫万里肃乾坤"的不毛之地，建设成了如今的塞上绿洲、旅游胜地，孕育出宝贵的"右玉精神"。2012 年以来，右玉县先后荣获"全国水土保持生态文明县"、"绿水青山就是金山银山"实践创新基地、"最值得向世界推荐的旅游县"等荣誉称号。现在，远眺南山林海，徜徉玉林湖畔，置身苍头圣境，流连四五道岭，谁能想象，这里是地处毛乌素沙地前沿、曾被国外专家断定"不适宜人类生存"的右玉（仲艳妮，2021；蒋洁，2022；袁兆辉 等，2023）。

16.2 区域条件

16.2.1 地理条件

右玉坐落在晋西北边陲，北部与内蒙古的和林格尔县、凉城县为邻，西与平鲁区相邻，南与山阴县接壤，东与大同市左云县为邻，东西宽约 45.7km，南北长 67.7km，总面积 1967km²，土地平面图略似一宽大的阔叶。右玉地理坐标为 39°41′18″N—40°17′54″N，112°07′18″E—112°38′35″E，为古北方要地，尤其以古关杀虎口（苍头河出境处）为"咽喉之地"，刚好处于"三北"区域长城线上潜在沙漠化地带，也就注定了这方土地地理环境的恶劣。

境内群山环抱，北低南高。南部是洪涛山，北部和西部属阴山山脉的延伸部分。全县平均海拔 1400m，最高点红家山台顶海拔 1969.3m，最低处杀虎口海拔 1230m，高低相差 739.3m，构成了由东南向西北倾斜的地貌特征，是西伯利亚和蒙古高原冷空气南下的必经之地，加上西北杀虎口大风口的直贯，区内冷空气经常堆积，风大而频繁，因而在冬春季节多出现沙尘甚至沙尘暴天气。在起伏的丘陵山地中间，形成一个条形断陷盆地。东西两侧均为土石山地，南北部为黄土连绵的丘陵，黄土覆盖厚达几十米至上百米，由于长期被大风切割，右玉形成了垣、梁、峁为代表的黄土地貌。土壤主要以栗钙土和风沙土为主，质地较粗，结构性差，抗侵蚀能力差，极易发生风蚀、水蚀、沙化等现象，特别容易形成地表径流，造成严重的水土流失，最直接的表现就是山洪暴发和沙尘暴肆虐（解建强　等，2022）。

16.2.2　气候条件

右玉县为温带大陆性季风气候区，冬季严寒少雪而漫长，春季风大少雨而干燥，夏季温热适宜而多雨，秋季虽凉爽宜人却很短暂。据有关气象资料显示，区域内气温的年较差和日较差都很大，年均气温 3.6℃，极端最高气温 36℃，极端最低气温 −40.4℃，平均日温差为 15.4℃，冬夏气温最大年较差 69.7℃。此外，右玉县风大且频繁，多年平均风速为 2.7m/s，风速大于等于 3.0m/s 的日数可达 240 天，一年中六级以上大风日数平均为 57 天，八级以上大风日数平均为 28.8 天，最大风速 20m/s。

右玉县素有"十年九旱"之说，日照时间长，自然降水少，蒸发强度大，年平均降水量约为 443mm，年平均蒸发量为 1761.3mm，其中 5 月、6 月的蒸发量占全年蒸发量的 30.2%，蒸发量是降水量的 4 倍，年平均绝对湿度为 6.3mm。受此气候影响加上特殊的地理位置，右玉县的生物多样性和生物量一直处于较低水平，生态系统的抗干扰能力较差，生态环境十分恶劣。这也造成右玉县植被逐渐消退，气候灾害、生物灾害、地质灾害频发，冰雹灾害年年发生。

16.2.3　风沙危害情况

一、风沙侵袭频发

　　右玉县的气候特点是干燥，降水相对有限，而高温天气较为常见。这种气候条件加上地理位置的特殊性，使得该地区容易受到风沙的侵袭。季风和气候变化对右玉降水分布产生了显著影响，导致了干旱和水资源短缺，对土地资源、生态环境和生产生活造成了巨大的危害。主要表现在以下几个方面：

　　（1）风沙活动频繁：右玉县地处毛乌素沙地南缘，与内蒙古高原相邻，受到蒙古气旋和地面气旋的共同影响。大风和沙尘暴的天气经常出现，给当地的生活和生产活动带来很大的困扰。

　　（2）沙尘暴严重：尤其是在春季和冬季。在右玉县，当地人们曾经有"白天沙尘遮天点油灯，黑夜一觉醒来土挡门"的说法。

　　（3）土地沙化严重：由于长期的过度放牧、过度开垦和气候变化等多种因素的影响，右玉县的沙化土地面积不断扩大。据山西省林业厅的监测数据，右玉县的沙化土地面积占到全县总面积的30%以上。

　　（4）影响人体健康：沙尘暴可能会导致呼吸系统疾病、眼病和过敏性疾病的发生率增加。

二、农田受损严重

　　风沙侵袭严重影响了右玉县的农业发展。风沙吹蚀土地的肥沃表层，导致土地质量下降。每年因风沙侵蚀而消失的农田约为2000亩，相当于1000个足球场的大小。这不仅降低了农田的产出，还使农民面临着收入减少的问题。风沙频发还会导致农作物受损，降低农业生产的稳定性。

三、生态系统失衡

风沙危害也对生态系统产生了严重影响。沙漠化导致植被覆盖率下降,植物生长受到限制,生态系统逐渐失衡,野生动植物的栖息地受到破坏,生存环境受到威胁。此外,风沙侵袭还导致土壤质量下降,对生态系统的恢复构成了挑战。

四、社会经济影响

风沙危害不仅仅是对土地和生态环境的威胁,还对当地社会经济产生了严重影响。农田受损、村庄被风沙淹没、基础设施受到破坏,社会经济受到严重冲击。大约有 30% 的居民受到土地沙漠化的威胁,面临着食品短缺和水资源稀缺等问题,这对当地居民的生产生活构成了直接威胁。

16.3 治理措施

16.3.1 治理理念

一、稳步有序提高植被盖度

右玉在把握塞北高寒风沙地区植树造林的特点和规律的基础上,在不同时期确定了不同的思路和机制。20 世纪 50 年代"哪里能栽哪里栽,先让局部绿起来",拉开了生态建设的序幕;60 年代"哪里有风哪里栽,要把风沙锁起来",重视风沙治理,打响了"大战黄沙洼""总攻老虎坪"等一系列防沙治沙战役;70 年代"哪里有空哪里栽,再把窟窿补起来",加强了防护林体系建设;80 年代坚持"适地适树合理栽,又把三松引进来",注重提高造林质量;90 年代实施了"乔灌混交立体栽,绿色屏障建起来",引入了立体造林的理念;进入

21世纪，按照"山上治本立体化、身边增绿园林化、生态致富产业化、环境保护社会化"的思路，突出生态、经济、社会综合效益，全面加快林业建设由"绿"变"富"步伐。2020年，右玉率先实现了全县域宜林荒山基本绿化的目标（魏永平，2021）。

二、持续提升通道绿化档次

以境内的苍头河、李洪河、杀虎口等景区干道为轴，以高速公路和国道等交通主干线为框架，坚持"路修到哪里，树就栽到哪里，生态就延伸到哪里"的路线，在沿线两侧营造护岸、护路林带，建立了高低错落、功能各异的生态植被系统，构筑起了以"绿化带、生态园、风景线、示范片、种苗圃"相结合的生态网络大框架。

三、加快建设生态宜居家园

围绕"城在林中、林在城中、一街一景、一路一品、错落有致、特色鲜明"的建设目标，大力建设森林景观，构建起城乡一体、多层次、立体化的生态屏障。按照"自然、生态、现代、宜居"的城市发展理念，开展环城绿化，建设园林式企业、公园式生活区。结合乡村振兴建设，实施"一乡一条路、一村一片林、人均一棵树"造林绿化工程，在乡镇公路两旁、村庄空闲地、房前屋后、庭内院外植树造林，改善环境。

四、全力巩固生态建设成果

多措并举，植绿、兴绿、爱绿、护绿，依法守好荒漠化治理成果。全县聘用专职护林员838名，为重点林区护林员配备GPS巡检仪70部。乡乡设立管护站，村村配备护林员，层层签订管护协议书，形成了"山山有人看、处处有人管"的防护格局。重点林区和新造地实行封山禁牧，推广舍饲养殖，有效解决了保护生态与发展畜牧养殖业的矛盾，走出了一条以牧带林、以林促牧互利共赢的可持续发展道路。

16.3.2　治沙经验

一、注重防沙治沙延续性

为了应对沙漠化、水土流失等环境问题，右玉县注重防沙治沙延续性，采取了一系列措施，以确保生态环境的持续改善和可持续发展。

（1）构建水土保持工程

为了减少水土流失和防止沙漠化扩展，右玉县积极开展实施了水土保持工程。这些工程包括梯田、护坡、林带、固沙植被等一系列措施，旨在减缓水流速度、增加土壤的保持力，降低沙尘暴发生的频率。此外，修建沟渠、堤坝和水库，还能够有效地储存雨水，提供农田灌溉和村庄用水，从而增强生态系统的稳定性。

（2）推广植树造林

植树造林是防沙治沙的关键措施之一。右玉县通过政府引导和鼓励农民参与，积极推广植树造林项目。在选择树种方面，优先考虑抗旱、耐盐碱和适应性强的树种，如沙柳、柠条、胡杨等。这些树木不仅能够固定沙土，还能成为村民们的生计来源，如柠条果实和胡杨木材。

①改善农业种植方式：传统的农业种植方式在干旱地区容易导致土壤受到侵蚀和水资源浪费。右玉县采用了现代农业技术，如滴灌、喷灌和精细化管理，以提高农田的水分利用效率。此外，右玉县通过轮作、休耕和退耕还林等方法，保护土壤和减少水土流失。

②加强宣教和培训：为了提高村民的环境保护意识和技能，右玉县进行了广泛的宣传教育和培训活动。政府组织了各类培训班，向村民传授水土保持和

生态环境管理的知识，教导他们如何科学种植、灌溉和用水。

二、注重治沙机制创新性

（1）创新投入机制

右玉县建立了"政府引导、市场运作、社会参与"的多元化投入机制，积极筹措资金，加大对治沙工作的投入力度。同时，该县还采取了"以奖代补、先建后补"等激励措施，提高群众参与治沙工作的积极性。

（2）创新科技机制

右玉县注重科技在治沙中的应用，实施"科技兴林"战略，积极引进国内外先进的治沙技术和设备，推广适生树种和草种种植。同时，还加强了与高校、科研机构的合作，开展治沙技术研究和试验，提高治沙工作的科学性和有效性。

（3）创新监测机制

为了及时应对沙尘暴和水土流失等自然灾害，右玉县建立了环境监测和预警体系。监测体系包括气象监测、土壤侵蚀监测、沙漠化监测等，以便及时采取措施应对突发情况。同时，县政府还与周边地区建立合作机制，共同应对跨区域的环境问题，增强了防沙治沙工作的可持续性。

（4）创新产业机制

在治沙过程中，右玉县注重产业发展与生态治理相结合，积极发展特色林草产业、生态旅游等产业，增加群众收入，促进生态环境的改善和当地经济的发展。

（5）治沙成功案例

①南阳堡村治沙示范区：南阳堡村通过引进先进的灌溉技术、科学合理的植被种植方案等措施，成功治理了该村周边的沙化土地。同时，该村还成立了专业合作社，发展特色林果产业，增加农民收入。据统计，该村的林果产业年

产值已达到 500 万元以上。

②环县城生态圈建设：右玉县周边开展了环县城生态圈建设项目，通过恢复植被、建设防护林带等措施，有效防止了风沙侵袭。同时，该项目还改善了县城的生态环境，提高了居民的生活质量。据初步估算，环县城生态圈建设项目每年为当地带来了可观的生态效益和经济效益。

③大南山生态治理工程：右玉县在大南山地区实施了生态治理工程，通过一系列创新性的治沙措施，成功治理了该地区的沙化土地。同时，该县还依托当地的自然资源和文化资源，发展生态旅游产业。据统计，大南山生态治理工程累计投入资金 2 亿元，年接待游客数量超过 10 万人次，已成为右玉县重要的生态旅游景区。

综上所述，右玉县注重治沙机制创新性的做法取得了显著的成果。通过创新投入机制、科技机制、监测机制和产业机制等措施，右玉县在治沙工作中实现了生态效益和经济效益的双赢。实践案例充分证明了右玉县治沙工作的有效性及其创新性的价值。

三、注重宣传发动普遍性

为了提高全民的环保意识，右玉县开展了广泛的宣传活动。这些宣传活动不仅限于传统的宣传方式，还积极运用新媒体平台，使宣传工作更具多样性和灵活性。在宣传内容上，右玉县注重普及绿色发展理念、环保知识和治沙绿化成果，旨在激发群众的环保热情和参与度。

右玉县的宣传工作全面覆盖了各年龄段和各社会阶层，旨在实现全民参与。通过开展主题宣传活动、组织义务植树、拍摄宣传片等举措，右玉县成功地提高了群众对治沙绿化工作的认识和重视程度。

此外，该县还注重与民间环保组织的合作，共同推广绿色环保理念，扩大治沙绿化工作的社会影响力。据统计，右玉县在过去的 5 年里共组织了 150

场宣传活动，覆盖了全县 90% 以上的人口。这些宣传活动的反响热烈，极大地推动了治沙绿化工作的顺利开展。

通过广泛的宣传活动，右玉县成功地提高了群众的环保意识，实现了全民参与治沙绿化的良好局面。在此基础上，右玉县继续加大宣传力度，加强与民间环保组织的合作，共同推进治沙绿化事业，努力实现生态、经济、社会的可持续发展。同时，右玉县也从宣传覆盖率、群众参与度等方面着手，进一步提高宣传发动工作的质量和效果，为打造一个绿意盎然、宜居宜业的美丽边陲小县而努力。

四、注重政策鼓励引导性

（1）出台优惠政策：右玉县制定了一系列优惠政策，鼓励企业和个人参与治沙绿化工作。例如，对治沙绿化成绩突出的企业和个人给予税收减免、土地使用优惠、奖励资金扶持等激励措施，提高其积极性和创造性。

（2）发挥典型带动作用：右玉县注重发挥治沙先进典型的示范带动作用，通过组织经验交流会、现场观摩会等方式，推广成功的治沙经验和技术，引导更多的群众参与到治沙绿化工作中来。

（3）推行合同治沙：右玉县积极推行合同治沙模式，将治沙任务和目标层层分解到各乡镇和村级组织，以合同形式明确责任、权利和利益。这种方式不仅推动了治沙工作的顺利开展，还提高了群众参与度。

在政策鼓励引导下，右玉县在治沙工作中取得了显著的成果。沙化土地面积从 2010 年的 167.03 万亩减少到 74.38 万亩，林草植被覆盖率提高了 20% 以上。此外，右玉县还成功打造了多个生态旅游景区，实现了生态效益和经济效益的双赢。

五、注重治沙技术科学性

防沙治沙工作的科学性十分重要。根据地理位置、气候条件、植被特点等因素，右玉县制定了一套科学的治沙规划，明确了治理措施和手段。

右玉县坚持生态治理的原则，注重保护和恢复生态环境。采用种植防风固沙林、铺设草方格等科学手段，提高土地的植被覆盖率，有效防止了沙化土地的扩大。在树种选择方面，右玉县因地制宜、因害设防、适地适树，创立了乔灌草结合、封管造并举、生物措施与工程措施相配套的网、带、片、乔、灌、草相结合的完整立体治沙模式。

右玉县积极推动科技创新，不断探索新的治沙技术。与科研机构合作，开展了一系列治沙技术的研究和试验，如利用生物技术推广抗旱、抗寒、抗病农作物种植，以及利用GPS等现代技术手段进行精确治沙等。

在治沙工作中，右玉县注重科学管理，建立健全了治沙工作的管理制度和责任制，对治沙工作的各个环节进行科学的考核和评估，确保了治沙工作的质量和效果。

右玉县注重科学普及工作，提高群众的治沙意识和技能，通过开展科普讲座、发放宣传资料、组织实地考察等方式，让群众了解治沙的基本知识和技术，提高群众参与治沙工作的积极性和能力。

注重治沙技术的科学性，使右玉县在治沙工作中取得了显著的成果。经验表明，科学的治沙技术不仅可以有效阻止土地的沙化，还能促进生态环境的改善和当地经济的发展。

六、注重沙产业发展持续性

为了实现沙产业的可持续发展，右玉县制定了长期发展规划和产业政策，将沙产业纳入地方经济发展总体布局。该县通过政策引导和市场机制，积极推动沙产业的转型升级，着力延长产业链条，提高产品附加值，形成了涵盖生态治理、林草种植、畜牧养殖、农产品加工、旅游等多个领域的产业体系。

在沙产业发展的资金投入方面，右玉县加大了政府扶持力度。每年投入沙产业的资金达数亿元，主要用于生态治理、产业基地建设和技术研发等方面。同时，右玉县还积极引导社会资本进入沙产业领域，推动产业投资多元化，为沙产业的可持续发展提供了有力保障。

右玉县注重技术研发，以提升沙产业的科技含量和竞争力。例如，引进和推广适宜沙区生长的作物品种和种植技术，提高土地利用率和生产效益。此外，右玉县还加大对沙产业从业人员的培训力度，提高他们的专业技能和管理水平，为沙产业的持续发展提供人才保障。

右玉县的特色林果、绿色食品等沙产业得到了快速发展，不仅带动了当地农民增收致富，也促进了区域经济的健康发展。其成功经验为全国其他沙化地区提供了有益的借鉴。

当年为了防风固沙、保持水土种下的沙棘，如今已发展到 28 万亩。右玉县沙棘研究所所长曹满说："每年秋冬季节，很多农户采摘沙棘果、剪枝条卖给企业，可以赚五六万元，这带动了很多农户致富。"目前，右玉县每年采摘沙棘果 5000 吨左右，发展起 12 家沙棘加工企业，年产沙棘果汁等各类产品 3 万多吨，产值超 2 亿元，形成了产、供、销于一体的经济林产业链，取得了林业增效、企业增产、农民增收的良好效果。此外，右玉还大力发展苗木产业，育苗 5.67 万亩，建成了晋北地区最大的樟子松苗木生产基地。

综上所述，右玉县在注重沙产业发展持续性的过程中，通过制定长期发展规划和产业政策、加大政府扶持力度、引导社会资本进入、加强技术研发和人才培养等措施实现了沙产业的可持续发展，同时取得了显著的成果，为全国其他沙化地区提供了有益的借鉴和参考。

16.4　治理效果

16.4.1　生态效益

在治理风沙之前，右玉县的空气质量状况堪忧。大风和沙尘暴天气时常发生，给当地人民的生产生活带来了很大的困扰。为了改变这一现状，右玉县采取了多项生态保护措施，包括退耕还林、植树造林、草原生态修复等。这些措施有效地改善了当地的生态环境，当地空气质量明显好转，沙尘暴天气的发生频率也大大降低。

治理风沙后，右玉县水土流失情况得到极大控制；防风固土效果明显；土壤改善，土壤成分发生改变，水分提高；环境改变，平均每年有林区降水量比无林区增多 17%左右，森林在减少自然灾害方面发挥明显作用。昔日黄沙漫天的不毛之地如今变成满眼绿色的塞上绿洲，基本形成网带片、乔灌草相结合，针阔混交的生态防护林体系。据不完全统计，在 70 余年的植树造林历程中，全县干部群众广泛参与，义务植树按人次计算累计 2 亿多天。在这片 290 余万亩的土地上，面积超 90%的沙化土地得到有效治理，林业用地面积达到 168.62 万亩，林木绿化率升至 57%，草原综合植被盖度达 67%，城市建成区绿地率 43.7%，沙尘暴天数减少了 80%，地表径流和河水含沙量比造林前减少 60%，年环境空气质量优良天数达到 322 天，右玉变得天蓝水清地绿，成为"晋蒙京冀生态后花园"和避暑休闲养生首选地之一。当地人民生产生活状况也因为风沙治理而得到了显著改善，当地农业生产逐渐摆脱了风沙的影响，农作物产量和品质都得到了提高。

16.4.2　经济效益

右玉县的风沙治理带来了显著的经济效益，风沙治理减少了经济损失。由于沙尘暴天气的减少，农业生产逐步稳定，农民的收入也有了明显的提高。同时，随着生态环境的改善，右玉县的旅游业也得到了快速发展，为当地带来了丰厚的旅游收入。

右玉县生态畜牧业优势明显，全县羊的饲养量达到 75 万只，"右玉羊肉"成为山西省第一个获得国家地理标志认证的畜产品；粮食增产明显，畜牧业发展迅速，全县农民畜牧业收入占全年总收入一半；农村经济发展快速，沙棘等林草资源效益明显。全县绿色产业初具规模，特色杂粮种植达 2.7 万多公顷、沙棘 1.9 万公顷，各类农业产业化龙头企业达 20 多家，"右玉燕麦米"已申报国家农产品地理标志。苗木产业形成气候，全县育苗面积达 3780 公顷，各类规模苗木生产企业 61 家。以沙棘为主要原料的龙头加工企业促进县域经济发展，全县现有沙棘林 18667 公顷，共有 12 家沙棘加工企业，年产饮料、罐头、沙棘油等各类产品 3 万吨，产值 2 亿多元。

依托优美的生态环境，右玉县发展起森林旅游、森林康养等文化旅游产业，建成苍头河国家湿地公园、黄沙洼国家沙漠公园、南山森林公园等一批生态观光旅游景区。2020 年，全县旅游接待人数达 425 万人次，实现旅游总收入 26.43 亿元。

16.4.3　社会效益

右玉县的风沙治理产生了广泛的社会效益。首先，风沙治理提高了社会生产力，进而提高了人民的生活水平，这为当地的社会发展提供了强有力的支撑。其次，风沙治理促进了文化事业的发展。随着生态环境的改善，当地的传统文化和风俗习惯也得到了更好的保护和传承，这为当地的文化事业发展提供了有利条件。

2020 年 5 月，习近平总书记在山西考察时指出，要牢固树立"绿水青山就是金山银山"的理念，发扬"右玉精神"，统筹推进山水林田湖草系统治理，抓好"两山七河一流域"生态修复治理，扎实实施黄河流域生态保护和高质量发展国家战略。

70 多年的迎难而上、久久为功，右玉人民摆脱了在恶劣自然中求生存的阶段，完成了在生态恶劣的条件下探索生态恢复和民生改善双赢的艰难历程，走向人与自然和谐发展的道路，创造了黄土高原上的生态奇迹。如今的右玉，群山绿了、生态美了、产业兴了、百姓富了。

本章撰稿：梁文俊　魏曦

第 17 章
宁夏从"治沙"到"用沙"蹚新路

荒漠化是全球性的环境问题，荒漠化所造成的生态环境退化和经济贫困，已成为 21 世纪人类面临的最大威胁之一，防治荒漠化不仅关系着人类的生存与发展，而且对于维持全球社会稳定有重要作用。中国是受荒漠化危害最严重的国家之一。宁夏被腾格里沙漠、乌兰布和沙漠和毛乌素沙地"围困"，既是全国沙尘暴四大源区之一，也是风沙进入京津地区的必经通道。"一年一场风，从春刮到冬，天上无飞鸟，地上无寸草。"这是 20 世纪宁夏中北部土地沙漠化现象的真实写照。

宁夏地处黄河流域，是我国西部生态屏障的重要组成部分。加强黄河治理保护，推动黄河流域高质量发展，对于巩固脱贫成果、维护社会稳定、促进民族团结具有重要意义。因此，必须立足长远，处理好产业开发、人口增长、气候干旱、粮食生产等因素与土壤沙化之间的关系，缓解宁夏当地环境压力，还原其天蓝、地绿、水清的历史原貌，以确保黄河流域生态保护和高质量发展。

17.1 治沙背景

良好的生态环境是最公平的公共产品，是最普惠的民生福祉。改善生态环境，保护和扩大林草植被，扼制生态问题的发展，已成为宁夏经济社会发展的关键。加强荒漠化治理，解决生态脆弱区"三农"问题，始终是宁夏一项艰巨的任务，也是宁夏履行《联合国防治荒漠化公约》的重要职责。宁夏回族自治区政府坚持把治理荒漠化、改善生态环境作为促进经济社会和可持续发展的头等大事来抓，支持各种社会主体投资防沙治沙事业。各类企业和个人经人民政府批准后，能够依法取得荒沙荒地的土地使用权。土地的使用期限一般为30 年，用于植树造林的为 50 年，流动、半流动沙地用于植树种草的使用期限可以延长到 70 年。

在气候干旱、降水稀少、地表蒸发强烈、土质带沙、植被稀疏等自然因素，以及乱采、滥挖、乱垦、超载过牧等人为因素的综合作用下，土地退化已成为严重的生态问题，制约着宁夏当地经济及农牧业发展（左忠 等，2017；冯立荣 等，2021）。

从生态战略地位来看，整个宁夏区域构筑成祖国西部生态屏障。处于中国黄河中上游、黄土高原西南缘、长城沿线干旱风沙区和农牧交错区的宁夏是我国生态安全战略格局的"三屏四带"，是黄河流域重点生态区和北方防沙带的农牧交汇带，但也是全国荒漠化问题最突出、生态系统最脆弱的地区之一，影响着西北至北京、黄淮等区域气候和生态格局。

从技术需求看，治沙不仅仅是传统意义上人们理解的栽树、种草、扎草方格等举措，还包括对风蚀沙化主要沙源、成因及互作机理等方面的研究，以及相关可替代环保材料与技术的开发。因此研究方法、内容与重点等也必应符合当地实际情况，同时需与时俱进。

宁夏防沙治沙工作的难点在于：①人口增长及自然资源保护的矛盾日益凸显，未治理区治理难度加大，已治理区面临再次沙化的风险；②防沙治沙主体单一，相关工作主要由政府主导、依托国家重点生态建设项目开展，社会力量未能得到全面调动，公民环保意识有待提升；③治理成果巩固难度大，诸如大规模草原开荒、重大工程施工、城镇扩建以及过度放牧等不利因素对地表风蚀影响严重；④大规模土地开发对土壤沙化、风蚀的影响缺乏全方位、深层次的系统研究；⑤风蚀机理、沙漠化相关机理的研究仍不够深入。

17.2 区域条件

宁夏全域的地貌大体分为山、沙、川三大类型。宁夏南部山区、黄土丘陵区和土石山区水土流失严重，部分地区阴湿高寒，是全国水土流失和干旱较严重的地区之一；中部干旱风沙区为荒漠半荒漠地区，干旱少雨，土壤风蚀沙化严重，生态条件恶劣，是全国荒漠化和沙化最严重的地区之一；北部引黄灌区是平原，但也属于全国风沙危害和水土流失严重的地区，水土流失和沙化面积占全区总土地面积的 90% 以上，干旱、霜冻、风沙、冰雹等自然灾害发生频繁。

宁夏中部干旱带是宁夏风沙活动最频繁区域，地处西北内陆农牧交错地带，是我国土地严重沙化的地带之一，也是京津地区三大沙源地主要通道，沙化问题严重影响当地人民生产、生活，并且在一定程度上影响着国家的生态安全。该地带甚至因此曾被联合国环境署确定为"不适宜人类生存的地带"（陈天雄 等，2008）。改革开放之前，宁夏林地面积仅为 6.87 万公顷，经济林面积为 0.83 万公顷，森林覆盖率为 2.4%，农民年人均纯收入仅为 115.9 元，活立木蓄积量为 217 万 m^3，全区林业生产总值 0.15 亿元，在国民生产总值中的比重为 1.15%。有报道表明，黄河泥沙量的十六分之一来自宁夏，中国 3 条沙尘暴通道中的 2 条通过宁夏。因此，宁夏的沙漠化不仅影响当地的生态环境也影响着中国的生态环境。

宁夏沙化土地的变化趋势可分为两个阶段：第一阶段是 20 世纪 70 年代

以前，沙化土地显著增加，20 年间沙化土地面积由 1949 年的 128.4 万公顷到 1970 年的 132.7 万公顷，增加了 4.3 万公顷；第二阶段是 20 世纪 70 年代以后，沙化土地开始减少，从 1970 年的 132.7 万公顷减少到 2019 年的 100.32 万公顷，减少了 32.38 万公顷。宁夏全区荒漠化土地监测结果表明，1994 年、1999 年、2004 年、2009 年、2014 年、2019 年土地沙化程度总体变化趋势是极重度—重度—中度—轻度。宁夏土地沙漠化处在一个"整体好转、局部地区土地仍存在潜在荒漠化危机的阶段"（温学飞，2018）。截至 2021 年，宁夏还有 1.59 万公顷半固定、流动沙地亟需治理，26.85 万公顷土地有明显沙化趋势，有 16 个县（区）、40 个乡镇、600 多个村庄、480.73 万人、13.2 万公顷农田、8.07 万公顷草场面临沙化危害，防沙治沙工作任重道远。

现有的防沙技术和施工工艺成本高、效率低，导致防沙治沙投入大，治理速度远远落后于当前沙漠化防治的建设需求，沙化土地综合治理面临环境友好型固沙材料不足、施工难度大、效率低等问题，尤其缺乏装配化的固沙材料和装备的智能化技术。因此，可配化的固沙材料和智能化的防沙治沙施工工艺和新装备亟待研发，以实现防沙治沙工程提质增效，建立沙地改良的可持续发展模式，实现持续利用的长效途径，为荒漠化地区植被恢复提供技术支撑。

17.3　治理措施

17.3.1　工程治理

近年来，宁夏按照国家林业局提出的"严管林、慎用钱、质为先"的方针，依托"三北"防护林工程，整合地方资金和力量，高标准、高质量地实施生态移民迁出区生态修复、主干道路大整治大绿化、六盘山 400mm 降水线造林绿化、引黄灌区平原绿洲区绿网提升等一系列自治区重点工程。紧紧抓住资金管理这个"牛鼻子"，在森林资源管理、资金使用管理、造林质量管理方面建立起一个三"管"齐下的管理模式，为推进宁夏造林的项目化管理、工程化实施，走精准造林之路搭建了平台，为持续开展全区大规模国土绿化工作奠定了基础。

到 2010 年，全区林地面积为 133.33 多万公顷，森林面积为 51.1 万公顷，森林覆盖率达到 11.14%，全区林业综合产值接近 170 亿元，发生了翻天覆地的变化。2021—2022 年，全区建造营造林 20 万公顷，修复退化草原 2.92 万公顷，保护修复湿地 3.06 万公顷，治理荒漠化土地 12 万公顷。2023 年，宁夏规划建造营造林 6.67 万公顷，修复退化草原 1.47 万公顷，修复湿地保护 1.39 万公顷，治理荒漠化土地 4 万公顷。

近 20 年，宁夏治理水土流失面积 2.3 万 km^2，每年可保水 16 亿 m^3，减少排入黄河泥沙量 0.4 亿吨；累计治理沙化土地 47 万公顷，沙化面积由 165 万公顷减少到 116.2 万公顷。其中流动沙地和半固定沙地分别减少 37.9% 和 59.7%，实现了沙化土地治理速度大于扩展速度的历史性转变，率先在全国实现了沙漠化逆转。宁夏在连续 20 年沙化土地、荒漠化土地面积"双缩减"后，实现了由"沙进人退"到"绿进沙退"的历史性转变。全自治区草地面积 204.6 万公顷，草原综合植被盖度由 35% 增长到 56.5%；湿地面积 20.73 万公顷，保护率稳定在 55%；建成自然保护地 67 个、国有林场 96 个、市民休闲森林公园 26 个；荒漠化面积由 289.87 万公顷减少到 278.87 万公顷，沙化面积由 116.2 万公顷减少到 112.4 万公顷。

2022 年，第六次全国荒漠化和沙化监测结果显示，宁夏沙化土地总面积 100.32 万公顷，占宁夏国土总面积的 19.31%，涉及全区 16 个县市 181 个乡镇。根据宁夏回族自治区林草局相关报道，基于"国土三调"林草综合监测数据重新测算，宁夏森林覆盖率、湿地面积等四项指标均有调整更新：截至 2021

年底，宁夏森林面积 51.29 万公顷、森林覆盖率 9.88%；湿地面积 18.13 万公顷、湿地保护率 29%。预计到 2025 年，宁夏森林面积达 60.70 万公顷、森林覆盖率 11.68%，湿地面积达 18.13 万公顷、湿地保护率 29%。

17.3.2　科研支撑

近年来，宁夏农林科学院林业与草地生态研究所紧紧围绕宁夏土地沙漠化防治技术研发和沙旱生植物资源开发利用，以林地功能提升、沙生植物资源开发、抗旱造林等为主要突破方向，开展了退耕还林生态效益监测，优新树种引进与造林适宜性评价，经果林引种栽培研究与特色产业化植物资源开发、林地土壤水分健康评价研究等。其中，系统开展的宁夏中部干旱带典型景观地貌风蚀监测，土壤水分养分健康评价，林地生态功能评价，PM2.5、PM10、降尘等空气质量及小气候监测研究，为科学评价各类林地生态建设工程提供了及时、全面、准确的监测数据，为黄河流域生态保护和高质量发展提供了技术支撑，为 "一带一路" 沿线国家提供了中国治沙智慧。

一、干旱风沙区土地沙漠化动态监测与农田防护林体系优化

研究团队综合评价了宁夏沙漠化综合治理效果，准确掌握了宁夏沙漠化发生原因、发展程度和规律，揭示了近 20 年来宁夏沙化土地动态演替过程，优化了土地沙漠化监测等技术；绘制了土地沙漠化等级分布图，判定了不同程度沙化现状，定量揭示了 1994—2014 年沙化演替过程、趋势和驱动因素，研究测试了 7 种固沙剂结构，探明了主要沙化敏感区、治理重点和逆转点，分析了气象要素与风蚀互作效应；利用 DPSIR 模型综合评价，指出提高沙化治理 "驱动力"、降低生态恶化 "压力" 的积极 "响应" 治理措施（温学飞，2018）。

研究团队明确了主要的沙尘源及其防控措施，量化了 "草" 在防沙治沙中

的贡献；摸清了宁夏中部干旱带典型地貌风蚀特征及各类人工修复对风蚀防治的贡献程度（左忠 等，2010，2017；李龙 等，2019）；优化应用了生态效益监测技术和设备；通过多年定点监测，全面摸清了全区旱作农田、压砂农田、草原开荒、灌木林、放牧草地、流动沙地、封育草地、农田防护林等的风蚀特征、地表侵蚀模数、下垫面粗糙度、摩阻速度和风速脉动特征及时空变化规律。相关性分析表明，流动沙地风蚀最大，但以原地搬运为主，而草原开荒、草场退化、旱地耕作等是近地表的主要沙尘来源，成为继滥挖甘草、滥采发菜之后宁夏新的大气严重污染源。研究团队研制出 4 种创新监测设备，制定两种"化学—生物—工程"固沙综合技术并示范应用；利用 TOPSIS 排序法发现灌木林地、封育草地均可有效防控沙尘（左忠，2017），彰显了"草"及物理结皮防治风蚀的突出作用，为宁夏沙尘防控指明了方向（左忠 等，2010；左忠，2016、2017）。

研究团队系统掌握了宁夏全境降尘及 PM2.5、PM10 变化规律（左忠，2017；李龙 等，2019；开建荣 等，2020；牛艳，2022）。自 2016 年以来，全区累计建立 23 个生态监测场，分析了贺兰山东麓葡萄基地建设对宁夏银川城区降尘与大气 PM2.5、PM10 的影响，全面摸清了宁夏典型地貌风蚀、降尘、PM2.5、PM10、氮尘降分布特征及其月度、季度、年度时空变化规律，优化了土地沙漠化、风蚀、近地表大气悬浮颗粒等监测技术及专用设备。监测表明，近 20 年来宁夏生态整体好转，但沙化耕地反增 52%，主要是由于大规模草原开荒扰动，地表与 2m 高度风季风蚀量增加 6.2—1243.8 倍和 2.6—2674.3 倍，PM2.5、PM10 分别增加 10—15 倍和 15—40 倍，月均浓度分别达 747.90 μg/m³ 和 1205.37 μg/m³，多次时段出现了爆表。

研究团队开展了不同季节农田防护林空气动力学研究，明确了沙区灌区农田防护林空间风速分布特征、防风效能和主要参数，测算出林带胁地面积及损失比例，优化并应用了骨干主副林网等 18 种方案和便于防护清淤交通等 21

种配置技术。

　　研究团队还系统开展了退耕还林监测研究与评价工作，掌握了干旱风沙区退耕还林生态工程主要生态功能价值量；分别从防风固沙、水土保持、固碳释氧、土壤改良、林地水分平衡、小气候与空气质量改善等方面，对宁夏 3 种退耕还林建设工程进行了生态效益监测与评价研究；获取了宁夏干旱风沙区旱作农田风蚀模数（张宇 等，2023），确定了樟子松风沙土凋萎系数，量化了林地修复对荒漠草原空气 PM2.5、PM10 的贡献（马静利 等，2021），掌握了宁夏退耕还林工程及典型植被主要生态功能；协助国家林业局退耕办、中国林业科学研究院完成了 5 期《退耕还林生态效益监测国家报告》，汇编出版技术模式 1 部。测算表明，宁夏实施退耕还林工程沙化土地治理 10.72 万公顷，其中严重沙化土地 1.71 万公顷，生态系统服务功能总价值量为 47.07 亿元（潘占兵 等，2022）。

二、干旱风沙区优势灌木柠条林的经营和可持续利用研究

　　研究团队以荒漠化治理、沙旱生植物资源保护与合理开发利用为出发点，先后实施完成了多项与柠条生态与应用有关的研究项目，形成了从柠条种植、抚育到平茬、饲料开发利用等一整套技术体系，掌握了霉菌毒素种类、含量及其对饲料品质的影响，依据不同月份柠条酚类物质含量动态规律，解决了柠条捡拾、制粒等加工难题。研究团队通过饲喂试验发酵饲料可使柠条增重 25%，提出柠条全混合日粮的合理添加量为 40%—50%；优化提出了柠条全混合日粮机械发酵、柠条青贮饲料加工、柠条发酵颗粒饲料加工工艺，通过对柠条饲料现代机械设备以及加工工艺组装配套，有效提高了柠条饲料生产水平和资源生态价值（温学飞 等，2022）。

　　测算数据表明，宁夏灌木林生态效益从 1990 年的 61.03 亿元增加到 2018 年的 301.01 亿元，增加了 239.98 亿元，年平均增长约 8.57 亿元。2016—2022

年，盐池县累计平茬柠条林 8.90 万公顷，占全县柠条林总面积的 55%，新增利润 6677.5 万元，节省饲料开支 1.0684 亿元。此外，生产柠条饲料 45 万吨，补饲 90 万只滩羊，经济价值 4.96 亿元，有效解决了盐池县滩羊舍饲养殖、饲草短缺的问题。据测算，盐池县柠条资源在防风固沙、涵养水源、保育土壤、固碳释氧、林木积累营养物质和净化大气环境以及生物多样性保育等方面的生态服务功能年均总价值达 22.71 亿元。盐池县率先实现了柠条生态产业化，产业生态化。该成果成功转化应用到宁夏其他市县及甘肃、内蒙古等西北同类地区，辐射支撑意义重大（温学飞 等，2022）。

三、优势沙旱生植物资源产业化创新应用

第一，宁夏开展了贺兰山葡萄基地建设对产区环境与产品质量的影响研究评价。研究团队通过风蚀、PM2.5、PM10 等环境影响研究评价，以及监测葡萄品质与葡萄农药、重金属等物质残留情况，为支撑宁夏"六特"产业（葡萄酒、枸杞、牛奶、肉牛、滩羊、冷凉蔬菜）中的 3.67 万公顷葡萄产业提供了先导性基础研究（牛艳，2022）。

第二，宁夏开展了系列优良沙旱生乡土植物新品种引种与试验示范。历时 10 余年，研究团队开展了"9901"旱柳、"鲁怪 1 号"怪柳、大果榛子等 5 个优新品种引种驯化工作，审定林木良种 3 个，总结了上述新品种育苗及造林关键技术，制定了育苗与造林技术地方标准，累计建立试验示范区 1 万余亩；系统开展了榛子引种及种植方面的关键技术研究，测试分析了宁夏产大果榛子果实主要营养品质（左忠 等，2023），测试分析了 3 种农药在枸杞中的残留规律；掌握了酿酒葡萄、榛子早春冻害临界温度，明确了"金园"丁香在宁夏 3 个地区的引种繁育技术。

第三，宁夏实施了野生乡土种质资源收集保护项目。历时 8 年，宁夏为中国科学院西南野生生物种质资源库上缴野生乡土种质资源 543 种 675 份

427.8 个单元，占《宁夏植物志》种数的 28.5%，为国家种质资源收集保存贡献了宁夏力量。

第四，宁夏连续 5 年持续开展了宁夏主要沙地乔灌木造林树种土壤水分健康评价。研究团队连续 5 年对柠条、杨柴、花棒、沙柳、沙蒿 5 种灌木和樟子松、榆树、新疆杨和小叶杨 4 种典型的沙生乡土乔木树种进行了抗旱造林土壤水分健康评价，其中以株距 1m、行距 4m，成林密度为 0.08 株/m² 的柠条土壤含水量最高，樟子松、榆树和小叶杨株行距分别以 3m×5m、4m×5m、5m×5m 的种植模式效果较好，基于水分平衡的合理的株行距种植模式，有效减少了土壤旱化（左忠　等，2022）。

四、技术支撑与援外培训

宁夏率先在全国实现沙漠化逆转，建设了全国唯一的省级防沙治沙综合示范区，率先在全国以省为单位全面实行禁牧封育。宁夏中卫沙坡头成为全国第一个国家沙漠公园，宁夏盐池哈巴湖成为第一个荒漠湿地类型的国家级自然保护区，宁夏灵武白芨滩建成了全国唯一的防沙治沙展览馆，宁夏防沙治沙职业技术学院是全国唯一一所以防沙治沙为主要学科的学院。宁夏农林科学院林业与草地生态研究所充分利用多年来商务部防沙治沙援外培训积累的合作渠道，自 2006 年以来，以防沙治沙、应对气候变化、电子商务、草地畜牧业等为主题，累计成功举办了 22 期防沙治沙援外技术培训，培训外籍学员 370 余人次。我国与阿尔及利亚、约旦等阿拉伯联盟国家为主要防沙治沙合作国，互派专业技术人员，开展相关技术交流与合作。宁夏通过阿拉伯国家防沙治沙援外技术培训平台、治沙回访等渠道，认真总结推广了"五带一体"防沙体系、生物治沙、沙漠旅游、沙地能源开发等成功治沙经验和实用技术，综合应用引水治沙、沙区封禁、节水灌溉、草方格治沙、工程材料固沙、沙区设施栽培、沙区资源开发利用等治沙系统技术。技术成功应用于 31 个"一带一路"沿线国家，向世界同类国家提供了宁夏智慧，讲好了中国防沙治沙的宁夏故事。

图17.1 乍得双边国家援外技术示范区现场培训

第六次全国荒漠化和沙化监测结果显示，与第五次监测结果相比，宁夏荒漠化土地和沙化土地面积双缩减，分别减少 15.39 万公顷和 12.14 万公顷。该成果对深入开展防沙治沙国际交流合作，推动黄河流域高质量发展均有重大支撑和借鉴意义。

宁夏通过科技创新，用科技支撑和引领解决制约宁夏社会、经济发展的主要瓶颈——土地沙漠化，努力建立一个生态、社会与经济效益相统一的沙化土地综合治理模式，推动治沙进程。宁夏荒漠化治理研究所历时 15 年，将单一的林业治沙转变为以林草建设为重点，以提高环境质量、改善人民生存与生产条件为目标的治沙模式；并以沙生植物资源开发利用为重点，加强优质高效沙地优势植物资源开发引选，为黄河流域生态保护和高质量发展提供技术支撑；以节水为关键，发展高效生态农业；保护、培植和合理利用沙地资源，开发沙产业，创立沙区经济新的增长点。资源保护—资源开发产业化—增加效益—巩固治理成效的良性循环机制，既维护生态平衡又培育优势产业，实现了可持续发展和人、地、经济的和谐统一。

17.3.3　主要技术体系

低山丘陵区生态修复与林地综合功能提升技术以地表工程治理、土壤改良修复和基于适宜密度为主要影响因素的水分平衡利用为关键技术方向，充分考虑和保障项目区新造林乔木、主要灌木造林树种的成活、成效、成荫和成景。该技术体系通过缓坡整地、客土集雨、高效补灌等技术措施，充分利用废弃矿山取土留弃的巨大坑穴，因地制宜地修建大型蓄水池。同时，通过机械整地、客土增肥，高效水肥一体化高效滴灌经果林，发展黄杏、红梅杏、灵武长枣、桃、苹果、梨、鲜食葡萄等经果林产业。应用经果林生物菌肥高效培肥、立体间作、经济林培育、多树种组合造景搭配等技术措施，显著提升新增林地的经济效益和景观质量，缓解造林投入经济压力，降低生产成本，改善林地生态功能，发挥了显著的示范支撑引领作用。

一、废弃矿山客土修复造林技术

废弃矿山（采石场）水土流失、风蚀沙化非常严重，生态环境极其脆弱。因此，对其加强生态综合治理十分重要。在修复的同时可将其改造成湿地公园、生态公园、城市公园等旅游景区，或根据实际情况将其开发改造成工业用地、耕地、仓储用地、养殖用地或绿地。废弃采石场作为矿山废弃地的一种，其恢复治理过程应为：废弃采石场现状调查→恢复治理总体规划→地质灾害防治→不稳定边坡、废坑、矿坑等的治理→植被恢复。

中央财政矿山修复项目实施前，项目区均处于采矿挖掘范围，技术人员为有效提高一次性造林成活率、降低造林成本、提高生态及经济效益，利用大型平整机械，对造林地实施了工程平整；同时因地制宜地采取了穴状客土整地、增施有机肥等措施，使造林地土壤质量明显提升。技术人员充分发挥林木生态优势，本着因地制宜、适地适树、乔灌混交的原则，建造树种相对丰富、密度相对合理、配置相对科学、苗龄相对较大的丘陵全覆盖型绿化带；在确保造林成活率的同时，力求营造结构层次分明、防护效果显著、季节变化明显、色彩丰富的人工景观林效果。同时，技术人员结合工程整地，对小管出流基础灌道工程进行了一次性压埋，利用巨型废弃矿坑因地制宜修建大型蓄水池，为有效降低造林成本、实现一次性造林成林提供了良好的土壤环境和节水灌溉保障。

根据本地区的地貌特征与生产特点，技术人员在新造林地缓坡丘陵区，通过穴状覆盖黑色地膜，结合小管出流节水灌溉，在有效汇集坡地集雨的基础上，因地制宜地开展机械带状整地、机械漏斗式集水坑整地、机械中耕抚育整地等抗旱集水整地工作。同时结合大苗带土移栽、林木合理密植、乔灌结合合理混交、抢墒直播造林、雨水集蓄、鼠兔害防治等综合抗旱示范造林技术，最大程度减少林地无效蒸发。在控制田间杂草的同时，实现高效集雨补灌与有效保墒相结合的目标，确保了一次性造林成林，显著降低了造林成本。

二、"增彩延绿"型多功能多树种园林绿化造林技术

技术人员充分利用宁夏防沙治沙综合示范区内已有的防风固沙林、农田防护林、道路绿化林、特色经果林、适生花灌林等生态经济林种，开发物种丰富、功能多样、系统稳定的荒漠化低山丘陵退化生态系统修复综合技术，探索发展集森林康养、旅游观光、林果采摘、休闲娱乐为一体的全域旅游型产业化经营模式，提升林地功能。在重点绿化区域，技术人员筛选了具有叶彩、长绿、花艳、果硕等显著特征的乡土树种，配置观赏性强和节水抗旱的优良灌木、地被，营造春意盎然、夏花优美、秋彩绚烂、冬季常绿的四季景观。另外，增加食源蜜源植物种植比例，为昆虫、鸟类等小动物提供了优良的栖息环境。打造科普宣传体系，设置科普标识系统，开展自然教育和森林文化体验活动，满足了市民对生态文化的多样需求。技术人员充分考虑应用植物色彩，提

升林地景观的质量，延长植物绿期，改善林地景观和生态功能，促使生态林地从"绿化"向"美化、彩化、香化"转变。生态治理、经济发展、产业脱贫的有机结合，为同类地区生态综合治理工程提供技术支撑和示范样板。

图17.2 基于"增彩延绿"高效补灌的生态经果林矿山修复模式应用成果

三、城郊休闲型多功能经济林培育技术

在具备灌水条件的干旱低山丘陵区重点推广示范基于水分平衡的经果林乔灌木植苗造林技术。主要包括：乔木造林立地选择技术，集雨抗旱整地技术，适地适树及适宜密度造林、小管出流节水灌溉抗旱造林等技术。通过种植适宜密度的梨、黄杏、红梅杏、鲜食葡萄、苹果、灵武长枣等经济作物，培育优良品种，发展城郊型观赏农业、定制农业、认养农业、共享农业、科普农业、采摘农业、休闲康养农业、烧烤垂钓农业等特色经果产业，丰富当地经果林产业品种，引导和发展城郊休闲型林果采摘产业，有效带动周边群众就业。

17.3.4 治沙经验

一、政府主导

宁夏回族自治区党委、政府高度重视防沙治沙工作，坚持把生态建设作为人类生存与发展的最根本的基础工程来抓，坚持把生态建设作为落实科学发展观和构建社会主义和谐社会的基础工程来抓，坚持把生态建设作为经济和社会全面、协调、可持续发展的保障工程来抓，自治区历任领导均十分关注土地沙化情况，亲自部署治沙工作，指挥"造林会战"，把防沙治沙纳入各级政府实绩考核范围，严格实行激励和约束机制，在全区形成了主要领导挂帅、部门协调配合、群众苦干实干、科技有力支撑、社会广泛参与的防沙治沙新格局。

二、综合治理

实施以自然封育为主，人工修复为辅；灌草为主、乔灌草为辅；植物治沙为主，工程治理为辅；乡土植物为主、外来植物为辅；生态为主，产业开发为辅；风、光、电、农、牧、旅等一二三产业融合发展的综合治理措施。坚持生态优选发展、生态与经济社会效益兼顾，工程措施、技术措施、生态措施相互配合，"山水林田湖草沙"综合治理的方针，采取多种因地制宜、技术先进的有效措施，"林、农、牧、副多业并举"，形成了以林业改善农业环境及畜牧业生产条件，以灌木林地营建维护草地生态平衡，以节水高效农业提高农民收入，以发展治沙后续产业壮大地方经济、巩固治沙成效的良性循环治沙模式，拓宽了沙区农牧民增收的渠道。

三、科技支撑

根据我国北方沙漠化土壤的立地条件，研究团队提出了基于荒漠草原区土壤水分平衡为基础的灌木林草配置模式；估算了人工柠条灌木林对退化沙地的逆转能力和效应；揭示了退化沙地在不同因素干扰下植被多样性和稳定性规律；确定了自然修复在沙漠化土地治理中的主体地位；建立了以改善环境质量为目标，以"草"为主、自然封育为基础，人工修复为辅助的治沙综合技术体系。自 2008 年起，研究团队仅在沙化土地监测研究与沙产业开发方面，就实现了 3 大方向 8 个内容 26 项技术创新点，获得 18 项成果登记、获批 20 项国家专利、登记林木新品种 3 个，制定地方标准 4 项、团体标准和企业标准共 2 项，出版专著 12 部，发表论文 110 余篇，为宁夏沙漠化治理和沙产业的开发提供了强有力的科技支撑。

四、工程带动

宁夏在实施退耕还林、"三北"四期、天然林资源保护、防沙治沙等林业重点工程中，坚持统筹规划、重点突破，实行集中连片的规模治理，以重点工程带动面上治理，加强"一河三山"生态保护修复，统筹"山水林田湖草沙"一体化保护和系统治理。宁夏在中卫先后建成了香山机场、中卫工业园区、沙漠光伏产业园、腾格里湖沙漠湿地旅游区等重大项目；依托沙坡头独特的沙漠风景资源，打造了沙、水、林为一体，景色优美的国家"5A"级沙坡头旅游区和金沙岛、腾格里湖旅游区，吸引了大量游客前来参观旅游。

五、政策扶持

宁夏坚持实行"谁造林谁所有、谁开发谁受益、允许继承转让"的政策，进一步将宜林沙荒地治理开发的使用年限放宽到 30 至 50 年，将流动半流动沙地的使用年限延长到 70 年，并且允许继承、转让和抵押。鼓励发展沙产业、特色林果业，因地制宜发展柠条饲料、黄花菜、酿酒葡萄、经果林、中药种植与加工等治沙后续产业，鼓励农民发展与荒漠化防治密切相关的灌木林饲料加工产业，开发出柠条粗饲料、青贮饲料、配合饲料、发酵饲料等饲料品种，拓展了柠条饲喂形式，显著延伸了产业链。开展贺兰山东麓酿酒葡萄产品质量与产地环境监测评价，为支撑 50 余万亩葡萄基地产业提供基础研究和先导技术支撑，极大调动了社会各界和农民群众参与治沙的积极性。

六、交流分享

宁夏连续 18 年成功实施的"阿拉伯国家防沙治沙援外技术培训"，涉及 31 个"一带一路"沿线国家，以草方格治沙、节水灌溉、抗旱造林、沙区能源与全域旅游开发等方面的防沙治沙技术和成果为内容，讲好了中国防沙治沙的故事，树立了宁夏典范。

17.4 治理效果

17.4.1 生态效益

防沙治沙是宁夏乃至中国北方生态建设与修复所面临的主要难题。主要表现在建设投入较大，林地保存困难，后期田间管理与生态成果维护成本较高等方面。如何提高生态系统整体功能，是"山水林田湖草沙"生态修复工程非常重要的课题。在景观尺度上，宁夏统筹考虑、优化布局，合理开展修复退化、受损和毁坏的生态系统恢复等相关活动。通过矿山修复、开田造林、引黄灌溉、生态修复、发展旅游采摘等生态治理与项目的实施，有效遏制区域土地沙漠化，显著提高植被覆盖率，实现了区域生态环境的美化、彩化、香化。风沙化、水土流失及区域小气候得到明显改善，植被、林草资源得到丰富和发展，为野生动物的繁衍生息提供良好的自然环境，保障了区域生态、经济、社会可持续发展。

17.4.2　经济效益

由于干旱区水资源短缺，防沙治沙与抗旱造林常面临水资源紧张，一次性造林成活率及保苗率均较低的问题，很难在短期内形成规模和产生效益，增加了生态修复成本，影响了项目生态及经济功能发挥。宁夏生态建设项目实施至今，通过应用抗旱造林、节水灌溉、化学防控、经济抚育等 10 项新技术，使经济成本投入降低 20% 以上。研究团队采用干旱风沙区植被恢复造林技术对荒漠化脆弱地区进行生态修复，前期增加了 10%—20% 生态修复成本，但高出部分通过提高生态修复效率，使单位面积林木省去了反复补植的重造成本，从而降低生态修复总成本，一般来说，可以节约 40%—50% 的生态修复费用。

宁夏防沙治沙工程推动了本地区经济发展，增加农民收入，推动示范引领区域生态环境持续改善，有效解决了生态修复工程建设短期投入与中长期经济效益保障之间的矛盾，实现了生态、经济功能充分体现，为保障项目综合效益的长期性、有效性和可持续性提供了基础保障。项目的成功实施，也可为周边同类地区生态修复提供强有力的技术支撑和借鉴方案。

17.4.3　社会效益

研究团队通过持续定位监测研究，系统全面地量化和再现了宁夏防沙治沙综合示范区建设主要生态指标的动态变化规律，显著发挥了宁夏生态建设项目的示范带动作用。截至目前，研究团队在宁夏建设了 23 个生态监测场，设置了 32 个监测指标，动态监测了各代表区域及项目建设前中后期主要生态指标，再现了项目示范治理区从治理到生态环境整体好转的全过程。研究团队借助援外培训、电视台、报纸、网络等主要媒体，利用公益募捐、党员干部主题教育等主要渠道，以及采取现场培训、雇工指导、接待来访等主要形式，成功将草方格治沙技术、水肥一体化等技术输出国外。项目工程建设与监测的同步进行，确保了监测研究数据的系统性、全面性和科学性，保证了生态建设项目广阔的应用前景，获得了良好的社会效益。同时，对带动周边劳动力就业，发展特色经果林产业，充分展示高效节水灌溉技术，提高农村剩余劳动力就业率，以及苗木繁育、乡村旅游等相关产业具有示范带动作用。

本章撰稿：左忠　黄婷　范金鑫　杨慧　张安东

第 18 章
陕西定边"公司＋农户＋基地"治沙又致富

定边县是陕西省的西北门户、榆林市的西大门。六十余年的治沙造林工作，为毛乌素沙地南缘营造了一条长百余里的"绿色长城"，彻底改变了"沙进人退"的恶劣环境。定边县艰苦奋斗的治沙史可以说是榆林治沙初始阶段的一个缩影，开创了经济发展与生态建设双赢的新局面，实现了从"生态赤贫"到"绿富同兴"的转变，走出了一条"沙地增绿、农牧民增收"的生态建设与保护之路，取得了明显的社会效益、生态效益、经济效益，为当地农牧业快速发展、农民发家致富奠定了坚实的基础。定边治理荒沙、植树造林取得的巨大成功，是定边人民长期种草种树、防沙固沙，使生态环境由恶性循环转变为良性循环的必然结果，极大地调动了当地和周边乡镇上千户、近万人踊跃承包治理荒沙的积极性，使成片的荒沙碱滩得到了有效治理，改变了当地的生态环境，创造了"人进沙退"的奇迹。

18.1 治沙背景

新中国成立初期，定边县大多数村落都穷得只有几亩"跑沙地"，每年返种两三次苗还长不出。当地有"种了一撮子，收了一抱子，打了一帽子"的说法。人们过着"早上菜、晌午糠，晚上清汤照月亮"的悲惨生活。新中国成立之初，"风刮黄沙难睁眼，庄稼苗苗出不全。房屋埋压人移走，看见黄沙就摇头"仍是榆林地区恶劣生态环境的真实写照。当时，定边县的森林覆盖率仅为0.5%，风沙、干旱、沙尘暴等自然灾害频发。据《定边县志》记载，8级以上大风日年平均有25天，最高纪录达到一年59天，沙尘暴年平均日数为33天，最高纪录达到一年82天。暴戾的狂风席卷着黄沙，以惊人的速度吞噬着村庄。每隔几年，房子就被沙尘暴埋没，只好"沙进人退"。地里的庄稼种子从撒进去的那一天起，定边的居民就不停地用簸箕将沙刨开，护着种子发芽、成苗、长大，可一年下来还是没有收成，于是野蒿子、榆树皮、沙盖成了主食，肆虐的风沙严重影响人民群众的生产生活（周明，2021）。

18.2　区域条件

18.2.1　地理位置

长茂滩林场位于定边县北部风沙草滩区，地处毛乌素沙地南缘，属内蒙古鄂尔多斯高原向陕北黄土高原的过渡区地带，行政范围主要涉及内蒙古鄂尔多斯、陕北榆林和宁夏东北部。林场所处区域为不同自然带的交接地段，自然条件恶劣，生态环境脆弱，植被稀少，降水少，地表蒸发量大，交通相对不便。

18.2.2　地质地貌

长茂滩林场在地质构造上处于鄂尔多斯地台东南边缘，由于长期经受剥蚀，中生代地层普遍露在地面，地层自东北向西南由老变新，其顺序为三叠纪、侏罗纪、白垩纪、第三纪和第四纪的地层。岩石是杂色砂岩和页岩，结构疏松，容易风化，是沙漠的物质基础。这些原生地貌上，普遍分布着各种类型的沙丘沙地，这些沙丘沙地构成了毛乌素沙带。

18.2.3 气候

长茂滩林场地处内陆，属温带半干燥季风带气候类型区域。冬季长，夏季短，年平均气温 7.0℃—9.0℃，极端最低温 -33.7℃，年较差最大 73.7℃，日较差最大 28.8℃，年日照时数 2700—3000h。年均降水量为 325mm，7、8 两个月降水占年降水量的 60%，年均蒸发量为 2200mm 左右，为降水量的 6 倍多。受地形影响，风大风多，10 月—次年 5 月多行西北风，6—9 月多行东南风，每年大风日数最多达 55 天，年风沙日 70 天。该区几乎每年都有不同程度的干旱、霜冻、暴雨、冰雹、大风和沙尘暴等灾害发生，加之沙质土保肥、保水性差，作物产量低，收成不稳定，幼林成活率低，牧草生长慢。

18.2.4 土壤

长茂滩林场土壤主要位于蒙古栗钙土带，流动风沙土亦属栗钙土带，其中低平沙丘（5m 以下）分布面积最广，流沙的共同特点是结构疏松分散，透水性强，保水保肥力差，植被覆盖度小，风蚀作用强，流动性很大。土壤有机质积累困难，以含腐殖质较高的中度侵蚀栗钙土来说，其腐殖质含量仅 0.7%—1%，养分含速效氮 1.75kg/亩，磷 3.35kg/亩，钾 4.3kg/亩，其他土种肥力更低。该区湖盆滩地中，有盐土类的硫酸盐—氯化物草甸土，氯化物沼泽土；草甸土种类有沙质浅色草甸土，盐化浅色草甸土，壤质浅色草甸土，沙质暗色草甸土。地下水埋深较浅，土壤易发生盐渍化现象，盐分含量不一，四季均有，表层有一层盐渍皮，含盐量 2%—9%。

18.2.5　水文

长茂滩林场所处的定边县，境内分布有黄河水系及内陆水系，是陕西省境内无定河、洛河、泾河的发源地，但水资源却十分匮乏，水是制约当地高质量发展的瓶颈。黄河水系有窟野河、秃尾河、无定河及其支流榆溪河、海流兔河、硬地梁河、芦河、黑河，流域面积达 2316 万亩，占沙区总面积的 81.1%。且风沙滩地区的海子很多，水面在 4—68000 亩不等，水深 0.5—5m，总蓄水量约 36 万 m^3，多由古河道、古湖泊及地面低凹积水而成，主要补给水源为大气降水。但由于水文地质不同及排泄条件不同，这些海子水质不尽相同，矿化度由东至西递增，盐含量为 20—420g/L，酸碱度一般在 7—9（石辉 等，2019）。

18.2.6　植被

长茂滩林场处于沙生植被和干草原植被地带，由于干旱草原气候的影响，植被以沙生植物为主，亦有水生、中生及旱生植物，但随地形不同，植被会发生显著变化。流动沙丘植物有沙米、沙蒿、沙柳、沙竹、沙蓬、沙芥、踏郎、花棒等，分布在沙丘下部。半流动沙丘的植物有沙地旋复花、滨藜、沙柳、旱柳及小叶杨等。固定沙丘上的植物有黑沙蒿、苦豆子、牛心朴、披针叶黄华、白龙穿彩、柠条、猫头刺、滨藜、白草等。湖盆滩地中，在水位高、排水佳、蒸发量大的条件下，土壤易发生盐渍化，生长着盐爪爪、盐蒿、白刺、芨芨草等耐盐碱及盐生植物。河流、海子及小池沼中生长的水生植物主要有：芦草、香蒲、水葱(莞)、浮萍、萍蓬草、金鱼藻、杉叶藻、栅藻、硅藻,绿球藻等,而在较咸的海子里还生长有角茨藻等。

18.3　治理措施

18.3.1　大片承包

1984 年,为了加快荒沙荒地的治理速度,有关部门出台了"允许个人承包荒沙,所造林木谁造谁有"的政策。定边国营长茂滩林场是国家投资的治沙单位,当时林场总面积是 24 万亩,有十多万亩荒沙,造林十分困难。定边县坚持组织群众,依靠群众,发扬愚公移山精神,打赢治理开发沙区的攻坚战。1985 年,治沙英雄石光银承包了定边国营长茂滩林场 5.8 万亩的荒沙荒地,从此开始了艰难的治沙征程。1997 年,定边县林业局组织专家对石光银先后承包的荒沙荒地进行了踏查,结果认定治理区内共有各种林木 700 多万株,这些林木按当年木材价格计算价值高达 3000 多万元。石光银在陕北随风肆虐的流沙上建起了防风固沙的绿色屏障,承包治沙工作突出一个"包"字,狠抓一个"实"字。承包治沙虽然时间短,但显示了较好的生态效益、经济效益和社会效益,加快了治沙造林的步伐,使沙区生态环境得到了进一步好转。同时,承包治沙的工作为沙区治理开创了新思路,找到了新的突破口,坚持统一规划,防治并重,讲求效益,因地制宜,因害防治,把造林治沙推到了一个新阶段(宋凌燕,2021)。

18.3.2 从植物固沙到造网框林

当年，石光银承包了长茂滩林场的荒沙荒地后发现，这片荒沙地有黑套沙、薛套沙、榆树套沙等几千个大沙梁，其中治理难度最大的是狼窝沙，树苗全靠人力一捆一捆背进沙窝。辛苦的结果却是，树苗几乎都被几场大风毁了，成活率不足10%。"总结经验后发现治沙只靠蛮干是不行的，还要讲科学。"石光银到榆林请教治沙所的专家，采用引进的"固削结合"和"前挡后拉"等方法，将树的成活率提高到80%以上（关克，薛恩东，2002）。

起初，定边人民为了固定流沙，用柴草把沙地分成一框一框，靠人力背着柳条编的背篓、簸箕等工具使沙丘变平整。后使用"撵沙腾地造林法"，随主风方向利用自然风力消平沙丘上部，使整个沙丘平缓、固定；在迎风坡下部建设沙障时将非生物与生物措施相结合，可以就地取材，这种方式的投资少、后期管理费用低；在迎风坡画格子搭设沙障，先采用沙柳枝条、作物秸秆在沙丘表面建设半隐蔽立式沙障，在沙障间播撒沙蒿，栽沙柳固定流沙，在沙丘间地栽植杨柳树。一开始，治沙造林只种乔木，不种灌木，结果是"植未生、沙未控"，经过长时间的试验和比较，人们发现只有沙柳才能成活，后改为先种灌木，再种草木，后种乔木，取得的效果较好。

造网框林是石光银在不断的实践中逐渐摸索出的一种最有效的模式。在前几年治理沙窝的基础上，造林不再遍植，而是将植被造成网框状，中间辟为耕地，四周密植几排沙柳，起到防风固沙、保持水土的作用（马春艳，2019）。

18.3.3 定边风沙草滩区综合治理技术

一、实施办法

以总结群众经验为先导，先进行治沙造林，后建绿洲生产区，同时营造网框防护林，配套灌溉设施（杨忠信 等，1998）。

二、常见沙障搭设技术

①草方格沙障：多与迎沙主害风呈 45° 角或垂直于主害风方向，以麦草、稻草为原料，用铁锹等器械扎压沙中，方格边长 1—2m。

②草绳沙障：垂直于主害风方向，第一年设置于沙丘迎风坡三分之一高度以下，次年设置于沙丘迎风坡二分之一高度以下，第三年设置在迎风坡三分之二高度以下，草绳以麦草、稻草为原料拧成，粗 3—5cm，压设障间距 2—3m。

③立式沙障：用柴、草、枝条、黏土等在垂直于主害风方向搭设立式障蔽，障蔽下部紧密不透风，上部疏松，障间距为障蔽高的 7—8 倍。

④活沙障：用抗风、抗旱、耐沙埋的沙柳、紫穗槐、沙蒿等灌木、半灌木，在垂直于主害风方向，沿沙丘等高线搭设的植物障蔽。活沙障行距 2—3m，沙障沟深、宽 30—40cm。沙柳、紫穗槐、沙蒿株距分别为 3—4cm、5—6cm、3—5cm。流沙固定后间伐成林。

三、治沙造林树种配置技术

①樟子松（油松）—紫穗槐等灌木混交林营造于沙丘迎风坡下部。

②杨树—沙棘等灌木混交林营造于丘间低地。

③灌木林：花棒、踏郎、沙棘、紫穗槐、柠条等营造于迎风坡中下部及丘间低地。

④牧草：多用沙打旺、草木樨、苜蓿等，结合林地种植。

四、网框林营造技术

采用"窄林带、小网格"方案，主带垂直于主害风方向，带间距 200—300m；副带垂直于主带，带间距 250—400m。主带栽杨树、柳树 3—4 行，副带栽杨树或柳树 1—2 行。沿滩地边缘与沙漠交界处栽植环滩林带 3—6 行，乔灌混交。用"两林夹一路渠"的办法配置，"三大一深"法栽植，"三大"即大塘：挖见方 0.6—0.8m 大塘；大苗：杨树二至五年生苗，柳树高杆；大株行距：杨树 2—3m，柳树 3—4m；"一深"：杨树深栽 0.5—0.7m，柳树 0.8—1.2m。

五、灌木林营造技术

①沙柳：在春秋两季，选二至三年生、直径 0.6cm 以上、长 60cm 的枝条，挖深 50—60cm、见方 20—30cm 的栽植穴插条，各穴 2—4 根，分列穴四角。株距 10—50cm，行距 1.5—2.0m。亦可用埋条断根法进行造林。

②踏郎：在春秋两季，沿沙丘等高线以株行距 1—3m 深栽造林。亦可在雨季 6—7 月雨前穴播、条播、撒播（含飞播）造林。

③沙棘：于春夏秋季，以株行距 1—3m 穴播，每穴 20—30 粒，埋深 1.5cm，撒播或与柠条以 2：1 的种子比混播。亦可条播或植苗、插条造林。

④紫穗槐：穴状或带状整地，每亩以 300—400 穴直播，每穴 10—20 粒，覆土 3cm；或截杆（留 3—5cm）栽植造林。亦可与松树、杨树等乔木混交造林。

⑤花棒：穴状或带状整地，以株行距 1—2m，截杆（留 10—20cm），深栽 0.5m 造林。亦可以 2m 行距条播，或 1m×2m 的株行距穴播，每穴 5—10 粒，旱季覆土 10cm，雨季 5cm；也可插杆造林。

⑥沙蒿：在雨季进行，带状直播带宽 20—30cm，带距 2—4m，覆沙 1cm。亦可带状插杆，带距 2—4m，穴距 0.5m，每穴栽 2 束，穴见方 30—40cm。也可飞播、植苗造林。

六、乔木造林技术

①樟子松：带状整地，带宽 1—1.5m，块状整地见方 0.4—0.5m，株行距

按造林目的可选 1—4m，栽植穴见方 0.3m，小坑靠壁栽植，每穴 2—4 株。

樟子松只能用于固定沙地造林。流动地须先用植物或沙障（1m×1m草方格）固定后再造林。在固定沙地上栽植樟子松必须提前进行整地。春季栽植时须在前一年的雨季或秋季整地，秋季栽苗时要在当年的雨季前整地。采用带状方式整地以防风蚀，带宽 60—70cm，整地带应与主风方向垂直。在 7m 高以上的沙丘丘腹造林时可用块状整地，规格为 50cm×50cm×40cm。在植被稀疏的沙荒地上也可用铲草皮块法，铲深 4—5cm。

造林方式：可采取带状或块状造林，根据不同立地条件和植物种特性，选择适宜植物种进行混交配置栽植，选取适地适树，充分利用空间，形成稳定持续高效的生态植被。

栽植方法：缝植法、垂直法、穴植法、簇植法。适当晚植，避免早春风吹沙打。当地造林从 4 月上旬推迟到中旬，造林成活率可提高 3%—5%；适当深植，利用防风保墒，提高造林成活率，二年生松苗造林挖坑深度以 25—35cm 为宜。苗木一般选择二年生定植健壮苗木，苗高 15—40cm，地径 0.35—1.5cm 以上，主根长 20cm。株行距 3m×3m 或 3m×4m，每亩 74—56 株；簇式栽植时多用 3m×3m 或 4m×4m 的规格，每亩 222 株。

②杨树：多用新疆杨、合作杨、箭杆杨，以株行距 2—4m，采用"三大一深"栽植法造林。

③柳树：多用旱柳，株行距 3—4m，插杆造林。低杆长 30—45cm、小头直径 1.5—2.0cm；高杆长 2.5—4m、粗 3—8cm。低杆挖见方 20—30cm、高杆挖见方 0.8—1.2m 的深坑造林。

④油松：带状、块状整地，以株距 0.8—1.5m、行距 2—3m、挖见方 0.4—0.5m 靠壁栽植，每穴 2—4 株。亦可直播造林。

18.4 治理效果

18.4.1 生态效益

70 多年来，榆林以年 1.62% 的荒漠化逆转速率，不断缩小毛乌素沙地面积，林木覆盖率由新中国成立之初的 0.9% 提高到 36%，陕西绿色版图向北推进了 400 多公里，森林资源增加，生态环境持续好转，动植物种群不断丰富，数量不断增加。曾经的定边县是北向、西北向和西向三路沙尘的源区和补给加速区，沙尘暴影响范围波及北京、西安等大城市。石光银带领团队承包的 25 万亩国营、集体荒沙碱滩，其面积相当于定边县荒沙面积的五分之一，起到了北方防沙带生态屏障的作用，使水土流失和沙漠化扩展的势头得到了有效控制，初步形成了带片网、乔灌草相结合的区域性防护林体系，沙区每年流入黄河的泥沙比 20 世纪 50 年代减少了 76%。定边县如今远远望去不再是叠嶂起伏的黄沙，已成为林草旺盛、鸟语花香、宜居宜业的地方。

18.4.2 经济效益

"绿水青山"来了，"金山银山"也跟着来了。定边县经过多年的努力，构建了独具特色的经济林果产业框架，使得风沙区林下养殖、药材种植、大棚种植、育苗、沙漠旅游等产业蓬勃兴起，治理后沙区的粮食产量由 20 世纪 80 年代的亩产 150kg 增加到现在的超 1000kg，一跃成为农业示范基地。沙区的经济作物由 20 世纪 80 年代玉米、马铃薯的单一品种发展到今天的温棚、温室蔬菜等十多个品种。沙区人民的住房条件由 20 世纪六七十年代的土平房转变为今天的楼板房，沙区道路由过去的凸凹土路修筑为今天宽阔的柏油路。因荒沙的治理、环境的改变，农民的收入也发生了翻天覆地的变化。

18.4.3　社会效益

　　防沙治沙使沙区自然环境焕然一新，改善了人民群众的生活和生产条件，为工农业生产提供了良好的生态环境，在榆林能源化工基地建设工作中发挥了良好的生态屏障作用，促进了农村产业结构调整和农村经济的全面发展，对经济社会发展起到了支撑和保障作用。

　　　　　　　　　　　　　　　　　　　　　　　本章撰稿：高荣　张晨晨

第 19 章
古浪八步沙林场荒漠化防治

　　甘肃古浪八步沙林场开展荒漠化防治的典型案例是农民联户承包自发组建集体林场，延续三代人以"愚公移山"的精神坚持 40 余年开展荒漠化与沙化防治工作，其坚守精神更是得到了国家各级政府及社会公众的高度肯定和赞扬，先后被评为"当代愚公""时代楷模"，八步沙林场荒漠化防治案例具有典型性和时代意义。

19.1　治沙背景

　　从保障区域生态安全和生态文明建设角度来看，八步沙区域是河西走廊风沙危害的东南前沿，是典型的绿洲—沙漠过渡带，也是生态移民、生态建设重点区域。首先，八步沙荒漠化防治出于我国北方生态安全屏障需要。该区域的荒漠化与沙化防治有助于阻挡腾格里沙漠南移，保障绿洲生态安全，维护绿洲人民的生存发展和保障东西交通与物流畅通，意义重大而深远。其次，八步沙荒漠化防治是实现"人进沙退"绿色发展的实际行动和探索沙区科学治沙新路径的有益尝试。八步沙林场"六老汉"三代人接力奋斗，防沙治沙 30 多万亩，有力地推动八步沙林场及其周边地区人进沙退和可持续发展，同时有效改善数以万计的易地扶贫搬迁群众生产生活，是巩固提升脱贫攻坚成果、助力乡村振兴、实现绿色高质量发展的实际行动。八步沙三代人通过积极探索科学综合治理与发展沙区产业结合之路，提升生态系统服务价值，初步探索出了一条沙区科学治沙之路。

从社会影响与效益角度来看，八步沙三代人一脉相承，面对困难不放弃、创造绿色奇迹，面对抉择坚定信念、坚守家园的故事，为社会提供了巨大的精神财富，产生了巨大的社会效益。首先，他们通过不断创新，努力改变现状，造福了一方人民，造福了子孙后代，展示了新时代"最美奋斗者"的精神面貌，对当地人民产生了巨大的鼓舞和带动作用。其次，他们积极探索、坚持不懈的治沙行动和取得的良好成效，鼓励着千千万万的林草工作者，引领和激励他们在守初心、担使命方面产生着巨大作用。再者，"八步沙精神"是以身示范的新时代"愚公移山"精神的最好诠释，是习近平生态文明思想的良好实践案例（吕倩，2022），体现出了很高的时代价值，具有广泛宣传、弘扬、学习和传承的意义。

19.2　区域条件

19.2.1　地理位置

古浪县八步沙林场是1981年以联户承包的方式发起和组建的集体林场，位于古浪县境内腾格里沙漠西南缘，地理位置 $37°35'10''$ N—$37°39'55''$ N，$103°06'50''$ E—$103°10'25''$ E，八步沙林场区域紧临国道G2012，省道S308、S316以及甘武铁路，属于区域性交通枢纽，是河西走廊的东大门，丝绸之路黄金段的重要节点，地理位置较为重要。林场下辖八步沙、黑岗沙、黄草湾、五道沟和七道沟等 7 个护林站。

19.2.2 地质地貌

从大地质背景来看，八步沙区域属祁吕构造地带，主要由第三纪地壳上升和沉降运动，以及第四纪强烈的新构造运动产生，位于祁连山浅山丘陵与山前倾斜小洪积扇、冲洪积平原交错地带，海拔 1600—1800m，平均海拔约 1720m。因地处腾格里沙漠西南前缘区域，加之气候变化及人类活动影响，在风、水等外营力作用下，八步沙在局部区域形成了典型沙漠地貌景观。区域内整体呈现沙丘、丘间地相间分布特征，各类型（流动、半固定、固定沙丘）沙丘呈新月形沙丘和沙丘链，主要沿北东—西南方向分布，沙丘高度在 1—20m（局部地段受下伏地形影响），一般迎风坡倾斜角为 5°—20°。

19.2.3 气候

八步沙林场区域主体属温带干旱区气候，因地处祁连山高寒亚干旱区边缘，具有大陆性干旱气候和青藏高原气候综合影响的特点。太阳辐射强、日照充足、日温差大，全年日照时数 2968.2h 以上，年均气温 7.8℃，极端最高气温 36.6℃，极端最低气温 -31℃，≥0℃的积温 3050℃·d，≥10℃的积温 2180℃·d；降水稀少、蒸发强烈，年均降水量约 200mm，年蒸发量 1183mm 以上，无霜期 155 天。平均风速 3.3m/s，年风沙日数 120 天左右。

19.2.4　土壤水文

区域土壤成土母质主要为全新世冲洪积亚砂土及砂砾石层、冲积压亚砂土及砂砾石层、全新世风成砂，目前的八沙区域土壤类型以典型风沙土和沙质灰钙土为主，部分低平地段为含砂砾比例不等的砂砾质土壤。土壤整体有机质含量低，贫瘠、微显碱性，整体含水量较小，部分较低洼，为平缓沙地区域，砂粒细小，沙层持水量相对较高。

区域深居内陆，地表径流量小，地下水补给主要来源于祁连山冰雪融水和地面渗漏等，除小面积农田区主要由区域外黄河提灌输入补给外，其他地区用水靠南部山区十八里堡、曹家湖两个水库供给。人均当地占有量 309m³，为全武威市的二分之一、全甘肃省的四分之一和全国的七分之一，属于典型的资源型缺水地区，水资源承载能力弱。

19.2.5　植被

八步沙区域位于祁连山浅山丘陵与山前倾斜小洪积扇、冲洪积平原交错地带，受腾格里沙漠扩张、气候变化及人类活动的影响，区域形成了以原始自然植被为本底，以人工植被为主要部分，乔灌草兼有、以荒漠植被类型为主导的植被分布格局与特征。其中天然植被主要以白刺、沙蒿、红砂等耐旱的小灌木、半灌木种类为主，辅有沙生针茅、戈壁针茅群落等片段化分布的荒漠草原植被，部分积水低洼地段低地斑块状分布有芦苇、芨芨草等植被群落，平沙地、固定沙丘、半固定沙丘区分布有骆驼蓬、碱蓬、蒿类草本植物。整体植被种类相对贫乏，植被覆盖度差异较大，平均盖度在 5%—35%；人工植被主要以沙枣、白榆、杨树等乔木树种，及耐旱梭梭、花棒、柠条、红柳、沙拐枣等典型沙生植物为主（陈芳 等，2006）。

19.3 治理措施

19.3.1 "一棵树，一把草，压住沙子防风掏"治沙技术

"一棵树，一把草，压住沙子防风掏"是八步沙一代治沙工作者在初期"一锹沙，一棵树"治理探索效果不好的基础上积极思考，并不断总结完善出来的更符合治理对象特征、适宜本地条件、低成本、易操作，小规模的造林治沙技术。

"一棵树，一把草，压住沙子防风掏"技术的核心是"一棵树"，即通过植树造林来提升区域植被覆盖度，削减风速、削弱风沙活动，从而达到防风固沙、沙化治理的目的。"一把草，压住沙子防风掏"，是为防止风沙埋压、侵蚀"一棵树"，从而提升造林成活率和保存率。因此，造林的同时在造林坑穴周围（或仅在迎风面）埋压一层麦草，并使麦草有一部分出露，起到防护作用，保证造林树木不被风沙埋压或吹蚀（图 19.1）。

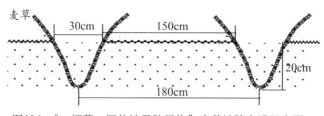

图19.1 "一把草，压住沙子防风掏"麦草沙障布设示意图

该技术的特点和优势是"少干扰、低成本、易操作，针对性、适宜性"，坚持了早期"一锹沙，一棵树"少干扰原始地表的思路，适应八步沙区域流动、半固定沙丘土壤水分相对较好、适宜造林，但地表风沙活动强烈、需要增加植被覆盖、强化风速削减等实践需求和技术特征。

任何一项沙化治理技术都具有一定的适用范围。"一棵树，一把草，压住

沙子防风掏"治理技术，是基于当时的治理条件、客观需求和治理目标总结创造的，一般主要针对流动沙丘和半固定沙丘植被综合盖度小于 30% 的地段实施。在造林树种选择配置上，主要考虑适宜性和削减风速需求，选择抗旱、耐贫瘠的乡土树种花棒。在造林或栽植密度中一般采用 167 穴/亩，2 株/穴，株行距 2m×2m 的规格。"一棵树，一把草"穴状整地植苗造林的方法，一般分为整地、植苗、设防护、补水等步骤。整地（开穴）：开穴前铲去表层浮沙，在湿沙层挖穴，穴径深为 0.4m×0.4m。开穴位置选择时主要考虑沙丘风蚀、风积规律和依靠自然风力拉平沙丘的目的，选择在沙丘迎风坡三分之二以下部位。植苗：苗木栽植时严格按照"一提、二踏、三覆土"技术要求，先将苗木放入穴内，挖树穴内侧部分用湿沙进行填埋，填埋至穴深三分之二处时，对穴内湿沙进行适度踩踏，踩踏时轻轻提苗，确保苗木根系舒展，埋沙深度以根颈以上 20cm 为宜。设防护：而后在树穴内迎风面内侧放约 0.15kg 的麦草，再覆沙至穴沿，并踏实。补水：根据造林区域水分条件情况，有灌水条件的地段一般需每穴补水 2—3kg。

图 19.2　"一棵树，一把草"营造的花棒林

19.3.2 "稻草沙障＋沙生苗木"治沙模式

"稻草沙障＋沙生苗木"是八步沙二代治沙工作者在草方格沙障技术成熟应用和我国大规模治沙工程实施的基础上，根据当地沙化治理向纵深扩展的需求，提升与发展原有的治沙技术，以适应全面、规模化治理探索的新技术。

"稻草沙障—沙生苗木"治沙模式的特点是在"一棵树，一把草，压住沙子防风掏"技术基础上，强化了"稻草沙障"的流沙固定作用。同时，在施用范围和对象上，该模式突破了防护风沙直接危害的固有模式，向绿洲外围沙漠进军，针对绿洲边缘需治理沙化土地（流动沙丘），全部采用"一封到顶"的全封式治沙模式，具有规范化、程式化特点，适宜开展大规模治理活动。其技术关键是以"工程（沙障）＋生物（栽植苗木）"为治沙理念，将流沙固定与植被恢复（沙生苗木造林）有机结合，实现整体治理目标。该技术模式的特点是技术系统性、规范性更强，适用于标准化、规模化、工程化治理实践活动。

本项技术实施可分为两个阶段，即稻草沙障设置、沙生苗木造林两个阶段，且在实施中对材料、技术、施工工艺方面的要求更高、更规范。其中稻草沙障设置阶段，首先严格控制沙障材料质量，选择无霉烂、长度大于 30cm 小麦秸秆（后期由于麦草产量不足，加之采收方式导致麦草材料技术达不到要求，多选用稻草甚至胡麻草等）；在沙障具体设置上依据治理区域主风向（主害风向）分横向、纵向两个方面布设沙障，横向与主风方向垂直或依沙丘波纹线设置，纵向与主风方向一致。考虑区域风沙活动特征与成本控制需要，沙障间距一般为 1.5m×1.5m。沙生苗木造林阶段，着重强调选择在已埋压草方格沙障内西北角栽植苗木进行造林（以更大程度达到防护苗木被埋压、吹蚀作用）；在树种配置中突出流沙造林树种的适宜性，除选择本区域抗旱、耐贫瘠的乡土树种花棒以外，在部分流沙面积大、水分更差的地段调整增加强耐旱的植物梭梭作为补充。

19.4　治理效果

19.4.1　生态效益

自 20 世纪 80 年代开始探索治理到 21 世纪初，经过近 20 年的不懈努力，八步沙治沙人取得了显著的生态成效。自 2003 年开始，八步沙二代治沙人又先后承包实施了国家重点生态功能区转移支付项目、沙化土地封禁保护区建设项目、省级防沙治沙项目、"三北"防护林等国家重点生态建设工程。八步沙治沙人完成治沙造林 6.4 万亩，封沙育林 11.4 万亩，栽植各类沙生苗木 2000 多万株，造林成活率在 65% 以上（宋喜群，王雯静，2019），林草植被覆盖度在 60% 以上，治理区柠条、花棒、白榆等沙生植被郁郁葱葱，从治理面积上看，相当于再造了一个"八步沙"。植被覆盖度的改善受自然和人为双重因素影响，气温、降水量的增加，大规模防沙治沙与生态环境保护政策的实施，社会公众的积极参与，是区域植被覆盖增加、生态环境改善的重要因素（胡晓娟 等，2022）。2015 年，八步沙二、三代治沙人在国家政策支持下，在已经取得的治理成效和积累的经验支撑下，进一步承包实施了麻黄塘治沙环路沿线 15.6 万亩封禁保护区的管护任务，完成工程治沙造林 2 万多亩，草方格压沙 0.7 万多亩，封沙育林草 1.8 万亩，防沙治沙施工道路绿化工程 56km，栽植各类沙生苗木 800 多万株。在几代人的不懈努力下，八步沙区域新增植树 1000 多万株，林场管护区内林草植被覆盖率由治理前的不足 3% 提高到现在的 75%，初步形成了一条南北长 10km、东西宽 8km 的防风固沙绿色长廊，使原"八步沙"区域 4 万多亩荒漠得以治理，近 10 万亩农田得到保护。

图19.3　八步沙治理前（左图）后（右图）

19.4.2　经济效益

八步沙林场地处绿洲边缘，位于沙漠—绿洲过渡带，不仅是重要的生态保护修复区域，也是绿洲农业生产和产业发展的集中区域，更是生态移民安置区。在 21 世纪以前，八步沙一、二代治沙人以风沙危害防治为主要目的，通过治沙造林，成林的适度利用（花棒枝条作为当地房屋建造材料）获取了较好的经济效益。经过多年的努力，林场职工年收入由原来的年均不足 3000 元增加到现在的 5 万多元，彻底改变了贫苦落后的面貌，实现了沙漠变绿、治沙人致富的理想。进入 21 世纪，八步沙二、三代治沙人在继续坚持沙化治理的同时，适应新时代治沙需求，积极探索生态移民沙产业开发，按照"公司＋基地＋农户"的模式，建立"按地入股、效益分红、规模化经营、产业化发展"的公司化林业产业经营机制，流转沙化严重的土地 1.25 万亩，完成投资 1300 万元，在立民新村、为民新村 2 个移民点栽植以枸杞为主的经济林基地 7500 亩，在兴民新村完成梭梭接种肉苁蓉 5000 亩。在八步沙林场典型治理工作的推动下，古浪全县在八步沙、黑岗沙以及北部沙区完成治沙造林 127.35 万亩，管护封沙育林草面积 136.62 万亩，栽植各类沙生苗木 15000 多万株。

图19.4　八步沙区域民调渠周边治理前（上图）后（下图）

19.4.3　社会效益

八步沙三代人面对困难不断探索、努力改变现状、积极实践生态治理。从第一代治沙人"一棵树，一把草，压住沙子防风掏"的土办法，到第二代治沙人创新应用"网格状双眉式"沙障结构，实行造林管护网格化管理，再到第三代治沙人全面尝试"打草方格、细水滴灌、地膜覆盖"等新技术，从防沙治沙、植树造林到培育沙产业、发展生态经济，在实践中探索出"公司＋基地＋农户"的产业发展模式，创出一条"以农促林、以副养林、农林并举、科学发展"的荒漠化防治之路。八步沙治沙人将防沙治沙与产业培育、精准扶贫相结合，建立多方位、多渠道利益联结机制，不断探索"以沙致富"新模式，实现在治沙中致富、在致富中治沙，实现保护生态与改善民生良性循环，将沙化治理与美丽乡村建设相结合。在八步沙林场治理实践的带动和成效的影响下，八步沙区域修筑治沙道路 200 多公里，高标准完成铁路、高速等通道绿化 200 多公里，栽植各类苗木 500 多万株，在腾格里沙漠边缘建起绿色防沙带和景观带。

本章撰稿：纪永福　袁宏波　刘淑娟

第 20 章
阿克苏柯柯牙大型防风固沙林

　　柯柯牙在维吾尔语中意为"青色的崖壁"，位于阿克苏市和温宿县城区东部洪积台地上。台地原始地貌复杂，地势北高南低，由西北向东南倾斜，其间沟壑纵横、砂砾密布，地势低洼处盐碱严重、土壤贫瘠、植被稀疏。柯柯牙荒漠绿化工程，北至山前浅山戈壁水土流失区，南至风积沙荒漠区。3—5月季风时节，柯柯牙黄土迷漫、浮尘蔽天，是阿克苏市、温宿县城区风沙危害的策源地。严酷的气候与自然环境，不仅对阿克苏、温宿县城市安全形成了巨大威胁，而且对当地经济社会可持续发展造成了严重危害。因此，实施风沙危害治理，确保生态安全，是决定阿克苏生存与稳定以及未来发展命运，关系城区各族群众切身利益的大需求、大愿景。阿克苏从20世纪80年代开始启动柯柯牙荒漠绿化工程，各级政府一任接着一任干，历经30余载，在祖国版图的西北角、塔克拉玛干沙漠西北边缘的亘古荒原上筑起了一道长57km、宽46km的"绿色长城"。

20.1 治沙背景

　　新疆的阿克苏地区地处塔克拉玛干沙漠北缘，生态环境脆弱。大风肆虐下，荒漠化对城市、农田造成极大损害，南部沙漠离阿克苏市城区仅有6公里，且以每年5m的速度不断逼近。自古以来，就有人引水栽树，但一直难以从根本上扭转生态环境恶化趋势。长期以来，柯柯牙在东风和西风的交替影响下，成为阿克苏重点风沙策源地，黄土迷漫、浮尘蔽天，每年浮尘天气超过100天。

柯柯牙荒漠绿化工程从1986年持续到2015年，工程周期长达30年，先后组织近390万人次，开展了54次绿化造林大会战，建设了集生态林、经济林于一体的"绿色长城"，生态防护工程面积达到115.3万亩。其间，荒漠化土地得到治理，农田得到庇护，生态环境改善，各族群众安居乐业，经济和谐发展。柯柯牙生态工程建设的集成技术成果已辐射阿克苏河流域百万亩生态林建设工程与渭干河流域百万亩生态林建设工程，推广应用面积达238.4万亩。柯柯牙生态工程产生的生态、社会、经济效益显著，技术可复制推广。

图20.1　柯柯牙生态工程航拍照片

20.2　区域条件

20.2.1　地理条件

柯柯牙位于阿克苏市和温宿县城区东北洪积台地上，地处天山南麓中段，塔里木盆地边缘，地理位置为 80° 15′ E—80° 19′ E，40° 11′ N—40° 20′ N，它是天山南麓阿克苏河与台兰河之间冲积台地一片沟壑纵横、植被稀疏的荒漠，俗称"卡坡"。

柯柯牙阶地原始地貌复杂，地势北高南低，由西北向东南倾斜，海拔高度 1056—1300m，地面坡度 1/80—1/1500，其间沟壑纵横，地势险峻；阶地土壤系发育在砾石基层上的棕漠土，北部土壤砂砾密布，南部低洼处盐碱严重，盐碱地土壤以硫酸盐、氮化物为主，平均含盐量 2.87%，最高含盐量达 9.87%，大大超过了国家造林标准规定的盐碱含量（不得大于 1.0%）；土壤贫瘠，植被十分稀疏。

20.2.2　气候条件

柯柯牙位于阿克苏地区温宿县，气候干旱，年平均气温 10.16℃，降水量 56.7mm，蒸发量 1972.9mm，温宿县年平均风速 1.2m/s，相对于塔克拉玛干沙漠周边而言，年平均风速较弱。从时间变化来看，温宿县平均风速春、夏季相对大，分别为 1.84m/s、1.68m/s；冬季最小，为 0.56m/s；秋季介于中间，为 0.86m/s，月平均风速最大值出现在 4—6 月。虽然温宿县年平均风速 1.2m/s，弱于莎车县（1.8m/s）、于田县（1.8m/s），但是起沙风作用时间 175h，高于莎车（106h）、于田（108h）两县。

20.2.3　风沙危害情况

柯柯牙位于温宿县西北部，是温宿县风沙的沙源地。温宿县年平均大风日数为 7.7 天，与和田县相当，高于民丰、于田、皮山等县。

输沙势是衡量区域风沙活动强度和方向的重要指标之一，也是目前风沙活动强度计算应用最为广泛的概念。Fryberger提出了通用的输沙势计算公式：$DP=V^2(V-V_t)t$。式中，DP为输沙势，矢量单位为VU，V为大于临界起动值的风速，V_t为临界起动风速，二者单位均为海里/时，t为起沙风作用时间，一般以频率表示。他还根据输沙势大小将区域风环境分为高风能（＞400VU）、中风能（200—400VU）及低风能（＜200VU）三类。由表20.1可知，温宿县输沙势为13.4VU，处于低能风环境，但是大于巴楚、于田、皮山、莎车等4个站点。温宿县合成输沙势最小，为2.2VU，因为不同方向起沙风作用时间存在很大差异，以西、西北西、东北东、东为主，合成输沙方向为11.5°。

表20.1　温宿县与塔克拉玛干沙漠周边各站输沙势及合成输沙势（VU）

输沙势	温宿	若羌	巴楚	安迪尔	民丰	于田	和田	皮山	莎车
DP	13.4	399	12.1	15.1	25.5	9.3	44.1	19.9	5.4
RDP	2.2	319	9.8	10.9	13.5	7.4	40.5	16.6	3.3

实际输沙量的计算对区域沙害防治更有指导意义。由表20.2可知，塔克拉玛干沙漠年输沙量差异很大，最小的莎车只有450kg/m，而最大的若羌达到64213kg/m，二者相差140倍之多。塔克拉玛干沙漠西部、南部输沙量偏小，温宿县的年输沙量为1711kg/m，大于巴楚、莎车、于田3个站点。

表20.2　塔克拉玛干沙漠周边各站年输沙量（kg/m）

站名	温宿县	麦盖提	库车	铁干里克	巴楚	若羌	莎车	尉犁
输沙量	1711	5691	4734	12289	1263	64213	450	17103
站名	安迪尔	皮山	和田	民丰	于田	肖塘	满参	塔中
输沙量	2242	1836	3374	3047	1461	6692	14681	13228

综合分析，柯柯牙位于阿克苏绿洲西北方向，刚好位于主导风上风向，是阿克苏绿洲的主要风沙策源地。

20.3   治理措施

20.3.1   生态经济型防护林建设

一、区域环境调查与分析

（1）区域荒漠化特征

柯柯牙荒漠绿化工程的行政区域涉及阿克苏市和温宿县，实施范围的土地面积为104910公顷。区域内荒漠化土地的面积为60547公顷，占实施范围土地总面积的58%。

（2）区域土壤盐渍化特征

柯柯牙荒漠绿化工程分布较广，涉及的土壤特性主要分为4种。第一种是一期工程的荒地土壤，是发育在砾石基质上的棕漠土，成土母质大致为洪积冲积性的红土母质，分布有广袤的沉积黏土、盐化土。自北向南，土质由砂砾土向砂壤土过渡，地下水位逐渐增高，盐碱危害也趋之严重。柯柯牙土壤肥力特点是，养分贫瘠，缺磷少氮钾有余，含有机质0.89%，含氮0.035%，含磷0.035%。土壤pH7.1—9.0，显碱性。盐碱含量北部较低，南部较高。南部区段取58个剖面土样化验，平均含盐量为2.87%，最高达9.867%，大大超过国家造林标准规定的盐碱含量（不得大于1.0%）。盐碱多以硫酸盐、氯化物为主。第二种是柯柯牙荒漠绿化工程二、三、四期工程的土壤，是发育在砾石基础上的沙土，成土母质大致为洪积冲积性的砾石，砂粒母质分布为砾石土、砂粒土母质，自北向南，土质由盐化土向砂粒土过渡。土层厚度1—2m，pH7.2左右，通气透水性好。土壤有机质含量0.14%，碱解氮30ppm，速效磷228ppm，速效钾128ppm。

柯柯牙荒漠绿化工程的土壤盐渍化程度在不同区域对植物正常生长影响不同，工程区北部土壤盐渍化程度低，中部耕作区域基本没有影响，冲洪积扇下部或边缘，盐渍化程度高，严重影响植物生长。区域内土壤盐渍化程度较轻的面积为43956.73公顷，占工程实施土地范围的42%；轻度的面积为20670.68公顷，占工程实施土地范围的20%；中度的面积为40282.75公顷，占工程实施土地范围的38%（张志军，2012）。

表20.3 柯柯牙荒漠绿化工程建设前土地盐渍化面积统计表（单位：公顷）

实施范围	较轻	轻度	中度	总面积
阿克苏市	14674.34	5844.56	7563.28	28082.17
温宿县	29282.39	14826.12	32719.47	76827.98
工程合计	43956.73	20670.68	40282.75	104910.15

（3）柯柯牙区域植被分布特征

工程区由北向南自然分布有裸果木、塔里木沙拐枣、刺山柑（老鼠瓜）、麻黄、驼绒藜、柽柳、野蔷薇、刺沙蓬、骆驼刺、甘草、黑果枸杞、芨芨草、花花柴、芦苇等。

人工栽培树种有核桃、红枣、杏树、苹果、梨树、葡萄、桃、李、枸杞等果树，路旁、农田四周大量种植新疆杨、柳树、沙枣、胡杨、榆树、刺槐、大叶白蜡、臭椿等生态树种。

（4）柯柯牙区域立地类型划分

据新疆林业勘察设计院1992年区划全疆造林立地类型成果，影响柯柯牙荒漠绿化工程区的主要因子是土壤质地条件和土壤含盐量。为此，设计院利用遥感影像和地理信息公共服务平台，区分了柯柯牙荒漠绿化工程区的立地类型。

首先是洪积—冲积平原形成过程构成了坡降较大的洪积扇戈壁。而在冲积绿洲平原上，地势平缓、淤积细土深厚、地下水位较高、水源丰富，灌溉条件优越，适宜植物生长，是人们长期生活的地方，也是各种农作物、经济树种、造林树种的最佳生长地带。但是在冲积扇边缘，下部地下水位高 0.5—
1m，蒸发量大，次生盐渍化严重。

图20.2　柯柯牙荒漠绿化区域立地类型图

　　工程分为冲积平原绿洲立地类型小区和洪积扇砾质荒漠戈壁立地类型小
区，细化为 4 个立地类型：冲积平原固定半固定沙丘风沙土立地类型、冲积平原绿洲灌区耕作土立地类型、洪积扇砾质戈壁砾质棕漠土立地类型、洪积扇扇缘盐渍地立地类型，具体立地类型的面积见下表。

表20.4　柯柯牙荒漠绿化区域立地类型面积

立地类型小区分类	冲积平原固定半固定沙丘风沙土立地类型	冲积平原绿洲灌区耕作土立地类型	洪积扇砾质戈壁砾质棕漠土立地类型	洪积扇扇缘盐渍地立地类型	总计
冲积平原绿洲立地类型小区	12298.93	54779.08	0	3176.17	70254.18
洪积扇砾质荒漠戈壁立地类型小区	0	0	34655.95	0	34655.95
总计	12298.93	54779.08	34655.95	3176.17	104910.13

二、植物种筛选与配置模式

（1）树种选择

柯柯牙工程建设区内土壤质地差异较大，大致可分为砂砾土、沙土、壤土、砂壤土、盐土、碱土、风沙土几种类型，土壤中或多或少含有盐碱，属于碱性土壤。

柯柯牙一期工程所在地，属典型山前洪积扇平原，扇形边缘盐碱含量大。根据各树种的生物学特征、生态学特征（对环境条件的需求和适应能力）及林学特征（可以组成森林的密度和形成的结构，从而形成单位面积产量的性质），按照适地适树、经济学（满足国民经济建设对林业的要求）及林学（种苗来源、栽培技术、有无栽培经验和习惯、造林成本）原则，一期工程选用了新疆杨、胡杨、沙枣等乡土树种。

柯柯牙二、三、四期工程，土壤类型多为风沙土、砂砾土，土层厚度1—2m，pH7.2左右，盐碱含量较低，通气透水性好。土壤有机质含量0.14%，碱解氮30ppm，速效磷228ppm，速效钾128ppm，适合多种树种生存。规划以发展生态经济林为主，注重经济林长、中、短效益相结合，选取收益较早的红枣、葡萄，中期收益的杏和晚期收益的苹果、核桃、梨作为柯柯牙区域主栽的生态经济林树种。

（2）防护林配置模式

①高大乔木与矮型、中型乔木网格状生态经济复合型防护林模式

栽植高大乔木如新疆杨、胡杨，栽植株行距为 2m×2m 或 2m×3m，窄林带种植 3—5 行，林带的间隔距离为 150—300m。矮型、中型乔木的经济林控制在 5—10 公顷以内，高大乔木与矮型或中型乔木配置比例 1∶9。

②基干生态防护林模式

在城市边缘，风沙前沿，建设高大乔木城市生态防护林，采用新疆杨、胡杨、沙枣纯林或混交林模式。主要栽植株距 2m，行距取 3—5m 不等，林带种植 20—30 行。

三、土壤改良与造林技术

柯柯牙针对区域风沙危害大、盐碱重及沙尘暴频发等难题，集成了沟植沟灌压碱、引洪淤灌土地改良、"88323"整地技术、经济林丰产稳产综合栽培 4 项技术。

（1）沟植沟灌压碱技术

在盐碱含量大的区域，盐碱含盐量最高可达 9.87%。造林成效的关键是降低土壤含盐量，同时也能节约用水。

柯柯牙一期工程采取了秋季整地，开挖定植沟，沟内灌水压碱，春季植树的技术。施工程序为：平整土地—开挖定植沟—秋灌压碱—春挖定植坑栽树—灌水—抚育管护。

技术集成的优点：一是节约灌溉用水，据水利部门监测，开挖定植沟整地、苗木沟灌用水量是林床漫灌用水量的二分之一；二是秋灌水压碱效果好，

经测定，定植沟内灌水一次，盐碱地沟内苗木定植区，土壤平均含盐量由2.87%降为0.8%，保证了苗木成活；三是保墒效果好，特别是秋季造林，开挖定植沟灌水后，整个冬季沟上部分失水多，风干厚度为30cm，而栽植沟内土壤于来年三月份春季测定，风干度为3—5cm，下部为冻土，解冻后土壤墒度高达70%—80%，确保了秋栽苗木的安全越冬，无失水抽干现象。盐碱土冬灌压碱后，沟上部分冬季风干，含盐量反而升高，而栽植沟内水分丧失少，巩固了压碱效果，来年春季苗木定植成活率高。

（2）引洪淤灌土壤改良技术

柯柯牙二、三期绿化工程的原始地貌大多为沙丘荒漠，区域内土地瘠薄，沙丘起伏，漏肥漏水，加上水源短缺，改良土壤的主要方向是治沙和节水。1997—2005年，在每年的7、8月汛期，实验林场都组织人员在8队北面拦截洪水，引洪淤灌。经过几年监测，项目实施区林场2队、3队、5队、6队、7队、8队及兴林园艺站的9000多亩沙地，普遍淤积20cm厚的洪水细小颗粒土，这些颗粒土再通过深翻耕作，混合风沙土，土壤结构发生大变化，土壤质地变成砂壤土，适合种植果树。

引洪淤灌几年后，土壤耕层已由风沙土改良为砂壤土；戈壁砂砾土经过引洪淤灌后，定植沟内土壤腐殖质、黏粒及胶粒增加，土壤持水性、吸附性增强，土壤团粒结构的形成使土壤中水、气、热状况有很大改善，土壤保墒抗旱能力明显增强；柯柯牙生态工程区多为戈壁砂砾、荒漠沙地，有机质含量极低，植物生长的营养物质少。经调查，引洪淤灌后，有机质由0.26%增加到2.76%，增加了9.61倍，速效氮、磷、钾含量分别增加了4.84倍、2.44倍、2.32倍。0—20cm土壤含水率增加了27.75%，20—40cm的土壤含水率增加了27.89%，40—60cm的土壤含水率增加了16.27%，60—80cm的土壤含水率增加了53.48%。耕作层总的含水率平均增加了30.10%。

（3）"88323"整地技术

"88323"整地技术，能够保证林木快速恢复生长，易于林农掌握，尤其是对于困难立地造林，该技术能为林木初期生长提供了根系恢复，保证了苗木成活率，也保证了幼树的健康生长。

技术核心是：第一个"8"指挖坑长宽各 0.8m 或坑直径 0.8m。第二个"8"指挖坑深 0.8m。"3"指坑底施腐熟农家肥 0.3m。"2"指农家肥上覆熟土 0.2m。最后一个"3"指熟土上留出 0.3m 作为根系栽植区。

该技术在阿克苏地区推广应用近 150 万亩，随机抽样调查试验数据表明，定植当年成活率比常规挖坑定植提高 20%—30%，幼树平均生长量提高 40%以上。

（4）经济林丰产稳产综合栽培技术

干旱区灌溉经济林丰产稳产综合栽培技术，包括酸枣直播膜下滴灌栽培技术、核桃密植建园早产技术和苹果矮化密植建园技术，不同结果期林木混交增效综合栽培技术，以抚代耕林农间作套种模式，节水灌溉水肥一体化管理技术、林果资源动态监测管理、保障林果基地精准管理和产业发展数据支撑。

20.3.2　生态工程可持续发展模式

一、"以林养林"多林种树种配置模式

采取防风固沙林＋生态经济林配置模式。一是栽植多树种配置防风固沙林。采用新疆杨、胡杨、刺槐等高大乔木株间混交为防风固沙林，并与苹果、梨、红枣、核桃、杏等经济林呈现出网格式、片状式带块混交人工林。二是采取经济林短期见效和长期见效树种行间混交配置，即种植较早收益的红枣、葡萄、桃树，较晚收益的苹果、香梨、杏、核桃、山楂等，注重林木长、短效益相结合，保证林地尽早产生收益（图 20.3）。三是林菜、林豆等林农模式，以

短养长，实现林地早受益。

图20.3　多种配置模式，实现林地的可持续发展

林种比例变化。1985—1990 年，柯柯牙一期荒漠绿化工程面积 2 万亩，其中防风固沙林 0.8 万亩，约占总面积的 40%，且防风固沙林分布在最外围，位于风沙最前沿。随着生态环境逐渐改善，生态工程中的防风固沙林逐渐减少，生态经济林逐渐增多。生态经济林占总面积的比例逐渐从一期生态工程的 60% 增加到现在的 92.62%。

二、创新工程组织管理模式

柯柯牙荒漠绿化工程由政府主导，依靠市场配置资源，走市场推动的路子，吸收民营资本，完成绿化目标，构建起"政府规划、部门服务、企业牵头、农户参与"生态建设与生态产业紧密结合、协调发展，"以林养林"可持续经营管理的柯柯牙模式（图20.4）。

图20.4　政府规划、企业投资生态产业紧密结合

三、治沙造林与节约用水技术集成模式

1986年始，柯柯牙荒漠绿化一期工程在柯柯牙台地上建成了长达16.8公里的引水渠，采取汛期洪水泡土整地、引洪灌淤、修调蓄池蓄水、管道节水灌溉等治沙和节水相结合的模式，尽可能节约水资源。节水措施还体现在开挖定植沟、沟植沟灌、渠道全面防渗处理、林地铺设滴灌管网、精准灌溉中。为解决水资源时空分布不均匀的问题，二、三期造林区修建防渗渠，四期工程修建蓄水池调剂洪水，保障了生态建设的用水需求，成为北方内陆干旱区荒漠化、水土流失区治理的示范性工程。

20.4　治理效果

20.4.1　生态效益

工程建设前后的归一化植被指数（NDVI）变化显示：柯柯牙荒漠绿化工程

对区域的未利用土地进行了改造，工程区森林覆盖率显著提高，由 1986 年的 8% 提高到 2020 年的 73%。

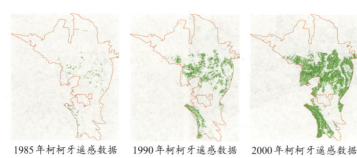

1985年柯柯牙遥感数据　　1990年柯柯牙遥感数据　　2000年柯柯牙遥感数据

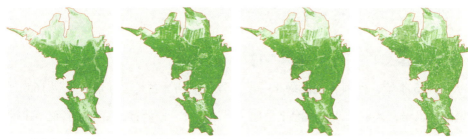

2010年柯柯牙遥感数据　　2013年柯柯牙遥感数据　　2015年柯柯牙遥感数据　　2020年柯柯牙遥感数据

图20.5　生态建设绿地面积的变化

据气象站测量得出，温宿县 1980—1985 年的年平均蒸发量为 1841.13mm，年平均降水量为 58.15mm；1986—2016 年的年平均蒸发量、年平均降水量则分别为 1674.55mm、93.37mm。生态工程建设后，年平均蒸发量降低了 166.58mm，年平均降水量增加了 35.22mm。温宿县的相对湿度提高了 0.13%；阿克苏站在 1980—2018 年相对湿度提高了 2%。

柯柯牙防护林内部的年平均风速 0.74m/s，温宿县年平均风速 1.35m/s，生态工程区内的年平均风速较生态工程区外风速低了 43.70%，说明荒漠绿化工程的建设对降低风速有很大的作用，风速的降低间接使农田得到有效保护，同时也控制了沙漠前移。按照"生态林业工程和森林生态系统生态效益计量化评价"对柯柯牙荒漠绿化工程进行了评估，按柯柯牙荒漠绿化工程抑制风沙量平均为 14.2 吨/公顷·年，固沙面积 0.5 公顷/公顷·年、抑制风沙效益 200 元/公顷·年等指标测算，柯柯牙荒漠绿化工程抑制风沙的总量为 197 万吨，每年固沙面积为 6.9 公顷，每年可减少风沙危害造成的损失达 0.28 亿元。

由于柯柯牙荒漠绿化一期工程于 1995 年才完成，且防护林基本可取得稳定的防护效益，在温宿县东侧形成了一道"绿色长城"。温宿县自 1995 年后虽然大风日数增加了，但是沙尘暴、扬沙、浮尘天气日数明显减少。年平均沙尘暴日数由 4 天减少到 1.65 天，扬沙年平均天数由 18.38 天减少到了 8.57 天，浮尘日数减少了 18.32%。地区环境监测站大气监测结果表明，空气中的总悬浮颗粒物（TSP）年均值有升有降，阿克苏市的总趋势是升高，上升率为 45.5%，2001—2005 年空气中的降尘含量呈逐年下降的趋势，年均值由 2001 年的 0.91mg/m³ 下降到 2005 年的 0.36mg/m³。从年 TSP 与降尘的下降趋势看，这与柯柯牙林地区的建设及植林区的不断扩大有直接的关系，说明柯柯牙绿化区对防风固沙、储存水分、保持空气湿度、吸附灰尘、净化空气起着积极的作用。

20.4.2　经济效益

经过 30 余年树木生长量测算，截至 2018 年底，5672.6 公顷防护林木材蓄积量为 88.6 万 m³，按照 350 元/m³ 的木材价格计算，产值达 3.10 亿元，年平均收益 1550 万元。

按近年红枣干果市场价 10 元/kg，香梨一级果 120g 以上，单价 6 元/kg，核桃干果市场价 16 元/kg，苹果一级果 80g 以上，单价 8 元/kg 计算，2018 年阿克苏柯柯牙荒漠工程建设区果木林经济效益可达 41 亿元。

近年来，柯柯牙生态旅游业蓬勃发展，尤其在生态环境改善后，农家乐餐饮业发展迅速。柯柯牙荒漠绿化工程周边相继建成以特色餐饮、休闲旅游为经营内容的农家乐 56 家，年均接待游客达 120 万人次，年均收入近 5500 万元。

柯柯牙生态工程 30 多年来大力发展特色林果业，极大推动了阿克苏林果业的发展。目前"阿克苏苹果""阿克苏红枣""阿克苏核桃"3 项品牌获得了地理标志产品认证保护，"库车小白杏""穆塞莱斯"等 12 个产品成为国家地理标志产品，"宝圆核桃"、"天山贡"红枣等 4 个产品成为中国名牌产品，阿克苏拥有了核桃、苹果的 2 个产品定价权，实现柯柯牙荒漠绿化区核桃、红枣、苹果的非木质林产品的森林认证。

柯柯牙林地需要大量的人力来管理、维护，为社会提供了大量的就业机会。二、三期工程接受大量来阿克苏务工人员，增加群众经济收入，许多职工由来时的一无所有成为"万元户""几十万元户"。根据阿克苏地区统计局出版的《阿克苏 2000 年统计年鉴》和《阿克苏 2018 年统计年鉴》，涉及柯柯牙生态工程建设范围内的乡镇采集和分析数据表明：1999 年工程区农业从业人员数是 21478 人，农民人均纯收入 1467.11 元；2017 年工程区农业从业人员数是 131583 人，农民人均纯收入 19834.4 元。柯柯牙生态工程显著增加了农民收入，为阿克苏地区的脱贫攻坚工作提供助力。同时，柯柯牙生态工程吸引了大量的剩余劳动力，减轻和缓解社会就业的压力，为维护阿克苏的社会稳定、民族团结和经济发展做出历史性的贡献。

图20.6　果品加工、机械防治，带动新兴行业发展

20.4.3　社会效益

阿克苏人以"给我一片荒漠，还你一片绿洲"的豪情壮志和心血汗水播绿撒翠，用 30 多年的国土绿化自觉行动续写了"沙退人进"的神话，表现了"自力更生、团结奋斗、艰苦创业、无私奉献"的柯柯牙精神。当前，柯柯牙纪念馆已成为爱国主义、生态文明、科普等包含 10 多项主题的教育、实训、实践基地，并成功转变为国家级 4A 旅游景区和自治区党史学习教育红色旅游景点，成为各族人民爱党、爱国、爱疆的精神家园，是宣传习近平生态文明思想和弘扬柯柯牙精神的"金色名片"。

柯柯牙先后被联合国环境资源保护委员会列为"全球 500 佳境"之一，被教育部、生态环境部评为"中小学生环境保护教育基地"，被全国绿化委员会、人力资源社会保障部、国家林业局评为"全国防沙治沙先进集体"。阿克苏市也因此先后荣获"中国人居环境范例奖"（2001 年），获得"国家卫生城市"（2001 年）、"全国园林绿化先进城市"（2003 年）、"国家森林城市"（2008 年）等称号，成为全国生态系统修复工程的典范。

本章撰稿：张志军　王世杰　王永东

第 21 章
山南市"生态化治沙，产业化扶贫"防沙治沙

　　山南市位于雅鲁藏布江中游，独特的地理位置和地貌格局使得该地区的风沙灾害防治难度大于内陆干旱区。自然地理环境和干旱气候是该地区生态环境退化的主要诱因之一，不仅给当地人居环境造成严重破坏，也对我国、东南亚乃至全球生态环境产生巨大影响。风沙运动过程影响生态系统结构和功能的提升。因此，风沙问题是青藏高原生态安全屏障建设中面临的最大威胁之一。从某种意义上来讲，解决了雅鲁藏布江中游地区的风沙问题，有助于解决了高原的生态环境恢复问题。

　　长期以来，西藏围绕筑牢国家生态安全屏障，扎实推进"山水林田湖草沙"系统治理、综合治理、源头治理，持续开展防沙治沙科学研究和工程建设。全区沙化土地整体好转，沙化治理区生态状况明显好转，防沙治沙工作成效逐步显现。但山南市沙化土地面积大、治理难度高，干旱少雨、大风天气较多，冬春季江心洲和河漫滩裸露，导致风沙灾害天气频发。同时，高海拔、低气压环境风沙致灾过程特殊。因此，该地区的防沙治沙技术仍有待提高，相关研究仍需进一步加强。

21.1　治沙背景

山南市的防沙治沙工作始于 20 世纪 80 年代，经过 40 多年的植树造林，生态系统恢复成效突显。早期的防沙治沙措施为"丁字坝"、大苗深栽等，并在南岸的沙滩上进行试验性造林。实施方案先以义务植树和林业部门补助性造林为主，之后以点和区域生态公益林建设工程、西藏生态安全屏障保护与建设工程、退耕还林等工程和义务植树等多种途径和形式造林；采取"封、固、造、播"等举措，采用枝条草方格固沙、砾石压沙等治沙措施共同遏制风沙运动，推动生物治沙与工程治沙相结合；大力推广栽植砂生槐等当地沙生植物，积极引进花棒、沙柳、柽柳等沙生植物。2005 年，经国家林业局批准，山南市防沙治沙综合示范区建立，成为西藏唯一的全国防沙治沙示范。示范区位于雅鲁藏布江山南段北岸，东邻乃东区多颇章乡，西至扎囊县桑耶镇，总面积约 5 万亩，核心区桑耶镇已实施治沙面积 1.5 万多亩。2018 年，山南市开始在山麓沙地种植矮化苹果，实现防沙治沙与经济综合发展。

21.2　区域条件

21.2.1　地理位置

山南市，史称"雅砻"，位于 90° 14″ E—94° 22″ E、27° 08″ N—29° 47″ N，地处青藏高原冈底斯山至念青唐古拉山脉以南的雅鲁藏布江中下游，北接西藏首府拉萨市，西与日喀则市毗邻，东与林芝市相连，面积为 79090km²，约占西藏自治区总面积的十五分之一。山南市拥有 600 多公里长的边界线，是中国的西南边陲。山南市辖 1 个市辖区（乃东区）、10 个县（扎囊县、贡嘎县、桑日县、琼结县、曲松县、措美县、洛扎县、加查县、隆子县、浪卡子县），代管1个县级市（错那市）。

21.2.2 自然条件

山南市的风速具有明显的时空差异特征（图21.1）。年平均风速为2.8—4.6m/s，春季最大（3.2—5.0m/s），夏季和冬季次之（2.7—4.6m/s），秋季最小（2.4—4.5m/s）。山南市自西向东平均风速呈增大趋势，东部风速（桑日、多颇章，4.0—4.6m/s）大于中部风速（阿扎、桑耶寺，3.7—3.8m/s），中部风速大于西部风速（森布日、昌果，2.8—3.0m/s）。

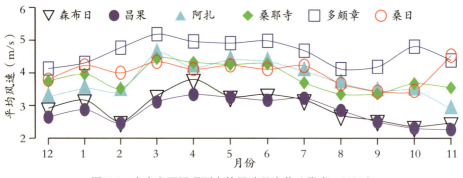

图21.1　山南市不同观测点的风速月变化（张焱，2023）

风沙区起沙风年平均风速为7.8—8.6m/s，年频率为5.8%—22.5%（图21.2），自西向东呈增大趋势，东部地区（桑日、多颇章）最大（19.1%、22.5%），中部地区（桑耶寺、阿扎）次之（8.2%、8.6%），西部地区（昌果、森布日）最小（5.8%、6.5%）。季节上，风沙区起沙风频率为春季最大（2.1%—7.1%），冬季次之（1.3%—5.7%），夏季和秋季相对较小（1.2%—4.8%、0.7%—5.0%）。

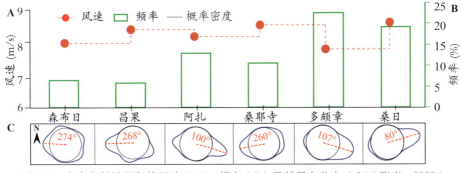

图21.2 山南市起沙风年均风速（A）、频率（B）及其风向分布（C）（张焱，2023）

起沙风风向差异较大（图21.3）。总体上，主风向分布于东—西方向。森布日地区风向呈四峰分布，风向以274°±24°为主；昌果和桑耶寺地区呈三峰分布，主风向分别为268°±20°、260°±25°；阿扎、多颇章和桑日地区呈双峰分布，风向分别以100°±14°、107°±27°、80°±15°为主。季节上，起沙风主风向随季节变化均呈现规律性变化，即峰值之间随季节变化此消彼长，冬季至夏季偏西风（近270°）占比逐渐减少，偏东风（近90°）占比逐渐增大，秋季则恢复到与冬季相似的状态。

山南市属于中低风能环境，且风况复杂，包括窄单峰、宽单峰以及复合风况等（图21.3）。年输沙势（DP）为60.7—322.2VU，自西向东呈增大趋势，最小为森布日（60.7VU），最大为桑日（322.2VU）。年合成输沙势（RDP）（9.3—260.9VU）和方向变率（RDP/DP）（0.06—0.81）差异较大，森布日（0.15）和阿扎（0.06）为小比率，分别对应复合风况和钝双峰风况；昌果（0.71）、桑耶寺（0.51）和多颇章（0.62）为中比率，均可对应宽单峰风况；桑日（0.81）为大比率，对应窄单峰风况。总体上，合成输沙势与风向变率自西向东表现为"低—高—低—高"分布模式。季节上，除森布日外，输沙势冬季最大（占全年31.6%—47.4%），春季次之（占全年24.4%—30.4%），夏、秋季相对较小（分别占全年11.6%—22.5%、13.8%—21.5%）。森布日输沙势春季最大

（占全年 40.1%），夏季次之（占全年 34.6%），秋、冬季相对较小（分别占全年 8.6%、16.7%）。合成输沙方向与起沙风主风向对应，西部合成输沙势方向约为 90°，东部合成输沙势方向约为 270°。风况既受背景环流（西风环流和印度夏季风）的影响，也受控于由热力作用激发的山谷风（Zhang et al., 2023）。

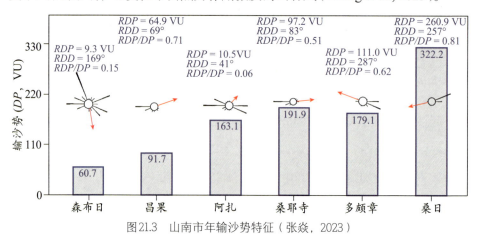

图21.3　山南市年输沙势特征（张焱, 2023）

地形的狭管效应可以导致风速增大，但地形的阻碍作用可以导致风速减弱和风向变化。河谷走向与上空气流方向近似平行，且河谷西宽东窄，东部狭管效应比西部明显，使东部风速总体大于西部风速（李森，2010）。地形热力作用亦是影响风要素变化的重要原因，其激发出的山谷风在短时间尺度内可使风向发生较大角度的转变（图 21.4）。雅鲁藏布江曲水—桑日段河面、沙面和草地等不同地表类型以及高山河谷相间分布的地形特征（山顶高度与河谷水面高度差达 2000m），为形成区域热力差异提供了有利的下垫面条件和地形条件。山谷下垫面为水面、林地、草地和沙地（热容量相对较大），而山坡下垫面为草地、沙地和大面积的裸岩（热容量相对较小）（李佩君 等，2022）。两者在空间上的耦合导致山坡附近空气温度不同于山谷中央同高度环境空气温度，形成水平不均匀温度场，经浮力强迫生成山谷风环流（Zhang et al., 2023）。风向日变化总体可以分为四个阶段，阶段Ⅰ：4:00 至 9:00 主风向偏东

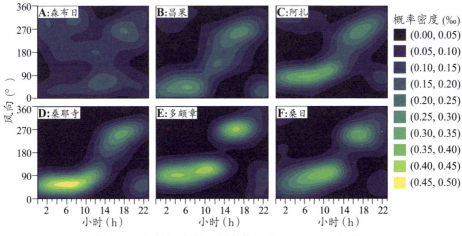

图21.4 山南市1月风向日变化（Zhang et al.，2023）

风（50°—90°），风向相对集中；阶段Ⅱ：10:00至13:00为风向转换期，风向顺时针转动，偏南风开始增多；阶段Ⅲ：14:00至19:00主风向偏西风（245°—290°）；阶段Ⅳ：20:00至次日3:00为过渡期，双峰明显，风向顺时针转动，主风向逐渐由偏西北风（314°—324°）向偏东风（55°—89°）过渡（除森布日地区外，其差异大的原因在于该地区属于雅鲁藏布江和拉萨河的交汇区，存在3条山脉）。山谷风在交替过程中风向发生近180°改变，白天气流从山谷吹向山坡，夜晚气流从山坡吹向山谷。谷风和山风的主风向并不是沿着山坡斜面，而是沿着河谷方向，其中原因可能是山谷风叠加了大气环流。

　　风况、沙源和植被均是影响风沙运动过程的因素。沙源越丰富，输沙量越大，而地表植被盖度越高，输沙量越小（落桑曲加 等，2022）。山南市近地层风沙流在0—1m高度层内的输沙率时空差异较大（图21.5）。昌果输沙率最大[0.104±0.178kg/（m·h）]，介于0.008—0.679kg/（m·h）。自昌果向东输沙率呈减少趋势，分别为阿扎[0.053±0.105kg/（m·h）]、桑耶寺[0.013±0.0028kg/（m·h）]、多颇章[0.019±0.0062kg/（m·h）]、桑日[0.008±0.104kg/（m·h）]。西部的森布日输沙率最低[0.007±0.006kg/

（m·h）］，介于 0.003—0.02kg/（m·h）。山南市输沙率时空差异较大，区域输沙率为 0.003—0.679kg/（m·h）。流沙区相对较大［0.104±0.178kg/（m·h），以昌果为例］，是植被区［0.007±0.006kg/（m·h），以森布日为例］的 1—44 倍。输沙量与输沙势存在良好的线性关系，随输沙势增大而增大。

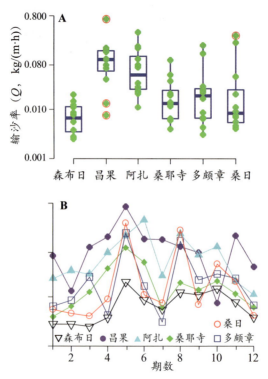

图21.5　山南市输沙率时空变化（张焱，2023）

风沙流特征与下垫面类型密切相关。风沙流通量可以用三参数的指数函数定量表示，但拟合系数具有明显的差异性。0—1m高度内风沙流中运动砂粒包括 4 个组分，平均丰度最大的是细—极细砂组分（56—245μm，98%），其次是粉砂组分（4.7—24.8μm，2%），而黏土组分（1—4μm，<1%）和中—粗砂组分（254—1957μm，<1%）均相对较低。植被区与流沙区风沙流中运动砂粒的优势粒级不同，植被区以极细砂（平均占 43%）和粉砂（平均占 40%）为主，

而流沙区则以细砂（平均占 45%）和极细砂（平均占 38%）为主。植被区和流沙区风沙流中运动砂粒的平均粒径均随高度增加而减小，但不同组分的含量随高度变化趋势与下垫面类型有关。风沙流结构特征值和运动砂粒组分均表明，发生风沙流时植被区和流沙区总体上均处于风蚀或搬运状态，且植被区砂粒运动以远距离搬运为主，近距离运动为辅；而沙丘区以近距离运动为主，其次为远距离搬运。因此，植被区是沙尘天气中细颗粒的重要物源，流沙是粗颗粒的主要物源区（张焱，2023）。

雅鲁藏布江补给水源主要有大气降水和冰川融水。支流河谷发育，季节性的支流众多。山南市宽谷特征和雨热同季的气候条件，导致河宽季节性变化较大。雨季，雅鲁藏布江河谷水位上涨，同时挟带了大量的沉积物，流经宽谷地区时，河流动能骤降，大量沉积物沉积在宽谷区。旱季，河流水位下降 3—4m，沉积物露出水面，江心洲、河漫滩逐渐发育，面积增加了 50—60km^2，部分江心洲与河漫滩出现彼此连接的现象。8 月径流量为 $8.35 \times 10^9 m^3$，3 月仅为 $0.93 \times 10^9 m^3$。河流水位季节变化控制着江心洲和河漫滩的范围和面积，如 3 月是河道水域面积最小的月份（111.62km^2），江心洲和河漫滩面积最大（分别为 222.92km^2 和 78.99km^2）；8 月是河道水域面积最大的月份（287.35km^2），江心洲和河漫滩面积则最小（分别为 80.61km^2 和 45.45km^2）。河漫滩面积冬春季节变化不大（75—79km^2），夏季最小，仅 45km^2。沙源比 3 月最大（2.00），8 月最小（0.28），3 月是 8 月的 7 倍左右（马鹏飞 等，2021b）。

雅鲁藏布江中游降水量偏少，季节分配不均，年较差大，区域差异明显，且夜间降水量及频率比白天大。降水量年内变化曲线呈单峰型，降水集中在 7—9 月，1—6 月降水量处于低值且缓慢上升，10—12 月降水量处于极低值且缓慢减小（图 21.6）。山南市年降水量为 378.9±80.5mm，具有明显的空间差异性。夏季降水最多（243.7±72.8mm），占全年的 64.3%，春季和秋季次之（69.6±28.8mm、65.1±21.0mm），分别占全年的 18.4%、17.2%，冬季最少

（0.4±0.7mm），占全年的0.1%。7月降水最多（131.8±49.4mm），占全年的34.9%，12月最少（0.0±0.1mm）（图21.6）。降水量年较差大，可达132mm，南岸降水量比北岸多。

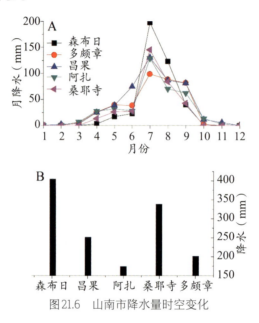

图21.6　山南市降水量时空变化

21.2.3　风沙危害情况

山南市位于印度板块和亚欧板块的缝合带上，地处喜马拉雅造山系和藏滇造山系的交界处，属于河谷—山地复合系统。山南地区河谷谷底宽度介于1—7km，平均为4km。宽谷内，河道平缓（纵比降为0.06%—0.08%）。河流地貌中江心洲和河漫滩发育，阶地零星分布。风沙地貌发育颇具规模，分布于冬春季的河道、河漫滩和山麓。山南市西部的沙丘主要分布在河流北岸，但东部两岸均有分布。主要沙丘类型包括新月形沙丘、新月形沙丘链、格状沙丘、灌丛沙丘、横向沙丘和爬坡沙丘以及落坡沙丘。沙丘高度一般在2—20m。

山南地区属于高原温带半干旱—半湿润季风气候区，受控于西风和西南季风。多年平均气温8.6℃，平均气温8月最高（16.8℃），1月最低（-1.2℃），年较差达18℃，区域差异小。区域平均年降水量为378mm，存在东部多（桑日为500mm）、西部少（森布日为238mm）的空间分布格局，且季节分配不均，80%的降水量集中在春末至秋初（6—9月），10月—次年4月仅占全年降水量的20%。年蒸发量在1000mm以上，空气相对湿度年平均值为41.9%。夏季相对较湿（58.5%），秋季（44.5%）和春季（41.1%）次之，冬季相对湿度最小（23.3%）。1961—2014年，雅鲁藏布江流域气温呈升高趋势（0.20℃—0.50℃/10a，$p<0.05$），降水呈增加趋势［0.02—0.06mm/（d·10a），$p<0.05$］，气候向暖湿化方向发展（徐宗学　等，2022）。

山南市属于藏南河谷亚高山灌丛草原区和雅鲁藏布江中游谷地亚高山灌丛草原亚区。植被稀疏低矮，以草本和灌木为主，在谷坡和谷底普遍分布着灌丛草原植被，草本植物以禾本科、菊科和蔷薇科为主，如画眉草、狗尾草、白草、长芒草、紫花针茅、藏白蒿、沙蒿和伏毛金露梅等。灌木以柽柳科、胡颓子科和杨柳科等为主，如小花水柏枝、沙棘、秋华柳和砂生槐。冬春季植被盖度低，而夏秋季植被盖度较高。总体而言，雅鲁藏布江中游植被覆盖度较低（左德鹏　等，2022）。1982—2014年NDVI变化范围为0.25—0.28，呈不显著波动上升趋势（NDVI上升速率为0.002/10a，$p=0.09$），植被整体改善。土壤类型以冷棕钙土、黑毡土和草毡土为主，风沙土集中分布在河谷地带以及山坡上，河谷谷底和阶地上分布着大量熟化度较高的耕种草甸土、耕种灌丛草原土和耕种沼泽草甸土。

风沙沉积物经历了相对较长时间的运动和分选过程。山南段所有沉积物的平均粒径介于10—510μm（平均值130±121μm），风沙沉积物的平均粒径介于130—510μm（平均值244.38±97.23μm），河道沉积物平均粒径介于10—70μm（平均值37.50±20.74μm）。河岸沉积物中沙的含量为5.5%—68.5%，平均值为44.9%±28.4%。河漫滩沉积物中沙的含量为8.0%—93.1%，平均值为46.8%±28.4%。林地沉积物中沙的含量为81.7%—95.1%，平均值为83.6%±7.1%。粉砂和黏土的含量在沙丘沉积物中最小，分别为5.8%±7.2%和0.4%±0.5%，而在河岸沉积物中最大，分别为45.9%±19.2%和9.1%±13.5%。沙丘沙平均粒径最大（0.20±0.02mm），河岸最小（0.05±0.04mm）（马鹏飞 等，2021a）。

沉积物速效氮含量为42.5±20.3mg/kg，速效磷的含量为3.9±1.5mg/kg，速效钾的含量为29.5±18.0mg/kg，有机碳的含量为3.6±2.4g/kg，有机质的含量为6.2±4.2g/kg（马鹏飞 等，2021a）。

21.3 治理措施

21.3.1 防沙治沙技术概述

一、防沙治沙措施

山南市防沙治沙措施主要包括机械治沙、生物治沙以及建立示范区（图21.7）。江心洲和河漫滩的防沙治沙措施为生物治沙（防护林），山麓沙丘以机械防沙为主，辅以生物治沙。山南市全国防沙治沙综合示范区的机械治沙措施包括设置HDPE阻沙栅栏沙障、可降解防沙网沙障、草方格沙障、直立树枝方格沙障、砾石方格沙障和砾石压沙等。用于生物治沙的植物种包括桑树、砂生槐、枸杞、山桃、光核桃、山杏、酸枣、白刺、甘草等具有经济开发价值的固沙植物，采用的模式包括"前挡后拉，固身削顶"的生物固沙治沙、乔木防护林防风治沙、乔木防护林带防风固沙、北京杨防护林防风固沙、多用途桑防风固沙、藏沙蒿防风固沙、乔灌草相结合防风固沙等。

河漫滩防护林　　　　　　　　　　　河漫滩防护林

山麓沙丘防护林　　　　　　　　　　矮化苹果种植园

图21.7　山南市防沙治沙综合示范区

二、河漫滩生态化治沙

河漫滩（包括江心洲）防沙治沙主要采用了生物治沙措施。河漫滩防护多采用沙柳，但存在密度小、近地层树干空隙大的问题，同时，由于夏季雅鲁藏布江径流量增加，河流挟带的粉砂和黏土覆盖于河漫滩地表，造成粉砂和黏土含量富集。从防沙治沙系统构建的角度来看，仍需要增加不同生物防沙措施之间的组合。

三、山麓沙丘产业化治沙

山麓沙丘产业化治沙开始于2018年，并以种植矮化苹果为主。果园株距1m，行距3.5m，采用立式格架栽培、水肥一体化果园灌溉、果园全程机械化管理等技术种植。

21.3.2 "江水上山、机械固沙和政府主导"固沙模式

一、引水治沙

近年来，山南市政府不断扩大"江水上山"水能提灌技术推广示范范围，配合国家林业和草原局科学技术司开展了"江水上山"水能提灌技术现场演示推广活动，实施"江水上山"水能提灌项目 13 个，为退化草原生态修复、造林绿化、防沙治沙配套水利设施提供了技术保障。同时，山南市政府依托山南市全国防沙治沙综合示范区建设项目，开展试验示范，推广示范草方格、树枝、砾石、尼龙网沙障等机械固沙措施，成功引进试验了一批适生沙生植物，扩繁了一批乡土治沙树种，为加快防沙治沙提供了有力科技支撑。

二、机械固沙

山南市防沙治沙措施仍采用与内陆沙漠类似的机械防沙措施。根据野外实测的风沙流结构进行分析，该地风沙运动过程受空气密度和下垫面类型影响而与内陆沙漠差异显著，导致该地区扬沙和浮尘天气时有发生。因此，科学研究该地的风沙运动过程，在此基础上建立合理的防沙治沙高度、走向和配置模式，是解决该地目前面临问题的有效方式。

三、政府主导

山南市政府十分重视风沙灾害的防治工作，自 20 世纪 80 年代以来，在河谷两岸沙地陆续实施了"国家级防沙治沙综合示范区""西藏生态安全屏障保护与建设""沙化土地封禁保护区"等各类防沙治沙生态工程项目，造林总面积达 $300km^2$（刘琳 等，2021）；依据国家及自治区相关政策法规制定并实施了相关沙区林草植被保护制度，有效制止了沙区樵采、放牧、开垦等破坏植被的行为，着力实施工程治沙与封沙育林、育草相结合的防沙治沙措施；率先在

山南市全国防沙治沙综合示范区提出地下水、地表水联合调度治沙措施，实施滴灌、喷灌等灌溉方式；落实沙化土地单位治理责任制，按照"谁破坏谁治理"的原则，抓紧对本辖区的沙化土地开展治理与保护，确保本区域生态环境质量的不断提高。

21.3.3　治沙的科学性分析

风况、沙源和下垫面特征是影响风沙运动的主要因子，也是防沙治沙工程实施过程应该考虑的要素。风况包括风速和风向，风向不同，防沙治沙措施的走向也应该随之改变。沙源不同，防沙治沙措施的布置密度也应该调整。山南市贡嘎段主要风向为西南风，而则当段包括东北风和西南风。同时，山南市的下垫面包括江心洲、河漫滩和山麓流动沙地 3 种类型。冬春季节，江心洲、河漫滩裸露，地形多变，导致不同地区风沙运动方向不同，但目前防沙治沙的措施多采用平原的治沙思路，存在一些误区。

误区 1：生物防沙行间距、植物配置考虑不足。生物防沙治沙的出发点是降低地表风速，防治砂粒起动。整齐划一的种植结构不利于降低地表风速。山南市全国防沙治沙综合示范区采用了乔灌结合、乔灌草结合的治沙模式，但该模式大范围的推广应用还存在一定问题。同时，由于山南市风沙区的复杂风况和独特地形，设计高效的防沙治沙模式，需要以大量的野外观测、风洞模拟或者数值模拟研究为基础。

误区 2：未对防沙治沙区域进行规划。山南市江心洲、河漫滩和山麓沙丘风沙形成过程不同，防沙治沙的重点区域亦应该不同。为此，非常有必要进行防沙治沙区域评估和区划。比如，经野外调查发现，部分防沙治沙措施布置在山脉的中上部，该地区由于风速减小，是沙尘的沉降区，原则上不需要进行治理。因此，目前要对风沙灾害防治区域进行规划，划定出优先和必须进行治理的区域，以及不需要治理的区域。

误区3：未考虑风沙—水沙风沙沉积物物质迁移转化过程。雅鲁藏布江风沙—水沙过程导致风沙沉积物物源空间不同是该地区与平原地区风沙防治的最大区别，也是该地区风沙灾害难以治理的主要原因。山南市的风沙灾害沙源主要受控于上游日喀则地区，本地山脉风化产物可以忽略不计。因此，需要从全流域角度来考虑山南市风沙灾害的防治。应该考虑以下几个方面：①流域多年水位变化导致的河道、江心洲、河漫滩的动态变化，划分江心洲、河漫滩治理范围；②河漫滩和河道风沙—水沙风沙沉积物转换量、转换过程，确定防沙治沙的治理范围。

基于上述误区，山南市防沙治沙亟需进行的科学研究有：①以流域为研究对象，选择典型风沙灾害区域，建立风沙综合观测站，研究风沙动力过程，阐明风沙灾害致灾机理。目前雅鲁藏布江中游防沙治沙措施的依据为平原地区的经验，根据现有的研究结果，当地风沙运动基本原理与平原地区差异很大，所以需要做进一步研究。②以流域为研究对象，研究风沙—水沙风沙沉积物转化过程，研究山南地区的风沙沉积物来源。减少水沙沉积物向风沙的转化，建立综合的防治体系，是雅鲁藏布江中游风沙灾害防治的根本目标，但仍有待实现。③以流域为研究对象，评价风沙灾害，划分风沙灾害治理区域，为科学治理、合理治理提供思路。④以流域为研究对象，以高原独特风沙运动过程为基础，确定防沙治沙模式，如乔灌结合、乔灌草结合等等。⑤雅鲁藏布江中游具有丰富的水资源，但存在供电问题，可考虑采用无能耗、风力发电或太阳能供电设备，同时结合不同防沙措施，采用滴灌、喷灌结合的方式对植物进行灌溉。低成本提水到两岸的河漫滩和阶地上，可采用的设备有水车泵、水流泵、光伏提水机和风力提水机，它们共同的特点是不用电、不用油，只利用当地的风能、水动能和太阳能。

21.4　治理效果

21.4.1　生态效益

西藏山南市全国防沙治沙综合示范区的植物有 34 种，分属 14 科的 27 属，生活型有一年生草本植物、二年生草本或一年生草本、多年生草本植物、半灌木、灌木、乔木植物及一年生寄生植物；固沙植物种藏沙蒿、花棒、桑、沙打旺和沙蒿占优势地位。综合示范区固沙植被盖度 16.7%—52.5%，平均 31.6%±13.1%；固沙植物的平均生长高度为 41.2±19.9cm；平均密度为 4.6±4.7 株/m²。综合示范区的植物群落 Shannon-Wiener 多样性指数 H 平均值为 0.99±0.54；辛普森多样性指数 D 平均为 2.55±1.37；物种均匀度指数 $J_{(sw)}$ 平均为 1.76±0.75（常学向 等，2021）。然而，河谷防沙治沙生态工程措施的生物多样性指数为 0.46—0.60，H 指数介于 0.65—0.99，丰富度指数 Ma 为 0.28—0.52。其中，花棒样地的 D、H 和 Ma 均最大，显著高于藏沙蒿样地，但与杨树＋砂生槐样地、砂生槐样地无显著差异性，4 种样地的均匀度指数介于 0.90—0.94，各样地间无显著差异（刘琳 等，2021）。同时，表层 0—10 cm 的土壤粉砂含量增加了 25.75—54.61 倍，极细砂含量增加了 2.31—5.56 倍。土壤有机质含量增加了 17.77—72 倍，全氮增加了 9.50—32 倍（唐永发 等，2021）。

截至 2022 年，示范区已经营造防沙固沙林 5580 亩，封沙育林 36042 亩，人工（林、木、石方格）沙障治理面积 4988 亩，播种沙生植物 1550 亩。综合示范区采用乔灌草结合的多层结构模式治理流动沙地，目前植被覆盖面积的比例为 75.1%，固沙植被平均高度为 41.2cm，盖度平均值为 31.6%，植物均匀度为 1.74，植物种类达到 18 科 36 属 46 种，已经形成稳定的藏沙蒿、花棒、沙柳、沙打旺和白沙蒿为优势种的固沙植物群落。

21.4.2 经济效益

2018 年以来，山南市持续在雅鲁藏布江（山南段）两岸打造经果林经济带，目前累计在贡嘎、扎囊、乃东三县（区）种植矮化苹果 34750 亩，产生了可喜的经济效益。山南市在贡嘎县、扎囊县、乃东区分别种植矮化苹果 19550 亩、10200 亩、5000 亩，类型为早熟、中熟、晚熟三种。产量从 2021 年的约 300 吨，增长到了 2022 年的 5564 吨，预计 2024 年达到丰产，产量在 6 万至 7 万吨之间，年产值约 55000 万元。截至目前，矮化苹果种植项目共带动 12994 人就业增收，累计增收 11000 万元，使用当地机械 1231 台次，实现增收 10165 万元。成熟苹果将按小果、普通果、优级果分级，销往部分省市。

21.4.3 社会效益

“十三五”以来，山南市坚持生态优先、绿色发展，完成植树造林 4.5 万余亩、防沙治沙 40 万余亩，有效遏制了“沙进人退”的发展趋势。坚持走市场化道路，以产业化的方式推动大规模种树种草，发挥了防风固沙、防止水土流失、保护土壤、绿化环境的重要作用，持续改善了自然生态环境，促使昔日风沙肆虐的荒滩沙地变成生态宜居的幸福家园。

本章撰稿：张正偲　韩兰英　刘小槺

第 22 章
陕北毛乌素沙地飞播造林防沙治沙

毛乌素沙地是中国四大沙地之一,地处中国干旱、半干旱的农牧交错过渡带,横跨陕西省、内蒙古自治区和宁夏回族自治区(王仁德,吴晓旭,2009;周淑琴 等,2013;王旭洋 等,2021)。该地区沙漠化严重,树种单一,生物种群稀少,稳定性相对较低,是典型的生态脆弱区,也是我国防风治沙的重点地区之一(程杰 等,2016)。针对毛乌素沙地的生态环境特殊性,当地政府和居民采取草方格固沙、植树造林、退耕还林还草等一系列治沙措施,有效地遏制了沙丘的移动和扩大;通过发展沙产业,如种植沙棘、甘草等经济作物,增加了当地居民的收入,改善了生态环境。此外,治沙团队利用现代科技手段,如卫星遥感、地理信息系统等,对毛乌素沙地的生态环境进行监测和评估,为治沙提供了科学依据。

飞播治沙是一种高效、经济、灵活、环保的治沙技术,它为沙漠治理提供了一种新的思路和方法。相比传统的人工治沙,飞播治沙可以节省大量的人力和物力,可以在短时间内覆盖大面积的沙漠,大大提高了治沙的效率。

毛乌素沙地的治沙工作是中国生态文明建设的重要组成部分,不仅改善了当地的生态环境、提高了人民的生活质量、为当地居民创造了更好的生活条件,还促进了经济发展、增加了当地居民的收入、为其他地区的治沙工作提供了借鉴和参考。

22.1 治沙背景

陕西省是荒漠化和沙化土地分布较广、程度较重的省份之一（漆喜林，张柱华，2008）。榆林沙区治沙造林是中国治沙造林的一面旗帜，而飞播造林治沙更以其特殊的功效，成为这里治沙造林的主要手段。

我国的飞机播种治沙造林于1958年在榆林沙区开始，至今已经经历了近70个春秋，着重从播区选择、飞播治沙植物选择、播期选择、播种量确定、飞播种子处理技术、沙区飞播造林作业设计、飞播造林施工、成苗成效监测、播区管护等飞播治沙过程中的关键技术，逐步进行了探索研究。解决了早期栽植和飞播造林存在林分质量与结构不够科学合理、沙区特有植被和湿地资源锐减、树种单一、生态系统结构不稳定、林地自我更新能力弱、极易引起"二次"沙化等问题。

榆林飞播治沙的成功，标志着我国飞播由仅适用于多雨的南方发展到同时适用于春旱少雨的北方，由丘陵山区发展到风沙地区。飞播治沙造林速度快、成本低、保存率高、效益好。一架"运五"飞机每架次装种750kg，日播7架次，相当于1000个劳动力一天的工作量，这对于充分利用有利时机，短期内完成大面积播种任务极为有利。飞播造林治沙加快了沙区的营林步伐，增大了林草覆盖率，对消灭人力难及的大沙、远沙，其重要性不言而喻。

22.2 区域条件

22.2.1 地理位置

榆林市位于陕西省最北部，毛乌素沙地南缘，北依内蒙古自治区，西靠宁夏回族自治区，东隔黄河与山西相望，南与延安市毗邻，地处我国典型生态脆弱区和农牧交错带（胡广深 等，2018）。榆林市以古长城为界，南部为黄土丘陵沟壑区，北部为风沙草滩区，又称榆林沙区。榆林沙区位于 37° 22′ N—39° 25′ N、107° 15′ E—110° 45′ E，属于干旱、半干旱地带（陈宇宏，2019）。沙区总面积 3135 万亩，占全市土地总面积的 48%（李育才，2005）。

22.2.2　地形地貌

榆林沙区在大地构造单元上，属于鄂尔多斯地台向斜陕北台凹的一部分，出露于地表的是中生代以砂岩和页岩为主的陆相沉积。沙区地貌特点是因风蚀和堆积形成连绵不断的沙丘，榆林沙区水资源较丰富，总量 24.5 亿 m^3，其中地表径流水 17.5 亿 m^3，地下水资源 17.3 亿 m^3，重复量 10.3 亿 m^3，可利用量 5.7 亿 m^3。沙丘中间或低洼地方分布有大小不等的湖盆滩地。沙丘类型主要分为新月形沙丘链和格状沙丘两种（漆建忠，1998）。以沙地下覆土壤来分，长城以北沙丘覆盖在砂岩和草甸土上，长城以南沙丘覆盖在黄绵土和黑垆土上。地带性土壤为淡栗钙土和灰钙土，目前自然土壤已遭破坏，但其遗迹依然存在，现以风沙土为主，还有盐碱土、草甸土、沼泽土、绵沙土和硬黄土等。

22.2.3　气候特征

沙区海拔 1000—1500m，属温带半干旱季风区，具有明显的大陆性气候和沙地气候特征，年平均气温 7.6℃—8.6℃，极端最高气温 38.9℃（1966 年 7 月 8 日），极端最低气温 −32.7℃（1963 年 12 月 25 日），≥ 10℃ 的积温 2900℃·d—3300℃·d，无霜期 150—170 天。年降水量 316—450mm，最大降水量 695.4mm（1964 年），最低降水量 159.6mm（1956 年），降水多集中在 7、

8、9 三个月，占全年降水量的 60%—80%，年蒸发量 2092—2506mm，是降水量的 5—6 倍，干燥度 2.22—3.58。沙区内风大且多，以西北风为主，靖边和定边由于受白玉山的影响以西南风为主。沙区年平均风速 2.4—3.3m/s，年大风日数 14 天—33 天，最多达 77 天，多出现于春季。主要气象灾害有干旱、霜冻、大风、暴雨、冰雹。

22.2.4 风沙危害情况

不到百年的时间里，流沙南移越过古长城（图 22.1）60km，榆林沙区 210 万亩农田和牧场被流沙吞没消失，6 个城镇（图 22.2）和 412 个村庄被风沙压埋（图 22.3）。榆林城形同沙海"孤岛"，被迫 3 次南迁。森林植被的大量毁损，导致生态环境恶化，庄稼十种九难收，以致广种薄收在愈穷愈垦、愈垦愈穷的循环中愈演愈烈。土地沙化和水土流失现象并存，每年输入黄河泥沙约 1.9 亿吨，形成"沙进人退"的被动局面。

1949 年榆林沙区残存林木面积 60 万亩，林木覆盖率仅有 1.8%，几乎到处都是流沙。解放初期，沙区广大干部群众发扬自力更生、艰苦奋斗的延安精神，开展大规模的全民义务植树运动，林草面积有所增加，但生态环境恶化的趋势仍未得到有效遏制。

20 世纪 50 年代以来，榆林沙区通过坚持不懈的治理，在实践中不断总结治沙造林经验，曲折前行，经历了试验摸索、大规模治理、改革开放转型和生态建设全面发展阶段。科技支撑、改革创新、产业带动在防沙治沙中发挥着重要作用，流沙南移的势头得到了遏制，昔日的"沙进人退"变成了"人进沙退"。特别是 1978 年"三北"防护林建设以来，榆林沙区被列为重点建设地区，治沙造林进入了自觉、扎实的新阶段。

图 22.1　沙压长城

图 22.2　沙压城镇

图 22.3　沙压村庄

22.3　治理措施

22.3.1　概况

　　榆林沙区飞播造林治沙过程经历了从失败到成功，从小面积试验到扩大试验，再到大面积推广投入生产的艰苦历程，主要分为三个阶段。第一阶段为1958—1968 年，小面积试验阶段，共试播 130 万亩，集中在榆林沙区。由于飞播尚在试验，盲目性较大，所以这一阶段的飞播造林并未取得成功。第二阶段为 1969—1979 年，扩大试验阶段，榆林沙区试验组取得了突破性进展，在植物品种选择、播期确定、播种量等方面取得突破性成果，建成了我国沙漠地带第一个飞播造林实验区。第三阶段为 1980 年以后，大面积生产阶段，据1996 年清查，飞播第三年后的保存率为 27%—86%。2014 年榆林沙区停止实施飞播造林治沙工作（刘冰泉，1998；赵国平 等，2018 ）。2021 年后，为了防止二次沙化，沙区继续开展飞播造林治沙工作。经过多年的不断实践、试验、专题研究，榆林沙区积累了丰富经验，摸索掌握了一套适合北部沙区的飞播造林治沙的关键技术。截至 2023 年，陕北毛乌素沙地累计完成飞播造林 760 万亩，成林成效面积 650 万亩，治理流沙约 500 万亩，已治理面积占流沙治理总面积的 58% 以上。目前 860 万亩流动沙地基本消除，沙区植被覆盖度提高到60%，植被改善对气候贡献率达 38.6%。在 2000—2018 年陕西省植被变化指数排名中，榆林居第一位。

22.3.2　关键技术

　　飞播治沙技术关键流程为播区选择、治沙植物选择、播期选择、播种量确定、种子处理、作业设计、飞播造林施工、出苗观察及成苗成效监测、播区管护9个环节。

一、播区选择

　　以当地林业区划和飞播地区类型的划分为依据，选择急需造林绿化而又成片集中的沙区和沙化退化草场；播区应该有适宜飞播造林种草的自然条件、地形条件和社会经济条件。

　　播区地类选择以植被覆盖度在20%以下的平缓流动沙地（图22.4）和半流动沙地，以及盖沙黄土地。

　　榆林流动沙地基本上可分为两大类型：一类沙丘高大密集，丘间低地较窄，地下水较深；另一类沙丘比较稀疏，丘间地较宽阔，地下水较浅。后者水分条件较好，飞播出苗率、保存率高，植株生长量大，易形成大面积幼苗群体，因而飞播成效高，前者则相反。实践证明，立地条件是影响飞播成效的重要因素，榆林沙区飞播造林治沙的成功，与播区大都选择在平缓流沙地有直接关系。

图22.4　飞播治沙区（平缓流动沙地）

二、治沙植物选择

治沙植物选择是影响飞播成败的关键因素。一般选择由两种或两种以上的生态型或生长型树种进行混播。

沙区飞播的植物应具有如下特点：耐干旱、耐瘠薄；种子易覆沙、吸水力较强、出芽较快、易成活；幼苗有较强的抗逆能力、成林快、郁闭早、短期内能形成优势种。适宜干旱、半干旱地区飞播造林治沙的植物有塔落木羊柴、细枝羊柴、圆头蒿、沙拐枣、锦鸡儿、沙棘、胡枝子、梭梭、苦豆子、斜茎黄芪和黄香草木樨等。

榆林沙区飞播治沙造林的植物选择应以"适地、适树、适种源"为原则，选择耐干旱、耐风蚀沙埋、耐贫瘠的沙生灌木及优质牧草，并优先选择经济价值高、生态效益和社会效益均较好的优良乡土植物种。

三、播期选择

确定播期的原则是"适时偏早，播后等雨"。对于飞播造林时间的选择，首先要根据当地的气候、水文等因素，再综合确定播种时间。

沙地飞播造林除了需要达到种子发芽所需求的温度条件外，还有两个重要条件，一是播后种子要自然覆沙，二是先覆沙后遇雨。适宜的飞播期可保证种子发芽的条件和苗木有足够的生长期，使种子能迅速发芽以降低遭遇鼠害、虫害的概率，又能使苗木充分木质化，使其顺利越冬，还能保证苗木生长到一定的高度和冠幅，满足防风蚀沙埋的需要。此外，还要考虑种子发芽后需避开害虫活动盛期，以减少损失。

因此，为保证飞播种子播后先覆沙后遇雨，必须研究播区气候条件，掌握播期降水的时机。利用当地气象站的长期气象资料进行统计，以保证播后有雨天或阴天，有利于种子发芽。根据榆林飞播区自然气候特点和立地条件，以及对历年气象资料的综合分析，播期选择在 5 月上旬至 6 月上旬。4 月下旬至

5月中旬虽有种子发芽的温度和降水条件，但出苗后正是金龟子危害盛期，苗木生长不如5月下旬到6月上旬播种的旺盛。

四、播种量确定

播种量大小在一定程度上决定了飞播的成败。第1年幼苗密度决定了后期林木能否削弱风力，减轻风蚀。在当年生长季末，幼苗要达到一定高度和冠幅，要使沙丘由风蚀转变为沙埋，还要具有一定密度。根据调查统计，细枝羊柴一年生幼苗 $1m^2$ 需要20株，塔落木羊柴16株可抵抗风蚀。据此密度并参考其他因素合理确定播种量是沙地飞播造林治沙成功的关键。单位面积播种量，除必需的幼苗密度外，还要考虑种子纯度、千粒重、发芽率、苗木保存率、鼠虫害损失率和意外损失率等（李庚堂　等，2011）。毛乌素沙地榆林沙区塔落木羊柴播种量为78.75—112.50kg/亩，细枝羊柴播种量为90.00—112.50kg/亩，圆头蒿播种量为56.25kg/亩。实践证明，混播优于单播，有更好的群体固沙效果。固沙先锋植物与后期耐旱植物混播，固沙效果会更加稳定。

五、种子处理

在飞播治沙过程中，对种子的处理直接影响着成效。在飞播过程中，部分种子不能适时发芽并成长，因而会遭到一些鸟类的破坏，成活率降低。采用科学的种子处理技术可以有效提高飞播造林的成活率，因此，必须通过科学的方法对种子进行处理。常用的处理技术有种子筛选、种子浸泡、大粒化处理或破壳处理等。

（1）种子筛选

为了确保种子能够顺利发芽和生长，应对其进行必要的筛选。通过使用专用的风机对种子进行风选，可以将劣质种子和种皮等物质筛选出来。完成风选后，必要时应进一步水选，将种子浸入水中，劣质种子和种皮会浮在水面上，而砂砾等会沉在水底。通过这种方式可以挑选出优良的种子，从而提高种子的发芽率。

（2）种子浸泡

沙棘种子等需用1%高锰酸钾溶液进行消毒，以减少种皮表面的细菌，从而促进种子的萌发，浸泡时间为1小时。有些植物的种子则需要更长时间的浸泡，一般为24小时，这样可以唤醒种子，帮助种子更好地吸收自然环境中的水分，缩短发芽时间，减少鸟兽对种子的损坏，提高其生长能力。泡水时需使用温开水，且注意泡完后需立即播种，否则会让种子再次失水死亡。

（3）大粒化处理

一些较轻的种子，如细枝羊柴种子等，由于质量较小，在飞播后很容易被风吹跑，不利于种子的固定和发芽，通常需要进行裹土大粒化处理。以榆林沙区为例，每飞播10000公顷的裹土大粒化处理种子，在成活率不变的情况下，可以节省约10000元的费用（徐维生，2018）。

（4）破壳处理

胡枝子种子等种壳坚硬、带蜡质、包在荚果内的种子，外壳坚硬，需要进行破壳处理。一般用温水浸泡或者在水泥地上用脚轻轻摩擦以去掉外壳，需注意不要损坏种子的内部物质。处理后，种子的吸水性提高，易于发芽。

六、作业设计

作业设计指通过播区沙丘制高点观测拟播地区的地形和沙丘类型，估算宜播面积所占比例；利用1∶10000或1∶50000地形图勾绘确定播区范围；初步确定飞行方位及航标线的设置位置；沿踏查线路调查土壤、植被、气象及土地权属等情况。为确保飞播造林成效，播区选择以远沙、大沙为主，以国、省道、高速公路两侧为重点，根据播区自然植被、沙丘高度、环境等因素，合理选择播区，科学规划设计。最终形成规划设计说明书、播区位置图、作业图、导航数据和每架次各植物种装种量等规划设计资料。所设计的播区根据实际需要进行搭设障蔽等地面处理。播区的作业设计应特别注意航向设置与作业季节主风向的一致，与沙丘链垂直，以便在作业时减少侧风影响，提高作业质量和工作效率。

七、飞播造林施工

（1）飞播造林施工安全紧急预案

飞播造林施工前，以市为单位制定飞播造林安全管理措施和紧急事故安全处置预案，并落实到单位和负责人。安全紧急预案由各市、县（区）林业局在飞播造林施工前组织落实。

（2）施工监理

由陕西省飞机播种造林工作站委派技术监督人员，对飞播造林作业进行全过程监督。

播前准备阶段：检查飞播造林作业前的各项工作准备情况、种子质量、播区地表处理情况等。

施工阶段监督：对施工过程的每一个环节全方位进行监督。包括每架次的装种数量、飞行作业时间、作业质量等。指导施工人员在机场对每架次上机的植物种及数量进行核对，以保证按设计要求进行装种。同时检查飞播作业后GPS的航迹线是否平行，并在播区实地测量播幅和调查一定面积的落种粒数。若超出允许范围值，应及时反馈给机组人员予以纠正，确保飞播作业质量。

（3）飞行组织

天气测报：飞行作业前，由负责气象测报的工作人员及时提供机场、航路和播区的天气情况，就云高、云量、能见度、风向、风速以及天气变化趋势等有关飞行气象因素作出准确测报。

试航：飞行作业前，飞行单位在作业范围内选择具有代表性的播区，进行空载试航，以熟悉空域、航路、播区范围、地物特征及通信状况，为拟定作业方案提供飞行资料。

飞行作业（图22.5）：飞行作业是关系飞播造林成效的重要环节之一。飞行部门及其他参与飞播造林作业的单位，在飞行作业过程中，需要密切协作，搞好地空配合，确保飞播造林作业优质高效、按期完成。

图22.5　飞行作业

（4）质量检查

在飞播施工作业时进行监督检查，主要内容包括种子质量检查、播种质量检查。

种子质量检查：按照作业设计要求，检查种子重量、质量和种子标签。飞播用种质量必须达到国家标准《林木种子质量分级》（GB7908—1999）Ⅱ级以上。需随时检查种子处理和每架次承载种子量，检查飞机每架次承载种子量是否与设计种子量一致，检查种子净化处理是否彻底和拌药是否达到技术要求，发现问题及时纠正。

播种质量检查：

①播种质量检查标准（图22.6）

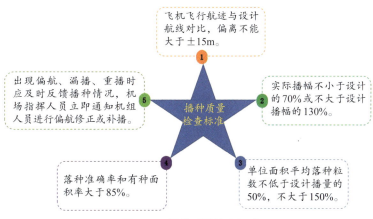

图22.6　播种质量检查标准

②播种质量检查

质量监督人员在每个工作日，随时查看导航仪的飞行航迹，并与设计航迹进行对比后记录，做好统计分析，同时在播区组织好地面接种工作。每个播带设置 3 个接种样方（垂直飞机飞行方向水平距为 25m 铺设一个接种样方），接种样方大小为 1m×1m，采用 1m² 的白布水平放置进行接种，统计各树种的落种粒数及总粒数，并及时与飞行员通报，便于及时监测飞播质量。每个播区飞播作业结束后，对飞播质量做出分析，并评价播区的飞播质量。

图22.7　播区质量检查

八、出苗观察及成苗成效监测

出苗观察（图 22.8、图 22.9、图 22.10、图 22.11）：为及时掌握播区种子发芽、出苗及幼苗生长变化情况，预测成苗效果，应在飞播后进行出苗观察。在宜播面积上按不同树种、地类、立地条件设置样地，观察种子发芽及出苗数量，统计自然损失数量和越冬损失数量，同时了解月、句降水量，平均气温等气象因子。播后种子发芽即进行观察，每个季节观察不少于一次，连续观察至播区成苗调查时结束，并出具分析总结报告。

图22.8　圆头蒿出苗

图22.9　圆头蒿、细枝羊柴出苗

图22.10　斜茎黄芪出苗

图22.11　细枝羊柴、塔落木羊柴出苗

　　成苗成效监测：为全面掌握播区内幼苗密度、分布状况，阶段性评价飞播造林效果，在播后的第二年秋季进行播区的成苗调查，为补植、补播或复播等飞播造林技术措施的开展提供依据。沙区成苗等级评定标准见表 22.1。

表22.1　沙区成苗等级评定标准

有苗样地频度/%	效果评定	
≥70	优	合格
50—69	良	
40—49	可	
<40	差	不合格

　　对于成苗评价合格的播区，5 年后进行成效调查，以播区为单位总体评定飞播造林效果（图 22.12、图 22.13、图 22.14 ）。

图22.12　沙地飞播林地营造的樟子松林

图22.13　沙地飞播细枝羊柴林地

图22.14　沙地飞播塔落木羊柴林地

成苗成效监测调查分年度以播区为单位，采用路线调查法，按原航带方向，用定位导航仪，选用播带中心线为调查线，迎风坡每 5m 选择一个样地，背风坡每 6m 选择一个样地，样地面积 1m×1m，将调查各项指标填入外业调查表中，并现场计算有苗面积成数［有苗面积率（保存面积率）=有苗样方数/调查样方数 ×100%］。如果达不到精度要求，就立即增加样方，直至达到精度要求为止（精度要求≥ 80%）。

九、播区管护

播区管护是飞播造林成功的关键措施之一。林业主管部门与播区所属地方政府要密切合作，设置切实可行的管护形式和建立完善的管理制度，充分利用飞播造林工程管理的政策、法规及管护资金，使播区管护工作落到实处。

飞播成效较好的、交通方便的播区，应在醒目处建立标志牌，注明播区名称、面积、植物种、播种时间、成效状况、管护责任人等。

飞播区全部实行封育管护，严防人畜破坏。管护人员按时对成苗播区进行实地调查，适时地做好补播补植工作。同时，因地制宜地建立多种形式的管护承包责任制，明确"责、权、利"的关系，切实做到"种子落地，管护上马"，确保成苗成林。

封育管护方式及期限：封育管护期限为 5 年，封育管护方式根据播区周边人为活动情况，确定全封 3 年、半封 2 年，即前 3 年禁止一切生产活动，后 2 年只进行封护管理。可根据播区的成苗情况，进行必要的补植补播及幼苗抚育等工作。

封禁措施：为了保证飞播成效，要根据播区所处的位置及播区周围的人畜活动情况，在人口居住较多的路口、公路旁或村庄附近设置封护碑和宣传牌。同时，在封护期内，各播区要配备专职或兼职护林员进行巡护，以防止播区内发生火灾和人畜破坏。

22.3.3　技术成果

一、沙区地面处理（搭设沙障）技术

在沙区进行飞播时，需对一些特殊地类进行地面处理。对于高大沙丘的陡坡，一般当坡度达 30°—35°，高度达 15—30m 时，种子难以在坡面上着落，可以在沙丘坡面搭设各种形式的障蔽，或组织羊群在坡面上踩踏，改善坡面播种条件，提高飞播治沙成效。

榆林沙区飞播区自然条件较差，地表流动性较大。为了防止种子位移，使其均匀分布，必须在沙丘迎风坡面上搭设障蔽，具体方法是：在沙丘迎风坡面上搭设间距为 3m 的带状沙障，沙障走向与主风向（西北风）垂直（图 22.15）。沙障要求地下埋深 10cm，地上部分 15cm，用柴草量为每公顷1500kg。材料为麦草、稻草、沙蒿和乌柳枝条等。此项工作需在飞播治沙作业前一个月完成。

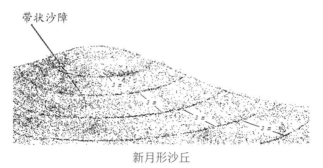

新月形沙丘

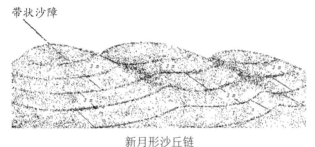

新月形沙丘链

图 22.15　沙地飞播区地面处理（搭设障蔽）示意图

二、种子大粒化（胶化）处理技术

以细枝羊柴种子为例：

（1）首先在骨胶（明胶）中放入少许冷水，使水面漫过骨胶后浸泡1小时，然后用文火熬制，边加热边搅动，直至骨胶完全融化，最后按照骨胶与水1∶6的比例，加入剩余水量，并将骨胶制剂的温度加热至70℃，得到骨胶制剂；

（2）按骨胶制剂和种子1∶8的比例，将骨胶制剂与细枝羊柴种子混合，搅拌均匀，得到混合物；

（3）播区为流动性较大的格状沙丘或河谷两岸高大沙丘，在混合物中加入粒径为0.25mm的粗砂，按种子和粗砂1∶0.6—1∶0.8的比例，沙子的含水量低于0.6%，搅拌均匀，得到混合物；

（4）将混合物摊开晾晒，做到种子间不黏结不重叠，晾晒需要4小时，在这期间翻种1次，得到晒干的细枝羊柴种子；

（5）将晒干的细枝羊柴种子过筛，筛掉多余的砂粒，即完成飞播治沙用的细枝羊柴种子大粒化处理。

三、鸟鼠忌避药剂技术

为了促进种子的生根、发芽，减轻鸟鼠危害，在种子上机作业前24小时，采用鸟鼠忌避剂（纳米型作物抗逆剂）进行药物拌种备用。1kg鸟鼠忌避剂加水12—15kg，充分搅拌溶解10分钟后，均匀喷洒在200—300kg种子上，其间不停翻动种子，使种子表面全部湿润，种子拌匀后晾晒，每半个小时翻动一遍，晒干后装袋备用。经过多地应用效果证明，利用鸟鼠忌避剂进行飞播治沙拌种，每公顷可节约种子费9元、飞行费6元、地勘费1.5元，有苗面积率增加13%—16%，其经济效益、生态效益、社会效益非常显著。陕西榆林治沙研究所利用鸟鼠忌避剂处理甘草种子后在沙地飞播，有苗面积率与对照区相比高出 40.12%—54.8%；幼苗密度每平方米 1.4—2.3 株，高生长高出 1.2—1.7cm，最大高生长高出 5—6cm，效果极为显著。

四、甘草飞播造林技术

由于甘草的经济价值较高，加之国内外对甘草的需求量猛增，采挖甘草已成为分布区群众主要的经济收入来源之一。当前，国内外甘草资源已经或正在遭到严重破坏，大面积垦荒和过度采挖，导致甘草资源量急剧下降，同时带来了生态环境的恶化，使甘草失去了自身恢复能力。大面积的甘草林地荒漠化，仅宁夏甘草林地面积 1989 年比 1950 年就减少了 528.3 亩，为原来面积的 37.2%；内蒙古阿拉善盟甘草林地面积减少了 60%；巴楚、轮台、阿凡提、察布尔 4 县 1983 年比 1950 年甘草林地面积减少 40%，储量减少 60%；陕西1950 年甘草面积 570 万亩，现在保存不到 100.05 万亩，比原来减少了约 80%（郜超 等，2016）。

为有效保护甘草资源、迅速恢复并扩大甘草林地面积、提高储量、使沙漠地区在生态环境建设中、增加新的植物种，同时提高飞播治沙的科技含量、荒漠化地区土地资源利用率、沙区群众收入，研究人员对甘草飞播治沙技术进行了研究。

（1）种子处理（图 22.16）：一般选用适宜播区生长的甘草品种，以最接近播区的自然分布区的新鲜种子为佳。进行甘草种子的发芽试验，选用室内发芽率 70% 以上，纯度 85% 以上的种子。

播前对种子进行处理。①机械处理：飞播治沙甘草用种量大，若用硫酸处理用量太多，成本很高。故使用碾米机进行处理，处理的标准是甘草种子不被碾破。②ABT 生根粉处理：用浓度 25mg/kg 的 ABT 生根粉 3 号拌种，处理后飞播治沙后成苗面积率提高 8.7%—15.1%，根系生长长度增加 7.4%—11.3%。

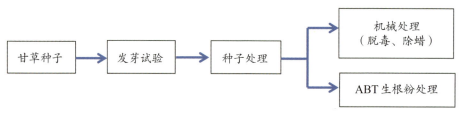

图22.16　甘草种子处理流程示意图

（2）立地类型对甘草飞播成效的影响：甘草飞播地类分为沙地、覆沙黄土地两大类。沙地又分为固定沙丘地、半固定沙丘地、半流动沙地、平缓流动沙地4种，覆沙又分为覆沙黄土硬梁地、覆沙黄土堆、覆沙滩地、弃耕地4种。在这8种地类中以弃耕地的甘草成苗面积率最高，达到94%，密度最大，为11.3株/m²，高生长量最大，当年平均7.2cm，根系生长当年平均32cm。其他7种地类按成苗效果好坏排序，依次是覆沙黄土堆、覆沙滩地、平缓流动沙地、半固定沙丘地、覆沙黄土硬梁地、固定沙丘地、低矮半流动沙丘地。覆沙黄土硬梁地和固定沙丘地成效差的主要原因是覆沙（土）效果不好，影响成苗和生长，低矮半流动沙丘地则是因为风蚀严重，影响成苗和幼株生长。

（3）甘草飞播治沙播期：在生长季节的5—7月都可进行播种，但考虑到在播种季节影响播期的主要因素不是温度而是降水，因此，一般结合降水变化情况，根据当地气象预报资料，选择在发生降水的前几日进行播种，这样有利于提高种子发芽及成苗面积率。

（4）播种量与成效的关系：甘草播种量的多少，直接影响到成苗面积率和幼苗密度。根据调查测定：播种量135kg/亩，成苗面积率达到83.1%，幼苗密度平均10.3株/m²，最多达到36株/m²。混播设计各植物播种量16.875kg/亩，实际甘草播种量11.25kg/亩，有苗面积率9.4%，有苗密度2.0株/m²，最多达到6株/m²。

飞播甘草的生长发育及成效：甘草的经济价值和固沙作用主要表现在根系的生长发育。甘草的根系在发芽出苗后的 30 天内生长较慢，但随着根系生长即可萌蘖新株。新株的根系不发达，主要靠主根供应水分和营养，三年生甘草萌蘖株在地面与母株形成丛生状。

五、沙区飞播造林成效评定

经多年飞播治沙实践，沙丘类型和不同下覆土壤地类对飞播治沙成效都有影响，沙丘密度、宜林地面积比例、风蚀沙埋程度、自然植被盖度、地下水位等因子是影响飞播治沙成效的重要因素，是划分立地条件类型的依据。飞播造林立地条件不同，成效差异较大，其飞播成效评定标准也应有所区别。榆林沙区飞播的宜播面积比例越大，成效越高；沙丘密度越小，宜播面积越大，风蚀量越小，成效越高；自然植被盖度越大成效越高，地下水位越高，飞播治沙成效越显著。

流动沙地飞播造林成效受外界环境影响很大，不同种类植物和不同林龄植株对外界环境的适应能力不同，在保存率下降方面的差异非常明显。以飞播植物保存率最低的林龄，即相对稳定保存面积率的林龄作为评定飞播治沙造林成效标准的时间比较恰当。如果评定时间较早，保存率尚未稳定，评定时间较晚，补播补植不能及时进行，会使播区的经营管理不善（漆建忠，1998 ）。

榆林沙区飞播造林成效评定在飞播造林后第 3 年进行，关于榆林沙区和各地的调查结果表明，采用播种面积计算成效，即有苗面积与播区面积的百分比计算飞播成效，符合沙区实际。特评定标准见表 22.2。

表22.2　沙区成效评定标准

成效面积率/%	效果评定	
≥55	优	合格
35—54	良	
21—34	可	
≤20	差	不合格

22.4　治理效果

22.4.1　生态效益

一、保持水土，防风固沙

经过榆林人民50多年的不懈努力，在毛乌素沙漠南缘东起府谷县大昌汗、西至定边县盐场堡的长城沿线风沙区范围内，形成了175个万亩以上的连片基地，在榆阳区与横山区的海流兔河两侧、横山区与靖边县的无定河沿岸、榆阳区与神木市的210国道沿线，形成了带状或团状相互交错的3个百万亩飞播防风固沙林体系，播撒出一条长达400公里的"绿色长廊"，后者成为防风固沙、保护农田的坚实屏障。

二、林木覆盖率、蓄积双增长

从2001年起，陕西省飞播造林正式列入国家天然林资源保护工程。截至2014年，榆林市共完成飞播治沙造林750多万亩，其中2001年以来，完成天保工程飞播治沙造林220.5万亩，京津风沙源治理二期工程飞播治沙造林26万亩，保存面积650多万亩，保存率达到75%，为全市林木覆盖率和林木蓄积双增长做出了重要贡献。榆林沙区 860 万亩流沙得到了固定、半固定，实现了区域性的荒漠化逆转，创造了"人定胜天"的奇迹。

三、自然灾害减少

全市年扬沙天气平均由 66 天减少至 24 天，年入黄泥沙量由 5.13 亿吨减少到 2.12 亿吨，有效地降低了自然灾害对农牧业的影响。榆林沙区的近一半植被是通过飞播治沙这一手段得以种植和巩固的，飞播治沙面积占到榆林沙区治沙造林面积的半壁江山。通过飞播治沙，榆林生态环境建设的整体水准得以大大提升，榆林沙区治理的层次和技术等级越来越高。

22.4.2　经济效益

一、促进畜牧业的发展

通过飞播治沙造林，榆林沙区飞播林地仅 1974—2006 年飞播形成防风固沙林 224 片，其中 10000 亩以上的 116 片，10000 亩以下的 108 片，沙区生态环境得到极大改善，保障了 20 万公顷农田稳产、高产。同时飞播建成 10000 亩以上的灌丛草场 69 块，5000 亩以上的灌丛草场 65 块，为畜牧业发展提供了优质饲料，有力地带动了沙区畜牧业发展。

二、提升农业抗灾能力

农业抗灾能力明显提升，农作物种植面积逐年增加，粮食产量每年平均增产 20% 以上。据统计，播区每亩鲜草量由过去的 12.8—80kg 增加到 380—1146kg，由于飞播治沙后饲草量大幅度增加，目前全市羊只饲养量达到 800 多万只，沙区形成了以节水灌溉农业和以畜牧业为基础的农、林、牧业。

三、提高农民收益

榆林沙区大约有 30 万亩飞播治沙灌木林采种基地，正常年份，年可采集种子近 200 吨，为当地农民增收 300 多万元。

22.4.3 社会效益

一、储备森林资源

飞播治沙灌木林的形成，既为沙区创造了后备森林资源，又给当地发展经济注入了活力。一片片无垠沙海被百万亩连片的绿色屏障所取代，"沙进人退"变成"人进沙退"。

二、提高全社会防沙治沙积极性

飞播造林治沙取得成功，提高了群众防沙治沙的积极性，带动了全社会参与防沙治沙的新局面，造就了一批防沙治沙的行家里手，涌现出众多治沙先进集体、个人。

多年来，飞播治沙的开展有效增加了榆林市北部沙区的林草植被覆盖率，促进了沙区生态状况逐步好转，飞播治沙造林使榆林沙区的生态环境发生了历史性转变，毛乌素沙漠腹地一路肆虐的飞沙，在榆林化为"强弩之末"。陕西省林业科学院对榆林沙区飞播治沙的效果调查数据表明，沙区飞播造林 3 年后，播区内 75.2% 的流动沙丘变成了固定沙地，24.8% 变成半固定沙地，沙丘高度平均降低 30%—50%，近地表风速降低 64.8%—72.1%，沙丘年平均移动速度由 5—7m 降至 1.68m 以下。

本章撰稿：呼海涛　部超　朱亚红　赵国平　万培余

结 语

全球视野下的
中国治沙经验
与未来展望

中国防沙治沙的核心经验总结

我国在防沙治沙领域的成功经验不仅是多年实践的成果，更是多方位努力和综合治理的体现。中国防沙治沙的经验涵盖了政策支持、科技创新、治理模式、生态与产业结合等方面，为世界荒漠化治理提供了宝贵的"中国经验"。以下将总结我国在防沙治沙方面的核心经验，并分析其对未来治理的启示和推广价值。

政策支持

政策的持续推动是我国防沙治沙成效显著的重要保障。在过去数十年中，我国政府通过一系列顶层设计与政策引导，构建起多层次、多维度的防沙治沙体系，涵盖国家各层级，形成了系统、科学的治理框架。

一、国家级政策制定

从"三北"防护林到京津风沙源治理等一系列重大生态工程，我国通过国家级的政策制定和资金支持，使荒漠化防治成为国家战略的重要组成部分。这些项目以恢复生态系统为目标，具有保护国土、减少风沙侵害等多重效益，确保了治理工程的长期可持续性。

二、专项资金与项目扶持

针对防沙治沙，我国建立了专门的财政扶持机制，为治沙工程提供资金保障。政府设立专项资金支持西北、华北、东北等区域的防护林建设，还通过多渠道资金扶持，如政策性银行贷款和生态补偿等措施，吸引社会资本加入治沙行列。

三、法律保障与法规体系

法律保障是确保政策实施和成果稳固的重要支撑。我国制定了系统的荒漠化防治法律体系，包括《中华人民共和国防沙治沙法》《中华人民共和国草原法》《中华人民共和国土地管理法》等，在法律层面明确了责任主体、保护措施和惩戒机制，为荒漠化防治提供了可靠的法律依据。

四、地方政策和区域合作

在国家顶层设计的指导下，各省（市、自治区）结合本地生态环境特点和治理需求，制定了适应性的地方政策。比如，新疆和内蒙古等地为保护原生植被制定了草原保护政策，甘肃、宁夏等地通过制定植树造林和土地修复相关政策，逐步恢复生态环境。地方政策的差异化和针对性保证了治理工程的实际效果，同时，跨区域合作进一步强化了防沙治沙的成效。

五、长期政策与综合治理目标

我国的防沙治沙政策重视持续性和系统性，通过将短期目标与长期计划相结合，巩固拓展治理成果。例如，"十三五"规划和"十四五"规划都将防沙治沙纳入其中，将治沙工作融入乡村振兴、生态文明建设等多个国家战略，实现了生态效益、经济效益、社会效益的全面提升。通过多层次、全覆盖的政策体系，我国不仅有效遏制了沙漠化的扩展，也为国际荒漠化治理提供了政策范例。

科技创新

我国的防沙治沙事业从最初简单的植被恢复，逐步发展到全面综合治理，科技进步和创新在其中起到了决定性作用。现代科技的运用不仅提高了治理效率，还显著提升了治理的精准度。

一、植被恢复与水土保持技术

沙漠生态系统十分脆弱，传统的防沙治沙多依赖单一的植树固沙，而现代的科技手段大大丰富了植被恢复的方法。针对沙区的干旱气候和恶劣生态环境，我国选育出一批适合沙区的耐旱本土植物，如沙棘、柽柳、红柳等，这些耐旱植被在固定沙丘、防止风沙侵蚀等方面发挥了关键作用，为沙区植被恢复提供了有力支撑。此外，我国还研发出草方格、植物屏障等水土保持技术，进一步稳定土壤、减少风沙，显著提升了生态恢复的质量。

二、生态监测与大数据分析

科学防治离不开精确的生态监测。近年来，我国通过卫星遥感技术、大数据技术等手段，实现了对沙区生态的全方位动态监测。例如，利用卫星遥感技术，可以实时监测沙化区域的地表变化、植被覆盖度、水资源状况等，迅速掌握沙化情况和治理效果。大数据技术的加入不仅提高了数据处理速度，还能预测沙化趋势，为政策制定和工程实施提供科学依据。

三、智能化设备与无人机应用

随着无人机、自动监测仪器等智能化设备的普及，沙区治理的效率显著提高。无人机不仅可以在广泛的区域开展巡查，还可以定期航拍生成沙化变化的可视化图像，实时监测沙区治理效果。这种方式避免了人工监测的盲区，使治理更具针对性。

四、节水灌溉与人工补水技术

沙区水资源匮乏，为了在荒漠化区域实现有效的生态修复，我国在节水灌溉、人工补水等技术方面做出了重要创新。雨水集蓄、小管出流等节水灌溉技术将水资源的使用效率最大化，而人工补水工程则保证了植被恢复的长期稳定性。例如，位于疏勒河流域中部的饮马农场，先后建设各类高效节水（滴灌）项目 12 个，完成高效节水（滴灌）建设总面积 7.35 万亩，使连片土沙滩变成绿洲沃土，靠的就是节水技术换来的水源长久滋养。

五、综合生态工程

在许多极端干旱地区，单一的植树固沙难以有效控制沙漠化。为此，我国通过综合生态工程，在系统分析水资源、气候等因素的基础上，采取多样化的防治措施。例如，在库布其沙漠实施的"光伏治沙"工程，不仅通过光伏设备产生能源，还利用设备遮阴的效果保护土壤、减少蒸发，为沙地植被提供了良好的生长条件。这种技术的突破，不仅拓宽了治沙的方式，也为全球沙漠治理提供了新的思路。

治理模式

在我国的防沙治沙实践中，各地因地制宜，探索出了一系列适应不同气候条件和地理环境的典型治沙模式。这些模式既总结了我国在多种气候带和生态条件下积累的经验，也为全球提供了多样化、科学化的治理范例。以下简要回顾本书中所涉及的各地区治沙模式：

一、沙坡头治理模式：铁路沿线风沙防护

包兰铁路宁夏沙坡头段的治沙模式是我国在铁路沿线防风固沙的典范。铁路沿线的风沙治理具有极大挑战性，为确保交通安全，科学家在此探索出草方格固沙、建立植物屏障等技术，构建起防护带，有效遏制风沙对铁路的侵

害。这一模式不仅保护了交通设施安全，也为全球类似地区提供了成功的技术参考。

二、塔克拉玛干沙漠公路治理模式

塔克拉玛干沙漠公路是世界最长的贯穿流动沙漠的等级公路，其建设和保护过程中形成了特有的防沙治沙模式。该模式采用防护林带、草方格固沙、节水灌溉等措施，成功地将风沙侵蚀降至最低。这一模式实现了沙漠条件下的人类工程与自然生态的和谐共存，并对其他沙漠公路的建设和治理具有指导意义。

三、青藏铁路风沙治理模式

青藏铁路格拉段地处高寒地区，生态脆弱。该模式在寒冷条件下利用耐寒植物、保护层等控制风沙，兼顾了生态保护和交通安全。这一模式不仅服务于高寒地区的交通运输需求，也为类似气候环境中的基础设施保护提供了参考。

四、敦煌莫高窟风沙治理模式

敦煌莫高窟风沙治理模式在保护历史文化遗产方面独具特色。敦煌莫高窟周边环境恶劣，风沙侵袭对遗产保护提出严峻挑战。该模式通过植物屏障、风沙阻隔带等技术，将生态治理与文化保护相结合，取得显著成效，成为沙漠化地区文化遗产保护的范例，适用于全球范围内有文化遗产的沙漠地区。

五、华南沿海地区海岸风沙防治模式

华南沿海地区的风沙防治模式适用于海岸风沙严重的地带。通过建立综合防护体系，结合植物防护林、海岸屏障工程等措施，有效控制风沙对沿海设施的侵害，为沿海风沙带设施防护提供了新思路。

六、策勒流动沙漠绿洲防沙模式

策勒流动沙漠绿洲防沙模式主要针对流动沙漠中的绿洲保护，采用阻沙墙、耐旱植物带等构建防沙体系。该模式通过生态屏障的设置稳定沙丘，保护绿洲免受风沙影响，为流动沙漠中的绿洲保护提供了系统性方案。

七、莫索湾绿洲风沙治理模式

莫索湾绿洲风沙治理模式采用近自然的生态恢复方法，适用于干旱、半干旱的荒漠化区域。通过人工选育适应当地环境的植物，以草方格固沙、节水灌溉等措施，保持生态平衡。该模式在不打破原有生态系统的前提下实现沙区绿化，适用于生态脆弱、降水少的沙区。

八、临泽生物防沙治理模式

临泽生物防沙治理模式致力于干旱地区的生态恢复，主要通过生态防护林建设、合理灌溉等手段，提升区域抗风沙能力。该模式在干旱地区的防护林体系中应用广泛，适用于水资源相对匮乏的沙漠地区。

九、科尔沁沙地治理模式

科尔沁沙地治理模式将沙漠化治理和土地利用紧密结合，通过种植耐旱植物、发展特色农业等措施，在防沙的同时增加了土地的经济价值。此模式为土地资源有限、需要兼顾生态效益和经济效益的沙漠化地区提供了样板。

十、黄淮海平原沙地治理模式

黄淮海平原沙地治理模式在沙地改造上强调资源整合，通过种植适地作物、改良土壤结构，提升沙地利用率。这一模式不仅实现了沙地的有效治理，还促进了农业发展，为平原沙地的治理和利用树立了典范。

十一、库布其沙产业治沙模式

库布其沙产业治沙模式是兼顾生态修复和产业开发的成功案例。通过发展防护林、草方格固沙、沙产业和生态旅游，库布其模式融合科研、产业和治沙的多方资源，实现了"治沙"与"治贫"的双赢，为全球沙区的生态修复与经济发展提供了参考。

十二、绿洲防护林与沙产业相结合的防沙治沙模式

塔克拉玛干南缘的治理模式同步发展绿洲防护林和沙产业，既保护了绿洲生态，也为当地经济提供了新增长点。该模式通过耐旱植物和林农复合系统，形成绿洲保护带，并促进农业、林业发展，为沙漠边缘的绿洲保护提供了可借鉴的范例。

十三、毛乌素沙地治理模式

毛乌素沙地治理模式在半干旱区沙漠化治理上积累了丰富经验。通过建立防风固沙林、耐旱植物带和合理利用土地，毛乌素沙地逐步实现了生态恢复和经济开发的平衡。该模式的成功应用，为其他半干旱地区的沙漠化治理和可持续发展提供了借鉴。

以上模式创新展示了我国在不同地理条件和气候环境下的治沙成果。通过在沙漠铁路、绿洲、沿海地区、半干旱地区的治沙探索，我国不仅改善了本国的沙区生态环境，也为全球荒漠化治理提供了科学化、多样化的模式选择。

生态与产业结合

我国的治沙不仅追求生态修复，还关注区域经济的可持续发展。通过生态产业的发展，沙区逐步实现了"绿水青山就是金山银山"的目标，形成了"生态与经济共赢"的治沙路径。

一、生态旅游业的发展

沙区的生态旅游发展在内蒙古、宁夏等地已取得显著成效。通过开发沙漠探险、生态观光、文化体验等多样化旅游产品，吸引大量游客，同时带动了当地居民的收入增长。生态旅游不仅促进了沙区经济发展，还增强了公众的生态保护意识。

二、新能源产业的兴起

沙区丰富的太阳能和风能资源使其成为清洁能源的重要基地。我国在内蒙古、新疆等地大力发展光伏、风电等新能源项目，不仅推动了绿色发展，还为当地创造了就业机会，将沙区从生态脆弱地带转变为清洁能源基地。

三、特色农业的推广

沙区沙棘、枸杞、葡萄等耐旱植物的种植，既防沙固沙，也增加了农民收入。例如，宁夏的枸杞产业已成为支柱产业，沙棘产业在甘肃、陕西等地蓬勃发展。这种沙产业的发展模式实现了"生态+经济"的双重效益，为沙区人民带来了持续收益。

四、沙产业开发与循环经济

通过沙产业的开发，我国在一些沙区建立了循环经济链条，利用沙生植物的深加工形成高附加值的产品，并通过循环经济模式使资源利用最大化。这种模式为其他资源贫乏的沙漠地区提供了值得借鉴的发展路径，实现了生态保护和资源利用的良性循环。

国际视角：全球荒漠化防治的"中国方案"

在全球荒漠化问题愈发严峻的背景下，荒漠化治理已成为国际社会亟待解决的生态问题。荒漠化的蔓延不仅威胁着土地资源、生态环境，还严重影响着全球的粮食安全和经济发展。我国作为世界上荒漠化防治成效最显著的国家之一，通过数十年的治理实践和技术创新，不仅成功应对了沙漠化挑战，形成了全球荒漠化防治的"中国方案"，还积极推动了全球荒漠化治理的合作和发展。这不仅展示了我国在荒漠化治理中的科技与模式创新，更展示了我国为全球可持续发展贡献的智慧与责任。

"中国方案"的国际推广

我国自 1994 年签署《联合国防治荒漠化公约》以来，积极履行国际责任，推动全球荒漠化防治的共同发展，通过"一带一路"倡议、中国—非洲合作论坛和库布其国际沙漠论坛等国际平台，持续分享治沙技术与经验，为世界荒漠化防治贡献了独特的"中国方案"。

一、参与国际条约，积极承担全球责任

我国积极参与《联合国防治荒漠化公约》的制定，并严格履行各项条约义务，致力于通过国际合作推进荒漠化治理。作为公约的积极参与者，我国不仅将自身的治理经验分享给世界，也通过技术输出推动全球荒漠化防治工作。在全球气候变化和土地退化背景下，我国的沙漠化治理不仅在缓解区域生态危机上发挥了作用，还对国际生态治理格局产生了重要影响。

二、推进"一带一路"绿色合作，扩大治沙影响

在"一带一路"倡议的框架下，我国在沙漠治理合作方面持续推进，与沿线国家建立了广泛的合作关系。通过项目合作、技术转让、人员培训、资金援助等方式，帮助中亚、非洲、南亚等沙漠化严重地区应对土地退化问题。例如，在"一带一路"沿线的中亚国家，我国帮助建设一批抗沙固沙项目，引入适地树种和水土保持技术，为当地的生态环境改善提供新的思路。

三、中非合作论坛：技术转移和治理模式共享

中非合作论坛的建立，为我国和非洲国家在荒漠化治理方面的合作奠定了坚实基础。我国在多个非洲国家推行适应性治理技术，帮助这些国家从源头上解决土地退化问题。例如，我国在肯尼亚、尼日利亚等国推广沙棘、柽柳等抗旱植物，帮助这些国家利用水土保持技术进行沙漠治理，显著改善了当地的生态条件。在这一过程中，我国不仅提供了技术支持，还注重将治理模式、管理经验和长期规划理念引入合作中，帮助非洲国家逐步提升荒漠化治理的能力。

四、多边合作平台：深化政策对话和经验交流

除了双边合作，我国还通过多边平台分享荒漠化治理的政策和技术经验。

通过举办库布其国际沙漠论坛、参与联合国环境署等国际环保组织的活动，我国不断深化与全球的政策对话和经验交流。2024 年 5 月，新华通讯社与《联合国防治荒漠化公约》战略合作备忘录在北京签署，旨在促进共同防治荒漠化、土地退化与干旱，推动可持续性发展目标的实现。这种多边合作不仅促进"中国经验"的国际传播，还带动国际社会共同应对荒漠化挑战。

技术与管理的输出

在全球防沙治沙合作中，我国不仅提供先进的治理技术，还注重将有效的管理模式、治理经验进行推广和应用。通过因地制宜地推广"中国经验"，不仅帮助合作国家解决了技术难题，还促进了这些国家的治理能力建设，推动了全球荒漠化治理的协同发展。

一、先进治沙技术的推广与应用

我国的治沙技术涵盖了抗旱植被、节水灌溉、草方格固沙、植被防护等多个方面，可针对不同国家和地区的地理环境和气候条件分享实用的技术和管理经验。例如，我国向非洲一些国家推广了适应性强的抗旱植物品种，并辅以节水灌溉技术，有效解决了当地水资源匮乏的难题。此外，我国的草方格固沙技术也在蒙古、哈萨克斯坦等国得到推广，使这些国家的铁路沿线和公路沿线的风沙侵害问题得到了有效缓解。

二、生态管理模式的输出与创新

在与沿线国家的治沙合作中，我国不仅输出了沙漠治理的技术方案，还结合当地实际情况帮助制定防沙治沙的管理政策。我国与蒙古、哈萨克斯坦等国共同开展跨区域的治沙合作项目，合作制定区域生态管理政策，从生态保护、资源利用等多方面保障治理效果。在一些地区，我国则通过帮助当地建立植被保护区、发展沙漠生态产业等方式，推动沙区居民参与生态管理，实现了治沙工作的多方联动。

三、治理能力建设与人员培训

在全球防沙治沙合作中，我国十分重视当地治沙队伍的能力建设。通过举办治理技术培训班、研讨会，派遣专家团队进行实地指导，帮助合作国培养了一批具备沙漠治理知识和技术的本土人才。例如，我国每年邀请数百名非洲国家的技术人员到我国进行荒漠化治理的实地考察与培训，帮助其掌握治理的基本方法和操作技能。此外，我国的专家团队还协助合作国设计适合当地的治理方案，从而推动治沙工作的长期有效进行。

四、合作示范基地建设

为了增强治理效果，我国在非洲、南亚、中亚等地建立了一系列防沙治沙示范基地。通过这些示范基地，我国向当地展示了多种生态治理技术和治理模式，形成了可复制的治理样板。例如，我国在坦桑尼亚建设了包括中国科学院中-非联合研究中心现代农业示范基地在内的多个农业研究基地，提升当地的荒漠化防治意识和技术水平。这些示范基地不仅为当地提供了可靠的治理模式，还成为荒漠化防治技术、管理模式和生态教育的集成平台，为当地治理实践提供持续的支持。

国际合作与生态治理

作为全球荒漠化治理的积极推动者，我国在多个国际环保组织和生态治理倡议中发挥了重要作用。通过政策对话、技术交流、跨国研究项目等方式，我国与国际社会共同探索荒漠化治理的新路径，为全球生态治理贡献了"中国智慧"。

一、全球生态治理框架下的政策对话

在全球生态治理的框架下，我国积极参与全球荒漠化防治领域的政策对话与治理合作。例如，我国在《联合国气候变化框架公约》缔约方大会、全球环境基金（GEF）等平台提出了多项政策建议，倡导将防沙治沙纳入全球生态治理体系中。通过与国际组织的政策对话，我国不仅在全球层面推动了防沙治沙共识的形成，还在实践中积极支持其他发展中国家实现生态治理。

二、跨国研究项目的科技共享

为了深化全球荒漠化防治的技术合作，我国与多个国家的科研机构联合开展跨国研究，共同研发适应性治沙技术。例如，我国与一些国家合作开展沙漠水资源利用项目，研发节水抗旱的沙漠绿化技术，以解决极端干旱地区水资源匮乏的难题。通过跨国研究项目，我国不仅实现了治理技术的国际共享，还推动了全球荒漠化治理的科技合作。

三、技术论坛与经验交流

我国通过参与或主办多个国际环保论坛、技术交流会，为全球荒漠化防治的知识传播和经验交流搭建平台。我国在《联合国防治荒漠化公约》缔约方大会、中非合作论坛和库布其国际沙漠论坛等平台分享治沙经验，展示最新技术成果。通过这些平台，我国不仅推动了治理技术的传播，也让世界更好地认识我国在生态保护领域的贡献，为全球荒漠化治理共建合作打下了基础。

四、绿色金融与治沙项目支持

为了进一步强化国际治沙合作的资金保障，我国通过发展绿色金融、构建生态补偿机制、设立专项基金等方式支持全球荒漠化治理。例如，我国与亚洲开发银行等金融机构合作，为"一带一路"沿线的治沙项目提供资金支持，帮助沿线国家建立起可持续的治沙资金保障。绿色金融的引入，为全球生态治理提供了创新性资金支持，增强了治沙项目的可持续性。

五、建立全球治沙网络，共享治理成果

我国积极推动建立全球治沙合作网络，通过共享治理成果、传播治沙技术和推广适地治理模式，推动国际社会的共同行动。在全球荒漠化防治的框架下，我国的治沙成就为世界荒漠化防治树立了典范。例如，中国科学院团队在"非洲绿色长城"部分成员国开展了荒漠化数据库建设、遥感数据解译、自动气象站建设等工作，使这些国家在荒漠化治理上获得了有力的技术支撑。

国际视野中的"中国智慧"

我国的防沙治沙成就在全球范围内树立了标杆，这些经验和模式对全球生态治理有着深远的影响。我国的荒漠化治理不仅在政策上有创新，在技术上有突破，还在产业结合、区域合作方面生成了可借鉴的模式，成为国际社会学习的重要经验。随着全球气候变化的加剧，荒漠化防治将成为未来几十年内环境领域的核心任务。我国的防沙治沙模式，在中亚、南亚、非洲等沙漠化严重的地区取得了成功。未来，我国的治理模式将继续在全球推广，形成适应全球需求的治理方案，助力全球荒漠化防治的可持续发展。

我国的防沙治沙经验体现了生态保护、科技创新、社会参与和经济发展的多维度成果。在国际荒漠化治理中，我国将继续深化合作、加强交流，为全球生态保护提供更多的"中国智慧",推动人类共同构建人与自然和谐共生的美丽家园。

通过多层次、多维度的国际合作,我国在全球荒漠化治理中的角色愈加重要。通过科技支撑、模式创新、政策推广和国际合作的多方联动,我国正逐步建立起全球荒漠化防治的"中国方案",并为实现全球土地退化零增长目标做出积极贡献。这一"中国方案",不仅为国际社会的荒漠化治理提供了可借鉴的模式,也为全球生态治理提供了可持续发展的新思路。

未来展望:新时代我国防沙治沙的全球使命

我国在防沙治沙的未来愿景中,不仅致力于继续巩固和深化国内成就,还将在全球生态治理中扮演愈发重要的角色。随着全球气候变化日益加剧、荒漠化范围的不断扩大,防沙治沙工作的重要性愈加突出。我国致力于为全球气候变化、土地退化等问题贡献智慧,为人类可持续发展提供方案。在国际合作和责任担当中,我国将发挥更大的全球影响力,推动生态保护和可持续发展。

全球气候变化下的中国使命

在全球气候变化日益严峻的背景下,极端气候事件频繁发生,全球的干旱与荒漠化问题日益严重。荒漠化治理不仅是恢复生态的基本手段,也是减缓气候变化、维护生态安全的重要举措。作为负责任的大国,我国积极推动全球荒漠化治理,致力于减少气候变化带来的生态灾害。

一、应对气候变化的战略升级

我国将继续提升荒漠化治理在国家应对气候变化战略中的地位，通过大规模的植被恢复、沙地绿化等项目，增加碳汇，减缓温室气体排放。这种自然解决方案不仅有效吸收二氧化碳，还在区域微气候调节、降温减尘等方面具有积极效果，未来我国将进一步结合治沙与应对气候变化，为国际气候治理贡献实际成果。

二、推动零碳工程建设

为应对全球气候变化，我国将通过构建零碳工程作为创新试点，利用风能、太阳能等新能源替代传统能源，减少沙区温室气体排放。同时，我国计划通过碳交易、碳补偿机制等市场化手段，吸引全球资本投资低碳治沙项目。这种创新的零碳工程治理模式，有望为其他国家提供示范。

三、倡导全球生态保护政策合作

我国将积极推动荒漠化治理纳入全球生态保护和气候治理政策，倡导在《联合国气候变化框架公约》下加强各国间的合作，呼吁各国在气候治理中加强对荒漠化地区的关注。我国在多边合作中提出了多项倡议，并呼吁世界各国增加荒漠化治理资金投入，确保在全球范围内减缓沙化、促进生物多样性保护，推动全球气候与生态目标的实现。

四、低碳治理技术的国际推广

我国已积累了在荒漠化治理中应用低碳技术的丰富经验，包括节水灌溉、太阳能提水、植被覆盖等。未来，我国将通过国际合作推广低碳治沙技术，将绿色发展理念带到中亚、非洲等沙漠化严重的地区，帮助各国开展"碳中和"治沙，推动全球低碳发展。

新技术与绿色发展：智能化与清洁能源的结合

科技创新在我国未来的防沙治沙事业中将继续占据核心地位。通过智能化、数字化的新兴技术，我国的治沙工程正变得更加精准、更加高效。同时，清洁能源的发展不仅帮助沙区的生态恢复潜力，也使沙区逐步转变为绿色经济的增长点。

一、数字化生态监测网络的建设

未来，我国可在沙区构建大规模的生态监测网络，通过大数据、人工智能和遥感技术实时监测植被、气候、土壤水文等生态参数。这种数字化的生态监测网络，不仅能提高治理工作的实时性和精准性，还能为沙区的生态变化提供科学依据，有助于人们及时调整治理方案，确保最佳效果。

二、无人机和自动化设备的应用

无人机和自动化设备的广泛应用将进一步提升治理效率。无人机在沙区巡查、数据采集、加强监控等方面优势明显，而自动化灌溉设备则能确保植被生长所需的水分。未来，我国将进一步普及智能化治沙设备，甚至在极端条件的沙区实施无人化治理，有效降低治理成本，提升成效。

三、新能源发展与治沙的深度融合

沙区光照充足、风力丰富，是风能和太阳能的理想发展区域。未来，我国将在沙区发展大规模的风电、光伏基地，以清洁能源的生产带动沙区绿色经济的发展。这些新能源项目不仅可以带来经济收益，还能通过智能系统调节生态环境，成为治理与发展双赢的典范。例如，在光伏电站下种植耐旱植被，可以减少蒸发、保持土壤湿度，实现沙区绿化和新能源发展并行的模式。

四、区块链技术与碳交易系统

我国计划引入区块链技术，建立沙区碳交易系统，实现碳数据透明化管理。这一技术不仅能规范碳交易，还能促进全球资本进入治沙项目，推动低碳发展。通过科学化的碳管理体系，沙区的碳排放将有效降低，为全球绿色低碳发展提供新思路。

五、绿色金融支持与风险投资

为支持技术创新，我国将推动绿色金融在治沙领域的应用。通过建立专门的绿色治沙基金和吸引风险投资，提供更充裕的资金支持治沙工作，推动科研机构和企业在低碳治沙领域的技术研发和应用。绿色金融的引入将进一步扩大低碳技术应用的范围，为未来的绿色发展提供可持续的经济支撑。

我国的防沙治沙历程，凝结了几代人的智慧与努力，展现了我国在生态保护中的责任与担当。从国家政策的顶层设计到具体的治沙技术和产业模式的落地，我国的沙漠治理已经成为生态文明建设的重要组成部分。未来，我国不仅将继续推动国内治沙技术进步和模式创新，还将通过国际合作、技术输出和生态援助等方式为全球荒漠化治理提供"中国方案"。

在全球气候变化和生态退化的挑战面前，人与自然和谐共生的理念需要人们付出更加切实的行动。我国将与国际社会共同努力，在全球范围内推广绿色发展理念和生态修复经验，为人类命运共同体的建设贡献"中国智慧"。这一绿色使命不仅属于我国，也属于世界其他各国和全人类。通过合作与共赢，世界各国将共同构建一个生态繁荣的地球家园，见证沙漠变绿洲、生态重建的美好未来。

本章撰稿：祝魏玮

参考文献

阿米娜·帕塔尔. (2019). 浅谈吐鲁番市防风治沙造林模式. 新农业, (15), 41-42.

安云. (2013). 毛乌素沙地4种典型植被恢复模式生态效益分析 (硕士学位论文). 北京林业大学.

安志山, 张克存, 屈建军, 牛清河. (2014). 青藏铁路沿线风沙灾害特点及成因分析. 水土保持研究, 21, 285-289.

白旸, 陈佳升, 程延, 张甜. (2020). 广东全新世海岸风沙沉积分布. 中国沙漠, 40(06), 71-81.

北京大学地理系, 中国科学院自然资源综合考察委员会, 中国科学院兰州沙漠研究所, 中国科学院兰州冰川冻土研究所. (1983). 毛乌素沙区自然条件及其改良利用. 北京: 科学出版社.

曹文梅. (2021). 科尔沁沙丘草甸相间地区植被群落动态模拟及生态系统健康评价 (硕士学位论文). 内蒙古农业大学.

曹显军, 刘玉山, 斯钦昭日格. (1999). 踏郎、黄柳植物再生沙障治理高大流动沙丘技术的探讨. 内蒙古林业科技, (S1), 67-69.

曹尤淞, 李生宇. (2020). 北疆农田防护林衰退现状及治理对策——以石河子市150团为例. 中国水土保持, (3), 4.

柴永江, 李吉人. (1997). 生态经济圈建设一种有效的治沙模式. 防护林科技,

(02), 47-49.

常学向, 陈怀顺, 李志刚, 张红萍. (2021). 西藏雅鲁藏布江流域典型沙漠区生态修复植物群落物种多样性. 中国沙漠, 41(6), 187-194.

常兆丰. (2008). 试论沙产业的基本属性及其发展条件. 中国国土资源经济, (11), 32-34, 44.

朝伦巴根, 李荣禧, 刘廷玺, 杨呼和, 李吉人. (2004). 科尔沁沙地腹部生态环境建设模式与展望. 水资源与水工程学报, (02), 25-28.

陈昌笃, 张立运, 胡文康. (1983). 古尔班通古特沙漠的沙地植物群落、区系及其分布的基本特征. 植物生态学与地植物学丛刊, 7(2), 89-99.

陈方. (1994). 海坛岛海岸风沙特征及其发育. 海洋科学, (06), 46-50.

陈芳, 王继和, 蒋志荣, 魏怀东, 丁峰. (2006). 古浪县绿洲边缘植被恢复过程中的土地利用变化特征. 甘肃农业大学学报, 41(3), 101-103.

陈广庭, 杨泰运, 张伟民. (1989). 山东省黄河冲积平原风沙化土地的研究. 中国沙漠, (01), 22-36.

陈国雄. (1992). 延津县风沙化土地农业开发初探. 国土与自然资源研究, (01), 25-29.

陈国雄. (1995). 生态位理论在沙地农业开发中的应用. 中国沙漠, (03), 278-282.

陈荷生. (1992). 沙坡头地区生物结皮的水文物理特点及其环境意义. 干旱区研究, (01), 31-38.

陈隆享. (1981). 绿洲边缘沙害的治理——以临泽县北部为例. 甘肃林业科技, (02), 5-14.

陈舜瑶. (2022). 沙都散记. 北京: 科学出版社.

陈天雄, 谭政华, 杨树奎. (2008). 宁夏中部干旱带硒砂瓜产业现状及发展策略. 中国蔬菜, (12), 3-5.

陈梧桐. (2006a). 黄河母亲的欢乐与忧伤（上）. 绿色中国, 2, 32-37.

陈梧桐. (2006b). 黄河母亲的欢乐与忧伤（下）. 绿色中国, 4, 44-48.

陈宇宏. (2019). 中国增绿中的榆林贡献——记榆林治沙60年. 西部大开发, (5), 92-97.

陈治平. (1963). 准噶尔盆地古尔班通古特沙漠的基本特征. 地理集刊（第5号）. 北京: 科学出版社.

程杰, 韩霁昌, 王欢元, 张扬, 张卫华, 陈科皓. (2016). 毛乌素沙地砒砂岩固沙机理研究. 水土保持学报, 30(5), 124-127.

程维明, 包安明, 柴慧霞. (2018). 新疆地貌格局及其效应. 北京: 科学出版社.

崔国发. (1998). 固沙林水分平衡与植被建设可适度探讨. 北京林业大学学报, (06), 93-98.

崔琰. (2010). 库布齐沙漠土地荒漠化动态变化与旅游开发研究 (博士学位论文). 中国科学院研究生院.

戴湘艳, 吕衡彦. (2011). 吐鲁番盆地灾害性天气对农业生产的影响. 新疆农业科技, (6), 28-29.

丁国栋. (2002). 沙漠学概论. 北京: 中国林业出版社.

董玉祥, 李志忠. (2022). 近40年中国海岸风沙地貌研究回顾. 中国沙漠, 42(1), 12-22.

董玉祥. (2006). 中国的海岸风沙研究: 进展与展望. 地理科学进展, 26(2), 26-35.

董治宝, 陈广庭, 韩致文, 颜长珍, 李振山. (1997). 塔里木沙漠石油公路风沙危害. 环境科学, 18(1), 4-9.

董智, 李红丽, 任国勇, 刘刚, 马琳. (2008). 黄泛平原风沙化土地种植牧草改良土壤效果研究. 中国草地学报, 30(3), 84-87.

杜会石, 哈斯额尔敦, 王宗明. (2017). 科尔沁沙地范围确定及风沙地貌特征研究. 北京师范大学学报（自然科学版）, 53(1), 33-37.

杜云. (2021). 科尔沁沙地近20年土地覆被变化及驱动因素分析 (硕士学位论文). 上海师范大学.

段争虎, 刘发民. (2000a). 黄淮海平原豫北土地风沙化对土壤肥力的影响. 中国沙漠, S2, 176-178.

段争虎, 刘发民. (2000b). 延津县风沙土及其改良利用. 中国沙漠, S2, 171-175.

段争虎. (1995). 延津县沙荒地的开发与治理. 资源开发与市场, 4, 179-182.

樊爱鹏. (2013). 山东黄泛平原风沙区风沙化状况与生态建设发展研究 (博士学位论文). 山东农业大学.

樊锦诗. (2000). 敦煌莫高窟的保护与管理. 敦煌研究, 63(1), 1-4.

樊胜岳, 周立华. (2000). 沙漠化成因机制及其治理的沙产业模式. 地理科学, (6).

方海燕, 俎瑞平, 张克存. (2004). 海岸风沙地貌分类研究现状. 水土保持研究, (3), 248-251.

封斌, 高保山, 麻保林, 符亚儒, 杨伟. (2005). 陕北榆林风沙区农田防护林结构配置与效益研究. 西北林学院学报, 20(1), 118-124.

冯季昌, 姜杰. (1996). 论科尔沁沙地的历史变迁. 中国历史地理论丛, (4), 105-120+1.

冯立荣, 张安东, 左忠, 王家洋, 马静利. (2021). 宁夏中部干旱带不同柠条种植模式对土壤水分的影响. 浙江农业科学, 62(4), 688-691+812.

冯起, 高前兆. (1995). 禹城沙地水分动态规律及其影响因子. 中国沙漠, (2), 151-157.

冯起, 高前兆. (1996). 禹城沙地节水试验滴灌设计. 干旱区资源与环境, (2), 18-25.

付金晶. (2021). 衬膜水稻技术对科尔沁沙地荒漠化土壤的修复效果研究. 辽宁大学.

傅命佐, 徐孝诗, 徐小薇. (1997). 黄、渤海海岸风沙地貌类型及其分布规律和发育模式. 海洋与湖沼, (1), 56-65.

盖世广, 王雪芹, 万金平, 吴涛, 郭恒旭, 全永威, 金兴强. (2008). 古尔班通古特沙漠半固定沙垄表面风速变化规律研究. 水土保持学报, 22(4), 5.

高安, 吴诗怡. (1996). 黄淮海平原沙地风蚀的研究. 土壤学报, (2), 183-191.

高安. (1989). 黄淮海平原风沙化土地合理开发与利用——以山东禹城沙河地区治理为例. 中国沙漠, (1), 41-49.

高安. (1993). 鲁西北沙地风蚀及其防治. 中国沙漠, (4), 61-66.

高安. (1994). 黄淮海平原风沙化土地的形成与治理——以山东禹城沙河地区为例. 自然资源, (3), 5-11.

高安. (1995). 沙地秸秆覆盖蓄水保墒试验研究. 中国沙漠, (3), 261-265.

高冲, 董治宝, 南维鸽, 刘铮瑶, 朱春鸣, 王晓枝, ... 张欣. (2022). 古尔班通古特沙漠蜂窝状沙丘沉积物理化特征及沉积环境. 中国沙漠, 42(2), 14-24.

高前兆, 刘发民. (2000). 延津沙地农业生态系统建设与可持续发展. 中国沙漠, S2, 8-14.

高前兆, 张小由. (1996). 禹城沙地农业发展中不稳定因素及其防治. 生态农业研究, (4), 45-50.

高娃. (2009). 现代化进程中经济与文化协调发展研究 (硕士学位论文). 内蒙古大学.

郜超, 史社强, 漆建忠. (2015). 榆林沙区甘草飞播造林技术研究. 安徽农学通报, 21(3), 2.

龚萍, 党晓宏, 蒙仲举, 迟文峰, 常江. (2022). 生物结皮对沙质土壤水含量和水分入渗的影响. 干旱区资源与环境, 36(9), 120-125.

关克, 薛恩东. (2002). 治沙英雄石光银. 绿色中国, (7), 37-38.

桂东伟, 曾凡江, 雷加强, 冯新龙. (2016). 对塔里木盆地南缘绿洲可持续发展的思考与建议. 中国沙漠, 36(1), 6-11.

桂东伟, 雷加强, 曾凡江. (2011). 绿洲农田不同深度土壤粒径分布特性及其影响因素——以策勒绿洲为例. 干旱区研究, 28(4), 622-629.

桂东伟, 雷加强, 曾凡江, 穆桂金, 杨发相, 苏永亮, 潘燕芳. (2010). 塔里木盆地南缘绿洲农田土壤粒径分布分形特征及影响因素研究. 中国生态农业学报, 18(4), 730-735.

郭岸朝. (2007). 榆林市沙化现状及改善环境的模式探析. 安徽农学通报, 13(22), 70, 21.

郭彩赟, 韩致文, 李爱敏, 钟帅. (2017). 库布齐沙漠生态治理与开发利用的典型模式. 西北师范大学学报（自然科学版）, 53(1), 112-118.

郭洪旭, 王雪芹, 蒋进, 赵新军, 胡永锋. (2011). 古尔班通古特沙漠腹地输沙风能及地貌学意义. 干旱区研究, 28(4), 580-585.

郭京衡, 曾凡江, 李尝君, 张波. (2014). 塔克拉玛干沙漠南缘三种防护林植物根系构型及其生态适应策略. 植物生态学报, 38(1), 36-44.

郭柯. (2000). 毛乌素沙地油蒿群落的循环演替. 植物生态学报, 24(2), 243-247.

郭连生. (1998). 荒漠化防治理论与实践. 呼和浩特: 内蒙古大学出版社.

郭云义, 崔友, 聂彦卿. (2009). 科尔沁沙地综合治理模式. 内蒙古林业调查设计, 32(5), 15-17+21.

郭自春, 桂东伟, 曾凡江, 刘波, 李尝君, 赵生龙. (2014). 策勒绿洲外围6种优势防护林植物对不同灌溉量的光合及水分生理响应. 西北植物学报, 34(7), 1457-1466.

国家林业和草原局. (2020). 中国防治荒漠化70年（1949—2019年）. 北京: 中国林业出版社.

国家林业局. (2009). 中国荒漠化和沙化地图集. 北京: 科学出版社.

国家林业局. (2018). 中国沙漠图集. 北京: 科学出版社.

韩春雪. (2019). 科尔沁沙丘—草甸梯级生态系统土壤呼吸研究 (博士学位论

文). 内蒙古农业大学.

韩国峰, 况明生. (2008). 从系统论角度探析沙漠化系统的形成机制——以科尔沁沙地奈曼旗地区为例. 安徽农业科学, (19), 8263-8264+8266.

韩庆祥, 黄相怀. (2018). 绿色发展的"库布其模式"——亿利集团治理沙漠生态的成功实践与启示. 北方经济, (8), 21-25.

韩天宝, 赵哈林. (1997). 科尔沁沙地"小生物经济圈"的建立模式探讨. 内蒙古林业科技, (2), 10-15.

韩月香. (1995). 碧血黄沙情——记兰州沙漠研究所延津试验站周玉麟、李晓云. 科技潮, (11), 6-10.

韩致文, 陈广庭, 胡英娣, 姚正义. (2000). 塔里木沙漠公路防沙体系建设几个问题的探讨. 干旱区资源与环境, 14(2), 35-40.

韩致文, 王涛, 孙庆伟, 董治宝, 王训明. (2003). 塔克拉玛干沙漠公路风沙危害与防治. 地理学报, 58(2), 201-208.

韩致文, 周玉麟, 李晓云, 董治宝. (1995). 豫北延津的风沙问题. 中国沙漠, (4), 378-384.

韩致文. (1998). 豫北黄河古道区风沙地貌特征. 中国沙漠, (1), 40-45.

郝诚之. (2007). 钱学森知识密集型草产业理论对西部开发的重大贡献. 北方经济, (6), 8-13.

何财松. (2013). 青藏铁路格拉段运营初期植被恢复效果评价研究(硕士学位论文). 中国铁道科学研究院.

何兴东, 高玉葆, 段争虎, 赵爱国, 陈珩. (2002). 塔里木沙漠公路植物固沙灌溉方式比较研究. 地理科学, 22(2), 213-218.

何志斌, 赵文智, 屈连宝. (2005). 黑河中游绿洲防护林的防护效应分析. 生态学杂志, (1), 79-82.

河南省土壤普查办公室. (2004). 河南土壤. 北京: 中国农业出版社.

贺访印, 王继和. (2006). 河西地区沙产业可持续发展刍议. 中国农学通报, 7, 481-485.

侯平. (2000). 新疆防护林体系建设再认识. 新疆林业, (4), 28-29.

胡广深, 黄河浪, 刘仲平. (2018). 绿色沧桑: 20世纪80年代陕北治沙实录. 西安: 陕西人民出版社.

胡宏飞. (2003). 引水拉沙造田及土壤改良利用技术. 中国水土保持, (9), 31-32.

胡平, 赵宝义, 周晓丽, 许守国. (2006). 翁牛特旗 "四位一体" 庭院生态经济模式试验示范及效益分析. 内蒙古林业调查设计, (4), 60-61.

胡文康. (1985). 准噶尔盆地南部梭梭荒漠的生产力评价和合理开发途径. 干旱区研究, (02), 42-47.

胡晓娟, 李霞, 王讷. (2022). 八步沙林场防沙治沙区植被覆盖度时空演变分析. 地理空间信息, 20(1), 66-69.

胡英娣. (1988). 方格沙障麦草致腐因素与防腐方法的研究. 干旱区资源与环境, 2(01), 82-91.

胡智育. (1983). 和田地区沙漠化与人口增长. 西北人口, (3), 16-17.

黄翠华, 张伟民, 李爱敏. (2006). 莫高窟窟顶风况及输沙势研究. 中国沙漠, 26(3), 394-398.

黄考队. (1987). 为国家 "七五" 重点科技攻关项目贡献力量——中国科学院黄土高原综合科学考察队召开阶段成果交流会. 自然资源, (2), 94.

黄培祐. (1989). 莫索湾的开发及其对荒漠生态系统影响的初步评估. 干旱区地理, (2), 1-7.

黄丕振. (1987). 人工梭梭林的生态效益和经济收益. 干旱区研究, (4), 16-20.

姜锋, 李志忠, 靳建辉, 邓涛, 申健玲, 于晓莉, ... 陈秀玲. (2016). 河北昌黎典型海岸沙丘的沉积构造及其发育模式. 海洋学报, 38(7), 107-116.

蒋德明, 曹成有, 李雪华, 周全来, 李明. (2008). 科尔沁沙地植被恢复及其对土壤的改良效应. 生态环境, (3), 1135-1139.

蒋德明, 刘志民, 寇振武, 阿拉木萨, 李荣平. (2004). 科尔沁沙地生态环境及其可持续管理—科尔沁沙地生态考察报告. 生态学杂志, (5), 179-185.

蒋德明, 刘志民, 寇振武. (2002). 科尔沁沙地荒漠化及生态恢复研究展望. 应用生态学报, (12), 1695-1698.

蒋洁. (2022). 右玉县水土保持生态文明建设纪实. 中国水土保持, (9), 41-43.

解建强, 蔡霞, 宁松瑞, 蔡琳, 孙喜旺. (2022). 1960—2019年山西右玉降水、气温及蒸发量变化特征分析. 灌溉排水学报, 41(S1), 124-128.

金昌宁, 李志农, 董治宝, 刘健, 张天华. (2007). 塔克拉玛干沙漠公路固沙措施存在问题研究. 公路交通科技, 24(5), 1-5.

金昌宁, 张玉红. (2014). 塔克拉玛干沙漠公路机械防沙体系成本最小化探讨. 中外公路, 34(5), 4-8.

金昌宁. (2006). 塔克拉玛干沙漠流动沙丘分布区公路修筑及沙害防治研究 (博士学位论文). 兰州大学.

金正道. (2011). 我国沙产业发展现状及对策建议. 林业经济, (1), 36-39.

景爱. (1994). 沙坡头地区的环境变迁. 中国历史地理论丛, (3), 179-194.

开建荣, 王彩艳, 牛艳, 李彩虹, 左忠. (2020). 银川市大气沉降元素分布特征及来源解析. 环境科学与技术, 43(12), 96-103.

开买尔古丽·阿不来提, 毛东雷, 王雪梅, 曹永香. (2022). 和田地区近60 a沙尘天气的时空变化特征. 甘肃农业大学学报, 57(2), 145-163.

亢彦清, 李永桩. (2013). 科尔沁沙地现状及沙产业发展前景. 内蒙古民族大学学报（自然科学版）, 28(05), 553-556.

兰州铁路局中卫固沙林场. (1976). 包兰铁路中卫沙坡头地区固沙出获成效. 见中国科学院兰州冰川冻土沙漠研究所(编). 沙漠的治理(134-142). 北京: 科学出版社.

雷加强, 王雪芹, 王德. (2003). 塔里木沙漠公路风沙危害形成研究. 干旱区研究, 20(1), 1-6.

李丙文, 徐新文, 雷加强, 邱永志, 许波, 周宏伟, ... 苏薇. (2008). 塔里木沙漠公路防护林生态工程立地类型划分. 科学通报, (S2), 25-32.

李昌隆. (2021). 推进科尔沁沙地治理 筑牢祖国北疆生态安全屏障. 内蒙古林业, 547(06), 17-19.

李发明, 张莹花, 贺访印, 刘开琳, 聂文果, 郭春秀. (2012). 沙产业的发展历程和前景分析. 中国沙漠, 32(6), 1765-1772.

李钢铁. (2004). 科尔沁沙地疏林草原植被恢复机理研究 (博士学位论文). 内蒙古农业大学.

李根明, 董治宝, 秦明周, 高长海, 刘青利. (2015). 黄淮海平原风沙化土地利用研究. 北京: 科学出版社.

李根明, 方相林, 秦明周, 董治宝, 逯军锋, 胡光印. (2013a). 风沙化土地典型区延津县土地利用时空变化. 江苏农业科学, 41(01), 345-347.

李根明, 方相林, 秦明周, 董治宝, 逯军锋, 胡光印. (2013b). 黄淮海平原风沙化土地利用时空变化研究. 人民黄河, 35(01), 75-77+80.

李根明. (2011). 黄淮海平原季节性风沙化土地典型区LUCC研究——以内黄县、滑县和延津县为例 (博士学位论文). 中国科学院研究生院.

李根前, 王俊波, 漆喜林, 高海银, 陈文宏, 刘春红, ... 曹子林. (2014). 毛乌素沙地土壤盐渍化程度对樟子松造林效果的影响. 西部林业科学, 43(01), 6-9.

李庚堂, 郜超, 曹庆喜. (2011). 榆林沙区飞播造林治沙应用技术措施. 安徽农学通报, 17(21), 101-102.

李国帅. (2012). 敦煌莫高窟风沙防护综合体系若干措施的环境效益监测研究 (硕士学位论文). 中国科学院研究生院.

李禾, 吴波, 杨文斌, 张武文, 崔力强, 刘静. (2010). 毛乌素沙地飞播区植被动态变化研究. 干旱区资源与环境, 24(03), 190-194.

李红军, 何清, 杨青. (2004). 近40a新疆输沙势的分析. 中国沙漠, (6), 46-50.

李红军, 杨兴华, 赵勇, 王敏仲, 霍文. (2012). 塔里木盆地春季沙尘暴频次与大气环流的关系. 中国沙漠, 32(04), 1077-1081.

李红艳. (2005). 封育措施对毛乌素沙地西南缘地上植被和土壤种子库的影响 (硕士学位论文). 河北农业大学.

李红忠, 李生宇, 雷加强, 李丙文, 徐新文, 周宏伟. (2005). 塔克拉玛干沙漠不同矿化度水灌溉造林试验研究. 干旱区地理, 28(3), 305-310.

李怀珠, 郝翠枝. (2007). 腾格里沙漠中卫地区沙化发展趋势及治理模式. 内蒙古林业科技, 139(03), 39-41.

李建东. (1996). 科尔沁草地沙化综合治理对策. 国土与自然资源研究, (02), 55-58.

李金亚. (2014). 科尔沁沙地草原沙化时空变化特征遥感监测及驱动力分析 (博士学位论文). 中国农业科学院.

李进, 刘志民, 李胜功, 赵文智. (1994). 科尔沁沙地人工植被建立模式的探讨. 应用生态学报, (01), 46-51.

李龙, 王续富, 左忠. (2019). 宁夏沙坡头PM10浓度月—季节分布特征及其气象影响因素. 生态学杂志, 38(04), 1175-1181.

李鸣冈. (1958). 包兰铁路中卫段腾格里沙漠地区铁路沿线二年来固沙造林的研究. 见 中国科学院林业土壤研究所(编). 中国科学院林业土壤研究所研究报告集林业集刊（第3号）(pp. 1-17). 北京：科学出版社.

李鸣冈. (1980). 铁路两侧流沙固定的原则和措施. 见 中国科学院兰州沙漠研究所沙坡头沙漠科学研究站(编著). 腾格里沙漠沙坡头地区流沙治理研究. 银川：宁夏人民出版社, 27-48.

李佩君, 左德鹏, 徐宗学, 高晓曦. (2022). 基于地形梯度的雅鲁藏布江流域土地利用及景观格局分析. 山地学报, 40(1), 136-150.

李森, 杨萍, 董玉祥, 魏兴虎, 张春来. (2010). 西藏土地沙漠化及其防治. 北京: 科学出版社.

李守中, 肖洪浪, 罗芳, 宋耀选, 刘立超, 李守丽. (2005). 沙坡头植被固沙区生物结皮对土壤水文过程的调控作用. 中国沙漠, (2), 86-91.

李卫东. (2016). 中国 "一带一路" 战略下的欧李沙产业开发策略. 中国水土保持, (12), 6-9.

李响, 楚涌池. (2005). 中国第一条沙漠铁路——包兰线沙坡头沙漠选线与治理. 铁道工程学报, (S1), 173-176.

李晓云, 杨传友. (1998). 豫北黄河故道苹果品种引进观察. 落叶果树, (3), 50.

李晓云, 张小军, 陈衍. (1996). 黄淮海平原风沙化土地果树栽培技术研究. 中国沙漠, (3), 112-118.

李晓云. (2000). 豫北沙地果树适宜树种及高产优质高效开发技术研究. 中国沙漠, (S2), 15-20.

李新荣, 赵雨兴, 杨志忠, 刘和平. (1999). 毛乌素沙地飞播植被与生境演变的研究. 植物生态学报, 23(2), 116-124.

李雪. (2022). 吐鲁番市荒漠化风险评价及风险调控对策研究 (硕士学位论文). 新疆农业大学.

李玉霖, 孟庆涛, 赵学勇, 张铜会. (2007). 科尔沁沙地流动沙丘植被恢复过程中群落组成及植物多样性演变特征. 草业学报, 71(6), 54-61.

李玉霖, 赵学勇, 刘新平, 李玉强, 罗永清, 连杰, 段育龙. (2019). 沙漠化土地及其治理研究推动北方农牧交错区生态恢复和农牧业可持续发展. 中国科学院院刊, 34(7), 832-840.

李育才. (2005). "西抓榆林" 须常抓不懈. 中国土地, (2), 38-39.

李志建, 周爱国, 孙自永, 甘义群. (2006). 我国黑河流域中下游地区植被资源特征研究. 中国生态农业学报, (1), 4-6.

李志农, 金昌宁. (2002). 塔克拉玛干沙漠公路路基路面结构及施工技术研究. 第一届全国公路科技创新高层论坛论文集公路设计与施工卷, 全国公路科技创新高层论坛.

李志中. (1996). 星状沙丘研究进展综述. 干旱区地理, (2), 91-96.

李志忠, 靳建辉, 刘瑞, 解锡豪, 邹晓君, 马运强, 谭典佳. (2022). 古尔班通古特沙漠风沙地貌研究进展评述. 中国沙漠, 42(1), 7.

李最雄, AGNEW, N., 林博明. (1993). 莫高窟崖顶的化学固沙试验. 敦煌研究, 34(3), 120-125.

荔克让, 张华, 李晓云. (2000). 苹果果实轮纹病及其防治. 中国沙漠, (S2), 84-87.

林宝善. (1965). 莫索湾共青团农场大面积营造农田防护林的经验. 新疆农业科学, (11), 30-31.

凌裕泉, 屈建军, 樊锦诗, 李云鹤, NEVILLE A., 林博明. (1996). 莫高窟崖顶防沙工程的效益分析. 中国沙漠, 16(1), 13-18.

凌裕泉. (1980). 草方格沙障的防护效益. 见 中国科学院兰州沙漠研究所沙坡头沙漠科学研究站(编著). 腾格里沙漠沙坡头地区流沙治理研究 (pp. 49-59). 银川: 宁夏人民出版社.

刘冰泉. (1998). 飞播四十年. 陕西林业, (05), 10-12.

刘发民, 高前兆, 李晓云, 肖生春. (2000). 延津沙地农业可持续开发技术研究. 中国沙漠, (S2), 2-7.

刘发民, 肖生春. (2000). 延津沙地间套复种四熟栽培模式研究. 中国沙漠, (S2), 80-83.

刘峰贵, 张海峰, 陈琼, 张镱锂, 周强, 李春花, 曹生奎. (2010). 青藏铁路沿线自然灾害地理组合特征分析. 地理科学, 30, 384-390.

刘光宗, 周彬, 宁虎森. (1995). 新疆荒漠林生态类型特征及更新复壮技术. 新疆农业科学, (3), 4.

刘建康. (2019). 毛乌素沙地油蒿群落退化与封育恢复特征及机制研究 (博士学位论文). 北京林业大学.

刘建宇, 聂洪峰, 肖春蕾, 尚博谞, 李伟, 冀欣阳. (2021). 2010—2018年中国北方沙质荒漠化变化分析. 中国地质调查, 8(06), 25-34.

刘健华. (1983). 毛乌素沙地飞播造林种草固沙效益的探讨. 林业科技通讯, 11(04), 4-8.

刘琳, 张宝军, 熊东红, 唐永发, 袁勇. (2021). 雅江河谷防沙治沙工程近地表特性——林下植被特性、生物结皮及土壤养分变化特征. 中国环境科学, 41(9), 4310-4319.

刘璐, 钱福檬, 钱贵霞. (2020). 沙产业融合发展模式. 中国沙漠, 40(3), 67-76.

刘世海, 冯玲正, 许兆义. (2010). 青藏铁路格拉段高立式沙障防风固沙效果研究. 铁道学报, 32, 133-136.

刘恕. (2003). 我对钱学森沙产业理论的理解. 科学管理研究, 21(2), 1-3.

刘卫东. (2015). "一带一路"战略的科学内涵与科学问题. 地理科学进展, 34(05), 538-544.

刘新民, 吴佐祺, 王宏楼, 任爱成. (1982). 甘肃临泽绿洲北部沙漠化防治的探讨. 中国沙漠, (03), 13-19.

刘新民, 赵哈林, 赵爱芬. (1996). 科尔沁沙地风沙环境与植被. 北京: 科学出版社.

刘巽浩. (2005). 对黄淮海平原"杨上粮下"现象的思考. 作物杂志, (06), 1-3.

刘媖心, 黄兆华. (2000). 植物治沙和草原治理. 兰州: 甘肃文化出版社.

刘媖心, 赵兴樑, 王康富. (1984). 怀念我们的老师李鸣冈研究员. 中国沙漠, (4), 1-2.

刘媖心. (1985). 在治沙研究中我对父亲刘慎谔先生学术思想的体会. 中国沙漠,

(04), 3-4+43.

刘媖心. (1987). 包兰铁路沙坡头地段铁路防沙体系的建立及其效益. 中国沙漠, (04), 4-14.

刘玉平. (1997). 毛乌素沙区草场荒漠化评价的指标体系及荒漠化驱动力研究 (博士学位论文). 中国科学院国家计划委员会自然资源综合考察委员会.

刘铮瑶, 董治宝, 王建博, 董瑞杰. (2015). 沙产业在内蒙古的构想与发展: 生态系统服务体系视角. 中国沙漠, 35(04), 1057-1064.

刘铮瑶. (2020). 古尔班通古特沙漠沙丘地貌及其发育环境 (博士学位论文). 陕西师范大学.

刘中民, 吴佐祺, 杨喜林, 廖次远, 黄重生, 宝音乌力吉. (1963). 几种主要沙生植物的特性及其栽培的研究. 见 中国科学院治沙队 (编). 治沙研究 (第五号) (pp. 44-59). 北京: 科学出版社.

卢琦. (2000). 中国沙情. 北京: 开明出版社.

罗国才. (2018). 青藏铁路错那湖段插板式高立式沙障防风固沙效果研究 (硕士学位论文). 北京交通大学.

落桑曲加, 张焱, 马鹏飞, 扎多, 格多, 张正偲. (2022). 雅鲁藏布江中游不同地表输沙量特征. 中国沙漠, 42(2), 6-13.

吕爱霞. (2006). 夏津县黄泛沙地复合经营型杨树人工林生态经济效益研究 (硕士学位论文). 山东农业大学.

吕倩. (2022). 八步沙"六老汉"三代人治沙造林事迹对习近平生态文明思想学术研究的贡献. 甘肃理论学刊, (1), 20-26.

马程远. (1953). 河南延津等县固定沙丘的三种方法. 新黄河, (12), 11.

马春艳. (2019). 林业工程抗旱造林技术. 乡村科技, (20), 123-124.

马静利, 左忠, 王家洋, 张安东. (2021). 荒漠草原无林地PM2.5、PM10时间变化特征及与气象因素的关系. 中国环境监测, 37(05), 67-75.

马倩, 武胜利, 曾雅娟, 赵阳. (2014). 艾比湖流域抛物线形沙丘形态特征. 中国沙漠, 34(04), 955-960.

马淑静. (2014). 敦煌莫高窟窟区绿化现状及对文物的影响研究 (硕士学位论文). 兰州大学.

马威. (2014). 兰考县生态县建设规划初步研究 (硕士学位论文). 南昌大学.

马秀丽. (2010). 内蒙古防沙治沙的几种模式. 内蒙古林业, 414(02), 18.

毛东雷, 蔡富艳, 侯建楠, 雷加强, 杨雪峰, 薛杰. (2017). 新疆策勒沙漠—绿洲过渡带水平输沙通量. 中国沙漠, 37(06), 1085-1092.

毛东雷, 蔡富艳, 徐丹, 雷加强, 来风兵, 薛杰. (2018). 新疆和田吉亚乡新开垦地防护林小气候空间差异. 干旱区研究, 35(04), 821-829.

毛东雷, 蔡富艳, 薛杰, 雷加强, 李生宇, 周杰. (2016). 新疆和田策勒1960—2013年沙尘天气变化趋势. 干旱区资源与环境, 30(02), 164-169.

毛东雷, 雷加强, 曾凡江, 李生宇, 再努拉·热和木吐拉, 王翠. (2013). 策勒绿洲—沙漠过渡带风沙活动强度的空间分布特征. 水土保持学报, 27(02), 13-19.

毛东雷, 雷加强, 曾凡江, 李生宇. (2012). 和田地区绿洲外围防护林体系的防风阻沙效益. 水土保持学报, 26(05), 48-54.

毛玉磊. (2015). 河南省黄泛平原风沙土地形成及分布特征研究 (硕士学位论文). 山东农业大学.

孟庆法, 侯怀恩. (1995). 黄淮海平原沙区金银花与农桐间作模式研究. 生态经济, (06), 43-45.

牟月芳, 孙家滨, 徐景东. (2019). 黄河故道区风沙化土地综合治理开发可行性分析. 科技创新与应用, (13), 68-69.

娜荷雅, 李振蒙. (2023). 毛乌素沙地治理的绿色故事. 国土绿化, (06), 39-41.

倪成君, 何海琦, 张克存, 俎瑞平, 韩庆杰. (2011). 华南沿海风沙危害防护体系及其效益分析. 中国沙漠, 31(5), 1098-1104.

牛步莲, 李万贵, 李瑞华. (1993). 枣粮间作技术. 河北农业科技 (9), 26-27.

牛清河, 屈建军, 张克存, 韩庆杰, 韩光中, 马瑞. (2009). 青藏铁路典型路段风沙灾害现状与机械防沙效益估算. 中国沙漠, 29, 596-603.

牛艳. (2022). 宁夏贺兰山东麓酿酒葡萄产品质量与产地环境影响评价研究. 北京: 中国农业科学技术出版社.

派力哈提. (1995). 强化适用技术推广加快新疆防护林体系建设步伐. 防护林科技, 34-36.

潘伯荣, 李崇舜, 刘文江. (2001). 新疆的沙漠与风沙灾害治理. 中国生态农业学报, 9(3), 19-21.

潘峰. (2009). 论"右玉精神"的内涵与价值. 前进, (7), 23-25.

潘希. (2009-11-09). 包兰线沙坡头治沙: 茫茫沙海变通途. 科学时报.

潘占兵, 王云霞, 王治啸, 高红军, 左忠. (2022). 宁夏退耕还林工程生态效益监测研究与评价. 北京: 中国农业科学技术出版社.

漆建忠. (1998). 中国飞播治沙. 北京: 科学出版社.

漆喜林, 张柱华. (2008). 陕西防沙治沙现状及对策. 榆林学院学报, 18(4), 3.

齐矗华, 孙虎, 刘铁辉. (1987). 新疆吐鲁番盆地地貌结构特征. 干旱区地理, (2), 1-8.

钱大文, 巩杰, 高彦净. (2015). 近35年黑河中游临泽县荒漠化时空分异及景观格局变化. 干旱区资源与环境, 29(4), 85-90.

钱学森. (1984). 创建农业型的知识密集产业——农业、林业、草业、海业和沙业. 农业现代化研究, (5), 1-6.

钱亦兵, 雷加强, 吴兆宁. (2002). 古尔班通古特沙漠风沙土水分垂直分布与受损植被的恢复. 干旱区资源与环境, 16(4), 6.

钱亦兵, 吴兆宁, 张立运, 赵锐锋, 王小燕, 李有民. (2007a). 古尔班通古特沙漠短命植物的空间分布特征. 科学通报, (19), 2299-2306.

钱亦兵, 吴兆宁, 张立运, 赵锐锋, 王小燕, 李有民. (2007b). 古尔班通古特沙漠植被与环境的关系. 生态学报, (7), 2802-2811.

钱亦兵, 吴兆宁等. (2010). 古尔班通古特沙漠环境研究. 北京: 科学出版社.

钱亦兵, 周兴佳, 李崇舜, 吴兆宁. (2001). 准噶尔盆地沙漠沙矿物组成的多源性. 中国沙漠, 21(2), 182-187.

钱征宇. (1986). 青藏铁路盐桥沙害的调查和治理方案. 中国沙漠, 31-34.

钱洲, 俞元春, 俞小鹏, 高捍东, 吕荣, 张文英. (2014). 毛乌素沙地飞播造林植被恢复特征及土壤性质变化. 中南林业科技大学学报, (4), 102-107.

裘善文. (1989). 试论科尔沁沙地的形成与演变. 地理科学, (4), 317-328+97.

屈建军, 胡世雄. (1997). 敦煌莫高窟的风沙危害与防治问题. 中国科学: D辑, 27(1), 82-38.

屈建军, 凌裕泉, 刘宝军, 陈广庭, 王涛, 董治宝. (2019). 我国风沙防治工程研究现状及发展趋势. 地球科学进展, 34(3), 225-231.

屈建军, 凌裕泉, 张伟民. (1992). 敦煌莫高窟大气降尘的初步研究. 文物保护与考古科学, 4(02), 19-24.

屈建军, 肖建华, 韩庆杰, 张克存, 谢胜波, 姚正毅, ... 王进昌. (2021). 青藏铁路高寒风沙环境特征与防治技术. 中国科学: 技术科学, 51, 1011-1024.

屈建军, 张伟民, 彭期龙, 凌裕泉, 李云鹤, 汪万福. (1996). 论敦煌莫高窟的若干风沙问题. 地理学报, 51(5), 418-425.

屈建军, 张伟民, 王远萍, 戴枫年, 李最雄, 孙玉华. (1994). 敦煌莫高窟岩体风蚀机理及其防护对策研究. 中国沙漠, 14(2), 18-23.

任国勇. (2009). 山东黄河故道风沙化土地杨农间作生态经济效益研究. 山东农业大学.

任鸿昌, 吕永龙, 杨萍, 陈惠中, 史雅静. (2004). 科尔沁沙地土地沙漠化的历史与现状. 中国沙漠, (5), 28-31.

任英才, 范书芳. (1999). "四位一体" 庭院经济模式的试验与分析. 农村能源, (2), 19-20.

山东省土壤肥料工作站. (1994). 山东土壤. 北京: 中国农业出版社.

山东省禹城县史志编纂委员会. (1995). 禹城县志. 济南: 齐鲁书社.

尚白军, 吴书普, 周智彬, 宋春武, 郑博文. (2021). 新疆莫索湾垦区150团防护林防护效益分析. 中国水土保持科学, 19(5), 45-52.

申志锋. (2019). 黄土与沙地之间: 豫省沿黄景观变迁及其相关技术、生计问题研究 (1578—1987) (博士学位论文). 浙江大学.

沈吉庆. (2007). 包兰铁路中卫至干塘段沙害治理主要技术及防护体系综合评价. 甘肃铁道 (增刊), 101-104.

沈渭寿. (1996). 毛乌素流动沙地飞播后沙丘的固定过程. 土壤侵蚀与水土保持学报, 2(1), 17-21.

施来成, 杨喜林. (1995). 新垦沙地农作物引种试验. 中国沙漠, (2), 196-197.

石辉, 刘秀花, 陈占飞, 苏泓宇. (2019). 陕北榆林毛乌素沙地大规模土地整治开发的生态环境问题及其对策. 生态学杂志, 38(7), 2228-2235.

石麟, 赵雨兴, 哈斯额尔敦, 张萍, 许映军, 王卓然. (2021). 毛乌素沙地沙障环境下的沙丘迎风坡植被及土壤养分变化. 中国沙漠, 41(5), 140-146.

时明芝. (2003). 黄河故道沙地杨树人工林不同间作方式的比较. 林业科学, (4), 173-176.

舒心心. (2019). 马克思主义生态文明视域下沙地生态治理研究——以科尔沁沙地为例 (博士学位论文). 吉林大学.

宋凌燕. (2021). 治沙英雄石光银: 在荒漠里种植希望. 党员文摘, (9), 16-17.

宋喜群, 王雯静. (2019-03-29). 用愚公精神创造生命奇迹——甘肃古浪六老汉播绿八步沙的故事, 光明日报.

宋政梅. (2012). 吐鲁番市防风治沙造林模式. 干旱区研究, 29(1), 181.

苏培玺. (1996). 季节性风沙化土地的特征与发展果树研究. 生态农业研究, (02), 56-60.

苏永中, 赵哈林, 李玉霖. (2004). 放牧干扰后自然恢复的退化沙质草地土壤性状的空间分布. 土壤学报, (3), 369-374.

孙桂丽, 李雪, 刘燕燕, 郑佳翔, 马婧, 冉亚军. (2022). 吐鲁番市荒漠化风险动态变化及驱动力分析. 干旱区地理, 45(2), 401-412.

孙继敏, 刘东生, 丁仲礼, 刘嘉麒.(1996). 五十万年来毛乌素沙漠的变迁. 第四纪研究, 16(4), 359-367.

唐丽, 董玉祥. (2015). 华南海岸现代风成沙与海滩沙的粒度特征差异. 中国沙漠, 35(1), 14-23.

唐永发, 熊东红, 张宝军, 刘琳. (2021). 雅江河谷中段典型防沙治沙生态工程对沙地持水性能的改良效应. 山地学报, 39(4), 461-472.

陶贞, 施来成, 杨喜林, 赵兴梁, 魏兴琥. (1996). 夏津县风沙化土地开发治理措施及环境效益. 人民黄河, (5), 40-42.

田朝文. (1965). 引水拉沙开渠經驗总結及其初步研究. 黄河建设, (1), 12-16.

万积平. (2019). "八步沙精神" 的内涵及其时代启示. 甘肃理论学刊, (6), 6.

汪海洋. (2017). 科尔沁沙地治理生态及经济效益分析. 乡村科技, 168(36), 68-69.

汪万福, 王涛, 樊锦诗, 张伟民, 屈建军, AGNEW N, 林博明. (2005). 敦煌莫高窟顶尼龙网栅栏防护效应研究. 中国沙漠, 25(5), 640-648.

汪万福, 张伟民, 李云鹤. (2000). 敦煌莫高窟的风沙危害与防治研究. 敦煌研究, (1), 42-48.

汪万福, 张伟民. (2007). 敦煌莫高窟窟顶风沙环境综合治理回顾与展望. 敦煌研究, (5), 98-102.

汪万福. (2018). 敦煌莫高窟风沙危害及防治. 北京: 科学出版社.

王翠, 雷加强, 李生宇, 毛东雷, 再努拉·热合木吐拉, 周杰. (2014). 和田地区绿洲外围农田防护林带的防护效益. 水土保持通报, 34(1), 98-103+122.

王多青. (2009). 青藏铁路格拉段风沙防治. 铁道工程学报, 26, 12-15.

王贵平. (1995). 向沙漠要粮已梦想成真——沙地衬膜种稻技术. 现代农业, (10), 17-18.

王翰林, 王宇. (2002-06-14). 向沙窝要效益. 科技日报.

王翰林, 杨文斌, 王宇. (2002-06-11). 三战狼沙窝. 科技日报.

王宏年, 张鹏, 乔洪波, 张靖, 王森林, 潘文兵. (2000). 山东省风沙化土地现状及防治对策. 山东林业科技, (S1), 84-86.

王静璞, 刘连友, 沈玲玲. (2013). 基于Google Earth的毛乌素沙地新月形沙丘移动规律研究. 遥感技术与应用, 28(6), 1094-1100.

王静璞, 王光镇, 韩柳, 王周龙. (2017). 毛乌素沙地不同固沙措施下沙丘的移动特征. 甘肃农业大学学报, 52(2), 54-60.

王俊波, 李根前, 漆喜林, 高海银, 刘春红, 冯国春. (2014). 沙地柏盐渍化土壤造林效果分析. 防护林科技, (3), 30-31.

王俊波, 漆喜林, 李战刚, 朱序榆, 张东忠, 郭峰. (2014). 毛乌素沙地沙障搭设技术在樟子松造林中的应用效果. 防护林科技, (4), 14-16.

王康福. (1980). 沙坡头地区流沙固定的研究. 见 中国科学院兰州沙漠研究所沙坡头沙漠科学研究站(编著). 腾格里沙漠沙坡头地区流沙治理研究 (pp. 13-26). 银川: 宁夏人民出版社.

王蕾, 哈斯. (2004). 科尔沁沙地沙漠化研究进展. 自然灾害学报, (4), 8-14.

王让会. (1997). 且末绿洲的自然灾害及减灾对策. 干旱区研究, (4), 69-72.

王仁德, 吴晓旭. (2009). 毛乌素沙地治理的新模式. 水土保持研究, 16(5), 176-180.

王睿, 周立华, 陈勇, 赵敏敏, 郭秀丽. (2017). 库布齐沙漠3种沙产业模式的经济效益评价. 中国沙漠, 37(2), 392-398.

王涛, 吴薇, 赵哈林, 胡孟春, 赵爱国. (2004). 科尔沁地区现代沙漠化过程的驱动因素分析. 中国沙漠, 24(5), 519-528.

王涛, 吴薇. (1999). 我国北方的土地利用与沙漠化. 自然资源学报, 14(4), 355-358.

王涛, 赵哈林. (2005). 中国沙漠科学的五十年. 中国沙漠, (2), 3-23.

王涛, 朱震达. (2003). 我国沙漠化研究的若干问题——1.沙漠化的概念及其内涵. 中国沙漠, 23 (3), 209-214.

王涛. (2003). 中国沙漠与沙漠化. 石家庄: 河北科学技术出版社.

王涛. (2011). 中国风沙防治工程. 北京: 科学出版社.

王涛. (2014). 中国北方沙漠与沙漠化图集. 北京: 科学出版社.

王婷. (2006). 榆林沙区衬膜水稻栽培技术研究与构建 (硕士学位论文). 西北农林科技大学.

王为君. (1995). 夏津县风沙化土地侵蚀及防治对策. 中国水土保持, (8), 21-22.

王晓娟, 金木梁, 周玉麟. (1999). 黄淮海平原沙地不同治理利用措施下土壤性质的差异. 中国沙漠, (3), 92-95.

王旭洋, 李玉霖, 连杰, 段育龙, 王立龙. (2021). 半干旱典型风沙区植被覆盖度演变与气候变化的关系及其对生态建设的意义. 中国沙漠, 41(1), 183-194.

王雪芹, 雷加强, 蒋进, 钱亦兵. (2003). 古尔班通古特沙漠风沙活动特征与线形工程安全研究. 干旱区地理, (2), 143-149.

王雪芹, 雷加强. (1999). 塔里木沙漠公路风沙危害评估指标体系. 干旱区地理, 22(1), 81-87.

王雪芹, 王涛, 蒋进, 赵从举. (2004). 古尔班通古特沙漠南部沙面稳定性研究. 中国科学D辑: 地球科学, 34(8), 763-768.

王训明, 陈广庭, 韩致文, 董治宝. (1999). 塔里木沙漠公路沿线机械防沙体系效益分析. 中国沙漠, 25-32.

王训明, 陈广庭. (1996). 塔里木沙漠石油公路半隐蔽式沙障区与流沙区沙物质粒度变化. 中国沙漠, 16(2), 180-184.

王亚昇, 高保山, 高冬梅. (2014). 陕北榆林沙地综合治理与农林牧高效复合经营新模式研究. 陕西农业科学, 60(11), 87-90.

王岳, 刘学敏, 哈斯额尔敦, 夏方禹娃. (2019). 中国沙产业研究评述. 中国沙漠, 39(4), 27-34.

王岳, 刘学敏, 哈斯额尔敦. (2019). "互联网＋沙产业":沙漠治理产业化的新探索. 兰州大学学报（社会科学版）, 47(3), 167-174.

王占军, 王顺霞, 潘占兵, 郭永忠, 陈云云. (2005). 宁夏毛乌素沙地不同恢复措施对物种结构及多样性的影响. 生态学杂志, 24(4), 464-466.

王忠林, 高国雄, 李会科, 廖超英, 薛智德. (1995). 毛乌素沙地农田防护林结构配置研究. 水土保持研究, 2(2), 99-108+140.

王自庆. (2011). 以沙产业理论推进新疆沙漠经济发展的模式研究. 实事求是, (4), 70-72.

魏永平. (2021). 山西朔州践行"两山理论"弘扬"右玉精神". 中国水利, (24), 122-125.

温向乐. (1997). 夏津县土地风沙化及其整治对策. 中国沙漠, (3), 95-98.

温学飞, 田英, 王东清. (2022). 柠条林的经营和可持续利用研究. 银川: 阳光出版社.

温学飞. (2018). 宁夏土地沙漠化动态监测及预警机制研究. 北京: 中国农业科学技术出版社.

乌兰, 边良. (2023-06-07). 三个阶段、七种模式——毛乌素沙地治理的绿色乌审实践. 人民日报.

吴薇. (2005). 现代沙漠化土地动态演变的研究. 北京: 海洋出版社.

吴征镒, 中国植被编辑委员会. (1980). 中国植被. 北京: 科学出版社.

吴正, 黄山, 胡守眞. (1992). 海南岛海岸风沙及其治理对策. 华南师范大学学报（自然科学版）, (2), 104-107.

吴正, 吴克刚. (1987). 海南岛东北部海岸沙丘的沉积构造特征及其发育模式. 地理学报, (2), 129-141+193-195.

吴正, 吴克刚. (1990). 中国海岸风沙研究的进展和问题. 地理科学, (3), 230-236+291.

吴正. (1962). 准噶尔盆地沙漠地貌发育的基本特征. 见 中国地理学会(编). 1960年全国地理学术会议论文选集（地貌）(pp. 196-220). 北京: 科学出版社.

吴正. (1987). 风沙地貌学. 北京: 科学出版社.

吴正. (2003). 风沙地貌与治沙工程学. 北京: 科学出版社.

吴正. (2009). 中国沙漠及其治理. 北京: 科学出版社.

武继承, 孔祥旋, 李新端. (1998). 河南省沙区的农业持续发展趋势. 河南农业科学, 4, 14-16.

夏训诚, 李崇瞬, 周兴佳, 张鹤年, 黄丕振, 潘伯荣. (1991). 新疆沙漠化与风沙灾害治理. 北京: 科学出版社.

肖笃志, 胡玉昆. (1989). 准噶尔盆地莫索湾龟裂地径流的研究. 干旱区研究, 6(3), 6.

肖生春, 刘发民. (2000). 延津沙地种植业栽培模式试验研究. 中国沙漠, S2, 25-29.

谢胜波, 屈建军, 刘冰. 徐湘田. (2014). 青藏铁路沙害及其防治研究进展. 中国沙漠, 34, 42-48.

谢胜波, 屈建军, 庞营军, 周志伟. 徐湘田. (2014). 青藏铁路红梁河段沙害成因及防治模式. 铁道学报, 36, 99-105.

谢胜波, 屈建军. (2014). 青藏铁路主要沙害路段治理技术及成效. 干旱区资源与
　　环境, 28, 105-110.

新疆农业科学院造林治沙研究所. (1980). 新疆防护林体系的建设. 乌鲁木齐: 新
　　疆人民出版社.

徐维生. (2018). 我国飞播造林技术研究概述. 现代园艺, (14), 51.

徐元芹, 刘乐军, 李培英, 杜新远, 李萍, 张晓龙, 高伟. (2015). 我国典型海岛地
　　质灾害类型特征及成因分析. 海洋学报, 37(9), 71-83.

徐宗学, 班春广, 张瑞. (2022). 雅鲁藏布江流域径流演变规律与归因分析. 水科
　　学进展, 33(4), 519-530.

许德凯, 李兴田. (2001). 夏津县郭后风沙区水保综合治理模式初探. 山东水利,
　　(5), 19.

许德凯, 张清池, 王为君. (1999). 夏津县风沙化土地研究. 中国水土保持, (11),
　　43-44.

许凌, 王玲. (2007-04-28). 沙坡头模式为什么成功. 经济日报.

许越先. (1985). 黄淮海平原中低产地区治理与开发的一个典型——禹城实验区
　　经验介绍. 农业现代化研究, (6), 33-36.

薛娴, 张伟民, 王涛. (2000). 戈壁砾石防护效应的风洞实验与野外观测结果——
　　以敦煌莫高窟顶戈壁的风蚀防护为例. 地理学报, 55(3), 375-382.

薛智德, 刘世海, 许兆义, 王连俊, 沈宇鹏, 朱清科. (2010). 青藏铁路措那湖沿岸
　　防风固沙工程效益. 北京林业大学学报, 32, 61-65.

延津县史志编纂委员会. (2009). 延津县志. 郑州: 中州古籍出版社.

闫德仁, 薛英英, 赵春光. (2007). 沙漠生物结皮国内研究现状. 内蒙古林业科技,
　　No.139(3), 28-32+38.

闫德仁, 闫婷. (2022). 内蒙古流动沙地治理技术发展回顾. 中国沙漠, 42(1),
　　66-70.

闫娜, 哈斯, 刘怀泉, 李双全. (2010). 抛物线形沙丘的形态与演变的研究进展. 中国沙漠, 30(4), 801-807.

晏正明. (1997). 治沙模范石光银. 国土绿化, (4), 28-29.

杨丽华, 姚冬梅, 赵阳. (2009). 综合治理科尔沁沙地, 实现通辽市经济社会可持续发展. 防护林科技, 89(2), 102-103.

杨林. (2022). 海岸沙丘形态对季风/台风的协同响应研究现状与展望. 中国沙漠, 42(1), 108-113.

杨书鉴, 党晓宏, 刘阳, 张超, 王瑞东. (2018). 生物基可降解沙障对毛乌素沙地表层土壤水分空间异质性研究. 内蒙古林业科技, 44(3), 17-20.

杨树军, 张学利. (2005). 辽宁省西北部土地沙漠化的成因、现状及治理对策. 防护林科技, (1), 71-73.

杨泰运. (1992). 山东黄泛平原风沙化土地的开发与"中低产田"的改造. 国土与自然资源研究, (1), 21-24.

杨伟. (2009). 榆林沙区农田防护林防护效益研究. 安徽农学通报（上半月刊）, 15(1), 115-116.

杨文斌, 李卫, 党宏忠, 冯伟, 卢琦, 姜丽娜, ... 吴雪琼. (2016). 低覆盖度治沙: 原理、模式与效果. 北京: 科学出版社.

杨文斌, 王涛, 冯伟, 李卫, 李艳丽. (2017). 低覆盖度治沙的理论与沙漠科技进步. 中国沙漠, 37(1), 1-6.

杨文斌, 王涛, 熊伟, 邹慧, 冯伟, 程一本, 廉泓林. (2021). 低覆盖度治沙理论的核心水文原理概述. 中国沙漠, 41(3), 75-80.

杨喜林, 赵兴, 施来成, 魏兴琥, 范玮广, 许德凯, 李正润. (1996). 夏津沙地基本特征与护田林体系建设. 山东林业科技, (4), 33-37.

杨喜林, 郑金富, 范玮广. (1993). 夏津沙地樟子松引种试验报告. 山东林业科技, (4), 15-19+77-78.

杨怡, 吴世新, 庄庆威, 牛雅萱. (2019). 2000—2018年古尔班通古特沙漠EVI时空变化特征. 干旱区研究, 36(6), 1512-1520.

杨印海, 蒋富强, 王锡来, 李勇, 薛春晓, 程建军. (2010). 青藏铁路错那湖段沙害防治措施研究. 中国沙漠, 30, 1256-1262.

杨印海, 薛春晓, 石龙, 李凯崇, 孔令伟, 张芳. (2020). 青藏铁路沿线不同类型挡沙墙阻沙率. 中国沙漠, 40, 173-178.

杨正明, 黄仟庭. (1989). 黄淮海平原农业开发投资问题刍议. 中国农业资源与区划, 4, 22-26.

杨忠信, 张秀华, 尤飞, 王有贵, 马慧. (1998). 榆林沙区农林复合经营的主要模式. 陕西林业科技, (3), 2-5+13.

杨忠信. (1998). 引水拉沙造田. 陕西林业科技, (3), 51-58.

姚德良, 李家春, 杜岳, 李新荣, 张景光. (2002). 沙坡头人工植被区陆气耦合模式及生物结皮与植被演变的机理研究. 生态学报, (4), 452-460.

姚洪林, 阎德仁, 胡小龙, 刘永军, 张化珍. (2001). 毛乌素沙地流动沙丘风蚀积沙规律研究. 内蒙古林业科技, (1), 3-9.

姚清尹, 陈华堂, 陆国琦, 谭丕显. (1981). 琼雷地区地貌类型研究. 热带地理, (1), 13-20.

姚正毅, 陈广庭, 韩致文, 邵国胜. (2000). 沙漠地区不良工程地质现象——以塔克拉玛干沙漠腹地为例. 中国沙漠, 20(3), 269-272.

姚正毅, 陈广庭, 韩致文, 吴奇骏. (2006). 机械防沙体系防沙功能的衰退过程. 中国沙漠, 26(2), 226-231.

叶凤山, 姜玉坤, 朴永杰, 宋德伟, 韩德岭. (2008). 对提高沙地造林成活率的探索. 赤峰学院学报（自然科学版）, 98(10), 119-120.

移小勇, 赵哈林, 李玉霖, 李玉强, 付朝. (2006). 科尔沁沙地不同风沙土的风蚀特征. 水土保持学报, (2), 10-13+53.

殷代英, 屈建军, 韩庆杰, 李毅, 安志山, 李建国, 谭立海. (2013). 青藏铁路错那湖段风沙活动强度特征分析. 中国沙漠, 33, 9-15.

尹成国. (2016). 库布齐模式国际治沙的 "中国名片". 西部大开发, (5), 47-49.

余志立. (1991). 国内外飞播造林概况. 陕西林业科技, (2), 14-15.

袁兆辉, 辛泰, 刘晓峰. (2023-11-30). 右玉续写国土绿化新答卷. 山西日报.

曾凡江, 李向义, 李磊, 刘波, 薛杰, 桂东伟, 雷加强. (2020). 长期生态学研究支撑新疆南疆生态建设和科技扶贫. 中国科学院院刊, 35(08), 1066-1073.

曾凡江, 张文军, 刘国军, 张道远, 李向义, 张雷, ... 张希明. (2020). 中国典型沙漠区主要优势植被的稳定修复途径与可持续经营技术. 中国科学院院刊, 35(08).

曾凡江. (2009). 新疆策勒绿洲外围四种多年生植物的水分生理特征. 应用生态学报, 20(11), 2632-2638.

张柏忠. (1991). 北魏至金代科尔沁沙地的变迁. 中国沙漠, (1), 39-46.

张春来, 董光荣, 周玉麟. (1997). 半湿润地区风沙化土地改造利用的生态效益研究——以豫北延津县沙地农业综合开发试验示范区为例. 中国沙漠, (4), 71-73+75-77.

张改文, 高麦玲, 袁洪振, 董敏, 王力, 白玉. (2006). 黄泛沙地小网格林网对小麦增产效益的研究. 山东林业科技, (4), 16-17+22.

张鹤年. (1990). 新疆策勒县绿洲沙害的治理. 中国沙漠, 10(3), 68-73.

张鹤年. (2006). 策勒县棉花优质高产综合应用技术试验示范研究 (博士学位论文). 中国科学院大学.

张华, 李锋瑞, 张铜会, Yasuhito Shirato, 李玉霖. (2002). 科尔沁沙地不同下垫面风沙流结构与变异特征. 水土保持学报, (2), 20-23+28.

张继贤, 杨达明. (1980). 沙面结皮的自然形成过程及人工促进措施的探讨. 见中国科学院兰州沙漠研究所沙坡头沙漠科学研究站 (编著). 腾格里沙漠沙坡头地区流沙治理研究 (pp. 205-220). 银川: 宁夏人民出版社.

张继义, 赵哈林. (2004). 黑河中游绿洲农田防护林发展问题探讨. 水土保持通报, (1), 57-59.

张克存, 安志山, 何明珠, 肖建华, 张宏雪. (2022). 中国沙区公路风沙危害及防治研究进展. 中国沙漠, 42(3), 222.

张克存, 牛清河, 屈建军, 韩庆杰. (2010). 青藏铁路沱沱河路段流场特征及沙害形成机理. 干旱区研究, 27, 303-308.

张克存, 牛清河, 屈建军, 姚正毅, 韩庆杰. (2010). 青藏铁路沱沱河路段风沙危害特征及其动力环境分析. 中国沙漠, 30, 1006-1011.

张克存, 屈建军, 牛清河, 姚正毅, 韩庆杰. (2011). 青藏铁路沿线阻沙栅栏防护机理及其效应分析. 中国沙漠, 31, 16-20.

张克存, 屈建军, 牛清河, 张伟民, 韩庆杰. (2010). 青藏铁路沿线砾石方格固沙机理风洞模拟研究. 地球科学进展, 25, 284-289.

张克存, 屈建军, 鱼燕萍, 韩庆杰, 王涛, 安志山, 胡菲. (2019). 中国铁路风沙防治的研究进展. 地球科学进展, 34, 573-583.

张梦珈, 王晓荣. (2022). 浅谈陕北毛乌素沙地大规模喷灌农田防护林体系的建设. 榆林学院学报, 32 (06), 57-61.

张年, 邵继红. (2000). 新疆策勒棉花特高产栽培模式研究初报. 中国棉花, 27(07), 16-17.

张世军. (2010). 准噶尔盆地南缘活化沙丘植被自然恢复初探——以梭梭、白梭梭为例. 干旱环境监测, 24(03), 153-157.

张涛, 田长彦, 孙羽, 冯固. (2006). 古尔班通古特沙漠地区短命植物土壤种子库研究. 干旱区地理, 29(5), 7.

张铜会, 赵哈林, 常学礼, 大黑俊哉, 白户康人, 谷山一郎. (2000). 科尔沁沙地采用人工植被对流沙治理的技术. 中国沙漠, (S1), 49-53.

张伟民, 李孝泽, 屈建军, 井晓平, 汪万福. (1998). 金字塔沙丘地表气流场及其动力学过程研究. 中国沙漠, 18(3), 215-220.

张伟民, 王涛, 薛娴, 汪万福, 郭迎胜, 刘金祥. (2000). 敦煌莫高窟风沙危害综合防护体系探讨. 中国沙漠, 20(04),409-414.

张伟民. (2011). 世界文化遗产地保护——敦煌莫高窟风沙防护工程. 见 王涛, 等(编著).中国风沙防治工程 (pp. 613-630). 北京: 科学出版社.

张文静, 李志忠, 靳建辉, 郑斐, 李志星, 徐晓琳, 程延. (2021). 海南岛东北海岸风沙沉积的光释光年代学意义. 沉积学报, 39(04), 995-1003.

张文军, 刘德义, 李泽江, 路银山. (2007). 科尔沁沙地植物再生沙障人工群落结构特征. 中国水土保持科学, (05), 56-59+74.

张文军. (2008). 科尔沁沙地活沙障植被及土壤恢复效应的研究 (博士学位论文). 北京林业大学.

张文开, 李祖光. (1995). 福建长乐海岸沙丘形成发育及其区域分布特征. 中国沙漠, (01), 31-36.

张小由, 段争虎. (1997). 风沙化土地逆转过程中生态环境变化的研究. 生态农业研究, (03), 42-46.

张小由. (1993). 山东禹城沙河洼风沙化土地的综合整治. 中国沙漠, (04), 67-71.

张小由. (1995). 沙地农业开发利用早期土壤风蚀的初步研究——以山东禹城为例. 干旱区研究, (01), 26-31+25.

张焱. (2023). 雅鲁藏布江中游山南段风沙运动过程研究 (博士学位论文).中国科学院大学.

张宇, 王云霞, 左忠, 孔丽婷, 王治啸, 高红军, 范金鑫. (2023). 干旱风沙区典型退耕还林地集沙监测与评价——以宁夏回族自治区盐池县为例. 林草政策研究, 3(1), 31-36.

张振克. (1995). 烟台附近海岸风沙地貌的初步研究. 中国沙漠, (03), 210-215.

张志成. (2016). 沙漠公路生物防沙工程研究. 当代化工研究, (12), 111-112.

张志军. (2012). 基于ArcGIS平台的阿克苏地区经济林管理信息系统的建立. 新疆农垦科技, 35(9), 46-48.

赵国平, 高荣, 朱建军, 史社强, 李剑. (2018). 榆林市六十年治沙研究与实践. 陕西林业科技, 46(6), 42-47.

赵哈林, 张铜会, 崔建垣, 李玉霖. (2000). 近40a我国北方农牧交错区气候变化及其与土地沙漠化的关系——以科尔沁沙地为例. 中国沙漠, (S1), 2-7.

赵哈林, 赵学勇, 张铜会, 吴薇. (2003). 科尔沁沙地荒漠化过程及其恢复机理. 北京:海洋出版社.

赵哈林, 赵学勇, 张铜会. (2000). 我国北方农牧交错带沙漠化的成因、过程和防治对策. 中国沙漠, (S1), 23-29.

赵吉, 钱贵霞, 杨志坚, 刘东伟, 李金花, 温璐, 王锋正. (2020). 沙区生态产业理论体系与实践模式. 干旱区资源与环境, 34(12), 1-8.

赵明, 孟好军, 李秉新. (2010). 黑河流域中游地区土地荒漠化现状、成因与治理措施. 防护林科技, (01), 89-91.

赵松乔. (1990). 求是精神——缅怀竺可桢的教导. 地理科学, 10(1), 6-8.

赵廷宁, 丁国栋, 王秀茹, 王俊中, 屠志方. (2002). 中国防沙治沙主要模式. 水土保持研究, (03), 118-123.

赵文智, 白雪莲, 刘婵. (2022). 巴丹吉林沙漠南缘的植物固沙问题. 中国沙漠, 42(01), 5-11.

赵文智, 常学礼. (2014). 河西走廊水文过程变化对荒漠绿洲过渡带NDVI的影响. 中国科学（地球科学）, 44(07), 1561-1571.

赵文智, 程国栋. (2008). 生态水文研究前沿问题及生态水文观测试验. 地球科学进展, (07), 671-674.

赵文智, 任珩, 杜军, 杨荣, 杨淇越, 刘鹄. (2023). 河西走廊绿洲生态建设和农业发展的若干思考与建议. 中国科学院院刊, 38(3), 424-434.

赵文智, 郑颖, 张格非. (2018). 绿洲边缘人工固沙植被自组织过程. 中国沙漠, 38(1), 7.

赵文智, 庄艳丽. (2008). 中国干旱区绿洲稳定性研究. 干旱区研究, (02), 155-162.

赵新风, 徐海量, 叶茂, 李吉玫. (2009). 新疆绿洲防护林体系建设发展历程. 干旱区资源与环境, 23(06), 104-109.

赵性存. (1988). 包兰铁路中卫至干塘段沙漠路基的修筑. 见 中国科学院兰州沙漠研究所沙坡头沙漠科学研究站 (编著). 腾格里沙漠沙坡头地区流沙治理研究（二）(pp. 1-7). 银川: 宁夏人民出版社.

中国科学院兰州冰川冻土沙漠研究所沙漠研究室. (1974). 中国沙漠概论. 北京: 科学出版社.

中国科学院兰州沙漠研究所延津试验站. (1996). 黄河故道沙地科技开发效益评价. 农业技术经济, (02), 49-53.

中国科学院内蒙古宁夏综合考察队. (1978). 内蒙古自治区与东北西部地区土壤地理: 综合考察专集. 北京: 科学出版社.

中国科学院新疆综合考察队. (1978). 新疆植被及其利用. 北京: 科学出版社.

中卫县志编纂委员会. (1995). 中卫县志. 银川: 宁夏人民出版社.

钟德才. (1998). 中国沙海动态演化. 兰州: 甘肃文化出版社.

钟德才. (1999). 中国现代沙漠动态变化及其发展趋势. 地球科学进展, 14(3), 229-234.

仲艳妮. (2021). 右玉精神: 书写黄土高原上的生态奇迹. 党史文汇, (08), 40-44.

周宏飞, 肖祖炎, 姚海娇, 李莉, 李原理. (2013). 古尔班通古特沙漠树枝状沙丘土壤水分时空变异特征. 水科学进展, 24(06), 771-777.

周磊, 刘景辉, 郝国成, 赵宝平. (2014). 沙质土壤改良剂对科尔沁地区风沙土物理性质及玉米产量的影响. 水土保持通报, 34(05), 44-48+54.

周明. (2021-07-03). 石光银: 治沙是我唯一的事业. 陕西日报.

周瑞莲, 强生斌, 逢金强, 宋玉. (2020). 海岸防风固沙树种耐风吹阈值比较. 中国沙漠, 40(06),127-138.

周士威, 漆建忠, 麻保林, 刘冰泉. (1989). 榆林毛乌素沙地飞播植被对流动沙丘链的逆转作用. 林业科学研究, 02 (02), 101-108.

周淑琴, 荆耀栋, 张青峰, 吴发启. (2013). 毛乌素沙地南缘植被景观格局演变与空间分布特征. 生态学报, 33 (12), 3774-3782.

周炎广, 李红悦, 武子丰, 王卓然, 殷捷, 青达木尼, 哈斯额木敦. (2023). 毛乌素沙地沙障固沙机制与效益评估. 科学通报, 68 (11), 1312-1329.

周月敏, 王建华, 马安青, 祁元, 巴雅尔. (2003). 基于遥感和地理信息系统的临泽县土地利用动态变化分析. 中国沙漠, (02), 44-48.

朱金兆, 贺康宁, 魏天兴. (2010). 农田防护林学. 北京: 中国林业出版社.

朱俊风. (2004). 中国沙产业. 北京: 中国林业出版社.

朱淑娟, 孙涛, 王方琳, 马剑平, 严子柱. (2021). 甘肃河西地区发展戈壁农业的现实依据和实现途径. 安徽农业科学, (06), 240-243+246.

朱震达, 吴正, 刘恕, 邸醒民. (1980). 中国沙漠概论 (修订版). 北京: 科学出版社.

朱震达, 赵兴梁, 凌裕泉, 胡英娣, 王涛. (1998). 治沙工程学. 北京: 中国环境科学出版社.

朱震达. (1986). 湿润及半湿润地带的土地风沙化问题. 中国沙漠, 6(4), 1-12.

朱震达. (1991). 中国的脆弱生态带与土地荒漠化. 中国沙漠, (04), 15-26.

朱震达. (1999). 中国沙漠化研究的进展. 中国沙漠, 19(4), 299-311.

祝广华, 陶玲, 任珺. (2006). 青藏铁路工程迹地对植被的影响评价. 草地学报, 14(02): 160-164+180.

邹苗. (2019). 4种沙障对毛乌素沙地流沙环境的影响研究 (硕士学位论文). 内蒙古农业大学.

俎瑞平, 高前兆, 钱鞠, 杨建平. (2001). 2000年来塔里木盆地南缘绿洲环境演变. 中国沙漠, (02), 122-128.

左德鹏, 韩煜娜, 徐宗学, 李佩君. (2022). 气候变化对雅鲁藏布江流域植被动态的影响机制. 水资源保护, 38(06), 1-8.

左小安, 赵哈林, 赵学勇, 常学礼, 郭轶瑞, 张继平, 李健英. (2009). 科尔沁沙地不同尺度上沙丘景观格局动态变化分析. 中国沙漠, 29(05), 785-795.

左忠, 马静利, 宿婷婷, 王云霞. (2023). 宁夏榛子引种与栽培技术研究. 北京: 中国农业科学技术出版社.

左忠, 王东清, 温学飞. (2017). TOPSIS法综合评价宁夏中部干旱带五种风蚀环境抗风蚀性能. 中国农学通报, 33(18), 61-64.

左忠, 王峰, 张亚红, 郭永忠, 王顺霞. (2010). 宁夏中部干旱带几类土壤可蚀性对比研究. 中国农学通报, 26(03), 96-201.

左忠, 张安东, 马静利. (2022). 干旱风沙区主要造林树种土壤水分动态监测与评价. 北京: 中国农业科学技术出版社.

左忠. (2016). 宁夏引黄灌区农田防护林体系优化研究. 银川: 宁夏人民教育出版社.

左忠. (2017). 干旱风沙区风蚀监测与防治技术实践. 北京: 中国农业科学技术出版社.

Cabral, C. L., & Castro, J. W. A. (2022). Coastal dunes migration over the Itaúnas district - Espírito Santo, humid tropical coast of Southeast Brazil. *Journal of South American Earth Sciences, 119*(11), 1-11.

Eichmanns, C., & Schüttrumpf, H. (2020). Investigating changes in aeolian sediment transport at coastal dunes and sand trapping fences: A field study on the German coast. *Journal of Marine Science and Engineering, 8*(12), 1012, https://doi.org/10.3390/jmse8121012.

Hojan, M., Rurek, M., & Krupa, A. (2019). The impact of sea shore protection on aeolian processes using the example of the beach in Rowy, N Poland. *Geosciences, 9*(4), 179, https://doi.org/10.3390/geosciences9040179.

Li, S. H., & Fan, A. (2011). OSL chronology of sand deposits and climate change of last 18 ka in Gurbantunggut Desert, northwest China. *Journal of Quaternary Science, 26*(8), 813-818.

Li, Y., Gao, X., Tenuta, M., et al. (2020). Enhanced efficiency nitrogen fertilizers were not effective in reducing N2O emissions from a drip-irrigated cotton field in arid region of Northwestern China. *Science of the Total Environment*, 748.

Lu, H. Y., Yi, S. W., Xu, Z. W., et al. (2013). Chinese deserts and sand fields in Last Glacial Maximum and Holocene Optimum. *Chinese Science Bulletin, 58*(23), 2775-2783.

Smyth, T. A. G., & Hesp, P. A. (2015). Aeolian dynamics of beach scraped ridge and dyke structures. *Coastal Engineering, 99*, 38-45.

Sweeney, M. R., Huayu, L. U., Cui, M. C., et al. (2016). Sand dunes as potential sources of dust in northern China. *Science China Earth Science, 59*(4), 760-769.

Xue, W., Li, X., & Zeng, F. (2021). Inter-annual variations of seed cotton yield in relation to soil organic carbon and harvest index in reclaimed desertified land. *Field Crops Research, 272*, 108267, https://doi.org/10.1016/j.fcr.2021.108267.

Zhang, Y., Zhang, Z. C., Ma, P. F., et al. (2023). Wind regime features and their impacts on the middle reaches of the Yarlung Zangbo River on the Tibetan Plateau, China. *Journal of Arid Land, 15*(10), 1174-1195.

致　谢

　　《中国沙漠治理路径选择与技术创新》编撰工作历时两年，涉及典型性沙漠治理区域广泛，资料梳理和查阅工作量大，兼具研究性与史实分析的特点。撰稿团队由防沙治沙领域及科学史领域的专家学者组成，成员具有深厚的理论基础和多年的实践经验。团队在多学科交叉的背景下，结合国内外最新研究成果与实际治理案例，深入剖析了中国在沙漠治理方面的创新路径和技术进展。

　　本书是集体智慧的结晶，相关组织、管理和撰写工作得到了各方的指导与支持。感谢中国科学院西北生态环境资源研究院的陈广庭、王涛、李毅和新疆生态与地理研究所的李生宇等老师，在选题拟定、框架完善、沙漠治理历史梳理以及创作团队组建等方面给予的全面、深入和细致的指导。感谢中国林业科学研究院首席科学家、"三北"工程研究院的卢琦院长，以及中国科学院新疆生态与地理研究所的雷加强老师，在文稿审阅和提供参考文献资料等方面给予的宝贵指导。感谢中国科学院西北生态环境资源研究院图书馆为项目组提供的丰富资料支持。感谢中国科学院西北生态环境资源研究院陈云峰、田晓阳、庞强强，中国科学院新疆生态与地理研究所王保得，中国科学院大学徐嵩，中国科技新闻学会扶威等老师，他们在科研管理及协调方面提供了多方支持，推动了书稿的顺利编撰。感谢所有未能逐一具名的支持者和帮助者，以及本书的出版方。

特别感谢编研团队全体成员的辛勤付出，特别是各章节的组织、指导和审阅工作牵头人，向你们表示衷心的感谢。